高职高专教育"十二五"规划建设教材
辽宁职业学院国家骨干高职院校建设项目成果

饲料配制与检测

陈立华　王秋梅　主编

中国农业大学出版社
·北京·

内容简介

本教材是辽宁职业学院重点建设专业畜牧兽医专业特色教材。教材以饲料生产为主线，设计了认识饲料原料、设计饲料配方、配合饲料加工、检验饲料质量4个学习情境。

情境1为认识饲料原料，主要介绍常用饲料原料的营养特点、使用方法、质量标准及饲料营养物质的作用、代谢过程；情境2为设计饲料配方，主要介绍配合饲料配方设计、浓缩饲料配方设计和添加剂预混合饲料配方设计等设计方法与技能，包括配方软件的使用；情境3为配合饲料加工，主要介绍配合饲料加工工艺与设备配制；情境4检验饲料质量，主要介绍饲料常规营养成分、加工质量指标和饲料卫生指标检测及饲料质量管理的内容与措施，着重介绍配合饲料常规养分含量检测的方法与技能。书后附有饲料采样，卫生标准，猪、禽、奶牛饲养标准，饲料描述、常规成分及饲料营养价值表。

本教材既可作为高等农业职业学校畜牧兽医专业及相关专业教材，也可作为畜牧及饲料生产第一线技术人员或从事相关技术工作人员的参考书和工具书。

图书在版编目(CIP)数据

饲料配制与检测/陈立华，王秋梅主编. —北京：中国农业大学出版社，2014.7
ISBN 978-7-5655-1099-1

Ⅰ.①饲… Ⅱ.①陈…②王… Ⅲ.①饲料-配制-教材 Ⅳ.①S816

中国版本图书馆CIP数据核字(2014)第249937号

书　名　饲料配制与检测
作　者　陈立华　王秋梅　主编

策划编辑　陈　阳　王笃利　伍　斌
责任编辑　洪重光
封面设计　郑　川
责任校对　王晓凤
出版发行　中国农业大学出版社
社　址　北京市海淀区圆明园西路2号
邮政编码　100193
电　话　发行部 010-62818525,8625
编辑部 010-62732617,2618
读者服务部 010-62732336
出 版 部 010-62733440
网　址　http://www.cau.edu.cn/caup
e-mail cbsszs@cau.edu.cn
经　销　新华书店
印　刷　北京时代华都印刷有限公司
版　次　2014年7月第1版　2014年7月第1次印刷
规　格　787×1092　16开本　19印张　466千字
定　价　40.00元

编审委员会

编审人员

主　编　陈立华　（辽宁职业学院）

王秋梅　（辽宁职业学院）

副主编　兴长健　（辽宁职业学院）

任慧玲　（辽宁职业学院）

邱文然　（辽宁职业学院）

曹忠君　（辽宁省铁岭市畜产品安全检测站）

编　者　（按姓氏笔画排序）

王秋梅　（辽宁职业学院）

兴长健　（辽宁职业学院）

任慧玲　（辽宁职业学院）

李海龙　（辽宁职业学院）

邱文然　（辽宁职业学院）

陈立华　（辽宁职业学院）

黄文峰　（辽宁职业学院）

曹忠君　（辽宁省铁岭市畜产品安全检测站）

总 序

《国务院关于加快发展现代职业教育的决定》(国发[2014]19号)中提出加快构建现代职业教育体系,随后下发的国家现代职业教育体系建设规划(2014—2020年)明确提出建立产业技术进步驱动课程改革机制,按照科技发展水平和职业资格标准设计课程结构和内容,通过用人单位直接参与课程设计、评价和国际先进课程的引进,提高职业教育对技术进步的反应速度。到2020年基本形成对接紧密、特色鲜明、动态调整的职业教育课程体系,建立真实应用驱动教学改革的机制,推动教学内容改革,按照企业真实的技术和装备水平设计理论、技术和实训课程;推动教学流程改革,依据生产服务的真实业务流程设计教学空间和课程模块;推动教学方法改革,通过真实案例、真实项目激发学习者的学习兴趣、探究兴趣和职业兴趣。这为国家骨干高职院校课程建设提供了指针。

辽宁职业学院经过近十年高职教育改革、建设与发展,特别是近三年国家骨干校建设,以创新"校企共育,德技双馨"的人才培养模式,提升教师教育教学能力,在课程建设尤其是教材建设方面成效显著。学院本着"专业设置与产业需求对接、课程内容与职业标准对接、教学过程与生产过程对接"的原则,以学生职业能力和职业素质培养为主线,以工作过程为导向,以典型工作任务和生产项目为载体,立足岗位工作实际,在认真总结、吸取国内外经验的基础上开发优质核心课程特色系列教材,体现出如下特点:

1.教材开发多元合作。发挥辽西北职教联盟政、行、企、校、研五方联动优势,聘请联盟内专家、一线技术人员参与,组织学术水平较高、教学经验丰富的教师在广泛调研的基础上共同开发教材;

2.教材内容先进实用。涵盖各专业最新理念和最新企业案例,融合最新课程建设研究成果,且注重体现课程标准要求,使教材内容在突出培养学生岗位能力方面具有很强的实用性。

3.教材体例新颖活泼。在版式设计、内容表现等方面,针对高职学生特点做了精心灵活设计,力求激发学生多样化学习兴趣,且本系列教材不仅适用于高职教学,也适用于各类相关专业培训,通用性强。

国家骨干高职院校建设成果——优质核心课程系列特色教材现已全部编印完成,即将投入使用,其中凝聚了行、企、校开发人员的智慧与心血,凝聚了出版界的关心关爱,希望该系列教材的出版能发挥示范引领作用,辐射、带动同类高职院校的课程改革、建设。

由于在有限的时间内处理海量的相关资源,教材开发过程中难免存在不如意之处,真诚希望同行与教材的使用者多提宝贵意见。

2014年7月于辽宁职业学院 刘瑞军

前 言

本教材是辽宁职业学院重点建设专业畜牧兽医专业核心能力课教材，吸取了我国高等职业教育改革的成功经验及优秀成果，本着以培养学生应职岗位所必需的专业知识和技能为目的，使学生具备饲料原料采购、配合饲料加工与质量检测技能，达到初步独立开展岗位工作的能力。

教材编写成员经充分的专业调研，通过与企业一线技术专家共同分析，遴选出了饲料品质管理、饲料检验化验、饲料配方设计、饲料生产与管理等 4 个核心技术工作岗位。根据技术工作岗位能力培养和职业资格证书获取的要求，以这 4 个工作岗位人才需求为导向，按照“原料验收→配方设计→产品加工→产品质量检验”完整的工作过程来组织教材内容，以技能培训为重点，突出高职教育特色。

本教材以饲料生产为主线，设计了认识饲料原料、设计饲料配方、配合饲料加工、检验饲料质量 4 个学习情境，19 个学习任务，突出实用性、适用性和实效性。学习任务以“任务目标、知识、技能、拓展知识、任务总结”为次序，以能力培养为本位，注重培养学生的职业素养和实践能力，达到初步独立开展相应岗位工作的能力。

由于编者水平有限，加之时间仓促，书中难免有疏漏和不妥之处，敬请广大使用者给予批评指正。

编 者

2014 年 10 月

目　录

学习情境 1　认识饲料原料

情境描述

畜牧业生产就是通过动物把饲料转化为肉、蛋、乳、皮、毛等动物性产品的过程。饲料是畜牧业生产的基础，饲料的种类和饲料的营养价值在很大程度上影响着动物的生产力和畜产品的质量。通过本情境的学习，能够胜任饲料原料采购、验收及饲料加工岗位，同时为配合饲料配方设计及饲料检测技术打下坚实的基础。

学习目标：通过完成各种饲料原料的外观识别，了解各种饲料原料的营养价值及其利用特点，学会为动物生产选择各种饲料原料。逐步树立通过合理开发、利用饲料资源生产绿色畜产品意识，养成求真务实、吃苦耐劳、严谨认真的工作作风，提高分析问题、解决问题的能力。

任务一　认识饲料

任务描述：饲料是动物生产的物质基础，饲料的种类很多，分布甚广，各种饲料的营养特点与利用价值也各不相同。为了科学合理地利用、开发饲料资源，有必要熟悉饲料的分类及不同别类饲料的外观特征和营养特性。在理解饲料含义和营养物质组成的基础上，明确饲料的分类；通过识别常用饲料原料的实物（或图片），熟悉常用饲料原料的外观特征，掌握常用饲料原料的营养特性及利用方式。

【任务目标】

◆知识目标

1. 理解饲料的含义和分类方法。
2. 掌握饲料的营养物质组成。
3. 掌握常用饲料的感官特征。

◆技能目标

1. 能较准确描述饲料的外观特征和营养特征并进行分类。
2. 能根据饲料外观特征初步判断饲料质量的优劣。

◆素质目标

1. 树立通过合理开发、利用饲料资源生产绿色畜产品意识。
2. 养成参与意识与团队精神。

【知识】

一、饲料的含义

饲料(feed)是指合理饲喂条件下能对动物提供营养物质、调控生理机制、改善动物产品品质且不发生有毒、有害作用的物质。它不仅包括自然界存在的各种天然的饲料原料及其加工产物,还包括一些人工合成物质,如各种添加剂也划为饲料之类。植物及其产品是动物饲料的主要来源。

二、饲料营养物质的组成

饲料中凡能被动物用以维持生命、生产产品的物质,均称为营养物质,简称养分。

采用常规饲料分析法,并结合近代分析技术测定的结果,将植物性饲料的营养物质组成如图 1-1 所示。

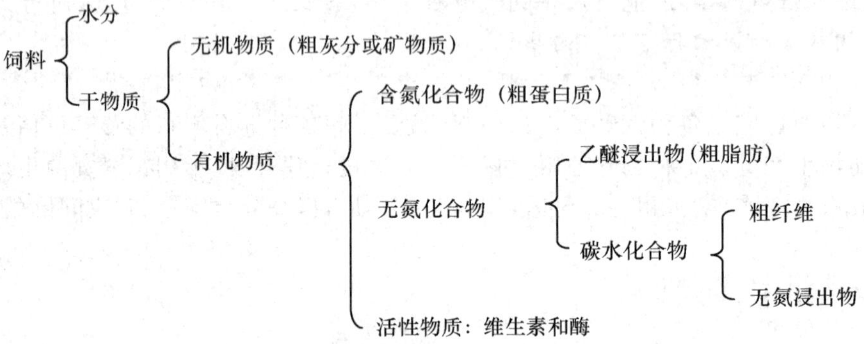

图 1-1 植物性饲料的营养物质组成

将水分、粗蛋白质、粗脂肪、粗纤维和无氮浸出物、粗灰分等六大成分,称为饲料概略养分。

水分(moisture):各种饲料均含有水分,含量相差很大,多者可达 95%,少者只含 5%。同一种饲用植物由于收割时期不同,水分含量也不一样,幼嫩时含水较多,成熟后较少;植株部位不同,水分含量也有差异,枝叶中水分较多,茎秆中较少。饲料中水分含量越高,干物质(dry matter,DM)越少,饲料的营养价值越低且不利于保存。

水分也是动物机体内各种器官、组织的重要成分,其含量一般可达体重的一半,动物随着年龄和营养状况的不同,所含水分有显著变化,幼龄时水分含量多,随年龄的增长而逐渐降低;动物营养状况不同,水分含量也有差异,脂肪沉积越多,则水分含量越低。

粗蛋白质(crude protein, CP):饲料中含氮物质总称为粗蛋白,包括蛋白质与氨化物。

几乎所有饲料均含有蛋白质,但其含量和品质各有不同,如豆科植物及油饼类饲料含蛋白质较多,品质也较好,而禾本科植物含蛋白质较少,秸秆饲料则最少,品质也最差。同一种植物由于生长阶段的不同,蛋白质含量也不同,幼嫩时含量多,开花后含量迅速下降;部位不同蛋白质含量也有差异,籽实>叶茎>茎秆。一般来说,饲料中粗蛋白质含量越高,饲料的营养价值越高。

粗脂肪(ether extract, EE):可分为真脂和类脂两类。真脂由脂肪酸和甘油结合而成,类脂除甘油和脂肪酸外，还有磷酸、糖和其他含氮物。

饲料中脂肪含量的差异较大，高者在10%以上，低的不到1%。部位不同含脂量也不同，籽实>茎叶>根。动物脂肪的含量随年龄增长而增加，营养状况好的脂肪含量高。但脂肪含量高的饲料不易贮存。

粗纤维(crude fiber, CF)：由纤维素、半纤维素、木质素、木质素等成分组成，是植物细胞壁的主要成分，也是饲料中最难消化的营养物质。饲料中粗纤维的含量随植物生长阶段而有差异，幼嫩时，含量低，成熟时，含量高。植物体部位不同，粗纤维的含量也不同，茎部>叶部>果实、块根。动物体内不含粗纤维。

无氮浸出物(nitrogen free extract, NFE)：饲料有机物质中无氮物质除去脂肪及粗纤维外，总称为无氮浸出物，或称可溶性碳水化合物，包括单糖，双糖及多糖。一般植物性饲料中均含有较多的无氮浸出物，尤其是禾本科的籽实和块根块茎类饲料。无氮浸出物在动物体内主要是糖原，贮存于肝脏和肌肉中，也含有少量的葡萄糖。

按照常规养分分析及营养作用，将无氮浸出物和粗纤维统称为碳水化合物(carbohydrate)。

粗灰分(crude ash)或称矿物质：粗灰分为饲料经高温(550℃)灼烧后残留的无机物或矿物质的总称，主要成分为氧化物和无机盐。此外，还有混入的泥沙等杂质，因此在饲料分析检测中称为“粗灰分”。饲料中主要有钾、钠、钙 、磷、锰等，随植物生长，灰分含量逐渐减少，但其中钠、硅含量逐渐上升。植物体部位不同，灰分含量不同，茎叶灰分含量较多。

动物体内以钙含量最多，其次为磷，还有少量的锌、铁、碘、铜、锰、钴、硫、氟等。

三、影响饲料营养成分的因素

饲料营养价值成分表中所列各种营养的物质的数量与质量是多次分析结果的平均数，与具体使用的饲料养分含量有一定差异。了解影响饲料中营养物质组成的因素，一方面能正确认识饲料价值和查用饲料营养价值成分表，做到合理利用饲料；另一方面可采取适当措施，改变饲料营养物质组成，提高饲料的营养价值。

1.饲料的种类与品种、收获期、加工调制及贮存条件

(1)饲料的种类与品种：不同种类的饲料营养物质的组成差异很大，同一种类品种不同的饲料，其营养物质组成也不同。

(2)收获期：随着植物发育，含水量下降，到籽实形成期粗蛋白、粗脂肪含量下降，而粗纤维含量上升。

(3)饲料作物部位：植物叶子中营养丰富，远远超过秸秆。

(4)贮存时间：收割后的饲料，经长期贮存后，营养物质含量会发生很大变化。

2.植物的生长环境

(1)土壤：如肥沃的黑土，可生产出优质饲料，贫瘠和结构不良的土壤生产的饲料产量和营养价值均较低；有些地区缺少铜、硒、碘，则该地区生产的饲料作物相应的也缺少这几种元素，从而导致动物患地方性矿物质缺乏症；某些地区的土壤中含有过多的氟、钼、硒等元素，也容易导致动物患氟、钼、硒的中毒症。

(2)肥料：如施用氮肥，可提高产量和粗蛋白含量；施用磷肥，提高饲料含磷量和粗蛋白含量；施用钾肥，可增加饲料中粗蛋白、粗灰分和钾含量，可减少含钙量。

(3)气候:在寒冷气候下生长的植物比在温热气候下生长的植物,粗纤维较多,而蛋白质和粗脂肪较少。

四、饲料的分类和编码

(一)饲料的分类

各种饲料的营养特点与利用价值各异。根据动物营养科学的进展,为适应饲料工业和畜牧业生产的需要,要求每一种饲料有一个标准名称,代表该饲料的特性、成分及营养价值。由美国哈力士(L. E. Harris,1963)提出的国际饲料分类原则和编码体系,已被世界多数国家承认并接受。该法根据饲料的营养特性将饲料分为八大类。我国于1980年初,根据国际饲料分类原则与我国传统分类体系相结合,提出了我国的饲料分类和编码体系。1987年开始建立中国的饲料数据库,将新中国成立以来积累的有关饲料各种成分分析和营养价值资料进行整理、核对、筛选并输入数据库。

(二)饲料的编码

国际饲料编码(International Feeds Number,IFN),对每类饲料予以6位数的编码分3节,表示为△-△△-△△△。首位数代表饲料归属的类别,第二、三位数为该种饲料所属亚类,后面三位数字为同种饲料根据不同饲用部分、加工处理方法、成熟阶段、茬次、等级和质量保证进行的编号。

中国饲料分类法将饲料分成8大类、17亚类、37小类,对每类饲料冠以相应的中国饲料编码(Chinese Feeds Number,CFN),共7位数,首位为IFN,第2、3位为CFN亚类编号,代表饲料的来源、形态、生产加工方法等属性,第4～7位代表饲料的个体编码。例如,吉双4号玉米的分类编码是4-07-6302,表明是第4大类能量饲料,07则表示属谷实类,6302则是该玉米籽实的个体编号。

现将国际饲料分类原则和中国饲料分类编码归纳见表1-1和表1-2。

表1-1 国际饲料分类依据原则

饲料类别	饲料编码	划分饲料类别依据		
		水分(自然含水量/%)	粗纤维(干物质/%)	粗蛋白质(干物质/%)
粗饲料	1-00-000	<45	≥18	—
青绿饲料	2-00-000	≥45	—	—
青贮饲料	3-00-000	≥45	—	—
能量饲料	4-00-000	<45	<18	<20
蛋白质补充料	5-00-000	<45	<18	≥20
矿物质饲料	6-00-000	—	—	—
维生素饲料	7-00-000	—	—	—
饲料添加剂	8-00-000	—	—	—

表 1-2 中国饲料分类编码

饲料类别	饲料编码	水分 （自然含水/%）	粗纤维 （干物质/%）	粗蛋白质 （干物质/%）
一、青绿饲料	2-01-0000	＞45	—	—
二、树叶				
1.鲜树叶	2-02-0000	＞45	—	—
2.风干树叶	1-02-0000	—	≥18	—
三、青贮饲料				
1.常规青贮饲料	3-03-0000	65～75	—	—
2.半干青贮饲料	3-03-0000	45～55	—	—
3.谷实青贮料	4-03-0000	28～35	＜18	＜20
四、块根、块茎、瓜果				
1.含天然水分的块根、块茎、瓜果	2-04-0000	≥45	—	—
2.脱水块根、块茎、瓜果	4-04-0000	—	＜18	＜20
五、干草				
1.第一类干草	1-05-0000	＜15	≥18	—
2.第二类干草	4-05-0000	＜15	＜18	＜20
3.第三类干草	5-05-0000	＜15	＜18	≥20
六、农副产品				
1.第一类农副产品	1-06-0000	—	≥18	—
2.第二类农副产品	4-06-0000	—	＜18	＜20
3.第三类农副产品	5-06-0000	—	＜18	≥20
七、谷实	4-07-0000	—	＜18	＜20
八、糠麸				
1.第一类糠麸	4-08-0000	—	＜18	＜20
2.第二类糠麸	1-08-0000	—	≥18	—
九、豆类				
1.第一类豆类	5-09-0000	—	＜18	≥20
2.第二类豆类	4-09-0000	—	＜18	＜20
十、饼粕				
1.第一类饼粕	5-10-0000	—	＜18	≥20
2.第二类饼粕	1-10-0000	—	≥18	≥20
3.第三类饼粕	4-08-0000	—	＜18	＜20
十一、糟渣				
1.第一类糟渣	1-11-0000	—	≥18	—

续表 1-2

饲料类别	饲料编码	水分 （自然含水/%）	粗纤维 （干物质/%）	粗蛋白质 （干物质/%）
2.第二类糟渣	4-11-0000	—	<18	<20
3.第三类糟渣	5-11-0000	—	<18	≥20
十二、草籽、树实				
1.第一类草籽、树实	1-12-0000	—	≥18	—
2.第二类草籽、树实	4-12-0000	—	<18	<20
3.第三类草籽、树实	5-12-0000	—	<18	≥20
十三、动物性饲料				
1.第一类动物性饲料	5-13-0000	—	—	≥20
2.第二类动物性饲料	4-13-0000	—	—	<20
3.第三类动物性饲料	6-13-0000	—	—	<20
十四、矿物质饲料	6-14-0000	—	—	—
十五、维生素饲料	7-15-0000	—	—	—
十六、饲料添加剂	8-16-0000	—	—	—
十七、油脂类饲料及其他	4-17-0000	—	—	—

【技能】

一、饲料感官鉴定的方法

感官鉴定是指通过视觉、味觉、嗅觉、触觉等方式，对饲料原料的物理形态、颜色、气味、质地等是否正常，是否发酵、霉变、虫蛀，是否含有异物做出判断。此法对样品不加以任何处理，直接通过感觉器官进行鉴定。

①视觉鉴定：观察饲料的形状、色泽、颗粒大小以及有无霉变、虫子、硬块、异物等。

②味觉鉴定：通过舌舔来感觉饲料的涩、甜、苦、香等滋味；通过齿嚼感觉饲料的硬度，判断饲料有无异味和干燥程度等。但应注意不要误尝对人体有毒有害物质。

③嗅觉鉴定：通过鼻子嗅饲料的气味，判断饲料霉变、腐败、焦味，脂肪酸败、氧化等情况。

④触觉鉴定：将手插入饲料中或取样品在手上，用指头捻、手抓，感触饲料的粒度大小、软硬度、温度、结块、黏稠性、滑腻感、有无夹杂物及水分含量等情况。

感官鉴定是一种技术性和经验性都很强的饲料质量检验的方法，在饲料生产企业中，感官鉴定是最普通、最初步、简单易行的鉴定方法。技术人员的经验和熟练程度是十分重要的，有经验的检验人员判断结果的准确性高。

二、常用饲料原料的感官检验项目

(1)气味：是否新鲜、正常，是否有霉味、酸味、哈味、臭味、药味等异味。

(2)色泽:是否正常、有无烧焦现象。

(3)形状:是否正常、是否结块、粒度粗细是否符合要求,含皮、壳、绒等的量是否符合要求。

(4)脏污:有无污染与鸟粪。

(5)性状:是否发热、发酵、吸潮、陈旧。

(6)感染:有无昆虫、鼠类及虫害。

(7)杂质:有无灰尘、金属和石块等。

三、识别常用饲料的感官特征

1.识别玉米

(1)观察其颜色:较好的玉米呈黄色且均匀一致,无杂色颗粒。

(2)随机抓一把玉米在手中,嗅其有无异味,粗略估计(目测)饱满程度、杂质、霉变、虫蛀粒的比例,初步判断其质量。随后,取样称重,测容重(或千粒重),分选霉变粒、虫蛀粒、不饱满粒、热损伤粒、杂质等异常成分,计算结果。玉米的外表面和胚芽部分可观察到黑色或灰色斑点为霉变,若需观察其霉变程度,可用指甲掐开其外表皮或掰开胚芽作深入观察。区别玉米胚芽的热损伤变色和氧化变色,如为氧化变色,味觉及嗅觉可感氧化(哈喇)味。

(3)用指甲掐玉米胚芽部分,若很容易掐入,则水分较高,若掐不动,感觉较硬,水分较低,感觉较软,则水分较高。也可用牙咬判断。或用手搅动(抛动)玉米,如声音清脆,则水分较低,反之水分较高。

2.识别豆粕

(1)先观察豆粕颜色,较好的豆粕呈黄色或浅黄色,色泽一致。较生的豆粕颜色较浅,有些偏白,豆粕过熟时,则颜色较深,近似黄褐色(生豆粕和熟豆粕的脲酶均不合格)。再观察豆粕形状及有无霉变、发酵、结块和虫蛀并估计其所占比例。好的豆粕呈不规则碎片状,豆皮较少,无结块、发酵、霉变及虫蛀。有霉变的豆粕一般都有结块,并伴有发酵,掰开结块,可看到霉点和面包状粉末。其次判断豆粕是否经过二次浸提,二次浸提的豆粕颜色较深,焦煳味也较浓。最后取一把豆粕在手中,仔细观察有无杂质及杂质数量,有无掺假(豆粕主要防掺豆壳、秸秆、麸皮、锯木粉、沙子等物)。

(2)闻豆粕的气味,是否有正常的豆香味,是否有生味、焦煳味、发酵味、霉味及其他异味。若味道很淡,则表明豆粕较陈。

(3)咀嚼豆粕,尝一尝是否有异味,如生味、苦味或霉味等。

(4)用手感觉豆粕水分。用手捏或用牙咬豆粕,感觉较绵的,水分较高;感觉扎手的,水分较低。两手用力搓豆粕,若手上粘有较多油腻物,则表明油脂含量较高(油脂高会影响水分判定)。

3.识别菜籽粕

(1)先观察菜籽粕的颜色及形状,判断其生产工艺类型。浸提的菜籽粕呈黄色或浅褐色粉末或碎片状,而压榨的菜籽粕颜色较深,有焦煳物,多碎片或块状,杂质也较多,掰开块状物可见分层现象。压榨的菜籽粕因其品质较差,一般不被选用(但有可能掺入浸提的菜籽粕中)。再观察菜籽粕有无霉变,掺杂,结块现象,并估计其所占比例(菜籽粕中还有可能掺入沙子、桉树叶、菜籽壳等物)。

(2)闻菜籽粕味道,是否有菜油香味或其他异味,压榨的菜籽粕较浸提的菜籽粕味道香。

(3)抓一把菜籽粕在手上,掂一掂其分量,若较重,可能有掺沙现象,松开手将菜籽粕倾倒,使其自然落下，观察手中菜籽粕残留量，若残留较多，则水分及油脂含量都较高。同时，观察其有无霉变、氧化现象。再用手摸菜籽粕感觉其湿度，一般情况下，温度较高，水分也较高，若感觉烫手，大量堆码很可能会引起自燃。

4. 识别棉籽粕

(1)观察棉籽粕的颜色、形状等。好的棉籽粕多为黄色粉末，黑色碎片状棉籽壳少，棉绒少，无霉变及结块现象。抓一把棉籽粕在手中，仔细观察有无掺杂，估计棉籽壳所占比例及棉绒含量高低，若棉籽壳及棉绒含量较高，则棉籽粕品质较差，粗蛋白质较低，粗纤维较高。

(2)用力抓一把棉籽粕，再松开，若棉籽粕被握成团块状，则水分较高，若成松散状，则水分较低。将棉籽粕倾倒，观察手中残留量，若残留较多，则水分较高，反之较少。用手摸棉籽粕感觉其湿度，一般情况下，温度较高，水分较高，若感觉烫手，大量堆码很可能会自燃。

(3)闻棉籽粕的气味，看是否有异味、异臭等。

5. 识别次粉

(1)看次粉颜色、新鲜程度及含粉率。好的次粉呈白色或浅灰白色粉状。颜色越白，含粉率越高(好次粉含粉率应在90%以上)。

(2)闻次粉气味，是否有麦香味或其他异臭、异味、霉味、发酵味等。

(3)抓一把次粉在手中握紧，若含粉率较低，松开时次粉呈团状，说明水分较高，反之较低(含粉率很高时则不能以此判定水分高低，要以化验为准)。

(4)取一些次粉在口中咀嚼感觉有无异味或掺杂。若次粉中掺有石粉等异物时，会感觉口内有渣，含而不化。

6. 识别麸皮

(1)观察颜色、形状。麸皮一般呈土黄色，细碎屑状，新鲜一致。

(2)闻麸皮气味，是否有麦香味或其他异味、异臭、发酵味、霉味等。

(3)抓一把麸皮在手中，仔细观察是否有掺杂和虫蛀；掂一掂麸皮分量，将手握紧，再松开，感觉麸皮水分，水分高较粘手，再用手捻一捻，看其松软程度，松软的麸皮较好。

7. 识别米糠

(1)先观看米糠颜色、形状。米糠呈浅灰黄色粉状，新鲜一致，伴有少量碎米和谷壳尖。再看其是否发霉、发酵和生有肉虫。

(2)闻米糠气味，是否有清香味或其他异臭、异味、霉味、发酵味等。

(3)抓一把米糠在手中，用力握紧后再松开，若手指和手掌上有滑腻的感觉，则含油较高，反之较低；若手感没有滑腻感觉，但有湿润感，则水分较高；察看碎米颜色，若米粒有渗透形的绿色时，则不新鲜；用手指在手掌上反复揉捻，若感觉粗糙则说明糠壳较重；抓一把若坠手，则说明可能有掺杂。

(4)取少许米糠在口中含化，看有无异味或掺杂，正常情况下，应有微甜味、化渣。假如含化时不化渣，咀嚼有细小硬物，则可能掺有膨润土、沸石粉、泥灰、沙石等物质。

8. 识别大豆

(1)观察大豆颜色及外观。大豆应颗粒均匀，饱满，呈一致的浅黄色，无杂色、虫蛀、霉变或变质。

(2)用手掐或用牙咬大豆，据其软硬程度判断大豆水分高低，大豆越硬，水分越低。

9. 识别酒糟蛋白饲料(DDGS)

(1)看颜色、形状，DDGS呈黄褐色碎屑状，含有较多玉米皮状物。

(2)闻气味,DDGS略带微酸甜味,无其他异臭、异味。

(3)尝味道,DDGS尝起先有微酸味,后有玉米香味回味。

(4)用手捻DDGS,若感觉粘手,则水分较高,反之较低。

10.识别鱼粉

(1)观看鱼粉颜色、形状。鱼粉呈黄褐色,深灰色(颜色以原料及产地为准)粉状或细短的肌肉纤维性粉状,蓬松感明显,含有少量鱼眼珠、鱼鳞碎屑、鱼刺或鱼骨等,松散无结块,无自燃,无虫蛀等现象。

(2)闻鱼粉气味。有鱼粉正常气味,略带腥味、咸味,无异味、异臭、氨味,否则表明鱼粉放置过久,已经腐败,不新鲜。

(3)抓一把鱼粉握紧,松开后,能自动疏散开来,否则说明油脂或水分含量较高。

(4)口含少许能成团,咀嚼有肉松感,无细硬物,且短时间内能在口里溶化,若不化渣,则表明此鱼粉含砂石等杂物较重,味咸则表明盐分重,味苦则表明曾自燃或烧焦。

11.识别膨化大豆

(1)观其颜色和形状:膨化大豆应呈黄色或淡黄色膨化颗粒状,无明显大豆瓣和粉末状。

(2)闻其气味:膨化大豆应有较浓的豆香味,不应有生豆子味。也不能有焦煳味和霉臭味。

(3)用手触摸:颗粒均匀疏松,不硬也不软。

(4)用口尝:感受有无异味,用牙咬应有较清脆的声音。

12.识别蚕蛹

(1)看颜色和含量:蚕蛹呈黄褐色或浅黑色的蛹状油浸物,无明显粉末泥沙和丝状杂质,僵蚕含量不宜超过5%,无明显霉变和虫蛀。

(2)抓一把蚕蛹细闻其气味,应有新鲜的腊香味,无异味异臭,若已有霉嗅味,则该蚕蛹不新鲜,已发酵变质。

(3)用手捏,蚕蛹能成粉末,但又不是全是粉末,若全呈粉末则说明烘烤过度,将影响粗蛋白质。

(4)用口尝,有酥香味,口含不久将溶化。

13.识别啤酒糟

(1)啤酒糟呈灰色或浅黑色的粉状物,存在明显的纤维物(如大麦皮、稻谷皮等)。

(2)闻其气味应有淡淡的酒香味,无其他异味、异臭。

(3)用手捏有松软的感觉,体轻。若体重,则有掺假嫌疑(主要掺入物为:膨润土、沸石粉、泥沙等)。

14.识别统糠

(1)先观看统糠颜色、形状、统糠呈浅灰黄色形状新鲜一致,伴有少量谷壳壳尖,看其是否发霉发酵和生有肉虫。

(2)闻统糠气味,是否有清香味或其他异臭、异味、霉味、发酵味等。

(3)抓一把统糠在手中,用力握紧后再松开,若手感没有滑腻感觉,但有湿润感,则水分较高,抓一把若坠手,则说明可能掺杂、咀嚼有细小硬物,则可能掺有膨润土、沸石粉、泥灰、砂石等。

15.识别膨润土

(1)先观看其颜色。

(2)打开袋,看其是否有结块现象,若有结块现象则水分较高,用手用力握,再松开,成块不散开则水分较高。

(3)抓一把膨润土在手中,有滑腻的感觉,若有细小颗粒,则有掺杂。

16. 识别油脂(混合油、棕油、鱼油)

(1)先观察油脂颜色,油脂颜色为棕色。

(2)嗅油脂味道,是否有异臭、异味或焦味。

(3)用一张纸拿木棍在油脂容器的中间和底部取油。分别沾在纸上,用火烧,有嗞嗞声音则掺有水分。

(4)用手指捻,油脂十分滑腻的感觉,有细小颗粒则掺杂。

【任务总结】

任务总结表

项目	内容	要点
相关知识	饲料的含义	饲料是指合理饲喂条件下能对动物提供营养物质、调控生理机制、改善动物产品品质且不发生有毒、有害作物的物质
	饲料营养物质的组成	1. 水分;2. 粗灰分;3. 粗蛋白质;4. 粗脂肪;5. 粗纤维;6. 无氮浸出物
	影响饲料营养成分的因素	1. 饲料的种类与品种、收获期、加工调制及贮存时间;2. 植物的生长环境
	饲料的分类和编码	1. 饲料的分类;2. 饲料的编码
任务实施	识别常用饲料的感官特征	1. 识别玉米;2. 识别豆粕;3. 识别菜籽粕;4. 识别棉籽粕;5. 识别次粉;6. 识别麸皮;7. 识别米糠;8. 识别大豆;9. 识别 DDGS;10. 识别肉骨粉;11. 识别鱼粉;12. 识别膨化大豆;13. 识别蚕蛹;14. 识别啤酒糟;15. 识别统糠;16. 识别膨润土;17. 识别油脂

任务二　认识粗饲料

任务描述:粗饲料(roughage forage)是指饲料干物质中粗纤维含量大于或等于18%,以风干物为饲喂形式的饲料。该类饲料来源广、资源丰富,营养品质因来源和种类的不同差异较大,是一类有待开发和科学合理利用的重要饲料资源,特别是在全国各地大力提倡发展草食动物的今天更显其重要性。在理解粗饲料营养特点的基础上,通过识别生产中常用的粗饲料,熟悉粗饲料的种类及饲用价值,掌握粗饲料的加工调制技术,为合理利用粗饲料奠定基础。

【任务目标】

◆**知识目标**

1. 了解粗饲料的种类。

2. 掌握粗饲料的营养特点和饲用价值。

◆**技能目标**

1. 能列举生产中常用粗饲料名称。

2. 能阐述各种粗饲料的营养特点。

3. 能合理利用粗饲料。

◆**素质目标**

1. 培养分工合作与团队精神。

2. 树立合理开发利用饲料资源意识。

【知识】

一、粗饲料的种类

(1)青干草(hay) 青干草是以细茎的牧草,野草或其他植物为原料,在结籽前割全部地上部分,经自然或人工干燥调制成能长期贮存的粗饲料。

(2)秸秆饲料(straw feed) 秸秆饲料是各种作物收获籽实后的茎叶部分,可分为禾本科,豆科和十字花科等类型。禾本科类包括玉米秸、稻草、谷草、麦秸等;豆科类包括大豆秸、蚕豆秸、豌豆秸等;十字花科类的有油菜秸。

(3)秕壳饲料(crop residues) 秕壳饲料是作物脱粒碾场后的副产品,包括种子的外稃,荚壳,部分瘪籽,杂草种子等。稻,麦等秕壳有芒,用它饲喂动物时,要进行处理。

(4)高纤维糟渣类(high-fiber byproduct) 主要有甜菜渣、马铃薯粉渣、甘蔗渣、蚕豆粉渣、红薯粉渣等。

二、粗饲料的特点

1. 来源广,成本低

粗饲料主要来自种植业的秸、秧、秕、壳、藤、蔓等农副产品,总量是粮食产量的1~4倍。据不完全统计,2010年我国农作物秸秆年总产量达7亿多吨,包括玉米秸、小麦秸、稻草等,野生的禾本科草本植物数量更大。因此,此类饲料具有相当大的开发潜力。

2. 容积大,适口性较差

粗饲料容积大,食入适量粗饲料,可使动物有饱感。粗饲料质地粗硬,适口性差,但对动物胃肠消化功能有一定的刺激作用,对于反刍动物来说这种刺激作用有利于其正常反刍。

3. 营养价值低

除适时刈割的青干草外,粗饲料营养价值均较低。粗饲料中粗纤维含量高,可达25%~45%,其主要的化学成分是木质化和非木质化的纤维素、半纤维素,可消化营养成分含量较低,消化能含量一般不超过10.5 MJ/kg干物质,有机物消化率在70%以下。

【技能】

一、识别与利用青干草

1. 认知青干草的营养价值

(1)优质干草的营养特征 茎叶完整,保持绿色,有清香味,粗蛋白质含量高,为7%~14%,个别豆科牧草可达20%以上。粗纤维含量为20%~35%,纤维的消化率较高。无氮浸出物含量为 35%～50%。矿物质和维生素含量较丰富，豆科青干草含丰富的钙、磷、胡萝卜素，钙含量超过 1%，一般晒制青干草维生素 D 含量可达 16～150 mg/kg，是草食家畜维生素 D 的主要来源。

(2)影响青干草营养价值的因素　牧草种类、生长状况、刈割时间、调制方法。野干草因草地类型、自然气候、收割时间和调制方法等不同，其品质和营养特性也有较大差异。

2. 认知青干草饲用价值

青干草是草食动物最基本、最主要的饲料。生产实践中，干草不仅是一种必备饲料，而且还是一种贮备形式，以调节青饲料供给的季节性。干草是奶牛、绵羊、马的重要能量来源，表 1-3 可反映这些动物采食的干草和其他饲料在总能采食量中的比例。

表 1-3　干草和其他饲料所提供能量的比例　%

动物	精料	干草	其他牧草	牧地牧草	所有牧草	精料＋所有牧草
泌乳牛	37.9	23.1	19.4	19.6	62.1	100
其他奶牛	19.4	29.0	5.9	45.7	80.6	100
肥育肉牛	69.8	16.3	8.7	5.2	30.2	100
其他肉牛	8.7	15.5	4.1	71.7	91.3	100
绵羊、山羊	10.4	4.7	3.1	81.8	89.6	100
马和骡	20.6	18.3	10.2	50.9	79.4	100

干草粉碎后制成草粉可作为鸡、猪、鱼配合饲料的原料。将干草与青饲料或青贮饲料混合使用，可促进动物采食，增加维生素 D 的供给。将干草与多汁饲料混合喂奶牛，可增进干物质及粗纤维采食量，保证产奶量和乳脂含量。青干草还可制成草颗粒、草饼饲喂给动物。

青干草调制时应根据饲草种类、草场环境和生产规模采取不同方法，大体上分自然干燥法和人工干燥法。自然晒制的青干草，营养物质损失较多，而人工干燥法调制的青干草品质好，但加工成本较高。

二、识别与利用秸秕类饲料

(一)识别几种常用的秸秕类饲料

1. 秸秆饲料

(1)玉米秸　玉米秸(corn straw)外皮光滑，质地坚硬，可作为草食动物的饲料。夏播的玉米秸由于生长期短，粗纤维少，易消化。同一株玉米，上部比下部营养价值高。叶片比茎秆营养价值高，易消化。玉米稍的营养价值又稍优于玉米芯，而和玉米苞叶营养价值相仿。青贮是保存玉米秸养分的有效方法，玉米秸秆青贮饲料是反刍动物常用粗饲料。

(2)稻草　稻草(rice straw)是我国南方农区主要的粗饲料来源，其营养价值低，不能满足动物生长和繁殖需要，可将稻草与优质干草搭配使用。为了提高稻草的饲用价值，可添加矿物质和能量饲料，并对稻草进行氨化、碱化处理。

(3)麦秸　麦秸(wheat-stalk)的营养价值因品种、生长期不同而有所不同。常做饲料的有小麦秸、大麦秸和燕麦秸，其中小麦秸秆产量最多。小麦秸适口性差，主要饲喂牛、羊。大麦秸的产量较小麦秸低很多，但其适口性和粗蛋白质含量均高于小麦秸。燕麦秸饲用价值高于小麦秸和大麦秸，但产量少。

(4)粟秸 粟秸也叫谷草(millet straw)，与其他禾本科秸秆比较，粟秸柔软厚实，适口性好，营养价值是谷类秸秆中最好的，可作为草食性动物的优良粗饲料。谷草主要的用途是制备干草，供冬、春两季饲用。谷草是马的好饲料，但长期饲喂对马的肾脏有害。

(5)豆秸 豆秸(beanstalk)是大豆、豌豆、蚕豆等豆科作物成熟后的茎秆。豆秸含叶量少、豆茎木质化，坚硬，粗纤维含量高，但粗蛋白质含量和消化率均高于禾谷类秸秆。因豆秸含粗纤维较多，质地坚硬，因而对其利用时要进行加工调制，并搭配其他饲料混合粉碎饲喂。

2. 秕壳饲料

秕壳是指农作物收获脱粒时，分离出的包被籽实的颖壳、荚皮及外皮等物质，除花生壳、稻壳外，多数秕壳的营养价值略高于同一作物的秸秆。

(1)豆荚 豆荚(bean pod)最具代表的是大豆荚，除此之外还有豌豆荚、蚕豆荚等。豆荚营养价值较高，粗蛋白质含量为5%～10%，无氮浸出物42%～50%，粗纤维为33%～40%，是一种较好的粗饲料。

(2)谷类皮壳 谷类皮壳(grain leather)营养价值仅次于豆荚，其来源广，数量大。主要有稻壳、小麦壳、大麦壳和高粱壳等，其中稻壳的营养价值很差，对牛的消化能最低，适口性也差，仅能勉强用作反刍动物的饲料。若经过氨化、碱化、膨化或高压蒸煮处理可提高营养价值。

除此之外，还有花生壳、棉籽壳等经济作物副产品和玉米芯、玉米苞叶等，此类饲料经适当粉碎也可饲喂反刍动物。需注意的是棉籽壳含有少量棉酚，喂时需注意用量，防止棉酚中毒。

(二)认知秸秕类饲料的营养特性

秸秕类饲料，即农作物籽实收获后剩余的秸秆和秕壳，它是粗饲料中最大的一类。这类饲料对反刍动物有一定的营养价值，但营养价值比干草低得多。其中粗纤维含量高，一般在30%以上；质地坚硬，粗蛋白质含量低，一般不超过10%；粗灰分含量高，有机物的消化率一般不超过60%。

三、认知高纤维糟渣类饲料的营养价值及饲用价值

高纤维糟渣类饲料主要制粉或制糖的副产品。这类饲料蛋白质和可溶性碳水化合物极低，钙较丰富，粗纤维含量高达30%～40%，其营养特点及饲用价值基本上同秸秕类饲料。但牛、羊等反刍动物对此类饲料消化率可高达80%，故高纤维糟渣类饲料是牛、羊等反刍动物较好的粗饲料。

四、加工调制粗饲料

我国粗饲料资源丰富，但由于其木质素和粗纤维含量高，动物对营养物质利用率低，因而未能大量用于畜牧业。目前通过合理的加工调制处理，可显著提高其营养价值，对于开发粗饲料资源具有重要意义。常用的加工调制技术主要有以下几种：

(一)物理处理

1. 切短

利用铡草机将秸秆切成1～2 cm的短料，玉米秸较粗硬，以1 cm左右为宜，若青贮应以2 cm为宜。稻草茎细且柔软，可稍长些。秸秆饲料若喂牛还可长些，以2～3 cm为宜。

2. 粉碎

粉碎的细度应根据秸秆和喂饲动物的种类而定，一般以 7 mm 左右为宜，喂饲反刍动物不宜过细。

3. 揉碎

揉碎是利用揉碎机械将较粗硬的秸秆揉搓成细丝，可提高秸秆饲料的适口性和饲料的利用率。如将玉米秸揉碎喂饲反刍动物效果很好，若将秸秆饲料与豆科鲜牧草分层平铺后碾压效果更好，牧草汁液被秸秆吸收，可较快制成干草，又可提高秸秆的营养价值。

通过以上三种处理后的秸秆饲料便于动物咀嚼，减少能耗，增加采食量，提高消化率。但应注意饲料颗粒不宜过细，以防引起反刍动物反刍减少或停滞。

4. 压制颗粒

将粗饲料粉碎，压制成颗粒或块状，能提高能量利用效率，而且便于运输、保存和机械化饲养。

除此之外，机械处理还有蒸煮、膨化、高压蒸汽裂解等，但这些方法均因设备投资较高，生产上难以推广利用。

(二)化学处理

1. 碱化处理

碱化处理是利用碱溶液中的氢氧根离子破坏木质素与半纤维素之间的酯键，使半纤维素和大部分木质素(60%～80%)溶于碱液中，把镶嵌在木质素-半纤维素复合物中的纤维素释放出来，便于反刍动物消化利用，提高秸秆饲料的消化率。碱化处理所用物质主要有氢氧化钠和石灰水。

(1)氢氧化钠处理　传统碱处理秸秆的方法为“湿法碱化”。具体做法是：将秸秆放入盛有 1.5%氢氧化钠溶液池中浸泡 12～24 h，然后捞出，淋去余液，再用清水反复清洗至中性，湿喂或晾干后饲喂反刍动物。此法可提高有机物消化率 25%。但反复冲洗也损失了很多可溶性营养物质，且用水量大，若不净化处理易污染环境。目前国外已对此做出改进，采用半干处理和干处理。

半干处理是将用碱液浸泡后的秸秆，再用压榨机压成半干状态，烘干后即可使用。

干处理与以上方法完全不同，它是用占秸秆风干重 3%～5%的氢氧化钠，配制成 30%溶液，喷洒在粉碎的秸秆上，然后用压榨机压榨成块状，冷却后即可长期保存使用。这种方法的碱化效果与碱量有关。试验证明，秸秆的消化率随用碱量的增加而提高，一般认为 5%的用量较好，动物试验有机物质的消化率可达 66.7%。

(2)石灰水处理　生石灰加水经熟化沉积后形成的石灰水(澄清液)主要成分是氢氧化钙弱碱液。具体做法是：用 1%生石灰或 3%熟石灰的石灰乳浸泡切短的秸秆。每 100 kg 石灰乳可浸泡 8～10 kg 秸秆，经 12 h 或 24 h 后捞出即可直接喂牛。

2. 氨化处理

经过氨化处理的粗饲料叫氨化饲料。氨化处理的原理是：当氨与秸秆中的有机物相遇发生氨解反应，破坏木质素与纤维素、半纤维素链间的酯键结合，并形成铵盐。铵盐是一种非蛋白氮化合物，同时，氨水中解离出的氢氧根离子对秸秆又有碱化作用。秸秆氨化处理可使粗蛋白质由 4%～5%提高到 8%～10%，纤维素含量降低 10%，有机物消化率提高 20%以上。

目前多采用无水液氨、氨水、尿素、碳酸氢铵为氨源。其中尿素最为方便，且氨味淡，操作安全。氨化方法也有堆贮法、室贮法、窖贮法、塑料袋法等。如使用尿素作为氮源的窖贮法具体做法为:先将秸秆称重,在20～27℃下氨化时,每100 kg秸秆加尿素5.5 kg。将尿素溶于水中,搅拌均匀,每100 kg干秸秆加水量为60 L。将溶解的尿素溶液喷洒在秸秆上,边喷洒,边搅拌,一层一层地喷洒和踩压,直到窖顶,再压实,用塑料膜覆盖,压紧后密封,四周压土。氨化4～8周后即可开窖,喂前将秸秆晾晒3～7 d。稻草、小麦秸等经氨化后疏松柔软,气味糊香,颜色棕黄,提高了适口性和采食量,增加了营养价值和饲用价值。肉用青年母牛日饲喂量可达5～8 kg。

(三)微生物处理

微生物处理是在粗饲料中加入微生物高效活性菌种,如乳酸菌、纤维素分解菌和酵母菌等,放入密封的容器中贮藏,在适宜条件下,分解秸秆中难以被动物消化的木质素和纤维素,增加菌体蛋白质、维生素等有益物质,并软化秸秆,改善味道,增加适口性。

微生物发酵秸秆的具体做法为:将准备发酵的秸秆等粗饲料切成5～8 cm的小段或粉碎。然后,每100 kg粗饲料加入用水化开的1～2 g菌种,搅拌均匀,边搅拌边加水(水温50℃),水量以手握紧饲料指缝见水珠而不滴落为宜。搅拌好的饲料,堆积或装缸,上面盖一层干草粉,当温度升至35～45℃时,翻动一次。散热后再堆积或装缸,压实封闭1～3 d即可饲用。

【任务总结】

任务总结表

项目	内容	要点
相关知识	粗饲料的特点	1.来源广,成本低;2.容积大,适口性较差;3.营养价值低
	粗饲料的种类	1.青干草;2.秸秕类饲料;3.高纤维糟渣类饲料
任务实施	识别与利用青干草	1.认知青干草的营养价值;2.认知青干草饲用价值
	识别与利用秸秕类饲料	1.识别几种常用的秸秕类饲料;2.认知秸秕类饲料的营养特性
	认知高纤维糟渣类饲料的营养价值及饲用价值	高纤维糟渣类饲料粗纤维含量高达30%～40%,其营养特点及饲用价值基本上同秸秕类饲料,是牛、羊等反刍动物较好的粗饲料
	加工调制粗饲料	1.物理处理;2.化学处理;3.微生物处理

任务三　认识青绿饲料

任务描述:青绿饲料(pasture range plants and as green)是指自然水分含量高于45%,富含叶绿素,处于青绿状态的饲料。这类饲料种类多、来源广、产量高、营养丰富,是草食动物的主要饲料之一,被人们称为“绿色能源”。在识别青绿饲料种类的基础上,能够依据青绿饲料的营养特点及饲喂价值合理使用青绿饲料;根据青贮饲料的调制原理、方法步骤,掌握青贮饲料品质鉴定技术和使用技术,为合理利用青绿饲料和青贮饲料奠定基础。

【任务目标】

◆知识目标

1. 熟悉青绿饲料的种类。

2. 了解青绿饲料的营养特点及饲喂技术。

3. 理解青贮饲料的调制原理和调制方法。

◆技能目标

1. 能列举青绿饲料的名称。

2. 能合理利用青绿饲料。

3. 会调制青贮饲料并进行品质鉴定。

◆素质目标

1. 培养沟通交流、团结协作能力。

2. 培养分析问题、解决问题的能力。

【知识】

一、青绿饲料的营养特点

1. 水分含量高

陆生植物牧草的水分含量为75%～90%，而水生植物为90%～95%。水分含量高使其干物质含量少，能值较低。

2. 蛋白质含量较低

禾本科牧草和蔬菜类饲料的粗蛋白质含量一般可达到1.5%～3%，豆科青绿饲料略高，为3.2%～4.4%。青绿饲料含赖氨酸较多，可补充谷物饲料中赖氨酸的不足。

3. 维生素含量丰富

青绿饲料是动物维生素营养的良好来源，特别是胡萝卜素含量较高，可达50～80 mg/kg。动物在正常采食青绿饲料的情况下，所能获得的胡萝卜素的量超过其需要量的100倍。另外，B族维生素、维生素C、维生素E、维生素K含量也较多。但缺乏维生素D，维生素B_6（吡哆醇）含量也很少。

4. 矿物质的较好来源

青绿饲料是矿物质营养的较好来源。青绿饲料中各种矿物质含量因种类、土壤和施肥情况而异，一般钙为0.4%～0.8%，磷为0.2%～0.35%，钙、磷比例适于动物生长，特别豆科牧草中钙的含量较高，因此饲喂青绿饲料的动物不易缺钙，青绿饲料还含有丰富的铁、锰、锌、铜等微量矿物元素，但一般牧草中钠和氯的含量不能满足动物需要，放牧动物应注意补充食盐。

5. 粗纤维含量较低

幼嫩的青绿饲料含粗纤维较少，木质素低，无氮浸出物较高。粗纤维和木质素的含量随生长期的延长而增加，即植物在开花或抽穗之前，粗纤维含量较低。木质素增加后，饲料消化率明显降低。如猪对未木质化的纤维素消化率可达78%～90%，而对已木质化的纤维素的消化率仅为11%～23%。

另外，青绿饲料幼嫩、柔软多汁，适口性好，还含有各种酶、激素和有机酸，易于消化。青绿饲料中有机物质的消化率：反刍动物75%～85%，马为50%～60%，猪为40%～50%。

综上所述，从动物营养的角度来说，青绿饲料是一种营养相对平衡的饲料。但因其水分含量高，干物质中消化能较低，从而限制了其潜在的营养优势。尽管如此，优质的青绿饲料仍可与一些中等的能量饲料相比拟。因此，在动物饲料方面，青绿饲料与由它调制的干草可以长期单独组成草食动物的饲粮。但对于对单胃动物（如猪、鸡）来说，它们对粗纤维的消化率较差，特别是含木质素高的青饲料，因此仅能以幼嫩的牧草，如苜蓿、紫云英、三叶草等喂猪。此外，青绿饲料容积较大，而猪鸡的胃肠容积有限，使其采食量受到限制。因此，在猪禽饲粮中不能大量加入青绿饲料，但可作为一种蛋白质与维生素的良好来源适量搭配于饲粮中，以补充其饲料组成的不足，从而满足猪禽对营养的全面需要。

二、影响青绿饲料营养价值的因素

1. 土壤与肥料

肥沃和结构良好的土壤，青绿饲料的营养价值较高，反之，在贫瘠和结构差的土地上收获的青绿饲料其营养价值就较低。特别是青绿饲料中一些矿物质的含量在很大程度上受土壤中元素含量与活性的影响。

施肥可以显著影响植物中各种营养物质的含量，在土壤缺乏某些元素的地区施以相应的肥料，则可防止这一地区的动物营养性疾病。对植物增施氮肥，不仅可以提高植物的产量，还可增加植物中粗蛋白质的含量，并且施肥后植物生长旺盛，茎叶浓绿，因而胡萝卜素亦显著增加。

2. 生长阶段和部位

幼嫩时期水分含量高，干物质中蛋白质含量较多而粗纤维较少。因此，在早期生长阶段的各种牧草有较高的消化率，其营养价值也高，随着植物生长期的延长，粗蛋白质等养分含量逐渐降低，而粗纤维特别是木质素的含量则逐渐上升，致使营养价值、适口性和消化率都逐渐降低。植物体的部位不同其营养成分差别也很大。例如，苜蓿的上部茎叶中粗蛋白质含量高于下部茎叶，而粗纤维含量则低于下部。一般来讲，茎秆中粗蛋白质含量低而粗纤维含量高，叶片中则恰恰相反，因此，叶片占全株的比例愈大，营养价值就愈高。

3. 气候条件

气候条件如气温、光照及雨量等对于青绿饲料的营养价值影响也较大。如在多雨地区或季节，土壤经常被冲刷，土壤中的钙质容易流失，故植物体内钙质积累较少，反之在干旱地区或季节，植物体内积累的钙质较多。在寒冷地区的植物，粗纤维含量较温暖地区高，粗蛋白质和粗脂肪的含量则较少。此外，生长在阳光充足的阳坡地的植物，粗蛋白质和六碳糖的含量显著高于阴坡地的植物。

4. 管理因素

牧地放牧制度的健全与否也影响到草地总的营养价值。放牧不足，植物变得粗老，营养价值降低；过度放牧则使许多优良草类如豆科牧草被频繁采食，以至不能恢复生长，逐渐从牧地上消失，使牧地总营养价值降低。此外，草地经常刈割可打断植物生长发育规律，使其恢复到生理上幼嫩的生长阶段，蛋白质和脂肪的含量可保持在一个较高水平，而粗纤维含量降低。

【技能】

一、识别青绿饲料的种类

青绿饲料资源丰富，种类繁多，主要有天然牧草、栽培牧草、青饲作物、叶菜类饲料、水生植物等。

(一)天然牧草

天然牧草(native grass)主要有四类，禾本科：芨芨草、紫穗羽茅、羊胡子草、鹅冠草、芦苇、芨芨草、碱草；豆科：紫花苜蓿、胡枝子、黄花草木樨、黄花苜蓿；菊科：野艾、驼蒿、香蒿、奶子草；莎草科：莎草、苔，这些牧草构成动物可采食的主要植被。

就其营养价值来说，豆科牧草较高，粗蛋白含量为15%～20%，但禾本科牧草生长早期幼嫩可口，采食量高。而且，禾本科野草的匍匐茎和地下茎再生能力强，比较耐牧，对其他牧草又有保护作用，适于放牧动物自由采食。

(二)栽培牧草

栽培牧草(cultivated grass)是指将产量高、营养价值较高、动物喜爱采食的牧草，经人工有意识、有目的地加以栽培。我国栽培牧草主要品种以豆科牧草如紫花苜蓿、三叶草、苕子、草木樨、紫云英和沙打旺等，禾本科牧草如黑麦草、无芒雀麦、羊草、苏丹草等这两大类为主。此类牧草适期利用粗纤维含量低、柔嫩多汁、适口性好、易消化，为各种动物所喜爱。

(1)紫花苜蓿　又名苜蓿(alfalfa)，是世界上分布最广的豆科牧草，总面积 3 000 多万 hm^2，被称为“牧草之王”。紫花苜蓿茎叶柔软，适口性强，幼嫩苜蓿含水较高，随生长阶段的延迟，蛋白质含量逐渐减少，粗纤维则显著增加，因此，要选择适宜的收割期，过早或过晚收割均很难获得最大的有效营养物质产量，一般适宜收割期为初花期至盛花期，花期 7～10 d。此时粗蛋白质含量 18%～20%，粗脂肪 3.1%～3.6%，无氮浸出物为 41.3%，蛋白质中氨基酸种类齐全，赖氨酸高达 1.34%。另外，紫花苜蓿还富含多种维生素和微量元素。收割过晚则营养成分下降，草质粗硬。

苜蓿主要作为草食动物的青绿饲料，嫩苜蓿也可作为猪、禽的青绿饲料，但注意在苜蓿开花前放牧动物，易引起膨气病，苜蓿与禾本科牧草混合采食，或放牧前喂些干草，或待露水干后放牧，可防止或减少膨气病的发生。

(2)红、白三叶　红、白三叶(red clover and white clover)为优良的下繁草，再生能力强，能耐频牧和重牧。亩产鲜草 3 000～4 000 kg。其草质柔嫩，叶量丰富，适口性极好，营养价值属豆科牧草之冠。在干物质中含粗蛋白 28.7%、脂肪 3.4%可溶性碳水化合物 40.4%、矿物质 28.7%、钙 0.9%、磷 0.3%。相对来讲，红、白三叶因草层较低，单位面积干物质产量也较低，因此往往与禾本科牧草混播最适合与其混播的牧草是多年生黑麦草放牧型牧草。在混播草地中，红、白三叶的重要价值不仅仅是对草地中饲草营养价值和产量的贡献，同时，还能迅速占据空间，阻止杂草的侵入和发展，维持草地的良好状态，通过生物固氮改良土壤的氮素供应，促进高产禾本科牧草的生长。

(3)草木樨　草木樨(sweet clover)既是一种优良的豆科牧草，也是一种重要的保土植物和蜜源植物。草木樨可青饲、调制干草、放牧或青贮，具有较高的营养价值，与苜蓿相似。草木樨含有香豆素,有不良气味,故适口性差,饲喂时应由少到多,使动物逐步适应。无味草木樨的特点是香豆素含量低。当草木樨保存不当而发霉腐败时,在霉菌的作用下,香豆素会变为双香豆素,其结构与维生素K相似,二者具有拮抗作用。动物采食了霉烂的草木樨后,遇到内外创伤或手术,血液不易凝固,有时会因出血过多而死亡。减喂、混喂、轮换喂可防止出血症的发生。

(4)黑麦草 黑麦草(ryegrass)属多年生草本植物。它是我国长江流域及南方各省春、秋、冬常绿的重要牧草。该草草质柔软,叶量较多,所有草食动物、家禽、鱼都很喜食。可刈割青饲、放牧和调制干草。当株高40～50 cm时可以刈割或放牧,抽穗盛期刈割调制干草。干草的粗蛋白质含量9%～13%,粗脂肪2%～3%。由于叶片多而柔软,是牲畜的优质干草。

(5)羊草 羊草(guinea grass)又名碱草,我国主要分布于东北、西北、华北和内蒙古等地,为松嫩、科尔沁、锡林郭勒和呼伦贝尔等草场上的优势种和建群种。羊草适应性强、耐干旱、耐盐碱(pH 8～9,总盐量0.5%～0.8%,在20 cm土层)、耐瘠薄、耐短期水淹(5～7 d)。羊草不仅适于放牧,而且最适于调制干草。8月中旬收割的干草,粗蛋白质含量为7%～13%,粗脂肪2.3%～2.5%。羊草叶片多而宽长,适口性强。羊草不仅是牲畜冬春的优质干草,而且可加工成草粉,作为全价配合饲料的组成成分,或加工成不同牲畜需要的颗粒饲料。

(三)青刈作物

青刈作物(soiling crop)指利用农田栽培的农作物或饲料作物,在其结实前或结实期收割作为青饲料利用的饲料。常见的有青刈玉米、青刈燕麦、青刈大麦、大豆苗、豌豆苗、蚕豆苗等。

一般青刈作物用于直接饲喂或青贮。青刈饲料柔嫩多汁,适口性好,营养价值比收获籽实后剩余的秸秆高,尤其是青刈禾本科作物其无氮浸出物含量高,用作青贮效果好。此外,青刈燕麦和青刈大麦也常用来调制青干草。

幼嫩期青刈的高粱和苏丹草中含有氰甙配糖体,动物采食后会在体内转变为氢氰酸而中毒。为了防止中毒,宜在抽穗期刈割,也可调制成干草或青贮,使毒性减弱或消失。

(1)青刈玉米 玉米是我国的主要粮食作物之一,栽培面积和总产量仅次于水稻和小麦居于第三位。玉米是优良的饲料作物,其植株高大,生长迅速,茎中含糖量高,适于专门种植作为青贮原料和分期种植、分批刈割作为动物的青饲料,即青刈玉米(forage maize)。

青刈玉米的产量和品质与收获期有很大关系。适时收割的玉米株才能达到最高营养价值。青刈玉米柔嫩多汁,口味良好,新鲜饲喂,适于做牛、羊的青饲料。制成干草供冬春饲喂,营养丰富,无氮进出物含量高,易消化。据报道,鲜玉米株中粗蛋白质和粗纤维的消化率各为65%和67%,而粗脂肪和无氮进出物的消化率则分别高达72%和73%。

(2)青刈高粱 青刈高粱(forage sorghum)和青刈玉米一样是优质青饲料。它茎叶青绿,尤其是甜茎种,是猪、牛、马、羊的好饲料。鲜喂、青贮或调制干草均可,但应注意的是,高粱新鲜茎叶中含氢氰配糖体,可由酶的作用产生氢氰酸而起毒害作用。过于幼嫩的茎叶不能直接利用,多量采食易引起中毒。调制青贮或晒制干草后毒性消失。

(四)叶菜类饲料

叶菜类饲料(leafy feed)包括人工栽培叶菜类饲料及蔬菜中人类不能利用的部分。此类饲料质地柔嫩,水分含量高,干物质中粗蛋白质含量在20%左右,其中大部分为非蛋白氮化合物。粗纤维含量少，能量不足，不可用作牛羊的基础饲料，但矿物质丰富。人工栽培叶菜类饲料主要包括甘蓝、牛皮菜、竹叶菜、苦荬菜等。

(1)苋菜　苋菜(edible amaranth)也称千穗谷、西番谷。苋菜茎叶比较柔软，营养价值较高，以株高1m左右的开花前刈割利用较好，否则消化率下降。苋菜在现蕾期风干物质中含粗蛋白质8.50%，粗脂肪1.80%，粗纤维38.70%，无氮浸出物35.30%。苋菜是猪的优良青绿饲料，生喂、熟喂均可。

(2)苦荬菜　苦荬菜(indian lettuce)也称良麻、苦麻菜、山莴苣、八月老。苦荬菜适口性好，易消化，营养丰富。干物质中粗蛋白质含量17%～26%，粗脂肪约15.5%，粗纤维约14.5%。苦荬菜柔嫩多汁，味稍苦，能促进食欲，帮助消化；能防止猪的便秘，去毒泻火；能促进仔畜生长和母畜泌乳。通常切碎或打浆后拌糠麸喂猪，采食量和消化率都很高。

(3)根茎和瓜类的茎叶　根茎和瓜类的茎叶，人类往往不愿食用，但是作为动物的青饲料，其营养价值不一定比叶菜类饲料差。这类饲料如甜菜茎叶、胡萝卜茎叶、土豆茎叶、红薯藤。红薯藤柔嫩多汁，作为猪、牛、羊的饲料，其适口性好。

(五)水生饲料

水生饲料一般是指“三水一萍”，即水浮莲(water lettuce)、水葫芦(water hyacinth)、水花生(water peanut)与红萍。这类饲料具有生长快、产量高、不占耕地和利用时间长等优点。在南方水资源丰富地区，因地制宜发展水生饲料，并加以利用，是扩大青绿饲料来源的一个重要途径。水生饲料的水分含量特别高，一般在92%以上，因而其他营养物质的含量就相应较低。水生饲料最大的缺点是容易传染寄生虫，如猪蛔虫、姜片虫、肝片吸虫等，因此，水生饲料以熟喂为好，或者把它先制成青贮饲料后饲喂，也可制成干草粉。

二、使用青绿饲料

(一)青绿饲料的饲喂方法

青绿饲料的饲喂方法很多，可直接饲喂，也可切碎或打浆之后饲喂、也可制成青贮饲料(silage)之后饲喂。具体采用哪种饲喂方法与青绿饲料种类和动物种类有关。

(二)青绿饲料中动物日粮中的用量

生产中要根据动物的种类确定适宜的使用量。对于反刍动物，青绿饲料可以作为唯一的饲料来源而并不影响其生产力(高产泌乳牛除外)，单胃动物则不能。猪只能在盲肠内消化青绿饲料的粗纤维，对青绿饲料的利用率较差，只能以幼嫩的牧草，如苜蓿、紫云英、三叶草等喂猪，并适当搭配精料，以获得好的饲喂效果。

(三)使用注意事项

1.适时刈割

青绿饲料的营养价值随着植物的生长而变化，一般来说，植物生长早期营养价值较高、但产量较低。生长后期，虽干物质产量增加，但由于纤维素含量增加，木质化程度提高，营养价值下降。青绿饲料不同品种，不同利用方法，不同利用对象，其最佳利用时间是不一样的，禾本科一般在孕穗期，豆科则在初花至盛花期，直接鲜喂适当提前，青贮利用和晒制干草可适当推迟。如果用来饲喂猪、兔可适当提前，饲喂牛、羊可适当推迟。

2. 力求新鲜

青绿饲料如果直接饲喂动物，一定要保证新鲜干净。因为青绿饲料含水量高，不易久存，易腐烂，如不进行青贮和晒制干草，应及时饲用，否则会影响适口性，严重的可引起中毒。

3. 合理搭配

青绿饲料是动物的良好饲料，但总的来说，单位重量的营养价值并不是很高，同时，由于不同动物的消化系统结构和消化生理存在差异，利用方法也有不同，因此，必须与其他饲料搭配利用，以求达到最佳利用效果。杂食动物(如猪)，青绿饲料不能用做主料，只能作为一种补充料，适量使用。生长肥育猪一般可替代精料的10%～15%(以干物质计算)，母猪饲喂效果较好，可替代精料20%～25%，仔猪适量自由采食。而草食家畜(如牛、羊)由于有瘤胃和发达的盲肠，对粗纤维的利用能力较强，日粮中可以青绿饲料为主，辅以适量精料。牛每头每天用量20～30 kg，羊2～4月龄羔羊2～3 kg，4～8月龄4～6 kg，8月龄以上7～10 kg。

4. 谨防中毒

(1)防止农药中毒：对于刚施用过农药田地上的青绿饲料，不用做饲料。为防止引起农药中毒，一般经15d后才能收割利用。

(2)防止亚硝酸盐中毒：青绿饲料特别是叶菜类饲料，若长时间堆放，发霉腐败，加热或煮后焖在锅里或缸里过夜等喂时，在细菌作用下，青绿饲料中原含有的硝酸盐还原为亚硝酸盐而具有毒性。亚硝酸盐中毒发病很快，多在1 d内死亡。严重者在30 min内就会死亡。目前农村常有发生中毒病例，发生亚硝酸盐中毒时，可用注射特效药1%美蓝溶液解毒，用量一般为每公斤体重1～2 mg。

(3)防止氢氰酸中毒：青绿饲料一般不含氢氰酸，但有的青绿饲料，如玉米苗、高粱苗、南瓜蔓等含有氰苷配糖体。如果这些饲料经过堆放发酵或霜冻枯萎，在植物体内特殊酶的作用下，氰苷被水解形成氢氰酸而有毒。发生氢氰酸中毒时，可注射1%亚硝酸钠，用量为每千克体重1 mL，加入10%～25%的葡萄糖50～100 mL中，缓缓静脉注射。注射完亚硝酸钠后，立即用同一针头在同一注射部位缓慢注入5%～10%的硫代硫酸钠，用量为每千克体重1～2 mL。30 min后，可用上述药品的半量重复给药1次。如无亚硝酸钠，可用美蓝液代替。

三、调制与利用青贮饲料

(一)调制青贮饲料

青贮饲料(silage)是将青饲料经切短、压实、密封在青贮容器中，使乳酸菌利用青贮原料中的糖分等养料，迅速繁殖，通过发酵作用产生乳酸，抑制有害菌增殖，从而保存青饲料的营养价值，它是贮存和调制青绿饲料的好方法。

调制青贮饲料是一项重要任务，必须保证青贮成功，为此应有专门技术人员总负其责，同时工作量大，必须有多数人参加操作，事前必须做好一切组织工作，各有专责，协力完成，主要方法步骤如下：

(1)天气的选择：为操作方便，保证质量，青贮工作应选择在晴天进行。

(2)原料的运输：原料要保证供应，保持干净，为此，运载工具、加工场地均应事先清扫，清除粪渣、煤屑、碎石、竹木片以及其他污物，以免污染原料，损伤机器。

(3)切碎：对牛、羊等反刍动物，一般把禾本科牧草和豆科牧草及叶菜类等原料，切成

2～3 cm,玉米和向日葵等粗茎植物,切成 0.5～2 cm,原料的含水量越低,切得越短。

(4)水分调节:常规青贮法一般要求水分在 65%～75%。如果制作半干青贮料可将水分缩小至 45%～55%。为了保证青贮质量,原料还应含有一定的糖分。对含糖低的原料(如豆科作物)可与含糖量高的原料(如玉米茎叶、甘薯藤等)混贮,或者添加糖浆、淀粉等以补其糖分之不足。

(5)原料的装填、压实:水分适宜的原料,可装入窖中。在装窖前,先在窖底铺一层干净的稻草约 10 cm,然后填入原料,摊匀,每摊一层(厚 15～20 cm)压实一次,可用人力或借助机械踩压,尤须注意要压实边角,如为大型青贮壕,可在卸料后用履带拖拉机边摊平边压,这样更省工。

如果要添加尿素、食盐等,应在装填原料的同时分层加入,注意掌握用量,一般尿素、食盐不超过原料重量的 0.5%,而且由下至上逐层均匀施放。

原料的装填和压实工作,必须在当天完成或在 1～2 d 内完成,以便及时封窖,保持质量。

(6)密封:装填原料要高出窖口 40～50 cm,长方形窖成鱼脊背式,圆形窖成馒头状,踩实后覆盖塑料薄膜,然后再盖细土。盖土时要由地面向上部盖土,使土层厚薄一致,并适当拍打踩实。覆土厚度约 10 cm,表面拍打坚实光滑,以便雨水流出。窖四周要把多余泥土清理好,挖好排水沟,防止雨水流入窖内。

(7)管理:密封后,要注意管理,及时检查,每日至少 1 次,青贮下陷开裂部分要及时填补好,排汁孔也要及时填塞,青贮窖防止牲畜践踏,窖顶应设遮盖物,以避风雨,在多雨的南方,尤应注意在窖上建瓦棚,四周开排水沟。

(二)鉴定青贮饲料品质

1. 目的要求

通过青贮料的酸碱度(pH)、颜色、气味和质地等项指标的测定,了解青贮料品质鉴定的意义和掌握评定青贮料品质的一般方法,从而确定青贮料的品质,检查在青贮过程中原料配制和青贮技术是否正确,以及青贮料的适口性,为今后改进青贮技术、提高青贮品质提供依据。

2. 条件

仪器设备:烧杯,吸管,玻璃棒,试管,比色盘,小漏斗,滤纸等。

混合指示剂:0.04%甲基红和 0.04%溴甲酚绿 1:1.5 混合。

0.04%甲基红配制:称 0.1 g 甲基红,放入研钵内,加 0.02 mol/L 的氢氧化钠溶液 10.6 mL,细心研磨,使完全溶解,再用蒸馏水稀释至 250 mL。

0.04%溴甲酚绿配制:称 0.1 g 溴甲酚绿,放入研钵内,加 0.02 mol/L 的氢氧化钠溶液 18.6 mL,细心研磨,使完全溶解,再用蒸馏水稀释至 250 mL。

3. 方法步骤

第一步,在青贮料中部,取青贮料约 50 g,于烧杯中进行鉴定。

第二步,青贮料放入磁盘中,进行气味、颜色、结构和湿润度的感官评定,逐项填入表 1-4、表 1-5 中。

表 1-4 青贮料颜色评定标准

颜色	评分
绿色	3分
黄绿色	2分
暗绿、深褐色、黑色	1分

表 1-5 气味评分标准

气味	评分
芬芳酒香味	3分
醋酸味	2分
臭味、腐败味及强烈丁酸味	1分

第三步，测定酸碱度。

将待测样品切断，装入烧杯中至1/2处，以蒸馏水或凉开水约100 mL浸没青贮饲料，用玻璃棒充分搅拌5 min，静止15～20 min后，将水浸物用滤纸过滤。吸取滤液2 mL，移入白瓷比色盘内，加2～3滴混合指示剂，用玻璃棒搅拌，观察盘内浸出液的颜色(表1-6)。

表 1-6 颜色评分标准

pH	颜色反应	评分
3.8～4.4	红—红紫	3分
4.6～5.2	紫—乌黑、深蓝、紫	2分
5.4～6.0	蓝紫—绿	1分

第四步，总评见表1-7。

表 1-7 综合评定标准

青贮等级	总评分
上等	8～9分
中等	5～7分
下等	1～4分

(三)使用青贮饲料

1.取用

青贮饲料一般在调制后30 d左右，即可开窖取用。也可等青绿饲料短缺时取用。良好的青贮料，含有较多的乳酸，少量醋酸，颜色青绿或黄绿色，有光泽，湿润、紧密、茎叶花保持原状，容易分离，有芳香酒香味，有的略有酸味。若颜色黑、黏滑、结块，具特殊腐臭味或霉味，说明青贮失败，不能饲喂。从圆形窖中取用青贮饲料时，应从表面自上而下逐层取料，不可打洞掏取。沟形青贮壕应从青贮料的横断面垂直方向，由上向下逐段切取，不要挖窝掏取，切取的工具可用饲料刀、锹或铁钗等。取料以当日喂完为准,保持青贮的新鲜,切勿取一次喂数日。每次取完料后盖严塑料布,密封,注意防止二次发酵。如因天气太热或因其他原因保存不当,表层的青贮变质或发霉,应及时取出抛弃,不应用来喂饲动物,否则易引起动物意外的疾病。

青贮窖打开后,如果中途停喂,时间间隔较长,必须按原来封窖方法将青贮窖盖好封严,不透气,不漏水。如此才可继续保存饲料而不变质。开窖后尽快喂完。

2. 喂法

青贮料适口性好,但多汁轻泻,应与干草、秸秆和精料搭配使用。牲畜开始饲喂青贮时有的不爱吃,要先用少量青贮饲料混入干草中训练饲喂,喂量由少到多,逐渐增加,经过 7～10 d 不间断饲喂,多数牲畜就喜食。饲喂青贮饲料要注意不能间断,以免窖内饲料腐烂变质和牲畜频繁变换饲料引起消化不良或生产不稳定。如已经冰冻,应在暖和的屋内化冰霜后再喂,绝不可喂结冻的青贮饲料。青贮饲料具有轻泻作用,因此母畜妊娠后期不宜多喂,产前 15 d 停喂,以防流产。对奶牛最好挤奶后使用,以免影响奶的气味。冻料要解冻后再喂。饲喂过程中,如发现牲畜有拉稀现象,应减量或停喂,待恢复正常后再继续喂用。

3. 饲喂量

每头动物每日青贮饲料喂量大致如下:妊娠成年母牛 50 kg/(头·d),产奶成年母牛 25 kg/(头·d),断奶犊牛 5～10 kg/(头·d),种公牛 15 kg/(头·d),成年绵羊 5 kg/(头·d),成年马 10 kg/(头·d),成年兔 0.2 kg/(头·d)。

(四)认知青贮饲料局限性

(1)青贮饲料一次性投资较大,如青贮壕(沟)或青贮窖,以及青贮切碎设备等。

(2)由于青贮原料粉碎细度较小,以及发酵产生乳酸等,饲喂青贮饲料过多有可能引起某些消化代谢障碍,如酸中毒、乳脂率降低等。

(3)若制作方法不当,如水分过高、密封不严、踩压不实等,青贮饲料有可能腐烂、发霉和变质等。

【拓展知识】 特种青贮

为了提高青贮饲料的品质和青贮效果,在青贮时对青贮原料进行适当处理,或添加其他物质进行青贮,这种特殊的调制方法叫特种青贮。

1. 低水分青贮

低水分青贮也叫半干青贮,此法具有干草和青贮料两者的特点,损失小。低水分青贮饲料制作的原理是:原料含水少,造成对微生物的生理干燥。青饲料刈割后,经风干水分含量降至 45%～50%时,植物细胞的渗透压达 $(5.57\times10^6)\sim(6.08\times10^6)$ Pa,这样的风干植物对腐败菌、酪酸菌及乳酸菌均可造成生理干燥状态,限制它们的生长繁殖。因此,半干青贮过程中微生物发酵微弱,蛋白质分解少,有机酸形成量少,碳水化合物损失不多。

半干青贮由于含水量低,干物质含量比一般青贮多 1 倍以上,有效能值、粗蛋白质、胡萝卜素的含量较高,具有果香味,适口性好,动物采食量高。

2. 加酸青贮

难贮的原料,加一定量无机酸或缓冲液,可使 pH 迅速降至 3.0～3.5,腐败菌和霉菌活动受抑制,促进青贮料迅速下沉,正常发酵,从而达到长期保存的目的。

甲酸是青贮时常添加的有机酸。添加甲酸青贮料的 pH 迅速降低,蛋白质水解酶的活性受到抑制，使蛋白质的分解明显减少，同时还可抑制梭菌引起的腐败。加酸青贮对不易青贮的豆科牧草以及含水量高达80%～85%的青绿饲料均可取得理想效果。甲酸的一般用量：每吨青贮原料添加纯甲酸2.4～2.8 kg，在装窖时均匀喷洒。加酸制成的青贮饲料颜色鲜绿，有香味，适口性好，蛋白质等营养物质损失少，提高了饲料品质。

3.添加其他物质青贮

①添加尿素或矿物质青贮：尿素和矿物质添加后可改善青贮料的营养价值。通常对蛋白质含量低的禾本科牧草常添加尿素，用量为0.2%～0.5%。由于青饲料原料中矿物质含量不足，可适当补加碳酸钙、石灰石、磷酸钙、碳酸镁等，这类物质除了补充矿物质外，还可使青贮发酵持续、酸生成量增加。

②添加甲醛青贮：甲醛能抑制青贮过程中各种微生物的活动，在青贮料中添加0.15%～0.30%的福尔马林，可有效抑制腐败菌活动。甲醛还有减弱瘤胃微生物对食入蛋白质分解的作用，保护蛋白质较少损失地通过瘤胃，使大部分蛋白质为动物吸收利用。

③添加乳酸菌青贮：青贮原料中添加乳酸菌培养物制成的发酵促进剂或由乳酸菌和酵母菌培养制成的混合发酵促进剂，可以促进乳酸菌的繁殖，抑制其他有害微生物的作用，提高青贮品质。生产中菌种应选择盛产乳酸而不产生乙酸和乙醇的同质型乳酸杆菌或球菌作为发酵促进剂(一般每吨青贮料中加乳酸菌培养物0.5 L或乳酸菌制剂450 g)。

④添加酶制剂青贮：青贮中添加的酶制剂以淀粉酶、糊精酶、纤维素酶、半纤维素酶为主。酶制剂可使饲料中部分多糖水解成单糖，有利于乳酸发酵。按青贮原料重量的0.01%～0.25%添加酶制剂，青贮效果良好。

【任务总结】

任务总结表

项目	内容	要点
相关知识	青绿饲料的营养特点	1.水分含量高；2.蛋白质含量较低；3.维生素含量丰富；4.矿物质的较好来源；5.粗纤维含量较低
	影响青绿饲料营养价值的因素	1.土壤与肥料；2.生长阶段和部位；3.气候条件；4.管理因素
任务实施	识别青绿饲料的种类	1.天然牧草；2.栽培牧草；3.青刈作物；4.叶菜类饲料；5.水生饲料
	使用青绿饲料	1.青绿饲料的饲喂方法；2.青绿饲料在动物日粮中的用量；3.使用注意事项
	调制与利用青贮饲料	1.调制青贮饲料；2.鉴定青贮饲料品质；3.使用青贮饲料；4.认知青贮饲料局限性
拓展知识	特种青贮	1.低水分青贮；2.加酸青贮；3.添加其他物质青贮

任务四　认识能量饲料

任务描述:能量饲料是配合饲料中常见的种类,其主要作用是为动物提供能量。在正确认识能量饲料的基础上,熟悉能量饲料的种类,依据能量饲料的质量标准、饲用价值与使用注意事项,选择合适的能量饲料原料,为科学合理的设计饲料配方打下坚实基础。

【任务目标】

◆**知识目标**

1.理解碳水化合物的营养作用。

2.了解能量在体内的转化过程。

3.熟悉能量饲料的种类和质量标准。

◆**技能目标**

1.能正确识别常用能量饲料。

2.能依据质量标准正确评定能量饲料品质。

◆**素质目标**

1.培养查阅资料、收集信息、总结归纳能力。

2.培养分析、解决问题的意识和能力。

【知识】

一、能量相关基本概念

植物利用光能(太阳能)合成有机物(碳水化合物、脂肪、蛋白质等),将光能转化为化学能贮存在有机物中。动物通过食入有机物,在体内进行一系列酶促反应,将饲料中的化学能转化为生物能,从而为维持正常的生命活动和进行各种生产需要供能。有机物是能量的载体,能量是有机物的综合指标。

二、能量的衡量单位

过去用卡(Calorie,卡路里),现国际上通用单位是焦耳(J),但由于焦耳单位较小,实际应用时常用千焦(kJ)或兆焦(MJ)表示能量的单位。

1 cal=4.184 J　1 J=0.239 cal　1 MJ=1 000 kJ=1 000 000 J

Mcal=1 000 kcal=1 000 000 cal

三、能量的来源

动物从饲料中摄取营养物质,在体内进行物质代谢的同时伴随着能量的代谢,将化学能转变为生物能。

单胃动物和反刍动物都能通过葡萄糖代谢,大量利用淀粉、单糖、寡糖供能。反刍动物除了从这些物质获得能量外，还能通过瘤胃微生物对纤维素和半纤维素的发酵，获取机体所需的大部分能量，而单胃动物只有在盲肠和结肠中有少量微生物，分解纤维素供能。动物需能较高时，体内的糖原、脂肪也能分解供能，但脂肪消耗过多会对动物体产生不利影响。在一定的条件下，蛋白质也可提供能量，但会降低蛋白质的生物学效价，也会加重动物的肾脏负担。

所以正常情况下，能量主要来源于碳水化合物，其次为脂肪、蛋白质。

(一)碳水化合物

碳水化合物广泛存在于植物性饲料中，在动物日粮中占一半以上，是供给动物能量最主要的营养物质。

1. 碳水化合物的存在形式

在常规养分分析中将碳水化合物分为无氮浸出物和粗纤维两大类。无氮浸出物主要包括单糖、双糖、寡聚糖和多聚糖中的淀粉，主要存在于细胞内容物中。一般植物性饲料中均含有较多的无氮浸出物，尤其是禾本科的籽实和根茎类饲料含量多。

粗纤维主要包括纤维素、半纤维素、果胶和木质素等，是构成植物细胞壁的主要物质，其中纤维素、半纤维素和果胶不能被消化道中的酶所水解，但能被消化道中微生物酵解，酵解后的产物才能被动物吸收与利用，而木质素却不能被动物利用。故粗纤维也是饲料中最难消化的营养物质，多存在植物的茎秆和秕壳中。动物体内不含粗纤维。

动物体内的碳水化合物含量很低，仅占体重的1%，主要存在有葡萄糖、糖原、乳糖、肝糖等。

2. 碳水化合物的营养功能

(1)碳水化合物是动物体内能量的主要来源　碳水化合物在动物体内的主要作用是氧化供能，动物所需能量中，约80%由碳水化合物提供。其产热量虽然低于同等重量脂肪所产生的热能，但因它在植物饲料中含量丰富，价格便宜，故动物体主要依靠碳水化合物氧化分解供能最为经济。

(2)碳水化合物是动物体内的能量贮备物质　饲料中碳水化合物除供动物所需的养分外，有多余时可转变为糖原和脂肪贮存起来，糖原存在于肝脏和肌肉中，分别称为肝糖原和肌糖原。肝脏和肌肉等组织由于合成糖原的能力十分有限，故不可能无限制地合成糖原，当动物合成糖原之后仍有剩余时，将转变为脂肪贮备于体内。

(3)碳水化合物是体组织的构成物质　碳水化合物普遍存在于动物体各种组织中，作为细胞的构成成分，参与多种生命过程，在组织生长的调节上起重要作用，如核糖、脱氧核糖、黏多糖等。

(4)碳水化合物是合成乳脂和乳糖的重要原料　单胃动物主要利用葡萄糖合成乳脂，而反刍动物则利用碳水化合物在瘤胃中发酵产生的乙酸合成乳脂中的脂肪酸，乳脂中的甘油则主要由血液中的葡萄糖合成。乳中的乳糖由葡萄糖合成，其葡萄糖可来源于血液的葡萄糖及碳水化合物在瘤胃中发酵产生的丙酸所合成的葡萄糖。

(5)粗纤维是日粮中不可缺少的成分　粗纤维是各种动物，尤其是草食动物日粮中不可缺少的成分。粗纤维经微生物发酵产生的各种挥发性脂肪酸，除用以合成葡萄糖外，还可氧化供能，粗纤维是草食动物的主要能源来源物质，它所提供的能量可满足草食动物维持能量消耗，粗纤维体积大、吸水性强，不易消化，可充填胃肠容积，使动物食后有饱感；粗纤维可刺激消化道黏膜，促进胃肠蠕动、消化液的分泌和粪便的排出。

(6)寡糖的特殊作用　寡聚糖是指 2～10 个单糖单位通过糖苷键连接的一类小聚合物的总称，主要有寡果糖、寡甘露糖、寡乳糖、寡木糖。近年研究表明，寡聚糖可作为有益健康的基质改变肠道菌相，建立健康的肠道微生物区系，寡糖还有清除消化道内病原菌，激活机体免疫力系统等作用，日粮中添加寡糖可增强机体免疫力，提高成活率，增重及饲料转化率。寡糖作为一种稳定、安全、环保性良好的抗生素替代物，在畜牧业生产中有广阔的发展前景。

3. 碳水化合物的消化吸收

碳水化合物在动物体内代谢方式有两种，一是葡萄糖代谢，二是挥发性脂肪酸代谢。其过程简式表示如下：

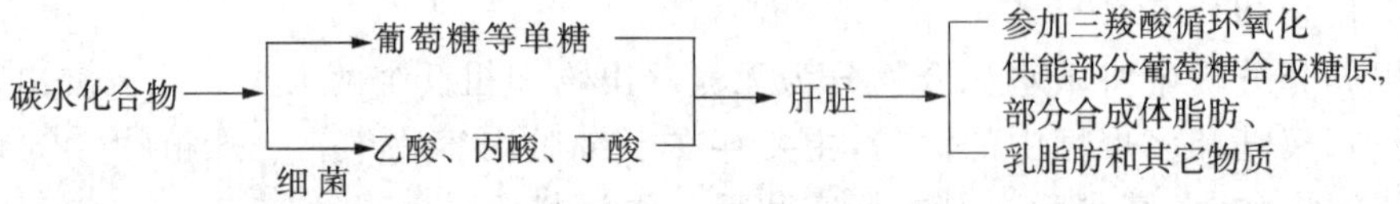

(1)单胃动物　单胃动物以猪为例。饲料中碳水化合物被猪采食后进入口腔，猪口腔的唾液淀粉酶活性较强，少部分淀粉经唾液淀粉酶的作用水解为麦芽糖等；胃本身不含消化碳水化合物的酶类，而是由饲料从口腔带入部分淀粉酶，猪胃内大部分为酸性环境，淀粉酶失去活性，只有在贲门腺区和盲囊区内，一部分淀粉在唾液淀粉酶作用下水解为麦芽糖，小肠中含有消化碳水化合物的各种酶，其消化过程如下：

$$\text{淀粉}\xrightarrow{\text{胰淀粉酶、肠淀粉酶}}\text{麦芽糖}\xrightarrow{\text{麦芽糖酶}}\text{葡萄糖}$$

$$\text{蔗糖}\xrightarrow{\text{蔗糖酶}}\text{葡萄糖}+\text{果糖}$$

$$\text{乳糖}\xrightarrow{\text{乳糖酶}}\text{葡萄糖}+\text{半乳糖}$$

无氮浸出物最终的分解产物是各种单糖，其中大部分由小肠壁吸收，经血液输送至肝脏，在肝脏中，其他单糖首先都转变为葡萄糖，而所有葡萄糖中大部分经体循环输送至身体各组织，参加三羧酸循环，氧化释放能量供动物需要，一部分葡萄糖在肝脏合成肝糖原，一部分葡萄糖通过血液输送至肌肉，形成肌糖原，再有过多的葡萄糖时，则被输送至动物脂肪组织的细胞中合成体脂肪作为贮备。

单胃动物的胃和小肠不分泌纤维素酶和半纤维素酶，因此饲料中的纤维素和半纤维素不能在其中酶解，饲料中的纤维素和半纤维素的消化主要依靠盲肠和结肠中的细菌发酵，将其酵解产生乙酸，丙酸和丁酸等挥发性脂肪酸及 CH_4、H_2、CO_2 等气体，部分挥发性脂肪酸可被肠壁吸收，经血液输送至肝脏，继而被动物利用，而气体则排出体外。

猪碳水化合物代谢特点：以葡萄糖代谢为主，消化吸收的主要场所是在小肠，靠酶的作用进行。挥发性脂肪酸为辅助代谢方式，且在大肠中靠细菌发酵进行，其营养作用较小，因此猪能大量利用淀粉和各类单、双糖，但不能大量利用粗纤维。

猪饲粮中粗纤维水平不宜过高，一般为 4%～8%。禽碳水化合物代谢特点与猪相似，但缺少乳糖酶，故乳糖不能在家禽消化道中水解，而粗纤维的消化只在盲肠。因此，它利用粗纤维的能力比猪还低，鸡饲粮中，粗纤维的含量以 3%～5%为宜。

单胃草食动物，如马、驴、骡等对碳水化合物的消化代谢过程与猪基本相同，单胃草食动物虽然没有瘤胃，但盲肠结肠较发达，其中细菌对纤维素和半纤维素具有较强的消化能力，因此，它们对粗纤维的消化能力比猪强，但不如反刍动物。马属动物既可进行葡萄糖代谢又可进行挥发性脂肪酸代谢。

(2)反刍动物 反刍动物口腔中唾液多但淀粉酶少，饲料中淀粉在口腔内变化不大，饲料中大部分淀粉和糖进入瘤胃后被细菌降解为挥发性脂肪酸及气体。挥发性脂肪酸被瘤胃壁吸收参加机体代谢，气体排出体外。

瘤胃中未被降解的淀粉和糖进入小肠，在淀粉酶、麦芽糖酶及蔗糖等的作用下分解为葡萄糖等单糖被肠壁吸收，参加机体代谢，小肠未被消化的淀粉和糖进入结肠与盲肠，被细菌降解为挥发性脂肪酸并产生气体，挥发性脂肪酸被肠壁吸收参加代谢，气体排出体外。

在所有消化道中未被消化吸收的无氮浸出物和粗纤维，最终由粪便排出体外。

反刍动物瘤胃是消化粗纤维的主要器官，饲料粗纤维进入瘤胃后，被瘤胃细菌降解为乙酸、丙酸和丁酸等挥发性脂肪酸，同时产生 CH_4、H_2 和 CO_2 等气体，分解后由血液输送至肝脏，在肝脏中，丙酸转变为葡萄糖，参与葡萄糖代谢，丁酸转变为乙酸，乙酸随体循环到各组织中参加循环，氧化释放能量供给动物体需要，同时也产生 CO_2 和 H_2O，还有部分乙酸被输送至乳腺用以合成乳腺脂肪。所产气体以嗳气等方式排出体外。

瘤胃中未被降解的粗纤维，通过小肠时无大变化，到达盲肠与结肠中，部分粗纤维又可被细菌降解为挥发性脂肪酸及气体，挥发性脂肪酸可被肠壁吸收参加机体代谢，气体排出体外。

反刍动物碳水化合物代谢特点：以挥发性脂肪酸代谢为主，在瘤胃和大肠中靠细菌发酵，以葡萄糖代谢为辅，在小肠中靠酶的作用进行，故反刍动物不仅能大量利用无氮浸出物，也能大量利用粗纤维。

反刍动物瘤胃容积大，并生存有大量分解粗纤维的纤维分解菌，瘤胃又处于消化道前段，粗纤维分解的终产物有充分的机会被动物吸收，因此，反刍动物对粗纤维的消化率一般可达42%～61%。

瘤胃发酵形成的各种挥发性脂肪酸的数量因日粮组成、微生物等因素的不同而异，对于肉牛，提高精料比例将粗饲料磨成粉状饲喂，产生乙酸、丙酸，利于合成体脂肪，提高增重改善肉质，对于奶牛，粗饲料比例增加，则形成乙酸，利于形成乳脂，提高乳脂率。

对于反刍动物，粗纤维除具有发酵产生挥发性脂肪酸的营养作用外，对保证消化道正常功能，维持健康，调节微生物群落具有重要作用。所以粗饲料一般占日粮干物质的50%以上，奶牛粗饲料供给不足或粉碎过细，轻则影响产奶量，降低乳脂率，重则引起奶牛蹄叶炎，酸中毒，瘤胃不完全角化症等。奶牛日粮中按干物质计，粗纤维含量约17%，低于或高于适宜范围都会产生不良的影响。

（二）脂肪

1.脂肪的营养作用

(1)脂肪是构成动物体组织的重要原料 动物体各种组织器官，如神经、肌肉、骨骼、皮肤及血液的组成中均含有脂肪，主要为磷脂和固醇等。各种组织的细胞膜并非完全由蛋白质所组成，而是由蛋白质和脂肪按一定比例所组成，脑和外周神经组织都含有鞘磷脂。磷脂对动物生长发育非常重要，固醇是体内合成固醇类激素的重要物质，因此，脂肪也是组织细胞增殖、更新及修补的重要原料。

(2)脂肪是供给动物体能量和贮备能量的最好形式 脂肪是含能最高的营养素，在体内氧化所产生的能量为同质量碳水化合物的2.25倍。动物摄入过多有机物时，可以以体脂肪形式将能量贮备起来。而体脂肪能以较小体积含藏较多能量，是动物贮备能量的最佳方式。

（3）脂肪是脂溶性维生素的溶剂　饲料中的脂溶性维生素A、维生素D、维生素E、维生素K均须溶于脂肪后才能被吸收，而且吸收过程还需有脂肪作为载体，因而若无脂肪参与将不能完成脂溶性维生素的吸收过程，从而导致脂溶性维生素代谢障碍。

（4）提供必需脂肪酸　在不饱和脂肪酸中，有几种多不饱和脂肪酸在动物体内不能合成，必须由饲料供给。这些不饱和脂肪酸即称为必需脂肪酸。即亚油酸、亚麻油酸、花生油酸，是动物的必需脂肪酸。近年研究指出，对于多数哺乳动物包括人类，亚油酸乃是一种最重要的必需脂肪酸，必须由外源供给；其次重要的必需脂肪酸是亚麻酸，花生四烯酸则可由亚油酸在动物体通过碳链加长和双键形成而生成。

必需脂肪酸的概念不适用于成年反刍动物，反刍动物如牛、羊的瘤胃微生物能合成上述必需脂肪酸，无须依赖饲料供给，至于幼龄反刍动物因瘤胃功能尚不完善，故亦需在饲料中摄取必需脂肪酸。

（5）脂肪对动物具有保护作用　脂肪不易传热，因此，皮下脂肪能够防止体热的散失，寒冷的季节有利于维持体温的恒定性和抵御寒冷，脂肪充填在脏器周围，具有固定和保护器官及缓和外力冲击的作用。

（6）脂肪是动物产品的成分　动物产品肉、蛋、奶、皮毛、羽绒等，均含有一定数量的脂肪，脂肪的缺乏会影响到动物产品的形成和品质。

2.饲料脂肪对动物产品品质的影响

（1）饲料脂肪对肉类脂肪的影响

①单胃动物：单胃动物体组织沉积脂肪的不饱和脂肪酸多于饱和脂肪酸，这是由于植物性饲料脂肪中的不饱和脂肪酸含量较高，被猪、鸡采食吸收后，不经氢化即直接转变为体脂肪，故猪、鸡体脂肪内不饱和脂肪酸高于饱和脂肪酸。马虽是草食动物，但其没有瘤胃，虽有发达的盲肠，但饲料中不饱和脂肪酸进入盲肠之前，在小肠中经胰液和胆汁的作用，未经转化为饱和脂肪酸就被吸收，所以马的体脂肪中也是不饱和脂肪酸多于饱和脂肪酸，因此单胃动物体脂肪的脂肪酸组成明显受饲料脂肪性质的影响。

②反刍动物：由于反刍动物瘤胃微生物作用，可将饲料中不饱和脂肪酸氢化为饱和脂肪酸，因此反刍动物的体脂肪组成中饱和脂肪酸比例明显高于不饱和脂肪酸，即反刍动物体脂肪品质受饲料脂肪性质的影响较小。

（2）饲料脂肪对乳脂肪品质的影响　饲料脂肪在一定程度上可直接进入乳腺，饲料脂肪的某些成分，可不经变化地用以形成乳脂肪，因此，饲料脂肪性质与乳脂品质密切相关。

（3）饲料脂肪对蛋黄脂肪的影响　将近一半的蛋黄脂肪是在卵黄发育过程中，摄取经肝脏而来的血液脂肪而合成，这说明蛋黄脂肪的质和量受饲料影响较大。在饲料中添加油脂（主要是植物油）可促进蛋黄的形成，继而增加蛋重，并可产生富含亚油酸的“营养蛋”。

四、饲料能量在动物体内的转化

有机物是能量的载体。饲料能量在动物体内的转化过程，也是饲料有机物被动物采食、消化、代谢及利用的过程（图1-2）。能量在动物体内的转化，遵循能量守恒定律（即能量从一种形式转变其他形式时，其总量保持不变）。

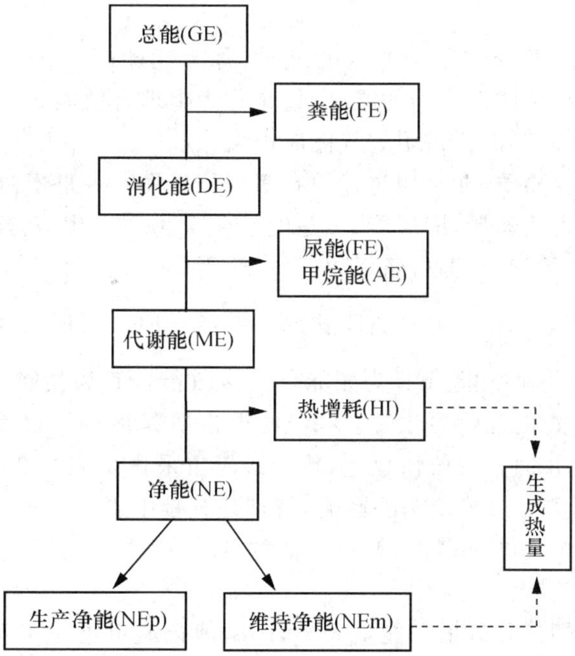

图 1-2 饲料能量在动物体内转化过程

(一)饲料能量在动物体内转化过程

1. 总能

饲料中有机物即碳水化合物、脂肪、蛋白质三大营养物质完全燃烧后释放的能量(体内为氧化)总和称为总能(gross energy,GE),常用氧弹式热量计进行测定。总能只表示饲料完全燃烧后所释放的能量值,并不能反映饲料的真实营养价值,也不能说明被动物利用的有效程度,如营养价值不同的玉米与燕麦秸,能值分别为 18.87 MJ/kg,18.70 MJ/kg,几乎相等。但是总能是评定能量代谢过程中其他能值的基础。

2. 消化能

饲料被动物采食以后,其中一部分有机物(养分)未被动物消化吸收,而随粪便排出体外,这部分有机物(养分)所含的能量即粪中有机物所含的能量,称为粪能(FE)。饲料中可消化的营养物质所含的能量,即总能减去粪能,称为消化能(digestible energy,DE)。

$$ADE = GE - FE \qquad\qquad TDE = GE - (FE - FmE)$$

式中:ADE 为饲料表观消化能;TDE 为饲料的真实消化能;FmE 为代谢粪能,来自动物体内的分解产物,如消化道脱落细胞、进入消化道的机体分泌物和消化道微生物及其产物等含有的能量。

表观消化能低于真消化能,但生产实践中多应用表观消化能。

由总能转化为消化能的过程中,粪能损失的量与动物的种类和饲料性质有关。

测定饲料的消化能采用消化试验。用饲料消化能评定饲料的营养价值和估计动物的能量需要量比饲料总能更为准确,可反映出饲料能量被消化吸收的程度。禽类因其粪尿在一起,一般不测定禽类的消化能。

3. 代谢能

饲料中被动物利用的营养物质中所含的能量，称为代谢能（metabolizable energy，ME）。它表示饲料中真正参与动物体内代谢的能量，故又称为生理有效能。

即总能减去粪能、尿能和消化道甲烷气体能损失。

饲料中被吸收的营养物质，在利用过程中有两部分损失。一是蛋白质的代谢尾产物尿素、尿酸等随尿排出体外所含的能量，即尿能；二是碳水化合物在消化道，经微生物酵解所产生的气体（主要是甲烷），所含的能量，即胃肠甲烷气体能，则：

$$ME=DE-UE-AE \text{ 或 } ME=GE-FE-UE-AE$$

式中：ME 为代谢能，DE 为消化能，UE 为尿能，AE 为气能，FE 为粪能。

哺乳动物尿中的含氮化合物主要是尿素，禽类主要是尿酸。经测定，每克尿素含能量 23 kJ，每克尿酸含能量 28 kJ。一般情况下，猪的尿能占采食总能的 2%～3%，牛的尿能占总能的 4%～5%。尿能损失受饲粮结构的影响，特别是饲粮中蛋白质水平、氨基酸平衡状况等。

反刍动物损失的甲烷气体较多，一般占总能的 6%～8%，对于非草食动物消化道甲烷气产量很少，可忽略不计。

用代谢能评定饲料的营养价值和能量需要，比用消化能更进一步明确饲料能量在动物体内的转化与利用程度。

测定饲料的代谢能用代谢试验，即在消化试验的基础上增加收集尿和收集甲烷气体的装置。

4. 净能

饲料总能中，用于维持动物生命活动和生产产品的能量，称为净能（net energy，NE）。

动物采食饲料后，体内产热量会增加，一部分源于饲料在消化过程中由消化道微生物发酵产生的热量（非草食动物可忽略不计），称为发酵热（HF），一部分源于采食饲料后体内代谢加强而增加的产热量，称为营养代谢热（HNM），发酵热和营养代谢热统称为体增热（HI）。此外，消化道肌肉活动、呼吸加快，以及分泌系统和循环系统的机能加强，都会引起体热增加。体增热由体表散失，冷应激环境中，动物可利用体增热来维持体温；热应激环境中，体增热是一种负担，设法降低体增热是提高饲料利用率和动物生产性能的主要措施之一。体增热受动物种类、饲料成分、饲粮组成、饲养水平及日粮全价性等因素的影响，一般占食入总能的 10%～40%。

净能的计算公式为：$NE=ME-HI$ 或 $NE=GE-FE-UE-AE-HI$

式中：NE 为净能，ME 为代谢能，HI 为体增热，GE 为总能，FE 为粪能，UE 为尿能，AE 为甲烷能。

净能根据用途分为维持净能和生产净能。用于基础代谢、维持体温恒定和随意活动所消耗的能量，称为维持净能（net energy for maintenance，NEm）。用于形成各种动物产品或做功的能量，称为生产净能（net energy for production，NEp）。不同生产用途，生产净能的表现形式不同，例如肥育动物的产脂净能、泌乳动物的产奶净能、产蛋动物的产蛋净能、生长动物的增重净能等。从生产效益考虑，维持净能也是一种无偿消耗，但这是动物第一能量需要，只有在满足维持净能需要后，剩余部分才能用作生产净能，即维持净能是动物进行生产的前提。

可见，动物采食饲料能量后，经消化、吸收、代谢及合成等过程，大部分能量以各种无效能的形式（粪能、尿能、气体能、体增热、维持净能）损失掉，仅有少部分食入饲料能量转化为不同形式的生产净能。

总能、消化能、代谢能、生产净能均可评价饲料的能量营养价值，由于一次愈来愈接近饲料利用之终端，所以评定饲料能量营养价值或估计动物能量需要时，其准确性以总能最差，以生产净能最高。

(二)饲料能量利用效率

饲料在动物体内经过代谢转化后，最终用于维持动物声明和生产。动物利用饲料中能量转化为产品净能，这种投入的能量与产出的能量的比率关系称为饲料能量利用效率(feed energy use efficiency)。

$$饲料能量利用效率=\frac{产品能值}{食入饲料总能}\times 100\%$$

能量用于维持需要和用于生产的效率不同，且饲料总能难以反映饲料的真实营养价值，所以饲料能量的利用率常用总效率和净效率两种指标表示。

总效率是指产出产品中所含的能量与进食饲料的有效能(消化能或代谢能)之比。计算公式如下：

$$总效率=\frac{产品能值}{进食有效能值(包括维持净能)}\times 100\%$$

纯效率是指喂给动物的能量水平高于维持需要时，产出的产品能值与进食有效能扣除用于维持需要的有效能值之比。计算公式如下：

$$净效率=\frac{产品能值}{进食有效能值-用于维持需要有效能值}\times 100\%$$

(三)影响因素

1. 动物的种类

除了总能以外，同一种饲料饲喂不同种类的动物，其消化能、代谢能和净能值均不同，其原因是不同动物的消化代谢生理差异较大。

2. 生产目的

不同生产目的有效能的转化效率不同，其转化效率顺序是：维持＞产奶＞生长、肥育＞妊娠、产毛。

3. 饲养水平

适宜的饲养水平范围内，随饲养水平提高，能量利用率升高。日粮的能量水平不是越高越好，应与动物类别、动物所处的生理状态相适应，才能提高饲料能量的利用效率，从而提高动物的生产力。

4. 日粮的组成和营养成分

不同的营养素热增耗不同，蛋白质的热增耗比其他养分高，饲料中纤维素水平也影响热增耗，喂谷物饲料时，HI为ME的50%，喂粗饲料时达到60%。反刍动物日粮中粗纤维含量高，其热增耗也高。日粮缺少钙、磷、维生素都会使热增耗增大。

5. 环境因素

包括温度、湿度、气流、光照、饲养密度、应激等。动物处在等热区中，能量的利用率最高。温度过低，动物用于机体的维持需要量增加，而用于产品合成的能量必然减少。温度过高，用于生产的饲料能量也减少。

6. 疾病

动物患病时，食欲下降，进而引发其他症状，甚至导致代谢紊乱。这样也必然影响到动物对能量的转化，使其利用率下降。

7. 群体效率

除考虑动物个体效率外，还应考虑群体效率，如产仔少、增重慢，雄性动物多及群居间的骚扰都会降低能量利用效率。

(四)提高能量利用率的营养学措施

1. 减少维持需要

维持需要是动物在维持生命活动而不产生任何动物产品的情况下，所消耗的能量，属于无效生产需要。在生产中要尽量使动物处于等热区，冬季防寒、夏季避暑，合理地减少动物运动，缩短饲养期，蛋用禽类和种用动物的体重控制在标准体重；加强动物的饲养管理，合理组群，防止疾病的发生。

2. 减少能量损失

通过正确合理的饲料配制、加工及饲喂技术，可减少能量在转化过程中粪能、尿能、胃肠甲烷气体能、体增热等各种能量的损失、减少动物的维持消耗，增加生产净能。

3. 确切满足动物需要

给动物配制全价日粮、即根据动物的具体情况，参照各自饲养标准，满足其对能量、蛋白质、矿物质和维生素等各种营养物质的需要及相应的适宜比例。

(五)畜禽能量体系

一般情况下，采用消化能作为猪的能量指标，采用代谢能作为禽的能量指标，采用净能作为反刍动物的能量指标。在我国，奶牛采用奶牛能量单位，缩写为 NND(汉语拼音字首)或 DECU(英语 diary cattle energy unit 缩写)，即 1 kg 含乳脂率 4%的标准乳能量或 3 138 kJ 产奶净能为一个 NND。对肉牛采用肉牛能量单位，缩写为 RND(汉语拼音字首)或 BCEU(英语 beef cattle energy unit 缩写)，即 1 kg 中等品质玉米所含的综合净能 8.08 MJ(1.93 Mcal)为一个 RND。

【技能】

一、识别与利用谷实类饲料

(一)识别几种常用的谷实类饲料的饲用价值

1. 玉米

(1)识别玉米饲用价值　玉米(corn)含能量高，总能的平均值约为每千克干物质有 18.5 MJ，且利用率高，故有"能量之王"的美誉。玉米含粗纤维少，适口性好，产量高，价格便宜。用玉米喂猪时应粉碎以利于消化，但猪饲料中使用过多易造成软质肉。反刍动物饲料中使用时应注意与其他蓬松性原料并用，否则可能导致鼓胀。黄玉米中含有较多的胡萝卜素、叶黄素和玉米黄素，有助于加深蛋黄或奶油或肉鸡皮肤及脚趾的颜色。粉碎后的玉米粉易酸败变质，不宜久存。特别是当黄曲霉毒菌污染后所产生的黄曲霉毒素是一种强致癌物质，对人畜危害极大。我国饲料用玉米质量标准见表 1-8。

表 1-8 饲料用玉米质量标准(GB/T 17890—2008)

指标 等级	容重/(g/L)	粗蛋白质/%	不完善粒/%		水分/%	杂质/%	色泽气味
			总量	其中生霉粒			
1	≥710	≥10.0	≤5.0	≤2.0	≤14.0	≤1.0	正常
2	≥685	≥9.0	≤6.5				
3	≥660	≥8.0	≤8.0				

(2)感官鉴定玉米水分的含量

①视觉检验法。将样品放于盘内或手掌上,水分高的玉米籽粒粒形膨胀,整个籽粒光泽性强。

②触觉鉴定法。将样品放在盘内或手掌上,用手指触摸,通过手对玉米的籽粒捻、压、捏等来感觉软、硬,如籽粒较硬,则水分小,反之水分大。

③齿碎鉴定法。将样品放入口中,用牙齿咬碎,根据破碎程度,牙齿感觉和发出声音高低,判断玉米水分大小。

将已知水分的玉米样品配成18.0%~22.0%,等差距为0.5%的水分含量系列样品(即18.0%、18.5%、19.0%、19.5%、20.0%、21.0%、21.5%、22.0%),然后按照水分含量系列反复地练习,记忆,感觉水分含量不同的样品在用眼看、手摸(包括插、握、掐)、齿碎时的不同感觉。反复练习,达到与烘箱法测定结果不超过0.5%时。

含水量在14%以内:籽粒干燥,颜色正常。用牙咬有震动感和清脆的响声,碎粒大小不一,断面光滑。用手抓玉米籽粒或插进种子堆时有滑流“刹手”的感觉,在堆内搅动时会有“哗哗”的清脆声。玉米的胚部凹陷,干枯贴底。

含水量在15%~16%:玉米较为干燥,颜色正常较新鲜。用牙咬时有震动的感觉,响声不清脆,用手抓握或搅动时流利发滑但不“刹手”,胚部收缩凹陷,用手指可轻微掐入,指甲边缘有发亮的油迹。

含水量在17%~19%:玉米粒感觉不十分干,但也不很潮,颜色新鲜。牙咬时有响声,不震牙。胚部有凹陷,用指甲很容易掐入,指甲带有湿痕。

含水量在20%~24%:玉米籽粒发潮湿,颜色鲜艳有光泽。用手触动种子堆时,声音低沉,感觉潮涩,向玉米堆插入时感觉有阻力,胚部与粒面基本相平,牙咬时易碎,稍有低沉的响声或无响声,碎渣常连在一起。

含水量25%以上:玉米籽粒潮湿,籽粒颜色鲜艳,光泽强并发亮,胚部饱满或稍有突起,用牙咬时很容易压扁,无响声,手很难插入种子堆内。

含水量在30%左右:玉米籽粒特别潮湿,籽粒涨大,粒色鲜艳明亮,胚部膨胀突起,用指甲掐胚部有水渗出。

2.高粱

高粱(sorghum)种皮中含有较多的单宁,单宁具有收敛性和苦味。适口性不及玉米,在猪日粮的配比中一般不超过20%;在蛋鸡和雏鸡的日粮配比中一般在15%以下为宜。否则易引起便秘。高粱对于乳牛有近似玉米的饲用价值。一般以粉碎后喂给为好;饲喂肉牛其饲用价值相当于玉米的90%~95%,可以带穗粉碎。我国饲料用高粱质量标准见表1-9。

表 1-9 我国饲料用高粱质量标准(NY/T 115—1989) %

质量标准	等级		
	一级	二级	三级
粗蛋白质	≥9.0	≥7.0	≥6.0
粗纤维	<2.0	<2.0	<3.0
粗灰分	<2.0	<2.0	<3.0

3. 大麦

大麦(barley)不宜用饲喂仔猪。大麦粗脂肪含量低，喂肥育猪，肉质细致紧密，脂肪色坚硬，胴体品质好。大麦粉碎后喂猪，其饲用价值与玉米接近。用大麦喂鸡，效果不如玉米，大量饲喂会使鸡蛋着色不佳。乳牛、肉牛可大量饲喂大麦，饲喂时稍加粉碎即可，粉碎过细，影响适口性，整粒饲喂不利于消化，造成浪费。我国饲料用大麦质量标准见表 1-10。

表 1-10 我国饲料用大麦质量标准(NY/T 118—1989) %

质量标准	等级		
	一级	二级	三级
粗蛋白质	≥11.0	≥10.0	≥9.0
粗纤维	<5.0	<5.5	<6.0
粗灰分	<3.0	<3.0	<3.0

4. 粟与小米

粟(millet)脱壳前称为“谷子”，脱壳后称为“小米”，全国各地均有栽培。粟对鸡饲用价值较高，为玉米的 95%～100%。粟中叶黄素和胡萝卜含量较高，对鸡皮肤、蛋黄有着色效果，用粟做禽类饲料时，不必粉碎，可直接饲用。粟对猪的饲用价值也较高。饲用时粉碎的粒度以 1.5～3.0 mm 为宜。我国饲料用粟谷子质量标准见表 1-11。

表 1-11 我国饲料用粟谷子质量标准(NY/T 213—1992) %

质量标准	等级		
	一级	二级	三级
粗蛋白质	≥11.0	≥10.0	≥9.0
粗纤维	<5.0	<5.5	<6.0
粗灰分	<3.0	<3.0	<3.0

(二)认知谷实类饲料的营养特点

谷实类饲料是指禾本科作物的籽实。谷实类饲料能量含量高，富含无氮浸出物，占干物质的 70%以上，而且其中主要是淀粉，占无氮浸出物的 82%～92%；粗纤维含量少，多在 5%以内，仅带颖壳的大麦、燕麦、水稻和粟可达 10%左右；粗蛋白含量一般为 8%～11%，赖氨酸、蛋氨酸、色氨酸等含量较少，谷实蛋白质的品质较差；灰分中，钙少磷多，但磷多以植酸盐形式存在，对单胃动物的有效性差；谷实中维生素 E、维生素 B_1 较丰富，但维生素 B_2、维生素 C、维生素D贫乏。谷实类饲料是动物的最主要能量饲料原料。

二、识别与利用糠麸类饲料

(一)识别几种常用的糠麸类饲料的饲用价值

1. 小麦麸

小麦麸(wheat bran)俗称麸皮,是以小麦籽实为原料加工面粉后的副产物。小麦麸不宜用作仔猪的饲料。生长肥育猪小麦麸用量一般控制在日粮的15%~25%以内。在种鸡和产蛋鸡日粮中用量为5%~10%,育成鸡可占10%~20%。小麦麸还具有轻泻作用,给产后母畜饲喂适量的麸皮粥可起到调节消化道机能的作用。饲料用小麦麸质量标准见表1-12。

表1-12 饲料用小麦麸的质量标准(NY/T 119—1989) %

质量标准	等级		
	一级	二级	三级
粗蛋白质	≥15.0	≥13.0	≥11.0
粗纤维	<9.0	<10.0	<11.0
粗灰分	<6.0	<6.0	<6.5

2. 米糠

米糠(rice bran)是糙米精制时产生的果皮、种皮、外胚乳和糊粉层等的混合物。米糠适于饲喂各种动物,但在日粮中配比过高会引起腹泻及体脂软。米糠在日粮中占的比例一般鸡料以3%~8%为宜,猪料应控制在20%以下;乳牛和肉牛日粮中可用20%左右。饲料用米糠质量标准见表1-13。

表1-13 饲料用米糠的质量标准(NY/T 122—1989) %

质量标准	等级		
	一级	二级	三级
粗蛋白质	≥13.0	≥12.0	≥11.0
粗纤维	<6.0	<7.0	<8.0
粗灰分	<8.0	<9.0	<10.0

3. 其他糠麸

主要有高粱糠(sorghum bran)、玉米皮(corn bran)等。高粱糠的消化能值高于小麦麸,对猪、鸡的喂量应限制;饲喂奶牛和肉牛效果较好。玉米皮含粗纤维含量较高,对猪和蛋鸡有效能值较低,不宜喂仔猪和雏鸡,但可作为奶牛和肉牛的饲料。

(二)认知糠麸类饲料的营养特点

谷实经加工后形成的一些副产品,即为糠麸类,糠麸主要由果种皮、外胚乳、糊粉层、胚芽等组成。糠麸成分不仅受原粮种类影响,而且还受原粮加工方法和精度影响。与原粮相比,糠麸中粗蛋白质、粗纤维、B族维生素、矿物质等含量较高,但无氮浸出物含量低,故属于一类有效能较低的饲料。另外,糠麸结构疏松、体积大、容重小、吸水膨胀性强,其中多数对动物有一定的轻泻作用。

三、识别与利用淀粉质的块根块茎类饲料

(一)识别几种常用的淀粉质块根块茎类饲料的饲用价值

1. 甘薯

甘薯(sweet potatoes)最宜喂猪,无论生喂还是熟喂,都应将其切碎或切成小块,以免引起牛、羊、猪等动物食道梗塞。甘薯可在鸡饲粮中占10%,在猪饲粮中可替代25%的玉米,在牛饲粮中可替代50%的其他能量饲料。黑斑甘薯有毒,不能作为动物的饲料。

2. 马铃薯

马铃薯(potato)对反刍动物可生喂,对猪熟喂效果较好。马铃薯中含有一种配糖体,被称为龙葵素的有毒物质,它在马铃薯各部位含量差异较大。马铃薯耐贮藏,当贮藏温度较高时也会发芽而产生有毒的龙葵素,马铃薯表皮见到光而变成绿色以后,龙葵素含量剧增,大量采食可导致动物消化道炎症和中毒,甚至死亡。因此,已发芽的马铃薯必须将芽除掉,并且加以蒸煮才能饲喂。

3. 南瓜

南瓜(pumpkin)是猪、奶牛、肉牛、羊、蛋鸡的好饲料。适宜做育肥猪的饲料,可代替部分精料。南瓜可粉碎后饲喂动物;南瓜藤叶切短后可直接饲喂牛、羊,也可打浆后喂猪。南瓜及其藤叶,适宜与豆科牧草、青玉米秸、各种野青草和叶菜等混合、切碎后青贮。

4. 甜菜

甜菜(beet)适用于喂育肥猪。成年猪日喂量5.0～7.5 kg,幼猪喂量酌减,可切碎或打浆后饲喂。新收获的甜菜如立即喂猪,易引起腹泻,须经短暂贮存后再喂,因其中大部分硝酸盐经过贮存可转化为无害的天门冬酰胺。甜菜青贮,一年四季都可喂猪。

(二)认知淀粉质块根块茎类饲料的营养特点

①水分含量高达75%～90%;②干物质中无氮浸出物达60%～80%;③粗纤维占3%～10%;④粗蛋白质仅为5%～10%;⑤矿物质为0.8%～1.8%;⑥适口性含,消化率高;⑦缺乏B族维生素,除胡萝卜、红心甘薯及南瓜外,都缺乏胡萝卜素。

四、识别与利用其他能量饲料

(一)识别与利用油脂

1. 油脂的种类

油脂(fat and oils)种类繁多,按照产品来源可分为植物油脂、动物油脂。我国至今未对饲料用油脂颁布国家标准,在生产中,对饲料用油脂的质量一般规定为:

(1)动物油脂中脂肪含量在91%～95%为合格产品;90%为最低标准;85%为皂脚(油渣)的最低标准;低于85%为劣质产品。

(2)动物油脂中游离脂肪酸在10%以下者,为中、优质产品;20%～50%者为劣质产品。

(3)油脂中含水量在1.5%以下者,为合格产品;大于1.5%者,为劣质产品。

(4)油脂中不溶性杂质在0.5%以下者,为优质产品;大于0.5%者,为劣质产品。

2.油脂的利用

饲料中添加油脂能够显著提高生产性能并降低饲养成本，尤其对于生长发育快、生产周期短或生产性能高的动物效果更为明显。油脂添加量建议为：奶牛3%～5%；蛋鸡2%～5%；肉猪4%～6%，仔猪3%～5%。添加植物油优于动物油，而椰子油、玉米油、大豆油为仔猪的最佳添加油脂。由于油脂价格高，混合工艺存在问题，目前国内的油脂实际添加量远低于上述建议量。

酸败的脂肪会引起动物消化代谢紊乱，甚至中毒。在使用时应在脂肪中添加抗氧化剂，并注意检查油脂的酸度、碘值等指标。为预防疯牛病，奶牛饲料中禁止添加动物油脂。配合饲料生产中添加油脂时，可用豆粕类等原料吸附后，再逐步扩大混入饲料中，或采用直接喷雾法，将油脂加热至60～90℃，再喷雾到饲料中。

(二)识别与利用糖蜜

糖蜜(molasses)是甘蔗和甜菜碱制糖的副产品。糖蜜具有轻泻性，日粮中糖蜜量大时，粪便发黑变稀。猪、鸡饲料中适宜添加量为1%～3%，肉牛为4%，犊牛8%。糖蜜可作为颗粒饲料的黏合剂，提高颗粒饲料的质量。若在糖蜜中添加适量尿素，制成氨化糖蜜，喂牛效果更好。

(三)识别与利用乳清粉

乳清粉(whey powder)是乳品加工厂生产工业酪蛋白和酸凝乳干酪的副产物，将其脱水干燥便成乳清粉。由于牛乳成分受奶牛品种、季节、饲粮等因素影响及制作乳酪的种类不同，所以乳清粉的成分含量有较大差异。

乳清粉中乳糖含量很高，一般在67%～71%，乳蛋白质含量不低于11%，钙、磷含量较多，且比例合适。乳清粉中富含水溶性维生素，缺乏脂溶性维生素。乳清粉主要用作猪的饲料，尤其是仔猪的饲料，在仔猪饲料中加30%的脱脂乳和10%乳清粉，饲养效果更好。在生长猪日粮中乳清粉用量应少于20%，在肥育猪饲粮中用量应控制在10%以内。犊牛代乳料中可用到20%，用量过高会造成下痢及生产障碍并增加饲养成本。

【任务总结】

任务总结表

项目	内容	要点
相关知识	能量相关基本单位	有机物是能量的载体，能量是有机物的综合指标
	能量的衡量单位	焦耳；千焦；兆焦
	能量的来源	1.碳水化合物；2.脂肪
	饲料能量在动物体内的转化	1.总能；2.消化能；3.代谢能；4.净能
任务实施	识别与利用谷实类饲料	1.识别常用的谷实类饲料的饲用价值；2.认知谷实类饲料的营养价值
	识别与利用糠麸类饲料	1.识别几种常用的糠麸类类饲料；2.认知糠麸类饲料的营养特性
	识别与利用淀粉质的块根块茎类饲料	1.识别几种常用的淀粉质块根块茎类饲料；2.认知淀粉质块根块茎类饲料的营养特点
	识别与利用其他能量饲料	1.识别与利用油脂；2.识别与利用糖蜜；3.识别与利用乳清粉

任务五　认识蛋白质饲料

任务描述:蛋白质是动物生长中所需的最重要的物质,蛋白质类饲料品种繁多,质量各异。在理解蛋白质作用的基础,正确识别生产中常用的蛋白质饲料,依据蛋白质饲料的营养特点及饲用价值,合理选择蛋白质饲料原料,为设计科学全价的饲料配方奠定基础。

【任务目标】

◆知识目标

1. 掌握蛋白质的营养生理作用。
2. 熟悉蛋白质饲料的种类及其质量标准。
3. 了解识别掺假蛋白质饲料的方法。

◆技能目标

1. 能解释生产中蛋白质不足的后果和蛋白质过量的危害。
2. 能正确识别蛋白质饲料。
3. 能依据质量标准进行蛋白质饲料品质鉴定。
4. 能合理利用蛋白质饲料。

◆素质目标

1. 树立合理开发利用饲料资源生产绿色畜产品意识。
2. 培养分析、解决问题的意识和能力。

【知识】

一、蛋白质的组成

蛋白质是由氨基酸组成的一类数量庞大的物质的总称,主要组成元素是碳、氢、氧、氮,大多数蛋白质含有硫元素,少数蛋白质还含有磷、铁、铜和碘等元素。各种蛋白质的含氮量虽不完全相等,但差异不大,一般蛋白质的含氮量按16%计。动植物体中真蛋白质含氮量的测定比较困难,通常只测定其中的总含氮量,然后乘以蛋白质系数6.25(或除以16%),并以粗蛋白质表示。通常所讲的粗蛋白质包括真蛋白质和非蛋白质类含氮化合物。

二、蛋白质的营养生理功能

蛋白质是一种复杂的高分子有机化合物,是塑造一切细胞和组织结构的重要成分。一切生命活动均与蛋白质密切相关,它的营养作用是其他营养物质所不能代替的。

1. 蛋白质是构成动物体最基本的物质

动物体各种组织器官如肌肉、皮肤、内脏、神经、血液、精液、毛发、喙等,均由蛋白质作为结构物质而形成,蛋白质是动物体内除水分外含量最高的物质。

2. 蛋白质是组织更新、修补的必需物质

在动物的新陈代谢过程中,组织和器官的蛋白质的更新、损伤组织的修补都需要蛋白质。

据实验测定，动物体蛋白总量中每天有0.25%～0.30%进行更新，若按此计算则每经12～14个月体组织蛋白质即全部更新一次。

3.蛋白质是机体内功能物质的主要成分

在动物的生命和代谢活动中起催化作用的酶、某些起调节作用的激素、具有免疫和防御机能的抗体(免疫球蛋白)都是以蛋白质为主要成分。另外，蛋白质对维持体内的渗透压和水分的正常分布，也起着重要的作用。

4.蛋白质可氧化供能和转化为糖、脂肪

在机体能量供应不足时，蛋白质也可分解供能，维持机体的代谢活动。当摄入蛋白质过多或氨基酸不平衡时，多余的部分也可能转化成糖、脂肪或分解产热。正常条件下，鱼等水生动物体内亦有相当数量的蛋白质参与供能作用。

5.蛋白质是遗传物质的基础

动物的遗传物质DNA与组蛋白结合成为一种复合体——核蛋白，以核蛋白的形式存在于染色体上，将本身蕴藏的遗传信息，通过自身的复制过程传递给下一代。

6.蛋白质是动物产品的重要成分

蛋白质是形成奶、肉、蛋、皮毛及羽毛等动物产品的重要原料。

三、蛋白质不足的后果与过量的危害

(一)蛋白质不足的后果

饲料中蛋白质不足或蛋白质品质低下，影响动物的健康、生长、繁殖及生产性能，其主要表现为以下几个方面：

1.消化机能紊乱

日粮中蛋白质的缺乏首先会影响胃肠黏膜及其分泌消化液的腺体组织蛋白的更新，从而影响消化液的正常分泌，引起动物消化功能紊乱。动物会出现食欲下降，采食量减少，营养吸收不良及慢性腹泻等异常现象。

2.动物生长发育受阻或体重减轻

幼龄动物正处于皮肤、骨骼、肌肉等组织迅速生长和各种器官发育的旺盛时期，需要蛋白质多。若饲粮中蛋白质缺乏，幼龄动物增重减缓，生长停滞，甚至死亡；成年动物则会因体组织器官尤其是肌肉和脏器的蛋白质合成和更新不足，而使体重大幅度减轻，并且这种损害很难恢复正常。

3.易患贫血症及其他疾病

动物缺少蛋白质，体内不能形成足够血红蛋白和血细胞蛋白质而患贫血症。并因血液中免疫抗体数量减少，使机体的抗病力减弱，容易感染各种疾病。

4.影响繁殖机能

日粮中若缺乏蛋白质会影响控制和调节生殖机能的重要内分泌腺——脑垂体的作用，抑制其促性腺激素的分泌。其有害影响对于公畜表现为睾丸的精子生成作用异常，精子数量减少品质降低；对于母畜则表现为影响正常的发情、排卵、受精和妊娠过程，导致难孕、流产、弱胎和死胎等。

5.生产性能降低

日粮中缺乏蛋白质时，可使生长动物增重缓慢，泌乳动物泌乳量下降，绵羊的产毛量及家禽的产蛋量减少，而且动物产品的质量也会降低。

(二)蛋白质过量的危害

饲粮中蛋白质超过动物的需要，不仅造成浪费，而且多余的氨基酸在肝脏中脱氨，形成尿素由肾随尿排出体外，加重肝肾的负担，严重时引起肝肾的疾患。

四、蛋白质饲料在单胃动物生产中的应用

(一)单胃动物蛋白质消化代谢特点

1.蛋白质的消化

动物进食的饲料蛋白质进入胃，在胃酸和胃蛋白质酶的作用下，部分蛋白质被分解为分子较小的胨和脲，然后随同未被消化的蛋白质一同进入小肠继续进行消化，蛋白质和大分子肽在小肠中经胰蛋白质酶和糜蛋白酶的作用消化分解而生成大量游离氨基酸和小分子肽(寡肽)，在胃和小肠中未被消化的饲料蛋白质经由大肠以粪便的形式排出体外，其中部分蛋白质可降解为吲哚、粪臭素、酚、H_2S、NH_3和氨基酸，细菌虽可利用NH_3和氨基酸合成菌体蛋白质，但最终还是随粪便排出。

对于马、驴、骡等草食动物的盲肠结构较为发达，不仅可以消化饲料中蛋白质，还可以消化氨化物，主要方式是微生物发酵。

2.蛋白质的吸收

单胃动物主要以吸收氨基酸的形式利用蛋白质，其吸收部位在小肠，而且主要在十二指肠部位，亦可吸收少量寡肽。

3.蛋白质的代谢与利用

蛋白质在体内不断发生分解和合成，无论是外源性蛋白质或是内源性蛋白质，均是首先分解为氨基酸，然后进行代谢，因此，蛋白质代谢实质上是氨基酸的代谢。

通常将饲料蛋白质在消化酶作用下分解产生的氨基酸称“外源性氨基酸”，而将体组织在组织蛋白酶作用下分解产生的氨基酸和由非蛋白质物质在体内合成的氨基酸称“内源性氨基酸”，二者联合构成氨基酸代谢池，共同进行代谢，二者均经血液循环，而达到全身各个器官，并进入各种组织细胞进行代谢。在代谢过程中，氨基酸可用于合成组织蛋白质，供机体组织的更新，生长，形成动物产品的需要，还可用于合成各种活性物质，未用于合成组织蛋白质和生物活性物质的氨基酸则在细胞内分解，经脱氨基作用生成的NH_3，哺乳动物将其转化为尿素，鸟类转化为尿酸排出体外；非含氮部分则氧化分解为CO_2和H_2O并释放能量或转化为脂肪和糖原作为能源贮备。

4.各种单胃动物蛋白质消化代谢特点

(1)猪　蛋白质消化吸收的主要场所是小肠，并在酶的作用下，最终以大量氨基酸和少量寡肽的形式被机体吸收、利用，而大肠的细菌虽然可利用少量氨化物合成菌体蛋白质，但最终绝大部分还是随粪便排出，因此，猪能大量利用饲料中蛋白质，而不能大量利用氨化物。

(2)禽　腺胃容积小，饲料停留时间短，消化作用不大，而肌胃又是磨碎饲料的器官，因此，家禽蛋白质消化吸收的主要场所也是小肠，其特点大致与猪相同。

(3)马属动物和兔等单胃草食动物　盲肠与结肠相当发达，它们在蛋白质消化过程起着重要作用，这一部位消化蛋白质过程类似反刍动物，而胃和小肠蛋白质的消化过程与猪类似，因

此草食动物不仅能利用饲料中蛋白质,还能利用饲料中氨化物。

(二)单胃动物对饲料蛋白质的要求

氨基酸是组成蛋白质的基本单位,单胃动物的蛋白质营养实质上就是氨基酸营养,饲料蛋白质品质的好坏,取决于它所含各种氨基酸的平衡状况。

1. 必需氨基酸

组成蛋白质的氨基酸有20多种,对动物来说都是必不可少的,但并非都需由饲料直接提供。在动物体内不能合成或者合成速度慢,数量少,不能满足机体需要,必须由饲料供给,这类氨基酸称为必需氨基酸(essential amino-acid,EAA)。成年动物的必需氨基酸有8种,赖氨酸、蛋氨酸、色氨酸、缬氨酸、亮氨酸、苯丙氨酸、苏氨酸、异亮氨酸;生长动物必需氨基酸有10种,除上述8种外,还有精氨酸、组氨酸;雏鸡必需氨基酸有13种,除上述10种外,还有甘氨酸、胱氨酸、酪氨酸。

2. 非必需氨基酸

在动物体内可以合成,或者可由其他种类氨基酸转变而成,无须饲料提供即可满足需要,这类氨基酸称非必需氨基酸(non-essential amino acid,NEAA),如丙氨酸、谷氨酸、丝氨酸等。

从饲料供应角度,氨基酸有必需与非必需之分,但从营养角度考虑,二者都是动物合成体蛋白和合成产品所必需,且它们之间的关系密切,某些必需氨基酸是合成某些特定非必需氨基酸的前体,如果饲粮中某些非必需氨基酸不足时则会动用必需氨基酸来转化代替。这点在饲养实践中不可忽视,研究表明蛋氨酸脱甲基后可转变为胱氨酸和半胱氨酸。猪和鸡对胱氨酸需要量的30%可由蛋氨酸来满足。若给猪和鸡充分提供胱氨酸即可节省蛋氨酸。

3. 限制性氨基酸

动物对各种必需氨基酸的需要量有一定的比例,但不同种类,不同生理状态等情况下所需要的比例不同,日粮缺乏一种或几种必需氨基酸时,就会限制其他氨基酸的利用,致使整个日粮中蛋白质的利用率下降,故称它们为该日粮的限制性氨基酸(limiting amino acid,LAA)。必需氨基酸的供给量与需要量相差越多,则缺乏程度越大,限制作用越强。根据饲料或日粮中各种必需氨基酸缺乏程度的大小,分别称为第一、第二、第三……限制性氨基酸。

根据饲料氨基酸分析结果与动物需要量的对比,即可推断出饲料中哪种必需氨基酸是限制性氨基酸。

饲料种类不同,所含必需氨基酸的种类和数量有显著差别。动物则由于种类和生产性能等不同,对必需氨基酸的需要量也有明显差异。因此,同一种饲料对不同动物或不同种饲料对同一种动物,限制性氨基酸的种类和顺序不同。如谷实类饲料中,赖氨酸均为猪和肉鸡的第一限制性氨基酸,蛋白质饲料中一般蛋氨酸比较缺乏。大多数玉米-豆粕型日粮,蛋氨酸和赖氨酸分别是家禽和猪的第一限制性氨基酸。

(三)理想蛋白质与饲粮的氨基酸平衡

1. 理想蛋白质

理想蛋白质(ideal protein,IP)是指这种蛋白质的氨基酸在组成和比例上与动物所需蛋白质的氨基酸的组成和比例一致,包括必需氨基酸之间以及必需氨基酸和非必需氨基酸之间的组成和比例,动物对该蛋白质的利用率应为100%。理想蛋白质是以生长、妊娠、泌乳、产蛋等的氨基酸需要为理想比例的蛋白质。

所谓理想蛋白质模式是指日粮中的氨基酸供应量与动物的实际需要量相一致的理想蛋白质。理想蛋白模式又称氨基酸平衡模式，通常以赖氨酸作为100，其他氨基酸用相对比例表示。目前，已建成猪、鸡的理想氨基酸模式（表1-14）。

表1-14 猪三个生长阶段必需氨基酸理想模式(NRC,1998)

氨基酸	体重/kg		
	5～20	20～50	50～100
赖氨酸	100	100	100
精氨酸	42	36	30
组氨酸	32	32	32
色氨酸	18	19	20
异亮氨酸	60	60	60
亮氨酸	100	100	100
缬氨酸	68	68	68
苯丙氨酸＋酪氨酸	95	95	95
蛋氨酸＋胱氨酸	60	65	70
苏氨酸	65	67	70

在动物生产中，以理想蛋白质模式来设计饲料配方，可使蛋白质和氨基酸的利用率达到最高，即使用最少量的氨基酸来获得最大的效益，降低饲料成本。

2.饲料的氨基酸平衡

氨基酸的平衡是指日粮中各种必需氨基酸在数量和比例上同动物特定需要量相符合，即供给与需要之间是平衡的，一般是指与最佳生产水平的需要量相平衡。

平衡日粮的氨基酸时，应重点考虑和解决的问题：

(1)氨基酸缺乏　动物饲粮中一种或几种氨基酸不能满足需要。

(2)氨基酸失衡　日粮必需氨基酸总量较多，但相互间比例与动物体需要不相适应，一种或几种氨基酸数量过多或过少则会出现氨基酸平衡失调。不平衡主要是比例问题，缺乏则主要是量不足。

(3)氨基酸过量　添加过量的氨基酸即会引起动物中毒，且不能以补加其他氨基酸加以消除，尤以蛋氨酸具毒性，过量摄食可引起动物生长抑制，降低蛋白质的利用率。

(4)氨基酸间的相互关系

相互转化：雏鸡饲粮中，胱氨酸可代替1/2的蛋氨酸，丝氨酸可完全代替甘氨酸。酪氨酸不足，可以由苯丙氨酸来满足等。

相互拮抗：赖氨酸与精氨酸、苏氨酸与色氨酸、亮氨酸与异亮氨酸，亮氨酸与缬氨酸、蛋氨酸与甘氨酸、苯丙氨酸与缬氨酸、苯丙氨酸与苏氨酸之间在代谢中都存在一定的拮抗作用。

进行日粮氨基酸平衡的方法一般是参考理想蛋白质模式确定饲粮中必需氨基酸的限制顺序，根据限制性氨基酸选择相应的必需氨基酸含量不同的饲料，进行合理搭配，以改善日粮氨基酸之间的比例，使不同饲料的氨基酸起到一种互补作用。实践中亦可按照限制性氨基酸添加合成氨基酸。

(四)提高蛋白质转化效率的措施

目前,蛋白质饲料既短缺又昂贵,为了合理地利用有限的蛋白质资源,应采取各种措施,以提高饲料蛋白质转化效率。

1. 配合日粮时饲料应多样化

饲料种类不同,蛋白质中所含必需氨基酸的种类、数量也不同,多种饲料搭配,能起到氨基酸的互补作用,改善饲料中氨基酸的平衡,提高蛋白质的转化效率。

2. 补饲氨基酸添加剂

在合理利用饲料资源的基础上,参照饲养标准向饲粮中添加所缺乏的限制性氨基酸,从而使氨基酸达到平衡。目前,生产中广泛就应用的有赖氨酸和蛋氨酸和色氨酸,其他氨基酸还有待于进一步推广。

3. 日粮中蛋白质与能量要有适当比例

正常情况下,被吸收的蛋白质70%~80%被动物用以合成体组织或产品,20%~30%分解供能。当供给能量的碳水化合物和脂肪不足时,必然会加大蛋白质的供能部分,减少合成体蛋白质和动物产品的部分,导致蛋白质转化效率降低。因此,必须合理确定日粮中蛋白质与能量之间的比例,以最大限度地减少蛋白质分解供能的部分。

4. 控制日粮中的粗纤维水平

单胃动物饲粮中粗纤维过多,会加快饲料通过消化道的速度,不仅使其本身消化率降低,而且影响蛋白质及其他营养物质的消化,粗纤维大约每增加1%,蛋白质消化率降低1.0%~1.5%,因此要严格控制猪、禽饲粮中粗纤维的水平。猪饲粮中粗纤维水平一般为4%~8%,在肥育后期可利用粗纤维较高的日粮,以限制采食量,减少脂肪沉积,提高胴体瘦肉率。瘦肉型猪饲粮中粗纤维应控制在7%以下。家禽粗纤维含量以3%~5%为宜。

5. 掌握好饲粮中蛋白质的水平

饲粮蛋白质数量适宜,品质好则蛋白质转化效率高,喂量过多,蛋白质转化效率下降,多余蛋白质只能做能源,不仅造成浪费而且还增加肝肾的负担。

6. 豆类饲料的湿热处理

生豆类与生豆饼等饲料中含有抗胰蛋白酶,抑制胰蛋白酶和糜蛋白质酶等的活性,影响蛋白质消化吸收,采取浸泡,蒸煮,常压或高压蒸汽处理的方法破坏抑制等,但加热时间不宜过长,否则会使蛋白质变性。

7. 保证与蛋白质代谢的有关的维生素和微量元素的供应

如果日粮中维生素A、维生素D、维生素B_1及铁、铜、钴等供应不足,可进行添加。

(五)蛋白质营养紊乱性疾病

1. 家禽痛风

家禽痛风(poultry gout)是指禽血液中尿酸盐大量蓄积,不能被迅速排出体外,形成高尿酸血症,进而尿酸盐沉积在关节囊、关节软骨、软骨周围及胸腹腔、各种脏器表面和其他间质组织上的一种代谢病。

临床上以运动迟缓、关节肿大、跛行、厌食、衰弱及腹泻为特征。家禽痛风分为内脏型和关节型。内脏型痛风食指尿酸盐沉积在内脏器官表面,关节型痛风食指尿酸盐沉积在关节腔及其周围。

本病多呈慢性经过,病禽精神沉郁,食欲减退,逐渐消瘦,冠苍白,羽毛蓬乱,行动迟缓,周期性体温升高,心跳加快,排白色尿酸盐便。生产中以内脏型痛风为主,关节型痛风较少。

内脏型痛风主要表现营养障碍、生长缓慢、产蛋减少及腹泻等症状,有的突然死亡。由传染性支气管炎病毒引起的内脏型痛风,有呼吸加快、咳嗽、打喷嚏等症状,尸体剖检:胸膜腔、腹膜腔、肠系膜、肝、脾、胃、肠、浆膜表面,布满白色石灰样尿酸盐沉着物;肾肿大,色苍白,外表面呈现雪花样花纹;有的病例输卵管扩张,充满石灰样沉着物(形成尿石);有的一侧肾脏、输卵管萎缩,另一侧肾脏补偿性增大,输卵管变粗。

如用动物源性蛋白质饲料不当,如鱼粉用量超过8%或尿素含量达13%以上的饲料喂动物,饲料中粗蛋白含量超过28%时,核酸和嘌呤的代谢终产物尿酸生产太多,易引起尿酸症。本病无特效疗法,可根据家禽生长发育和生产需要,合理调配饲料,不宜过多饲喂动物性蛋白质饲料,鸡饲料中粗蛋白的含量控制在20%左右,减少动物性下脚料供给,禁止用动物腺体组织饲喂,调整日粮中钙磷比例,添加维生素A,均有一定的预防作用。

2.禽脂肪肝综合征

家禽脂肪肝综合征(poultry fatty liver syndrome)又称脂肪肝出血综合征,是由于高能低蛋白日粮引起的以脂肪发生脂肪变性为特征的家禽营养代谢性疾病。该病主要发生于蛋鸡,特别是笼养蛋鸡的产蛋高峰期,但平养的肉用型种鸡也有发生。本病病初无特征性症状,只表现过度肥胖,其体重比正常高出20%,尤其是体况良好的家禽易发病,常突然暴发死亡。喜卧、腹下软绵下垂,冠和肉髯褪色、甚至苍白。严重者嗜睡,瘫痪,体温41.5~42.8℃,进而肉髯和冠及脚变冷,可在数小时内死亡。一般从发病到死亡约1~2 h。

剖检病禽,肝脏变化最为明显,可见肝脏肿大,达正常的2~4倍,边缘钝圆、油腻,呈黄色,表面有出血点和白色坏死灶,质地变脆,易破碎如泥样。用刀切时,中切面有脂肪滴附着。腹腔有大量脂肪沉积,肠系膜等处有大量脂肪。肝破裂时,腹腔内有多量凝血块,或在肝包膜下可见到小的出血区,亦可见较大的血肿。有的病禽心肌变性呈黄白色,有些则肾脏略变黄,脾、心、肠有不同程度的小出血点。

本病无特效疗法,一般在饲料中加入胆碱,计量为22~110 mg/kg,治疗1周,有一定效果。严重脂肪综合征治愈率低,多数被淘汰。

五、蛋白质饲料在反刍动物生产中的应用

(一)反刍动物蛋白质消化代谢特点

1.代谢过程

(1)消化　进入瘤胃的饲料蛋白质其中有60%~80%经细菌和纤毛虫的分解,仅有20%~40%的蛋白质未经变化而进入消化道的下一部分。

①瘤胃:饲料蛋白质在瘤胃微生物蛋白质水解酶的作用下,首先分解为肽,进一步分解为游离氨基酸,蛋白质消化分解产物——肽和氨基酸,部分被微生物用于合成菌体蛋白质,部分氨基酸亦可在细菌脱氨酶的作用下经脱氨基进一步降解为NH_3、CO_2和挥发性脂肪酸,饲料中NPN化合物亦可在细菌尿素酶的作用下分解为NH_3和CO_2,NH_3可被细菌用于合成微生物蛋白质(microbial protein,MCP)亦称菌体蛋白质。在瘤胃中被发酵而分解的蛋白质称为瘤胃降解蛋白质(rumen degradation of proteins,RDP)。

②皱胃和小肠:未经瘤胃微生物降解的饲料蛋白质直接进入后部胃肠道,通常称这部分饲料蛋白质为过瘤胃蛋白质(rumen bypass protein,RBPP),亦称未降解蛋白质(undegraded protein,UDP)。过瘤胃蛋白质与瘤胃微生物蛋白质一同由瘤胃转移至皱胃,随后进入小肠,其蛋白质的消化过程和单胃动物相近,靠胃肠道分泌的蛋白质酶水解。

(2)吸收 反刍动物对蛋白质消化产物的主要吸收部位是瘤胃和小肠。

瘤胃壁对 NH_3 的吸收能力极强,瘤胃蛋白质的降解产物——NH_3,除用于合成细菌蛋白质外,大量氨被瘤胃壁所吸收,被吸收的氨随血液循环进入肝脏合成尿素,所生成的尿素大部分进入肾脏随尿排出,部分可进入唾液腺随唾液返回瘤胃,再次被微生物合成菌体蛋白,氨这种反复循环的被利用的过程,称为瘤胃—肝脏的 N 素循环(rumen-liver N cycle)或称“尿素循环”,瘤胃亦可吸收少量的游离氨基酸。

小肠对蛋白质的吸收形式同单胃动物一样,也是氨基酸。

进入盲肠和结肠的含氮物质主要是未消化的蛋白质和来自血液的尿素,在此降解和合成的氨基酸几乎完全不能被吸收,最终以粪的形式排出。

2. 代谢特点

蛋白质消化吸收的主要场所是瘤胃,靠微生物的降解,其次是在小肠,在酶的作用下进行。因此,反刍动物不仅能大量利用饲料中的蛋白质,而且也能很好地利用氨化物。

饲料蛋白质在瘤胃进行较大改组,通过微生物合成饲粮中不曾有的氨基酸。反刍动物的小肠可消化蛋白质来源于瘤胃合成的微生物蛋白质和饲料过瘤胃蛋白质。瘤胃微生物蛋白质品质好,仅次于优质动物蛋白质,与豆饼、苜蓿叶蛋白质相当,而优于大多数谷物蛋白质。

(二)反刍动物对非蛋白含氮化合物的利用

反刍动物营养中所说的非蛋白氮(non-protein nitrogen,NPN),一般是指简单的含氮化合物,如尿素、双缩脲、铵盐等,可代替植物或动物来源的蛋白质饲料饲喂反刍动物,以供给瘤胃微生物合成菌体蛋白所需要的氮源,节省动植物性蛋白质饲料。

1. 反刍动物利用非蛋白含氮化合物的机制

反刍动物对尿素、双缩脲等非蛋白含氮化合物(也称氨化物)的利用主要靠瘤胃中的细菌。以尿素为例:

瘤胃内的细菌利用尿素作为氮源,以可溶性碳水化合物作为碳架和能量的来源,合成细菌体蛋白质。进而和饲料蛋白质一样在动物消化酶的作用下,被动物体消化利用。

尿素含氮量为 42%~46%,若按尿素中的氮 70%被合成菌体蛋白计算,1 kg 尿素经转化后,可提供相当于 4.5 kg 豆饼的蛋白质。因此,可用非蛋白含氮化合物代替高价格的动植物性蛋白质饲料饲喂反刍动物,以供瘤胃微生物合成菌体蛋白所需的氮源,节省动植物性蛋白质饲料,降低成本,提高经济效益。

2. 提高尿素利用率的措施

通常尿素在进入瘤胃后经过 2 h 即可完全被水解成 NH_3,由于尿素在瘤胃中水解十分迅速,以致瘤胃细菌对氨不能充分吸收利用,其中有相当一部分被吸收进入血液,并转运至肝脏合成尿素,肝脏所合成的尿素可经肾脏随尿排出。肝脏将 NH_3 转化为尿素的能力是有一定限度的。当过量的尿素在瘤胃释放出大量游离 NH_3 并进入血液中,100 mL 血液中 NH_3 的含量达到 1 mg 时,即会引起机体 NH_3 中毒。为了提高尿素的利用率并防止动物氨中毒,饲喂尿素时应注意以下事项:

(1)补加尿素的日粮必须有一定量易消化的碳水化合物　瘤胃细菌在利用NH_3合成菌体蛋白质的过程中，需要同时供给可利用能量和碳架，后者主要由碳水化合物酵解供给，淀粉的降解速度与尿素分解速度相近，能源与氮源释放趋于同步，有利于菌体蛋白质的合成。碳水化合物的性质直接影响尿素的利用效果。试验证明，牛、羊日粮中单独用粗纤维作为能量来源时，尿素利用率仅为22%，而供给足量的粗纤维和一定量的淀粉时，尿素的利用率提高到60%以上。因此，粗饲料为主的日粮中添加尿素时应适当增加淀粉质的精料，通常每100 g尿素至少应供给1 kg可溶性碳水化合物，其中2/3应为淀粉，1/3为可溶性糖。

(2)补加尿素的日粮中必须有适宜的蛋白质水平　有些氨基酸，如赖氨酸、蛋氨酸是细菌生长繁殖所必需的营养，它们不仅作为成分参与菌体蛋白质的合成，而且还具有调节细菌代谢的作用，从而促进细菌对尿素的利用，为提高尿素利用率日粮中蛋白质水平要适宜，一般为9%～12%，超过13%，尿素在瘤胃转化为菌体蛋白质的速度和利用程度显著降低，甚至会发生氨中毒，低于8%，影响细菌的生长繁殖。

(3)保证供给微生物生命活动所需的矿物质　钴是蛋白质代谢中起重要作用的维生素B_{12}的成分。钴不足，维生素B_{12}合成受阻，影响细菌对尿素的利用。硫是合成菌体蛋白中蛋氨酸、胱氨酸等含硫氨基酸的原料。此外，还要保证钙、锌、铜、锰等矿物质的供应。

(4)控制喂量，注意喂法　喂量：为日粮粗蛋白质量的20%～30%或不超过日粮干物质的1%，成年牛饲喂60～100 g/(头·d)，成年羊6～12 g/(头·d)，生后2～3月内的犊牛和羔羊，由于瘤胃尚未发育完全，严禁饲喂，如果日粮中有含蛋白质高的饲料(青贮)，尿素用量可减半。

喂法：为了有效地利用尿素，防止中毒，饲喂尿素时，必须将尿素均匀地搅拌到精饲料中混喂，最好先用糖蜜将尿素稀释，精料拌尿素后再与粗料拌匀，还可将尿素加到青贮原料中，青贮后一起饲喂。饲喂尿素时，开始时少喂，逐渐加量，使动物有5～7 d适应期。尿素一天的喂量分几次喂；生豆类、生豆饼类、苜蓿草籽、胡枝子种子等含脲酶多的饲料，不要大量掺在加尿素的动物饲料中一起饲喂。严禁单独饲喂尿素或将尿素溶于水中饮用，应在饲喂尿素3～4 h后饮水。

(5)减缓尿素分解速度　为缓解尿素在瘤胃中的分解速度，使细菌有充足的时间利用氨合成菌体蛋白，提高尿素利用率和饲用安全性，在饲用尿素时可采用下列措施。

①向尿素饲料中加入脲酶抑制剂：如脂肪酸盐，如硼酸钠等，如醋酸氧肟酸、辛酰氧肟酸、脂肪酸盐、四硼酸钠等，以抑制脲酶的活性。

②包被尿素：用煮熟的玉米糊或高粱面糊拌和尿素后饲喂。据报道，也可用硬脂酸、羟甲基纤维素、干酪素、蜡类或蛋白质将尿素包被后制成颗粒饲喂。

③制成颗粒凝胶淀粉尿素：此产品可在降低氨释放速度的同时，加快淀粉的发酵速度，保持能氮同步释放，提高细菌蛋白质的合成效率。

④尿素舔块：将尿素、糖蜜、矿物质等压制或自然凝固制成块状物，让牛、羊舔食，控制了尿素的食入速度，提高了尿素的利用率。

⑤饲喂尿素衍生物：如磷酸脲、二缩脲等，与尿素相比，其降解速度减慢，饲用效果和安全性均高。

(三)反刍动物对必需氨基酸的需要

反刍动物同单胃动物一样，真正需要的不是蛋白质本身，而是蛋白质分解产生的氨基酸，因此,反刍动物蛋白质营养的实质是小肠氨基酸营养。

一般饲养条件下,反刍动物对必需氨基酸的需要量约40%依赖微生物合成,其余60%则来自饲料。对于中等生产水平的反刍动物,上述来源的氨基酸,一般可满足其对必需氨基酸的需要,但是对于高产乳牛和高产绵羊,上述来源的氨基酸却不能充分满足需要,从而限制了反刍动物生产潜力的发挥。据研究,对日产奶量15 kg以上的乳牛,蛋氨酸和亮氨酸是限制性氨基酸,而日产奶30 kg以上的乳牛,除上述氨基酸外,赖氨酸、组氨酸、苏氨酸、苯丙氨酸可能都是限制性氨基酸。现今已确认,蛋氨酸乃是反刍动物的最主要限制性氨基酸。

在生产实践中,必须从饲料中保证高产反刍动物对限制性氨基酸的需要,以充分发挥其高产潜力。对高品质蛋白质饲料进行过瘤胃保护,不仅可满足高产反刍动物对氨基酸的需要,而且可避免瘤胃过度降解饲料真蛋白质造成的能量和氮素浪费。

(四)过瘤胃蛋白保护技术

高产反刍动物仅依靠瘤胃菌体蛋白所提供的氨基酸不能满足其需要,过瘤胃蛋白质无疑是一项重要的补充,对于高品质蛋白质饲料进行过瘤胃保护更为必要。

过瘤胃蛋白质保护技术:即经过技术处理将饲料蛋白质保护起来,避免在瘤胃内被发酵降解,直接进入小肠被消化吸收,从而达到提高饲料蛋白质利用率的目的。在保证氨基酸利用率不受抑制的前提下,降低饲料蛋白质在瘤胃中的降解度,提高过瘤胃蛋白质的数量是控制过瘤菌蛋白质产生量的基本原则。

1.物理处理法

(1)青草干制,可显著降低蛋白质的溶解度;

(2)热处理是一种保护过瘤胃蛋白质的有效办法。

2.化学处理法

利用化学药品,对高品质蛋白质饲料进行保护处理,目前常用的化学药品有甲醛、氢氧化钠、锌盐、单宁、戊二醛、乙二醛和氯化钠等。

甲醛处理法的原理是甲醛可与蛋白质形成络合物,这种络合物在瘤胃pH为5.5~7的条件下非常稳定,可抵抗微生物的侵袭。但此络合物进入真胃后即行解体。蛋白质可被胃肠道酶消化成氨基酸,从而被动物体吸收利用。

3.包被法

用某些富含抗降解蛋白质的物质或某些脂肪酸对饲料蛋白质进行包埋,以抵抗瘤胃的降解。

【技能】

一、识别与利用动物性蛋白质饲料

(一)识别几种常见的动物性蛋白质饲料的外观特征

1.鱼粉

鱼粉(fish meal)外观呈淡黄色、棕褐色、红棕色、褐色或青褐色,粗粉状或细短的肌肉纤维性粉状,蓬松感明显,含有少量鱼眼珠、鱼鳞碎屑、鱼刺或鱼骨等,松散无结块,稍有鱼腥味,纯鱼粉口感有鱼肉松的香味,无尿素及掺杂物,无酸味、氨臭、虫蛀及霉变,水分含量不超过12%。

2. 血粉

血粉(blood meal)血粉为红褐色直至黑色。滚筒干燥的血粉呈沥青状黑里透红，喷雾干燥的血粉为亮红色小珠，蒸煮干燥为红褐色至黑色，随着干燥温度的增加而颜色加深。血粉有特殊的气味，呈粉末状，滚筒干燥的血粉为细粉状，蒸煮干燥的血粉为小圆粒或细粉状。

3. 羽毛粉

羽毛粉(feather meal)浅色生羽毛粉所制成的产品淡黄色至褐色；深色生羽毛所制成的产品深褐色至黑色。

(二)认知动物性蛋白质饲料的营养特点

动物性蛋白质饲料类主要是指水产、缫丝及乳品业等加工副产品。该类饲料的主要营养特点是：蛋白质含量高(40%～85%)，氨基酸组成比较平衡，并含有促进动物生长的动物性蛋白因子。碳水化合物含量低，不含粗纤维。粗灰分含量高，钙、磷含量丰富，比例适宜。维生素(特别维生素 B_2 和维生素 B_{12})含量丰富。脂肪含量较高，虽然能值含量高，但脂肪易氧化酸败，不宜长时间贮藏。

(三)认知常用动物性蛋白质饲料的利用特点

1. 鱼粉

鱼粉是鱼类加工食品剩余的下脚料或全鱼加工的产品。各类畜禽饲粮中鱼粉用量宜控制在 0%～3%以内，使用时应注意鱼粉是否掺假，感官性状是否正常，脱脂效果以及蛋白质含量等。鱼粉带入配合饲料中的氯化钠应视为添加的食盐。加工、贮藏不当时，鱼粉中可产生肌胃糜烂素，并引起硫胺素缺乏等。在家禽饲粮中使用鱼粉过多可导致禽肉、蛋产生鱼腥味，对生产后期或非生长期的畜禽可少用或不用鱼粉。饲料用鱼粉的质量标准与分级标准见表 1-15。

表 1-15 饲料用鱼粉的质量标准(SC/T 3501—1996)

项目	等级			
	特级品	一级品	二级品	三级品
色泽	黄棕色、黄褐色等鱼粉正常颜色			
组织	膨松、纤维状组织明显，无结块、无霉变	较膨松、纤维状组织较明显，无结块、无霉变	松软粉状物，无结块、无霉变	
气味	有鱼香味，无焦灼味和油脂酸败味		具有鱼粉正常气味，无异臭，无焦灼味	
粉碎粒度	至少 98%能通过筛孔为 2.80 mm 的标准筛			
粗蛋白质/%	≥60	≥55	≥50	≥45
粗脂肪/%	≤10	≤10	≤12	≤12
水分/%	≤10	≤10	≤10	≤12
盐分/%	≤2	≤3	≤3	≤4
灰分/%	≤15	≤20	≤25	≤25
砂分/%	≤2	≤3	≤3	≤4

2. 血粉

血粉是畜禽被屠宰后所得鲜血，经干燥而制成的产品。血粉适口性差，氨基酸组成不平衡，并具黏性，过量添加易引起腹泻，因此饲粮中血粉的添加量不宜过高。一般仔猪、仔鸡饲粮中用量应小于2%，成年猪、鸡饲料中用量不应超过4%，育成牛和成牛饲粮中用量应在6%～8%为宜。低温干燥制得到血粉或血清粉质量较好，可作为幼畜代乳料的良好原料。我国《饲料用血粉理化指标》质量指标均以90%干物质为基础(表1-16)。

表1-16 饲料用血粉质量标准(SB/T 10212—1994)

质量指标	等级	
	一级	二级
粗蛋白质	≥80	≥70
粗纤维	<1	<1
水分	≤10	≤10
灰分	≤4	≤6

3. 羽毛粉

羽毛经高压、水解、烘干和磨碎而成。一般在单胃动物饲料中的添加量不应过高，在蛋鸡、肉鸡饲粮中的添加量以4%为宜；在生长猪饲粮中以3%～5%比较合适。在奶牛饲粮中用量应控制在5%以下。

二、识别与利用植物性蛋白质饲料

(一)识别几种常见的植物性蛋白质饲料的外观特征

植物性蛋白质饲料包括豆类籽实、饼(粕)类和其他植物性蛋白质饲料。这类蛋白质饲料是动物生产中使用量最多、最常用的蛋白质饲料。该类饲料具有以下共同特点：①蛋白质含量高，且蛋白质质量较好，一般植物性蛋白质饲料粗蛋白质含量在20%～50%，因种类不同差异较大。它的蛋白质主要由球蛋白和清蛋白组成，其必需氨基酸含量和平衡明显优于谷蛋白和醇溶蛋白，因此蛋白质品质高于谷物类蛋白，蛋白质利用率是谷类的1～3倍。但植物性蛋白质的消化率一般仅有80%左右。②粗脂肪含量变化大，油料籽实含量在15%～30%以上，非油料籽实只有1%左右。饼粕类脂肪含量因加工工艺不同差异较大，高的可达10%，低的仅1%左右。③粗纤维含量一般不高，基本上与谷类籽实近似，饼粕类稍高些。④矿物质中钙少磷多，且主要是植酸磷。⑤维生素含量与谷实相似，B族维生素较丰富，而维生素A、维生素D较缺乏。⑥大多数含有一些抗营养因子，影响其饲喂价值。

1. 大豆

大豆(soybean)外观呈黄色圆形或椭圆形粒状，表面光滑，脐为黄色、深褐色或黑色。无发酵、霉味、酸败、发热及异味。

2. 大豆饼(粕)

大豆饼(粕)(soybean meal)为浅黄褐色饼状或片状，碎豆饼为不规则小块状。大豆粕为淡黄褐色或淡黄色不规则随片状。色泽一致，无发酵，霉味，无挤压性结块，虫蛀及异味异臭，无焦化，无掺杂物。黄色或略带黄绿色为偏生，深红色变褐色为过熟。

3. 菜籽饼(粕)

菜籽饼(粕)(rape seed meal)黄色或浅褐色,色泽新鲜一致,碎片或粗粉状,且有菜籽粕油香味,无发酵,发热,霉味,结块及异味,无焦味,无掺杂物(统糠、花生壳)。

4. 棉籽饼(粕)

棉籽饼(粕)(cotton seed meal)棉籽饼黄褐色小瓦片粗屑状或饼状,棉籽粕为不规则的碎块,略带棉籽油味,色泽新鲜一致、无发酵霉变、虫蛀及异味异臭。

5. 玉米胚芽粕

玉米胚芽粕(corn germ meal)玉米胚芽粕是以玉米为原料湿磨法加工淀粉时分离的湿胚芽经不同形式的干燥器(如烘床、沸腾床、蒸汽管干燥机)干燥至含水量3%,再经溶液浸提将玉米油提取出来,所留下的就是玉米胚芽粕。如果胚芽用动力机械压榨提取玉米油所剩余,即为玉米胚芽饼。颜色淡黄色至褐色,色泽一致,细碎状,新鲜油粕味或甜味,无霉味,酸败,氧化及焦煳味,无掺杂物。

6. 玉米蛋白粉

玉米蛋白粉(corn gluten meal)湿法制玉米淀粉或玉米糖浆时,原料玉米除去淀粉、胚芽及玉米外皮后剩下的产品,其外观呈金黄色粉末或粒状,色泽均匀一致,带有烤玉米的味道,并具有玉米发酵特殊气味,无霉味及强酸味、无结块及异味异臭,无尿素及其他掺杂物。

7. 玉米酒精糟及可溶物

玉米酒精糟及可溶物(distillers dried grains with soluble,DDGS)即含可溶物干玉米酒糟。在以玉米为原料发酵制取乙醇过程中,其中的淀粉被转化成乙醇和二氧化碳,其他营养成分如蛋白质、脂肪、纤维等均留在酒糟中。同时由于微生物的作用,酒糟中蛋白质、B族维生素及氨基酸含量均比玉米有所增加,并含有发酵中生成的未知促生长因子。

市场上的玉米酒糟蛋白饲料产品有两种:一种为DDG(Distillers Dried Grains),即不含可溶物的干玉米酒糟,是将玉米酒精糟作简单过滤,滤渣干燥,滤液排放掉,只对滤渣单独干燥而获得的饲料;另一种为DDGS(distillers dried grains with solubles),即含可溶物干玉米酒糟,是将滤清液干燥浓缩后再与滤渣混合干燥而获得的饲料。后者的能量和营养物质总量均明显高于前者。由于DDGS的蛋白质含量在26%以上,已成为国内外饲料生产企业广泛应用的一种新型蛋白饲料原料,在畜禽及水产配合饲料中通常用来替代豆粕、鱼粉,添加比例最高可达30%,并且可以直接饲喂反刍动物。DDGS的外观性状外观:黄褐-深褐色,可溶物含量高并且烘干温度高颜色加深。味道:有发酵的气味,含有机酸,口感有微酸味。

(二)认知植物性蛋白质饲料的营养特点

1. 大豆的营养特点

蛋白质含量高,蛋氨酸等含硫氨基酸相对不足,无氮浸出物明显低于能量饲料,脂肪含量高,矿物质和维生素含量与谷物类饲料相似。

2. 饼(粕)类的营养特点

①饼(粕)类由于原料种类、品质及加工工艺不同,其营养成分差别较大。饼(粕)类饲料通常含蛋白质较多(30%~45%),且品质优良。②脂肪含量由于加工方法不同差别较大,通常土榨、机榨和浸提的含油量分别为10%、6%和1%,因而,同一豆类籽实粕中粗蛋白质含量一般高于饼;含磷较多,富含B族维生素,缺乏胡萝卜素。③氨基酸含量不平衡,如大豆饼(粕)含赖氨酸较多,而蛋氨酸缺乏;棉籽饼粕赖氨酸和蛋氨酸都较缺乏,而精氨酸较多;菜籽饼(粕)赖

氨酸和蛋氨酸均较多。④饼(粕)类含有抗营养因子或毒素。生大豆饼(粕)、棉籽饼(粕)、菜籽饼(粕)应进行脱毒处理，并且限量使用。

(三)认知植物性蛋白质饲料的利用特点

1. 豆类的利用特点

未经加工的豆类籽实中含有多种抗营养因子，最典型的是胰蛋白酶抑制因子、脲酶、凝集素和抗原等。因此，生喂豆类籽实不利于动物对营养物质的吸收。

2. 饼粕类利用特点

使用前应注意脱毒处理，根据不同饼粕类饲料的氨基酸含量及市场价格等因素进行合理搭配使用。①无论使用哪种饼粕，要注意水分不得大于13%以上，否则容易发生霉变。②针对部分饼粕饲料存在某些氨基酸不平衡的现象，在配合日粮时需同其他优质蛋白质饲料配合使用，补充其缺乏的氨基酸后可获得良好的饲养效果。③生豆饼粕含有害物质，用前应加热处理，但要掌握火候，过火或火力不适均有后患。棉籽粕含有游离的棉酚，饲喂不可过量，如蛋鸡日粮所用未脱离棉粕的量不得超过8%，仔猪母猪不超过5%。菜籽粕也须进行脱毒处理，且一般用量在10%以下。花生粕用量不超过15%。④饼粕中的氨基酸不能被畜禽全部消化利用，故选择饼粕原料配制全价饲料时，必须了解其可利用率并接近不同畜禽的生产特性，方能提高使用效率。

三、识别与利用微生物蛋白质饲料

1. 识别微生物蛋白质饲料的种类

微生物蛋白质饲料是由各种微生物体制成的饲用品，包括酵母、细菌、真菌和一些单细胞藻类，通常也叫做单细胞蛋白质饲料(single-cell protein，SCP)。

2. 认知微生物蛋白质饲料的营养特点

微生物蛋白质饲料粗蛋白质含量可高达50%以上。在氨基酸组成上，不缺乏赖氨酸，但缺少蛋氨酸。B族维生素含量较丰富。

3. 认知微生物蛋白质饲料的利用特点

常用啤酒酵母用作维生素载体，并使不含鱼粉的饲料品质得以提高。使用时要注意酵母蛋白的含量，谨防假冒伪劣的饲料酵母产品。酵母有苦味，适口性差，牛不喜食，猪、羊、禽能使用，用量以2%～3%为宜，最高不超过10%。

四、识别与利用非蛋白氮饲料

1. 识别非蛋白氮饲料的种类

凡含氮的非蛋白可饲物质均可称为非蛋白氮饲料(non-protein nitrogen，NPN)，包括饲料级的尿素、双缩脲、氨、铵盐及其他合成的简单含氮化合物。

2. 认知非蛋白氮饲料的营养特点

作为简单的纯化合物质，非蛋白氮饲料对动物不能提供能量，其作用只是供给瘤胃微生物合成蛋白质所需的氮源，以节省饲料蛋白质。目前世界各国大都用NPN作为反刍动物蛋白质营养的补充来源，效果显著。

3. 认知非蛋白氮饲料的利用特点

非蛋白氮饲料主要用于反刍动物的日粮中以及秸秆的加工调制。

【拓展知识】 饲料原料掺假掺杂的识别

一、饲料原料品质检测与鉴别方法

(一)一般鉴别法

饲料原料品质的一般鉴别法,是指用视觉、嗅觉、触觉等鉴别原料品质的一些方法,故又称感官法。

(1)视觉法:指通过肉眼或放大镜观察原料形态、颜色、虫害及霉变的一种方法。如观察时若发现原料结块,可能是水分含量过高或发生了霉变。粉碎、过筛时若发现粉料呈球块,一捻又成粉末时,除上述原因外,可能与脂肪含量较高,有黏性物质存在有关。正常豆粕应呈黄或金黄色,若呈褐、棕褐色或棕黑色,可能加热过度。要确切判断,尚需通过脲酶活性等方法进一步确定。

(2)嗅觉法:原料因发酵、腐败,可导致蛋白质分解,人为添加非蛋白含氮化合物也可产生挥发性氨气味;脂肪酸败和过热焦化可产生焦臭味等,都可通过嗅觉判断。如发现鱼粉有刺激性氨味、哈喇味、霉味,即可判定该鱼粉已发生腐败、霉变或脂肪酸败。

(3)触觉法:指原料水分含量可通过手摸、耳听来判断。如手插入料堆感觉湿凉,表示原料含水量超标。青干草手触无湿凉感,手摇有沙沙响声,表明品质优良。

(二)物理性鉴别法

(1)容重测定:一定体积的原料都有一定重量,故通过检测样和标准样的容重比较,即可初步判定原料是否掺杂或水分含量是否异常等。

(2)比重测定与浮选技术:原料不同,比重不同,根据原料不同比重,选用相应比重的浮选液对其分离,分离物再进一步用镜检或浮选法确认浮选实例。

①饲料中有机与无机物质分离时,浮选液可选四氯化碳。上浮者为有机物,下沉者为无机物。将两部分分别干燥称重,即可计算出两者的大致比例。

②骨粉中肉骨分离,也可选用四氯化碳。上浮者为肉粉,下沉者为骨粉。

③玉米粉中分离玉米芯粉时,一般可选比重1.439的浮选液。上浮者为玉米芯粉,下沉者为玉米粉。

④棉籽粕中棉籽壳分离时,可选用比重1.438的浮选液,上浮者为棉籽壳,下沉者为棉仁粕。

⑤鱼粉中水解羽毛粉和海蜇废弃物分离时,可选比重1.326的浮选液,上浮者为水解羽毛粉和海蜇废弃物。若在下沉物中加入四氯化碳,则上浮者为鱼肉(极少量水解羽毛粉),下沉者为鱼骨。

(三)快速点滴试验

快速点滴试验是指利用饲料的某些特性,或者通过与化学试剂发生某种特定反应,以检测或鉴别原料是否掺假、伪造的一种方法。该法具有快速、准确、不需特殊设备,适合于现场操作等特点。

二、常见原料的掺假掺杂的检测与鉴定

(一)掺假鱼粉的鉴定

1.物理方法

(1)感官检查法 根据鱼粉成分的形状、结构、颜色、质地、光泽度、透明度、颗粒度等体征来检查。

①标准鱼粉一般为颗粒大小均匀一致,稍显油腻的粉状物,可见到大量疏松呈粉末的鱼肌纤维及少量的骨刺、鱼鳞、鱼眼等物;颜色均匀一致,呈浅黄、黄棕或黄褐色;手握有疏松感,不结块,不发黏,不成团;有浓郁的烤鱼味,略有鱼腥味。

②鱼粉色泽随鱼种而异,墨罕敦鱼粉呈淡黄色或淡褐色,沙丁鱼粉呈红褐色,白鱼粉为淡黄色或灰白色。加热过度或含油脂高者,颜色加深。如果鱼粉色深偏黑红,外观失去光泽,闻之有焦煳味,为储藏不当引起自燃的烧焦鱼粉。如果鱼粉表面深褐色,有油臭味,是脂肪氧化的结果。如果鱼粉有氨臭味,可能是贮藏中脂肪变性。如果色泽灰白或灰黄,腥味较浓,光泽不强,纤维状物较多,粗看似灰渣,易结块,粉状颗粒较细且多成小团,触摸易粉碎,不见或少见鱼肌纤维,则为掺假鱼粉,需要进一步检验。

(2)漂浮法 取少许样品放入洁净的玻璃杯中,加入10倍体积的水,剧烈搅拌后静置。观察水面漂浮物和水底沉淀物,如果水面有羽毛碎片或植物性物质(稻壳粉、花生壳粉、麦麸等)或水底有沙石等矿物质,说明鱼粉中掺入该类物质。

(3)气味测试法 根据样品燃烧时产生的气味判别是否掺入植物性物质。真品燃烧时是毛发燃烧的气味,如果出现谷物干炒的芳香味,说明掺入植物性物质。另外还可以根据气味判别是否掺入尿素。只需要取样品20 g放入小烧杯中,加10 g生大豆粉和适量水,加塞后加热15～20 min,去掉塞子后如果能闻到氨气味,说明掺入了尿素。

(4)气泡鉴别法 取少量样品放入烧杯中,加入适量稀盐酸或白醋,如果出现大量气泡并发出吱吱声,说明掺有石粉,贝壳粉、蟹壳粉等物。

(5)显微镜检法 显微镜检法是最常用的一种方法,可以识别出大多数掺假物,但因为需要使用立体显微镜,故一般常用于大中型饲料企业或养殖户。使用显微镜检法需要熟悉一些常见掺假物的典型显微特征。谷壳粉中谷壳碎片外表面有纵横条纹;麦麸中麦片外表面有细皱纹,部分有麦毛;棉籽饼中棉籽壳碎片较厚,断面有褐色或白色的色带呈阶梯形,有些表面附有绵丝;菜籽饼中菜籽壳为红褐色或黑色,较薄,表面呈网状;贝壳粉颗粒方形或不规则,灰白色,不透明或半透明;花生壳有点状或条纹状突起,也有呈锯齿状;碱处理的骨粒出现小孔。

2.化学方法

(1)鱼粉中掺入植物质的检测 凡植物质均含淀粉和木质素。淀粉可与碘化钾反应,产生蓝色或蓝黑色化合物。木质素在酸性条件下,可与间苯三酚反应,产生红色化合物。故利用上述两种反应,即可迅速检出鱼粉中是否掺有植物质。

检测方法:

①取被检鱼粉1～2 g加入试管中,加4～5倍蒸馏水加热至沸以浸出淀粉。冷却后,滴入1～2滴碘-碘化钾溶液(取碘化钾6 g加入100 mL蒸馏水中,再加入2 g碘,溶解后摇匀,置棕色瓶中保存),若溶液即现蓝色或黑蓝色,表明鱼粉中掺有淀粉。

②取被检粉碎鱼粉少许平铺入表面皿中,用间苯三酚液(2 g间苯三酚溶入100 mL的浓

度为90%的乙醇溶液中)浸湿,放置5～10 min,再滴加2～3滴浓盐酸,若试样中出现散布的红色点,说明鱼粉中掺入了含木质素的物质。

(2)鱼粉中掺入血粉的检测　血粉中含有铁质,该铁质具有类似过氧化物酶的作用,能分解过氧化氢放出新生态氧,使联苯胺氧化成联苯胺蓝,出现蓝色环或点。根据是否有蓝色环或点,即可判断出鱼粉是否掺有血粉。

检测方法:取少许被检鱼粉入白瓷皿或白色点滴板中,加联苯胺-冰乙酸混合液(1 g联苯胺入100 mL冰乙酸中)数滴,加150 mL蒸馏水稀释,浸湿被检鱼粉,再加3%过氧化氢液一滴,若掺有血粉被检样即显深绿或蓝绿色。

(3)鱼粉中掺入非蛋白含氮化合物的检测　鱼粉中掺入铵盐、尿素的检测:铵盐一般均含氨态氮。尿素在碱性条件下经脲酶催化也可生成氨态氮。奈氏试剂可与氨态氮反应生成棕红色胶体络合物,并可依其红棕-红褐-深红色的颜色变化,判断其掺入量多少。下面以硫酸铵为例,说明其反应过程。

检测方法一:奈氏试剂法

取被检鱼粉1～2 g加入250 mL烧杯中,加蒸馏水25～50 mL,混匀后静置20 min,以便掺入的铵盐或尿素充分溶于水,备用。取一支试管,加2 mL奈氏试剂(称碘化钾5 g加入5 mL蒸馏水中,边搅拌边滴加25%氯化汞饱和液至稍有红色沉淀出现,再加入40 mL 50% NaOH溶液,最后用蒸馏水稀释至100 mL,混匀入棕色试剂瓶保存),然后沿管壁用滴管滴加上述被检样浸出液1～2滴,液面立即出现棕红色环,表明有铵盐掺入。若液面出现白或黄色环,可疑有尿素掺入,再用脲酶法进行进一步检测。

检测方法二:指示剂观察脲酶活性法

称取被检鱼粉2～3 g放入250 mL三角瓶中,加蒸馏水100 mL,20 mL黄豆粉滤液(5 g生黄豆粉入100 mL水中浸泡1 h,过滤),加塞摇匀。置40～50℃水浴锅内温热30 min(温度不宜超过45℃,否则脲酶失活)。最后用镊子取红色石蕊试纸一条浸入该溶液中,若试纸变蓝,表明被检鱼粉掺有尿素。

(4)鱼粉中掺入双缩脲的检测　该法依据双缩脲在碱性介质中可与Cu^{2+}结合成紫红色化合物的原理,检测鱼粉中是否含有双缩脲。

检测方法:称取被检鱼粉2 g加入20 mL蒸馏水中,搅拌均匀后静置10 min,用干燥滤纸过滤。取滤液4 mL入试管中,加6 mol/L NaoH溶液1 mL,再加1.5%的$CuSO_4$液1 mL,摇匀后立即观察,溶液显蓝色表示未掺,显紫红色说明掺有双缩脲,且颜色越深,掺入比例越大。

(5)鱼粉中掺入皮革粉的检测　皮革粉中铬经灰化后部分可变成Cr^{6+},Cr^{6+}在强酸溶液中能与均二苯胺基脲发生反应,生成紫红色水溶性化合物。该反应极灵敏,微量铬即可检出。

检测方法:取被检鱼粉1～2 g入瓷坩埚中,炭化后入茂福炉灰化。冷却后,用少许蒸馏水将灰分湿润,加10 mL $(NH_4)_2SO_4$溶液使呈酸性。在加数滴均二苯胺基脲溶液(0.2～0.5 g均二苯胺基脲溶入100 mL 90%乙醇中),片刻后若出现紫红色,即证明有皮革粉掺入。

注:上述各法同样适于玉米蛋白粉、饲料酵母等的掺假检测。

(二)掺假豆粕的鉴定

1.外观鉴别法

指人用感觉器官对饲料的外观形状、颗粒大小、颜色、气味、质地等指标进行鉴定。纯豆粕呈不规则碎片状,浅黄色或淡褐色,色泽一致,偶有少量结块,闻有豆粕固有豆香味,如果颜色金黄、颗粒均匀，有豆香气味的是好豆粕。反之，如果颜色灰暗，颗粒不均，有霉变气味的，不是豆粕，而是掺入了沸石粉、玉米等杂质后，颜色浅淡，色泽不一，结块多，剥开后用手指捻，可见白色粉末状物，闻之稍有豆香味，掺杂量大的则无豆香味，如果将假豆粕粉碎后，再与豆粕比较，色差更是显而易见，真品为浅黄褐色，在粉碎过程中，假豆粕粉尘大，装入玻璃容器中粉尘会黏附于瓶壁，而纯豆粕则无此现象。

2. 外包装鉴别法

颗粒细、容重大、价格廉，这是绝大多数掺杂物所共同的特点，饲料中掺杂了这类物质后，必定是包装体积小，而重量增加。

3. 水浸鉴别法

取待检豆粕 25 g 放入盛有 250 mL 水的玻璃杯中浸泡 2～3 h，然后用木棒轻轻搅动，若掺假可以看出分层，上层为豆饼，下层为泥沙。

4. 显微镜检查法

取待检样品和纯豆粕样品各一份置于培养皿中，并使之分散均匀，分别放于显微镜下观察：纯豆粕外壳的表面光滑，有光泽，并有被针刺时的印记，豆仁颗粒无光泽，不透明，呈奶油色；玉米粒皮层光滑，半透明，并带有似指甲纹路和条纹，这是玉米粒区别于豆仁的显著特点。另外玉米粒的颜色也比豆仁深，呈橘红色。

5. 碘酒鉴别法

取少许豆粕放在干净的磁盘中，铺薄、铺平，在其上面滴几滴碘酒，过 6 min，其中若有物质变成蓝黑色，说明可能掺有玉米、麸皮、稻壳等。

6. 容重测量鉴别法

饲料原料都有一定的容重，如果有掺杂物，容重就会发生改变，因此，测定容重也是判断豆粕是否掺假的方法之一。

具体方法为：用四分法取样，然后将样品非常轻而仔细地放入 1 000 mL 量筒内，使之正好到 1 000 mL 刻度处，用匙子调整好容积，然后将样品从量筒内倒出并称重，每一样品重复做 3 次，取其平均值为容重，一般纯大豆粕容重为 594.1～610.2 g/L，将测得的结果与之比较，如果超出较多，说明该豆粕掺假。

7. 生熟豆粕检查法

饲料应用熟豆粕做原料，而不用生豆饼。因为生豆饼含有抗胰蛋白酶、皂角素等物质，影响畜禽适口性及消化率。

(方法一)试纸法：生豆饼含脲酶，可分解尿素成氨，使溶液呈碱性。故观察红色石蕊试纸是否变蓝即可检测出大豆饼(粕)的生熟度。

检测方法：取尿素 0.1 g 左右加入 250 mL 三角瓶中，加被检粉料豆饼粉 0.1 g，再加蒸馏水 100 mL，加塞在 45℃水浴锅上温热 1 h。然后取红色石蕊试纸一条，浸入上述溶液中，若试纸变蓝，说明豆饼生，试纸颜色不变，说明豆饼熟。

(方法二)酚红法：生大豆粕中含有脲酶，室温下可将尿素分解成氨，使溶液 pH 偏向碱性，从而使酚红指示剂由黄变红(酚红指示剂在 pH 6.4～8.2 时由黄变红)。

检测方法：取细度 40 目以上被检豆粕 0.2 g 加入三角瓶中，加 0.02 g 尿素和 1～2 滴酚红指示剂(0.1 g 酚红溶入 100 mL 95％乙醇中)。再加 20～30 mL 蒸馏水，振摇后观察溶液由黄变红时间。一般 10 min 以上不显红或粉红者为合格大豆粕。其判断标准是：

1 min 内显红色者表示脲酶活性很强(豆粕生);1～5 min 内显红或粉红色者表示脲酶活性强(豆粕生);5～15 min 内显红或粉红色者表示脲酶活性弱(合格粕);15～30 min 内显红或粉红色者表示脲酶无活性(过熟粕)。

【任务总结】

任务总结表

项目	内容	要点
相关知识	蛋白质饲料的种类	植物性蛋白质饲料、动物性蛋白质饲料、单细胞蛋白质饲料和非蛋白氮饲料
	蛋白质、氨基酸及肽的营养生理功能	1.蛋白质的营养生理功能;2.氨基酸的营养生理功能;3.肽的营养生理功能
	蛋白质不足的后果与过量的危害	1.蛋白质不足的后果; 2.蛋白质过量的危害
	蛋白质饲料在单胃动物生产中的应用	1.单胃动物蛋白质代谢特点;2.单胃动物对饲料蛋白质的要求;3.理想蛋白质与饲粮的氨基酸平衡;4.提高蛋白质转化效率的措施
	蛋白质饲料在反刍动物生产中的应用	1.反刍动物蛋白质消化代谢特点;2.反刍动物对非蛋白含氮化合物的利用;3.反刍动物对必需氨基酸的需要;4.过瘤胃蛋白保护技术
任务实施	识别与利用动物性蛋白质饲料	1.识别常用的动物性蛋白质饲料的外观;2.认知动物性蛋白质饲料的营养特点;3.认知常用动物性蛋白质饲料的利用特点
	识别与利用植物性蛋白质饲料	1.识别常用的植物性蛋白质饲料的外观;2.认知植物性蛋白质饲料的营养特点;3.认知常用植物性蛋白质饲料的利用特点
	识别与利用微生物蛋白质饲料	1.识别几种常用的淀粉质块根块茎类饲料;2.认知淀粉质块根块茎类饲料的营养特点
	识别与利用非蛋白氮饲料	1.识别与利用油脂;2.识别与利用糖蜜;3.识别与利用乳清粉

任务六　认识矿物质饲料

任务描述:矿物元素是动物维持生命和生产产品必不可少的营养素之一,但常规饲料原料一般满足不了动物的需要,必须人工添加,尤其是一些微量元素。在明确动物必需矿物元素的种类及其营养生理功能的基础上,熟悉动物生产中常见的矿物质饲料的种类及作用,在饲料中正确添加矿物质饲料预防动物矿物质缺乏症的产生,为饲料配方设计中合理选择矿物质饲料奠定基础。

【任务目标】

◆**知识目标**

1. 掌握动物必需的矿物元素的种类。
2. 了解矿物元素的营养生理作用。
3. 掌握矿物质饲料的种类。

◆**技能目标**

1. 能阐述各种矿物元素的营养生理功能。
2. 能识别各种矿物质饲料。
3. 能识别出的矿物元素营养缺乏症并予以有效预防。

◆**素质目标**

1. 培养查阅资料、收集信息、总结归纳能力。
2. 培养分析、解决问题的意识和能力。

【知识】

一、什么是矿物质饲料

矿物质饲料(mineral feeds)就是补充动物矿物质营养的饲料,它包括天然生成的矿物质和工业合成的单一化合物以及混有载体或稀释剂的矿物质添加剂预混料。矿物质元素在各种动植物饲料中都有一定含量,虽多少有差别,但由于动物采食饲料的多样性,往往可以相互补充而满足动物对矿物质的需要,但在舍饲条件下或高产动物对矿物质的需要量增多,这时就必须在动物的日粮中另行添加所需的矿物质。

二、动物体必需的矿物元素

动物体内矿物元素含量约有4%,其中5/6存在于骨骼和牙齿中,其余1/6分布于身体的各个部位。按其在动物体内含量的多少分为两大类。含量大于或等于0.01%的矿物元素称为常量矿物元素(major mineral elements),通常以克(g)为计量单位,含量小于0.01%的矿物元素称为微量矿物元素(trace mineral elements),通常以毫克(mg)或微克(μg)为计量单位。

动物体内存在的矿物元素,有一些是动物生理过程和体内代谢必不可少的,这些矿物元素就是常说的必需矿物元素(essential mineral elements)。必需矿物元素必须由外界供给,外界供给不足,不仅影响生长和生产,而且会引起动物体内代谢异常、生化指标变化和缺乏症,甚至表现出明显的疾病症状,严重的会导致动物死亡。

现今已知,动物的必需常量矿物元素有钙(calcium,Ca)、磷(phosphorus,P)、钾(kalium,K)、钠(sodium,Na)、氯(chlorine,Cl)、镁(magnesium,Mg)、硫(sulfur,S)7种。微量矿物元素有铁(ferritin,Fe)、钴(cobalt,Co)、锌(zinc,Zn)、锰(manganese,Mn)、铜(cuprum,Cu)、碘(iodine,I)、硒(selenium,Se)、钼(molybdenum,Mo)、铬(chromium,Cr)、氟(fluorine,F)、镉(cadmium,Cd)等20种。

(一)常量矿物元素

1. 钙、磷

(1)营养作用

①钙构成骨骼与牙齿;维持神经和肌肉兴奋性;维持膜的通透性;调节激素分泌;钙信号在激活细胞参与细胞分裂过程中起信息传递作用。

②磷不仅构成骨骼与牙齿,还以有机磷的形式存在于细胞核和肌肉中,参与核酸代谢、能量代谢与蛋白质代谢;维持膜的完整性,在细胞膜结构中,磷脂是不可缺少的成分;磷酸盐是体内重要的缓冲物质,参与维持体液的酸碱平衡。

体内钙和磷的代谢是相互联系的,本质上受同一生理和生化机制的调节,动物体内的钙、磷比例要适当其生理作用才能正常发挥。

(2)缺乏症

①佝偻病(rickets):各种动物佝偻病的临床症状基本相似,主要表现为精神极度沉郁、不活泼,食欲下降,消化不良,异嗜,消瘦,生长发育缓慢,经常卧地,被毛粗糙、无光泽,换毛延迟;出牙期延长,牙齿形状不规则,齿质钙化不足,排列不规则,容易磨损;关节肿胀易变形,快速生产的骨断增大,弓背,负重的长骨出现畸形而表现跛行,严重的步态僵硬,甚至卧地不起;四肢骨骼会发生变形呈现明显的O形和X形,骨质松软、容易发生骨折,肋骨与肋软骨之间的结合处有串珠状凸起。生长猪有后肢麻痹的症状,由于牙齿病变,常出现采食、咀嚼障碍。

10～25日龄的幼畜还表现为喙变形,易弯曲,俗称橡皮喙;胫、跗骨易弯曲,胸骨脊(龙骨)弯曲呈S状;肋骨与肋软骨交界处及肋骨与胸椎连接处呈球形膨大,排列呈串珠状;腿软弱无力,常以飞关节着地,关节增大,严重者瘫痪。

②骨软病(osteomalacta):骨软病是成年动物软骨内骨化完成后由于钙磷代谢紊乱而发生的以骨质脱钙、骨质疏松和骨骼变形为特征的一种骨营养不良。

反刍动物表现为食欲下降,体重降低,消瘦、异嗜,被毛粗糙,站立姿势异常,四肢交替负重,跛行,步态僵硬,严重者不能站立,椎骨、盆骨和肋骨等容易骨折变形。奶牛骨骼变形后的症状比其他牛明显,站立时前肢向前伸,后肢向后拉的较远,呈现特殊的"拉弓射箭"姿势。禽类中常见于产蛋鸡。最初表现为产薄壳蛋、软壳蛋,蛋壳质量下降,破损率高,产蛋量急剧下降和停产,种蛋孵化率降低。发病及精神沉郁、采食量减少,鸡冠色淡,喜食蛋壳,腿软无力。

③生产瘫痪(parturient paresis):也称产后瘫痪,亦称乳热症或低钙血症,是母畜产后突然发生的以血钙含量急剧下降、知觉消失、肌肉松弛、四肢麻痹、卧地瘫痪为特征的疾病。以奶牛最常见,主要发生于饲养良好的高产奶牛,特别是产奶量最高的胎次(通常在第3～6胎)最容易发生,初产母牛一般不发生。

④磷缺乏时,动物会出现异嗜癖;低磷性的骨质疏松,如猪、鸡呈现营养性的瘫痪,牛出现关节僵硬、肌肉软弱、生长减缓、繁殖异常。钙、磷缺乏时,血液检查可见血清钙、磷水平低,碱性磷酸酶活性升高。

(3)过量　反刍动物钙过量抑制瘤胃微生物作用而导致消化率降低。单胃动物钙过量降低脂肪消化率。过量钙、磷干扰其他元素的作用和代谢,例如钙过量抑制锌的吸收,磷过量会引起甲状腺机能亢进。

(4)钙、磷来源　植物饲料含钙少,而磷多,但磷有一半左右为植酸磷,饲料总磷利用率一般较低,猪利用率为20%～60%,鸡利用率为30%,反刍动物可较好利用植酸磷。动物性的饲料如乳、鱼粉等一般含钙较为丰富。

当饲料中钙、磷含量不足，可直接在饲料中添加钙、磷的补充料，可用骨粉（钙31%，磷14%），磷酸氢钙（钙23.2%，磷18.6%），磷酸钙，碳酸钙，石粉等。

2.镁

(1)营养作用　构成骨与牙齿；参与酶系统的组成与作用；参与核酸和蛋白质代谢；调节神经和肌肉兴奋性；维持心肌的正常结构和功能。

(2)缺乏症　反刍动物需镁高于单胃动物，其缺镁症可分为两种类型：一种是长期饲喂缺镁饲粮，导致反刍动物体内储存镁消耗发生的缺镁症，主要症状为痉挛，一般幼龄动物易患。另一种是反刍动物在放牧时采食大量生长旺盛的青草，青草中镁含量低，吸收率差，反刍动物采食后发生缺镁症，称为反刍动物低血镁搐搦（ruminant hypomagnesemic tetany）又称反刍动物青草搐搦（ruminant grass tetany）或称反刍动物青草蹒跚（ruminant grass stagger）。

慢性型病牛呆滞，反应迟钝，食欲减退，泌乳牛的产奶量处于低水平。经数周后，病牛出现步态踉跄，上唇、腹部及四肢肌肉震颤，感觉过敏。后期则感觉消失，瘫痪。亚急性型病程3～5 d，病牛食欲减退或废绝，泌乳牛的产奶量下降，病牛常常保持站立姿势，频频眨眼，对响声敏感。急性型病牛突然停止采食，兴奋不安，耳朵扇动，甩头，哞叫，肌肉震颤，在草地放牧的牛还会出现疾走或狂奔。行走时，步态蹒跚，最终跌倒，四肢僵硬，继而呈现阵发性惊厥。惊厥期间，病牛竖耳，牙关紧闭，口吐白沫，眼球震颤，瞳孔散大。病牛体温升高，呼吸急促，脉率增快，心悸，心音增强。这种病牛来不及救治，多在1 h内死亡。

(3)过量　出现昏睡，运动失调，拉稀，采食量和生产力下降，严重的也可引起死亡。

(4)镁来源　常用饲料含镁丰富，不易缺乏，糠麸、饼粕和青饲料含镁丰富，块根和谷实含镁多，缺镁时，用硫酸镁、氯化镁、碳酸镁补饲。补镁有利于防止过敏反应和集约化饲养时咬尾现象。

3.钠、钾、氯

(1)营养作用　钠、钾、氯为体内主要电解质，与其他离子共同维持肌肉神经兴奋性。钠在保持体液的酸碱平衡和渗透压方面起着重要作用；钾参与碳水化合物代谢，钾在维持细胞内液渗透压的稳定和调节酸碱平衡上起着重要的作用；氯参与胃酸形成，与钠、钾共同维持体液的酸碱平衡和渗透压调节。

(2)缺乏症　钠易缺乏，钾不易缺乏。生长期动物缺钠，出现食欲和消化机能减退、生长受阻。成年动物，可发生肌肉颤抖、四肢运动失调、心律不齐等症状，严重会死亡。氯缺乏时主要表现为肾功能受损、皮肤、肌肉和内脏器官中氯的含量明显减少。缺氯化钠出现异嗜癖，啄羽。长期缺乏出现肌肉（心肌）病变。

(3)过量　食盐过多，饮水量少，会引起动物中毒。猪、鸡对食盐过量较为敏感，容易发生食盐中毒。动物表现为：腹泻，口渴，产生类似脑膜炎的神经症状。钾过量，干扰镁吸收和代谢，出现低镁性痉挛。

(4)来源　各种饲料钠、氯少，以食盐补充，饲料饼（粕）含钾高。

4.硫

(1)营养作用　硫以含硫氨基酸形式参与被毛、羽毛、蹄爪等角蛋白合成；硫是硫胺素、生物素和胰岛素的成分，参与碳水化合物代谢；硫以核多糖的成分参与胶原蛋白和结缔组织代谢。

(2)硫缺乏症（sulfur deficiency）　病羊啃食其他羊或自身的被毛，以臀部叼毛最多，而后扩展到腹部、肩部等部位，有的病羊出现掉毛、脱毛现象，逐渐消瘦，食欲减退，消化不良等；也可发生消化道毛球梗阻，表现肚腹胀满、腹痛，甚至死亡。病羊还会啃食毛织品等物。

家禽主要表现脱羽，啄食其他家禽的羽毛，生长缓慢，繁殖力下降，禽羽毛生成后部分掉毛甚至全部脱落而成为裸躯。严重时啄癖进一步发展为啄肛、啄趾等，甚至病禽互相以啄攻击，引起家禽全身被啄烂而导致死亡。

(3)过量　硫过量很少发生，无机硫添加剂用量大于0.3%～0.5%时可能导致厌食，体重下降，便秘，腹泻等症状。

(4)来源　蛋白质饲料含硫高，鱼粉、肉粉、血粉含硫达0.35%～0.85%，饼粕0.25%～0.40%，禾谷类及糠麸0.15%～0.25%，块根块茎作物缺乏，反刍动物日粮硫元素不足时，可用硫酸盐或硫化物补充，单胃动物则不考虑无机硫。

(二)主要微量矿物元素

1. 铁

(1)营养作用

①参与载体组成，转运和贮存营养素；铁是合成血红蛋白和肌红蛋白的原料。血红蛋白作为氧和二氧化碳的载体，能保证其正常运输。

②参与物质代谢调节，Fe^{2+}或Fe^{3+}是酶的活化因子，三羧酸循环中有1/2以上的酶和因子含铁或与铁有关。

③生理防卫机能，铁与免疫机制有关，游离铁可被微生物利用。

(2)缺乏与过量

①缺乏：成年动物不易缺乏，但幼龄动物易缺铁造成贫血(anemia)，表现为食欲不振，虚弱，轻度腹泻，皮肤和黏膜苍白，皮毛粗糙，生长慢。血液检查，血红蛋白低于正常，严重者3～4周死亡。易发于仔猪，因为：初生猪铁贮为30 mg/kg体重；正常生长每天需铁7～8 mg，而每天从母乳中仅得到约1 mg的铁，如不及时补铁，仔猪在5～7日龄就会出现贫血。表1-17所示仔猪血红蛋白含量与贫血症的关系。

表1-17　仔猪血红蛋白含量与贫血症的关系

血红蛋白的含量(g/100 mL)	贫血程度
≥10	正常水平
9	正常与贫血分界线
8	边缘贫血、需补充
≤7	贫血、生长减慢
≤6	严重贫血、生长发育受损
≤4	严重贫血，有死亡的危险

②过量：全价配合饲料中正常添加铁剂量一般低于0.014%，肉鸡日粮铁的正常添加剂量为0.008%，产蛋鸡日粮铁的正常添加剂量为0.005%，若添加量超过标准量20倍以上就会出现慢性铁中毒现象。铁的耐受量一般较大，猪采食日粮中铁的耐受量3 000 mg/kg，牛和禽1 000 mg/kg，绵羊500 mg/kg。但添加过多，易造成中毒。3～10日龄仔猪口服硫酸亚铁的中毒剂量为600 mg/kg体重，喂后1～3 h可出现中毒症状，表现为皮肤潮红，精神呆滞，站立

不稳，呼吸急促，体温降低，嗜睡，继而昏迷，严重时死亡。

(3)来源　天然植物饲料中富含铁元素，动物性饲料中乳制品含铁较少，但鱼粉、血粉中含铁丰富，也可用含铁的化合物进行补饲，如添加氯化亚铁、硫酸亚铁等。

(4)预防仔猪缺铁的措施

①生产中可以通过给妊娠母猪和哺乳母猪饲喂营养全面且富含铁、钴、铜等微量元素的全价料；注意饲料搭配的合理性，适当减少饲喂含钙质和鞣酸过多的饲料，以增强母猪对铁的吸收，提高母乳中铁的含量。

②在母猪分娩前 7 d 开始在妊娠母猪的日粮中加入适当氨基酸螯合铁，直至哺乳结束；或在配种前 10 d 开始至整个妊娠期内，每天每头母猪补给氨基酸铁合剂 1.25 g 即可。

③在仔猪出生后 72 h 内颈部肌肉或皮下注射右旋糖酐铁注射液，必要时在 10 日龄左右再注射一次。

④仔猪出生 3 日龄后开始补饲铁制剂饲料，喂时将配好的铁制剂饲料装入奶瓶中，让仔猪吸吮或滴服，也可在仔猪吃奶时将铁制剂饲料溶液涂抹于母猪奶头上，每天 1～2 次。常用口服铁制剂主要有硫酸亚铁和铁铜合剂(2.5 g 硫酸亚铁＋2 g 硫酸铜，溶入 1 000 mL 热水中，然后过滤即可)，分别在 3、5、7、10、15 日龄时每日两次，每天每头 10 mL。

⑤注意事项：补铁要适量，补铁过量会影响肠道内其他微量元素的吸收，而且还会使多余的铁沉积于某些器官，引起血色素沉淀；口服硫酸亚铁时，最好现用现配，以防亚铁离子被氧化成高价铁离子，引起中毒，达不到补铁效果；补铁时不宜与某些药物(如含有铝、镁、钙的制剂，四环素、抗胆碱类药物和维生素 E 等)同时服用，以免影响铁的吸收和降低药效；补铁期间应尽量避免饲喂含钙质和鞣酸类饲料，以免降低补铁效果；补铁的同时必须补充维生素 B_{12}，铁的消化吸收形成血红素，肌红蛋白需要有维生素 B_{12} 的参与，如果缺乏，仔猪易得障碍性贫血，此时补再多的铁也无用。

2. 锌

(1)营养作用

①锌是动物体内多种酶的成分或激活剂，参与体内酶的形成。体内有 200 多种酶含锌，这些酶主要参与蛋白质代谢和细胞分裂。

②维持上皮组织健康和被毛正常生长，从而防止上皮细胞角质化和脱毛。

③是胰岛素的成分，参与碳水化合物的代谢。

④维持生物膜正常结构与功能。

⑤参与骨骼和角质的生长并能增强机体免疫和抗感染力。

(2)缺乏与过量

①缺乏：锌缺乏症(zinc deficiency)以食欲不振、生长迟缓、脱毛、皮肤痂皮增生、皲裂为特征的皮肤不全角化。猪缺乏症只发生于舍饲猪，以 2～3 月龄仔猪发病率最高。患病不严重时体温和食欲均正常，重症时病猪出现食欲不振，有不同程度的厌食。因采食量下降导致生长缓慢，饲料利用率降低，生长发育迟缓。轻度缺锌表现为皮肤干燥而粗糙，缺乏弹性，角化不全，被毛粗乱而焦黄，随后被毛脱落。严重缺锌时耳朵、颈部、前后肢下部、尾部和肷部有明显的结痂和皲裂，多为对称性，患猪最后因长时间进行性消瘦而死亡。牛除皮肤不全角化外，还表现慢性发痒和秃毛，羔羊有脱毛、蹄壳及眼眶周围肿胀、过度流涎等症状。家禽缺锌时，雏鸡表现为体质衰弱。生长缓慢，食欲减少，羽毛发育不良，受惊时则呼吸困难。2 月龄以内的雏鸡呈

现胫骨短粗，关节面膨大，飞节扁平膨大，常蹲伏地面。产蛋鸡缺锌，蛋壳薄，出雏率低，弱雏多。家禽胫部皮肤容易成片脱落，并主要在脚部发生皮炎，以及笨拙的关节炎步态，这是家禽缺锌的明显表现。

②过量：各种动物对高锌都有较强的耐受力，但耐受力因动物种类、饲粮中与锌拮抗的物质含量不同而异。采食自然饲粮，猪、绵羊和牛的耐受量分别在1 000 mg/kg、300 mg/kg、500 mg/kg以下。各种动物锌中毒的共同特征为食欲下降和腹泻。反刍动物锌中毒比非反刍动物更敏感。牛羊中毒时有异食现象，采食过量盐类和咀嚼木头、毛发等异物。猪食欲下降，关节肿胀，跛行，腹泻，生长发育不良，甚至死亡。鸡精神沉郁，被毛粗乱，发育不良，腹泻。

(3)来源　锌的来源广泛，幼嫩植物、酵母、大豆饼、芝麻饼、棉籽饼和花生饼、鱼粉中含量丰富，其他饲料的含量一般均超过实际需要量。

通常配合饲料中的原料能提供给动物体所需要的锌，但由于锌的吸收率很低，必须超量添补才能满足其生理需要。可在饲料中直接添加饲料级氧化锌和饲料级的一水硫酸锌。

3. 铜

(1)营养作用　铜对造血起催化作用，它促进铁从网状内皮系统和肝细胞中释放出来进入血液，以合成血红素，参与血红蛋白的合成及某些氧化酶的合成和激活，促进骨骼的正常发育，使钙、磷在软骨基质上沉积；铜在维持中枢神经系统功能上起着重要作用，并作为细胞色素氧化酶和胺氧化酶成分，维持神经健康；作为酪氨酸酶的成分，参与被毛色素的形成。可促进垂体释放生长激素、促甲状腺激素、促黄体激素和促肾上腺皮质激素等，影响动物的生殖机能与生长发育。

(2)缺乏与过量

①缺乏：铜缺乏症(copper deficiency)的主要表现包括被毛变化、骨骼异常、贫血和运动障碍。

铜缺乏时被毛的变化很明显，被毛稀疏、粗糙、缺乏光泽、弹性降低、颜色变浅，成年牛红色和黑色毛变成白色和棕色毛，黑牛眼睛周围被毛更加明显，似戴白框眼镜，故有"铜眼镜"之称。绵羊铜缺乏时被毛柔软、光滑、失去天然弯曲，黑毛颜色变浅。

动物铜缺乏时骨骼的生长发生障碍，表现为骨骼弯曲、关节僵硬和肿大、易发骨折。

运动障碍是羔羊铜缺乏的主要症状，又称摆腰病和地方性共济失调。主要危害1～2月龄的羔羊。早期症状为两后肢呈"八"字形站立，驱赶时后肢运动失调，跗关节屈曲困难，球节着地，后躯摇摆，极易摔倒，快跑或转弯时更加明显，呼吸和心率随运动而显著增加。

贫血是许多种动物严重、长期缺铜的常见症状。

②过量：铜过量可中毒，每千克饲料干物质含铜量：绵羊超过50 mg、牛超过100 mg、猪超过250 mg、雏鸡达300 mg均会引起中毒。铜盐直接作用于胃肠道而会产生严重的胃炎、粪便呈绿蓝色黏液状。过量的铜吸收进入机体内，作用于全身各个器官系统，使肝、肾、神经和血液受侵害，造成肾功能衰竭。过量铜在肝脏中蓄积到一定水平时，就会释放进入血液，使红细胞溶解，动物出现血尿和黄疸症状，组织坏死，甚至死亡。羊对铜中毒耐受力最差。

(3)来源　饲料中铜分布广泛，豆科牧草、大豆饼、禾本科籽实及副产品中含铜较为丰富，动物一般不易缺少，缺铜的牧地可施用硫酸铜化肥或直接给动物补饲硫酸铜。无机盐铜比饲料铜有效性高。

4. 锰

(1)营养作用　锰参与硫酸软骨素的合成,保证骨骼的发育;可催化性激素的前体胆固醇合成,与动物的繁殖有关;是肠肽酶、羧化酶、ATP 酶等的激活剂,参与蛋白质、碳水化合物、脂肪及核酸代谢;保护细胞膜完整性。

(2)缺乏与过量

①缺乏:禽典型缺乏症是滑腱症,病幼禽的特征症状是生长停滞,骨短粗症。胫一跗关节增大,胫骨下端和跖骨上端弯曲扭转,使腓肠肌腱从跗关节的骨槽中滑出。病禽腿部变弯曲或扭曲,腿关节扁平而无法支持体重,将身体压在跗关节上。严重病例多因不能行动无法采食而饿死。

反刍动物锰缺乏主要表现为骨、关节先天性变形,生长不良,被毛干燥,褪色,钩爪,哞叫,运动机能障碍;羔羊长骨变短,虚弱,关节疼痛不愿意动,瘫痪。

母畜繁殖性能下降,常有发情延迟,不能受孕;公畜精子密度下降,精子活力减退。

②过量:锰过量导致生长受阻,贫血和胃肠道损害,并致使钙、磷利用率降低。禽耐受力最高,猪最差。中毒剂量:动物敏感性存在差异,禽:2 000 mg/kg;反刍:1 000 mg/kg;猪:400 mg/kg。生产中锰中毒现象非常少见。

(3)来源　植物饲料特别是牧草、糠麸含锰丰富,动物饲料含锰少,生产中一般不会出现缺乏症,如饲料中不足也可用硫酸锰、氧化锰补充。

5. 硒

(1)营养作用　硒元素在 1957 年前一直被认为是有毒元素,1957 年 Schwarz 证明硒是必需微量元素。

①作为谷胱甘肽过氧化酶(GSH-Px)的组成成分,保护细胞膜结构和功能的完整性,每分子 GSH-Px 含 4 原子硒,该酶催化已产生的过氧化氢和脂质过氧化物,将其还原成无破坏性的羟基化合物,从而保护细胞膜。

②对动物的胰腺的组成和功能有重要影响。缺硒时,胰腺萎缩,胰脂酶产量下降,从而影响脂质和维生素 E 的吸收。

③保证肠道脂肪酶活性,促进乳糜微粒形成,从而促进脂类及脂溶性物质的消化吸收。

(2)缺乏

①白肌病(white muscle disease):本病是因缺硒而肌球蛋白合成受阻,致使骨骼肌和心肌退化萎缩,肌肉表面有白色条纹而称为白肌病。

本病常发生于幼龄犊牛、羔羊、仔猪、马驹,2～4 月龄生长迅速的犊牛最常发生。该病的临床表现,因动物品种和临床类型不同而有差异,一般根据病程经过,分为急性、亚急性、慢性三种类型。

急性型　病畜一般不表现前述症状而突然死亡,尤其是在运动之后。通过对一些病畜仔细地观察发现,患病犊牛、羔羊通常侧卧,甚至人为的加以扶助也不能使其改变伏地侧卧的姿势。心率增加至 150～200 次/min,体温正常,一般在症状出现后 16～20 h 饲喂。犊牛和羔羊暴发本病时,有 15%的易感动物可发生急性型,死亡率近 100%。

亚急性型　多以机体衰弱、心率衰竭、运动障碍、呼吸困难和消化机能紊乱为特征。病畜精神沉郁、不愿走动、喜卧,重者站立不稳、容易跌倒;有时前后肢呈轻度瘫痪、卧地不起,继发感染时体温升高,多数病畜保持食欲。部分动物(特别是成年马属动物)可发生机红蛋白尿。触诊背部、臀部的肌肉,有肿胀的趋势,比正常肌肉硬,这些异常呈对称性。

慢性型　生长发育停滞，心功能不全，运动障碍，发生顽固性腹泻。羔羊多在2～4周时发病，全身衰弱，肌肉迟缓无力，行走困难，共济失调，可视黏膜苍白、黄疸，呼吸浅而快（80～100次/min），脉搏加快（200次/min）。成年羊症状不明显，但繁殖率和产毛量均降低。

②肝营养不良和桑葚心（hepatosis dietetica and mulberry heart disease）：患肝营养不良的仔猪大多数于断奶之后死亡。急性发病者多见于生产发育迅速、体况良好的仔猪，预先没有任何症状突然死亡。存活猪多表现呼吸困难、黏膜发绀、食欲不振、腹泻、虚弱等。一般体温正常、心率加快。患病动物肝脏呈斑驳状，切面具有特征性肉蔻性外观。病变肝小叶或独立存在，或相互连成片，一些区域肝组织因再生而隆起，致使肝脏表面粗糙不平。

患桑葚心病的动物一般无前驱症状而死亡。存活猪多表现呼吸困难、发绀、躺卧，在该病暴发时，约25%的猪表现轻微的食欲不振和迟钝。运动、恶劣的天气或运输等应激因素将促进其急性死亡。剖检发现心肌扩张，心室容积增大，沿心肌纤维走向因发生多发性出血而呈紫色，心内膜下密布出血点，使心脏外观似桑葚。

③渗出性素质病（exudative diathesis）：常发生于4～6周龄的雏鸡。病鸡精神沉郁，不愿活动，胸部、腹部皮下血管充盈呈轻微红紫色，很快出现典型的渗出性素质变化。主要为胸部、腹部皮下出现淡蓝绿色水肿样变化；大腿、颈部、翼下亦发生水肿，这种变化中12～24 h内迅速扩展，严重者可遍及全身。穿刺皮肤有淡蓝绿色液体流出。

(3)过量　硒易过量中毒，5～10 mg/kg的摄入量即可导致中毒，其表现是消瘦、贫血、关节僵直、脱毛或影响繁殖等，摄入500～1 000 mg/kg硒可出现急性或亚急性中毒，患畜瞎眼、痉挛、瘫痪，肺部充血，因窒息而死亡。

(4)预防或治疗缺硒症　可用亚硒酸钠维生素E制剂，作皮下或深度肌肉注射，或将亚硒酸钠稀释后，拌入饲粮中补饲。家禽可将亚硒酸钠溶于水中饮用，但要严格控制供给量。

6.碘

(1)营养作用　主要是参与甲状腺素的形成。甲状腺素几乎参与机体所有的物质代谢过程，维持体内热平衡，具有促进繁殖、生长发育、红细胞生成和血液循环等作用。体内一些特殊蛋白质（如皮毛角质蛋白质）的代谢和胡萝卜素转变成维生素A都离不开甲状腺素。

(2)缺乏与过量

①缺乏：碘缺乏症的典型症状为甲状腺肿大（goitre），成年动物不见症状，但可触及甲状腺肿，成年母畜性周期紊乱，胎儿易被吸收，产下死胎，或胎儿水肿，胎儿无毛，畸胎，成年公畜性欲下降，精液质量差羊毛产量下降（稀疏）。碘缺乏症多见于幼龄动物，其表现为：发育不良，体格小，甲状腺明显肿胀，颈部无毛肿大，严重呼吸困难。妊娠动物缺碘，可使胎儿发育受阻，产生弱胎、死胎，初生幼畜无毛、皮厚，颈粗、体弱、成活率低。影响神经发育。甲状腺肿大，如图1-14所示缺碘母羊所产的羔羊发育不良或死亡，颈部因甲状腺肿大而明显肿大。缺碘可导致甲状腺肿，但甲状腺肿不全是因为缺碘。十字花科植物中的含硫化合物和其他来源的高氯酸盐、硫脲或硫脲嘧啶都能造成类似缺碘一样的后果。

②过量：各种动物对过量碘的耐受力不同。生长猪可耐受400 mg/kg，禽300 mg/kg，牛、羊50 mg/kg。反刍动物耐受力比单胃动物差，超过耐受量可造成不良后果，猪出现血红蛋白下降，鸡产蛋率下降，奶牛产奶量降低。

(3)来源　动物所需要的碘，主要从饲料和饮水中摄取。各种饲料中的含碘量不同，沿海地区的植物的含碘量高于内陆地区植物。缺碘用碘化食盐补饲，或碘化钾、碘酸钾。

7. 其他元素

钴、氟、钼、铬、砷、硅、镍等元素已被证实在动物营养中的必需性，认为这些元素为动物体所必需，它们在动物体内能与有生命的组织相互作用，当营养中缺乏时，生理机能受阻，加入时，生理机能恢复，但至今尚未发现动物缺乏的病例。因此，实际生产中无须考虑供给问题，相反应多注意铬、砷等重金属的毒性问题。

三、应激状态对主要微量元素需要量的影响

微量元素铁、铜、钴、锰、锌和碘等，均是影响动物免疫机能和抗应激能力的重要因素。由于应激因素如高温、疾病、转群等不良影响，动物食欲下降，微量元素摄入量相对减少，而此时机体的代谢却要增强，即从不同方面加大了对微量元素的需要量，必须额外补充。一般情况下，肉鸡和猪应激状态下对微量元素供给量为正常需要量的 2～3 倍。

四、矿物元素营养发展趋势与应用

最早添加的所谓第一代微量元素添加剂是无机矿物盐类，如铁、铜、钴、锌、锰等氧化物、氯化物、硫酸盐、碳酸盐等，补碘采用的是碘化食盐，补硒用的是亚硒酸钠等无机盐类，有些至今还在生产中广泛应用。

随着饲料科学的迅速发展，由于有机态矿物盐的饲喂效果优于无机盐类，而被生产实践所接受，成为第二代微量元素添加剂，如乳酸锌、富马酸铁、葡萄糖酸锌、吡啶羧酸钴、吡啶羧酸铬、对氨基苯砷酸等。

在动物体内，元素离子需要载体分子与之构成元素螯合物形式，才能穿过细胞膜而被吸收。因此，无机盐类和有机盐类补饲动物时，都不同程度地存在吸收率低的问题。目前使用的大量矿物盐对饲料加工、维生素的稳定性等影响较大。

目前，新的第三代微量元素添加剂——微量元素氨基酸螯合物已问世。微量元素氨基酸螯合物是指以微量元素为中心原子，通过配位键、共价键或离子键铜配体氨基酸或低分子肽键结合而成的一类具有环状特殊结构的复杂络合物。微量元素氨基酸螯合物具有良好的化学稳定性，在动物体内环境中溶解性好，易透过肠壁被动物吸收，无毒副作用，且生物学效价明显高于无机态矿物盐类。作为添加剂，它可以起到补充微量元素和氨基酸的双重作用，同时可节省矿物质元素的用量，减少微量元素排泄对环境的污染。据报道，氨基酸螯合物还有提高机体内某些酶活性、调节代谢、增强免疫力等作用。因此，目前被认为是一种理想添加剂，在畜牧业发达的国家，已在动物生产中得到推广应用。

微量元素氨基酸螯合物所用的材料，其中金属元素大多是硫酸盐类。所用的氨基酸有的是结晶单体氨基酸，如蛋氨酸、甘氨酸、苏氨酸、赖氨酸。有的是动植物蛋白水解生成的复合氨基酸，所用的动植物蛋白有酪蛋白、明胶、酵母、畜血、蚕蛹蛋白及大豆蛋白等。由纯的单体氨基酸与微量元素螯合而成的是单一氨基酸螯合物。由蛋白质水解生成的复合氨基酸与微量元素螯合而成的为复合氨基酸螯合物。两者相比较，单一氨基酸螯合物，价格昂贵且生物活性单一，应用范围窄。目前市场产品以复合氨基酸螯合物为主。如酪蛋白铜、硒酵母等。以铜为例，对猪来说，铜最有效的利用形式是酪蛋白铜，其次是丙酸铜、乙酸铜，其有效利用率依次为硫酸铜的 170%、150%与 152%。微量元素氨基酸螯合物，由于其自身的优点，在生产实践中应用的前景十分广阔。

【技能】

一、识别常用的矿物质饲料

(一)识别含钙的饲料

常用的含钙矿物质饲料有石灰石粉、白云石粉、贝壳粉、蛋壳粉及石膏等。

1. 石粉

石粉(limestone meal)主要指石灰石粉,为天然的碳酸钙,一般含纯钙35%以上,是补充钙的最廉价、最方便的矿物质原料。

2. 贝壳粉

贝壳粉(oyster shell meal)是各种贝类外壳经加工粉碎而成的粉状或粒状产品,主要成分为碳酸钙,含钙量不低于33%。品质好的贝壳呈白色粉状或片状。

3. 蛋壳粉

禽蛋加工厂或孵化厂收集的蛋壳,经干燥、灭菌、粉碎后即得到蛋壳粉(egg shell meal),除了含有34%左右的钙外,还含有7%的蛋白质及0.09%的磷。

4. 石膏

石膏(gypsum)为硫酸钙晶体,有天然石膏粉碎后的产品,也有化学工业产品。石膏含钙量为20%~30%,含硫16%~17%,既可提供钙,又是硫的良好来源,生物利用率高。

(二)识别含钙、磷的饲料

生产中常用的补充钙、磷的饲料主要是磷酸钙盐和骨粉。

1. 磷酸钙盐

磷酸钙盐(calcium phosphate)包括磷酸一钙(含磷22%左右,含钙15%左右),磷酸二钙(含磷18%以上,含钙21%以上)和磷酸三钙(含钙29%以上,含磷15%~18%)等。

2. 骨粉

骨粉(bone meal)是以动物骨骼为原料加工而成的,由于加工方法的不同,成分含量及名称各不相同。骨粉含氟量低,且钙多磷少,是补充动物钙、磷需要的良好来源。骨粉一般为黄褐至灰白色的粉末,有肉骨蒸煮过的味道。

(三)识别含钠、氯的饲料

1. 氯化钠

通常使用的是食盐(salt),精制食盐含氯化钠(sodium chloride)99%以上,粗盐含氯化钠为95%。纯净的食盐含氯60%,含钠39%。食用盐为白色细粒,工业用盐为粗粒结晶。

2. 碳酸氢钠

俗称小苏打。由于食盐中氯比钠多,动物对钠的需要量一般比氯高,因此碳酸氢钠(sodium bicarbonate)除可以补充钠的不足外,还是一种缓冲剂,可缓解动物的热应激,可提高产蛋率和蛋壳强度,保证瘤胃正常的pH。

3. 无水硫酸钠

无水硫酸钠(sodium sulfate)俗称元明粉或芒硝,具有轻泻的性质,除补充钠离子外,对鸡的互啄还有预防作用。

(四)识别含镁饲料

饲料中含镁丰富,一般都在0.1%以上,因此不必另外添加。但早春牧草中镁的利用率很低，有时会使放牧动物因缺镁而出现“青草痉挛”，故对放牧的牛羊以及用玉米作为主要饲料并补加非蛋白氮饲喂的牛，常需要补加镁。饲料工业中使用的氧化镁，一般为菱镁矿在800～1 000℃ 煅烧的产物。此外还可选用硫酸镁、碳酸镁和磷酸镁等。

(五)识别含硫饲料

硫的来源有蛋氨酸、胱氨酸、硫酸钠、硫酸钾、硫酸钙、硫酸镁等。就反刍动物而言，蛋氨酸的硫利用率为100%，硫酸钠中硫的利用率为54%，且硫的补充量不宜超过日粮干物质的0.05%。对幼雏而言，硫酸钠、硫酸钾、硫酸镁均可充分利用，而硫酸钙利用率较差。硫酸盐不能作为猪、成年家禽硫的来源，需以有机态硫如含硫氨基酸等补给。

(六)识别微量元素饲料

由于动物对微量元素的需要量少，微量元素补充料通常是作为添加剂加入饲料中的，在任务八中再解释。

二、合理使用矿物质饲料

(1)天然的石灰石，只要铅、汞、砷、氟的含量不超过安全系数，都可用于饲料。石粉作为钙的来源，其粒度以中等为好，一般猪用26～36目，禽用26～28目。对蛋鸡来讲，较粗的粒度有助于保持血液中钙的浓度，满足形成蛋壳的需要，从而增加蛋壳强度，减少蛋的破损率，但粗粒影响饲料的混合均匀度。石粉的用量依据畜禽种类及生长阶段而定，一般畜禽配合饲料中石粉使用量为0.5%～2%，蛋鸡和种鸡可达到7%～7.5%。单喂石粉过量，会降低饲粮有机养分的消化率，还对青年鸡的肾脏有害，使泌尿系统尿酸盐过多沉积而发生炎症，甚至形成结石。蛋鸡过多接受石粉，蛋壳上会附着一层薄薄的细粒，影响蛋的合格率，最好与有机态含钙饲料如贝壳粉按1∶1比例配合使用。石粉的用量如下：仔猪1%～1.5%，育肥猪2%，种猪2%～3%，雏鸡2%，蛋鸡和种鸡5%～7%，肉鸡2%～3%。

(2)贝壳粉内常掺杂砂石和泥土等杂质，使用时应注意检查。另外，若贝肉未除尽，加之贮存不当，堆积日久易出现发霉、腐臭等情况，这会使其饲料价值显著降低。选购及应用时要特别注意。

(3)新鲜蛋壳制粉时应注意消毒，避免蛋白质腐败，甚至带来传染病。

(4)水产动物对磷酸二氢钙的吸收率比其他含磷饲料高，因此磷酸二氢钙常用作水产动物的磷源。

(5)补饲食盐注意事项：①补饲食盐应考虑动物体重、年龄、生产力和季节，不可过量，否则动物饮水量增加，粪便稀软，重则导致食盐中毒；一般食盐在风干日粮中的用量为：牛、羊、马等草食动物约占1%，猪和家禽一般以0.3%～0.5%为宜。②保证充足的饮水。③确定食盐添加量时，要注意饲料原料，特别是鱼粉中的含盐量。④采用食盐供给动物钠、氯时，氯多钠少，尤其对产蛋家禽，需要供给其他的钠源。⑤补饲食盐时，除了直接拌在饲料中外，也可以食盐为载体，制成微量元素预混料的食盐砖，供放牧动物舔食。

三、观察与识别动物矿物元素营养缺乏症

动物矿物元素缺乏症是由于日粮内微量元素含量不足等原因所致的一类疾病的总称。随着集约化饲养的发展，这类疾病日益占有重要地位。观察与识别动物矿物元素缺乏症可参考图1-3至图1-17。

图 1-3 幼猪缺钙患佝偻症呈犬侧坐姿式，后肢瘫痪

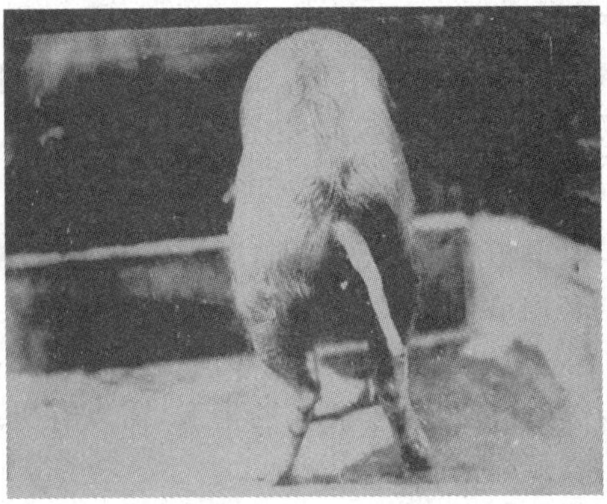

图 1-4 缺钙患佝偻症四肢弯曲，呈"X"形

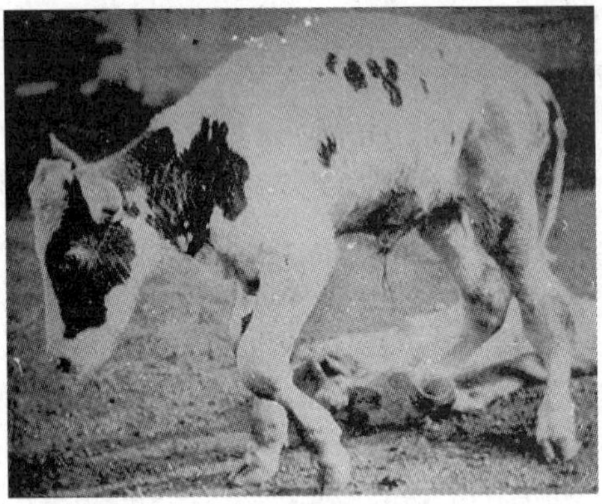

图 1-5 犊牛四肢畸形、弓背

图 1-6 骨端粗大，关节肿大，四肢弯曲，呈"O"形

图 1-7 高产奶牛缺钙，产后瘫痪

图 1-8 产蛋家禽缺钙，壳变薄，甚至产软壳蛋

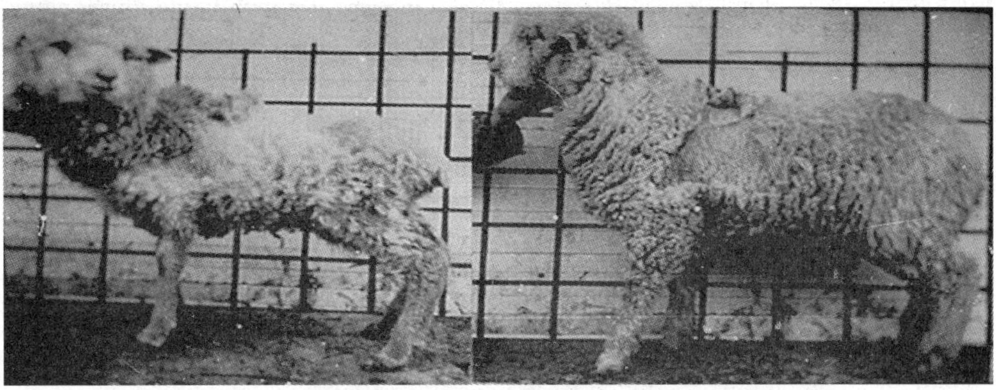

图 1-9 硫缺乏的羔羊，出现掉毛、脱毛现象，逐渐消瘦

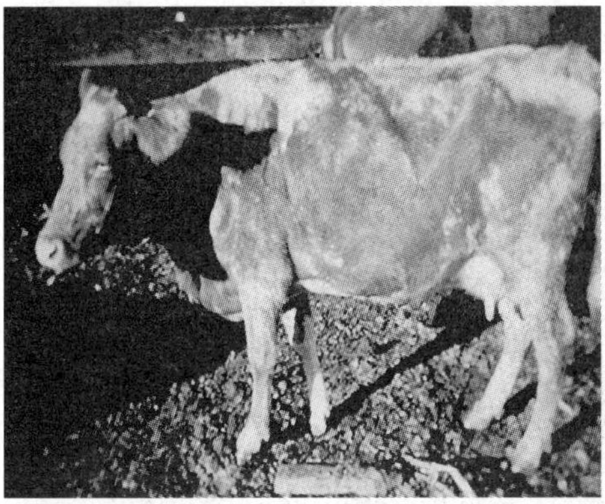

图 1-10 缺乏铜的牛，被毛粗糙，毛脱落

图 1-11 经铜治疗后的牛

图 1-12 缺锌皮肤红斑、丘疹，形成鳞屑和皲裂而过度角化，并伴有褐色的渗出和脱毛

图 1-13 缺锰的家禽，腿部变弯曲或扭曲，腿关节扁平

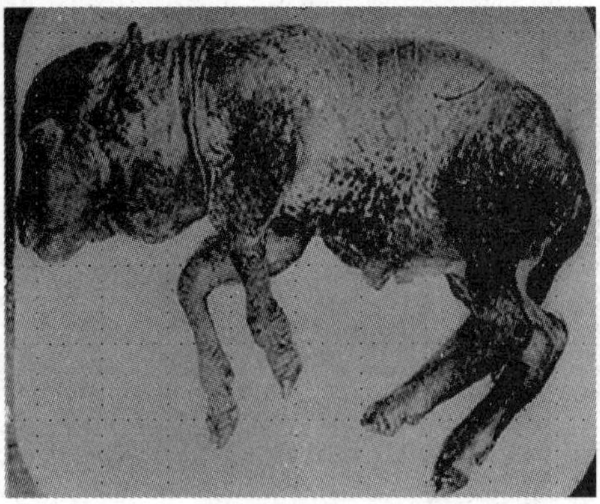

图 1-14　缺碘的羔羊，甲状腺肿大

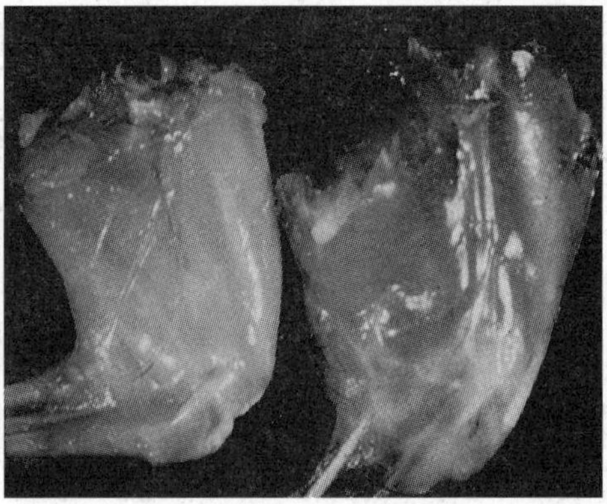

图 1-15　缺硒导致肌肉表面有白色条纹

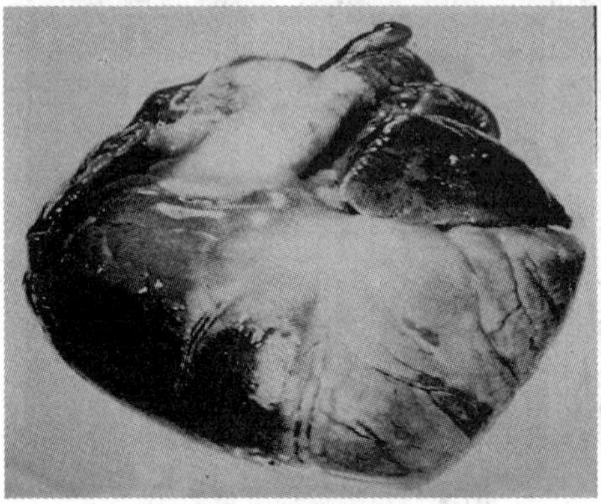

图 1-16　缺硒导致的“桑葚心”

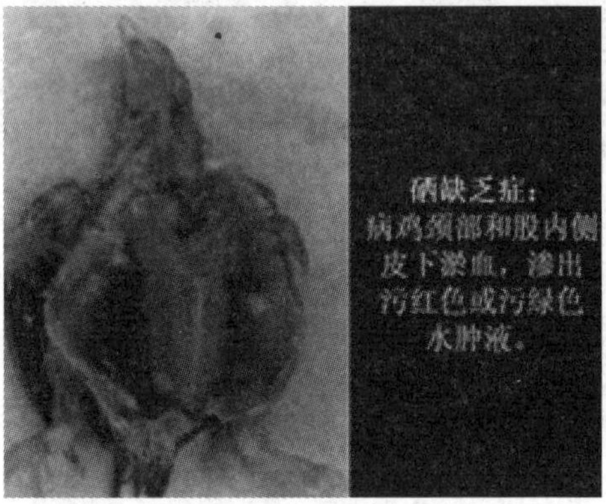

图 1-17　硒缺乏症，渗出性素质病

【拓展知识】　其他天然矿石及稀释剂与载体

1. 沸石

沸石（zeolites）是一种天然矿石，已知的天然沸石有 40 余种，其中最有使用价值的是斜发沸石和丝光沸石。沸石属铝硅酸盐类，含有 25 种矿物元素，其物理结构独特，大都呈格架结构，晶体内部具有许多孔径均匀一致的孔道和内表面积很大的孔穴（500～1 000 m^2/g），孔道和孔穴两者的体积占沸石总体积的 50%以上，它具有较强的吸附作用。沸石经常用作添加剂的载体和稀释剂，日粮中使用沸石还可以降低动物舍的臭味，减少消化道的疾病。沸石用作饲料时，粒度一般为 0.216～1.21 mm。

另外，在沸石晶体孔道和孔穴中含有金属阳离子和水分子，且与格架结构结合的比较弱，故可被其他极性分子所置换，析出营养元素供机体利用。在消化道，天然沸石除可选择性地吸附 NH_3、CO_2 等物质外，还能吸附某些细菌毒素，对机体有良好的保健作用。

在畜牧生产中沸石常用作某些微量元素添加剂的载体和稀释剂，还用作动物无毒无污染的净化剂和改良池塘水质，还是良好的饲料防结块剂。

2. 麦饭石

麦饭石(medical stone)因其外观似麦饭团而得名,是一种经过蚀变、风化或半风化,具有斑状或似斑状结构的中酸性岩浆岩矿物质。麦饭石的主要化学成分是二氧化硅和三氧化二铝,二者约占麦饭石的80%。麦饭石在我国中医上曾被作为一种“药石”,它有多孔性,具有很强的吸附性,能吸附像氨气、硫化氢等有害、有臭味的气体和大肠杆菌、痢疾杆菌等肠道病原微生物。

不同地区的麦饭石其矿物质元素含量差异不大,均含有 K、Na、Ca、Mg、Cu、Zn、Fe、Se 等对动物有益的常量、微量元素,且这些元素的溶出性好,有利于体内物质代谢。

在畜牧生产中麦饭石一般用作饲料添加剂,以降低饲料成本;也用作微量元素及其他添加剂的载体和稀释剂;麦饭石可降低饲料中棉籽饼毒性。在水产养殖上,麦饭石可用来改良鱼塘水质,使水的化学耗氧量和生物耗氧量下降,溶解氧提高,提高鱼虾的成活率和生长速度。

3. 膨润土

膨润土(bentonite)是以蒙脱石为主要组分的黏土,是蒙脱石类黏土岩组成的一种含水的层状结构铝硅酸盐矿物。具有阳离子交换、膨胀和吸附性,能吸附大量的水和有机质。膨润土含硅约30%,还含磷、钾、锰、钴、钼、镍等动物所需要的元素。膨润土可用作微量元素的载体和稀释剂,也可用作颗粒饲料的黏合剂。

膨润土含有动物生长发育所必需的多种常量和微量元素,并且这些元素是以可交换的离子和可溶性盐的形式存在,易被动物吸收利用,可提高动物的抗病能力。

4. 海泡石

海泡石(sepiolite)属特种稀有非金属矿石,呈灰白色,有滑感,具有特殊的层链状晶体结构,对热稳定,有很好的吸附和流变性能。可吸附氨,消除畜禽舍的臭味。常用作微量元素的载体、稀释剂及颗粒饲料的黏合剂。海泡石可吸附自身重200%~250%的水分。海泡石的阳离子交换能力较低,而且有较高的化学稳定性,在用作预混合料载体时不会与被载的活性物质发生反应,故它是较佳的预混合料载体。在颗粒饲料加工中,添加2%~4%的海泡石可以增加各种成分间的黏合力,促进其凝聚成团。当加压时海泡石显示出较强的吸附性能和胶凝作用,有助于提高颗粒的硬度及耐久性。特别是饲料中的脂类物质含量较高时,用海泡石作黏合剂最合适。

5. 凹凸棒石

凹凸棒石(attapulgite)是一种镁铝硅酸盐,呈三维立体全链结构及特殊的纤维状晶体结构,具有离子交换、胶体、吸附、催化等化学特性。凹凸棒石的主要成分除二氧化硅(60%左右)外,尚含多种动物必需的微量元素。这些元素和含量分别是(mg/kg):铜 21,铁 1 310,锌 21,锰 1 382,钴 11,钼 0.9,硒 2,氟 361,铬 13。

凹凸棒石用作微量元素载体、稀释剂和畜禽舍净化剂等。在动物饲料中应用凹凸棒石,可提高动物抗病力。

6. 泥炭

泥炭(peat)又称草炭或草煤,它是沼泽中特有的有机矿床资源。泥炭是植物残体在腐水和缺氧环境下腐解堆积保存而形成的天然有机沉积物,它含有极为丰富的有机质(94%~98%),其中木质素 30%~40%,多糖类 30%~33%,粗蛋白质 4%~5%,腐殖酸 10%~40%等。我国泥炭资源储量丰富,主要分布在我国西部,占全国资源总量的79%。泥炭一般不直接用作饲料,需先进行分离与转化,才成为牲畜可食的饲料。对泥炭加工处理后用泥炭腐殖酸作饲料添加剂，或利用泥炭中的水解物质作培养基制取饲料酵母和生产泥炭发酵饲料、泥炭糖化饲料等。

7. 稀土元素

稀土元素(rare earth element)是15种镧系元素和与其化学性质相似的钪、钇等17种元素的总称。化学组成一般为铈48%，镧25%，钕16%，钐2%，镨5%，此外还有4%的钜、铕、钆、铽、镝、钬、铒、铥、镱、镥、钪、钇12种元素。

目前，使用的稀土饲料添加剂有无机稀土和有机稀土2种类型。无机稀土主要有碳酸稀土、氯化稀土和硝酸稀土，目前常用的是硝酸稀土。有机稀土主要有氨基酸稀土螯合剂、有机酸稀土(如柠檬酸稀土添加剂)和维生素C稀土。此外，根据添加剂中所含稀土元素的种类还可以分为单一稀土饲料添加剂和复合稀土添加剂。但迄今还没有试验证明，稀土化合物在动物体内究竟起什么作用。

【任务总结】

任务总结表

项目	内容	要点
相关知识	什么是矿物质饲料	矿物质饲料就是补充动物矿物质营养的饲料，它包括天然生成的矿物质和工业合成的单一化合物以及混有载体或稀释剂的矿物质添加剂预混料
	动物必需的矿物元素	1. 常量矿物元素；2. 主要微量矿物元素
	应激状态对主要微量元素需要量的影响	一般情况下，肉鸡和猪应激状态下对微量元素供给量为正常需要量的2～3倍
	矿物元素营养发展趋势与应用	1. 无机矿物盐类；2. 有机态矿物盐；3. 微量元素氨基酸螯合物
任务实施	识别常用的矿物质饲料	1. 识别含钙饲料；2. 识别含钙磷饲料；3. 识别含钠、氯饲料；4. 识别含镁饲料；5. 识别含硫饲料；6. 识别微量元素饲料
	合理使用矿物质饲料	1. 天然的石灰石，只要铅、汞、砷、氟的含量，不超过安全系数，都可用于饲料；2. 贝壳粉内常掺杂砂石和泥土等杂质，使用时应注意检查；3. 新鲜蛋壳制粉时应注意消毒，避免蛋白质腐败，甚至带来传染病；4. 水产动物都磷酸二氢钙的吸收率比其他含磷饲料高，因此磷酸二氢钙常用作水产动物的磷源；5. 简易方法生产的骨粉，不经脱脂、脱胶和热压灭菌而直接粉碎制成的生骨粉，因含有较多的脂肪和蛋白，易腐败变质；6. 补饲食盐的注意事项
	观察与识别动物矿物元素营养缺乏症	结合图片、幻灯片或录像片，回顾讲授的有关内容，总结所观察的营养缺乏症的名称，从营养角度分析可能产生的原因及解决的办法，重点描述营养缺乏症的典型症状

任务七 维生素的应用

任务描述：维生素是一类机体维持正常代谢和生理机能所必需的低分子有机化合物。动物对维生素的需要量极低，但非常重要，如果畜禽维生素不足，其他养分再充足，同样会导致动物健康受损，生产性能降低。能够依据维生素的营养作用及动物对维生素需要的特点，合理供给动物维生素营养，更好地为畜牧生产服务，也为饲料配方设计奠定基础。

【任务目标】

◆知识目标

1. 掌握维生素的种类。
2. 了解维生素的营养生理作用。
3. 熟悉动物维生素营养缺乏症的症状。

◆技能目标

1. 能阐述各种维生素的营养生理作用。
2. 能识别出的维生素营养缺乏症并予以有效预防。

◆素质目标

1. 培养查阅资料、收集信息、总结归纳能力。
2. 培养分析、解决问题的意识和能力。

【知识】

一、维生素营养概述

(一)概念

维生素(vitamin)是动物机体代谢所必需的需要量极少的一类低分子有机化合物。体内一般不能合成，必须由饲料中提供或提供其先体。

(二)特点

(1)需要量少，通常以 μg、mg 计，可直接被动物完整地吸收。

(2)维生素的作用是特定的，不能被其他养分所替代，每种维生素又各有其特殊的作用，相互间也不能替代。

(3)参与代谢调节，不构成体组织，也不供给能量，在体内起催化作用，促进其他营养素的合成与降解，其中有些维生素是辅酶的组成部分。

(4)维持动物生命活动和正常生长发育与生产所必需。缺乏时产生缺乏症，危害大，但过量时会产生中毒症状。

(5)存在于天然食物或饲料中，为生物活性物质，易受光照、热、酸、碱、氧化剂等破坏而失效。

(三)分类

按照维生素的溶解性，可将维生素分为脂溶性维生素(fat-soluble vitamins)和水溶性维生素(water-soluble vitamins)两大类。

1. 脂溶性维生素

包括维生素 A、维生素 D、维生素 E、维生素 K。它们只含有碳、氢、氧三种元素。它们有一些共同的特点：

(1)不溶于水而溶于脂肪和大部分有机溶剂，其存在与吸收均与脂肪有关。

(2)有相当数量的脂溶性维生素可贮存在动物体的脂肪组织中，若动物吸收得多，体内贮存也多，摄入量过多会引起中毒症状。

(3)未被动物消化吸收的脂溶性维生素，通过胆汁随粪便排出体外，但排泄较慢。过多会产生中毒症或者妨碍与其有关养分的代谢，尤其是维生素 A 和维生素 D。在生产中，维生素 E 和维生素 K 的中毒现象很少见。

(4)易受光照、热、酸、碱、氧化剂等破坏而失效。

(5)维生素 K 可在肠道内经微生物合成。动物皮肤中的 7-脱氢胆固醇可经紫外线照射转变为维生素 D_3。维生素 A 和维生素 E 在动物体内不能合成，均需由饲料提供。

2. 水溶性维生素

包括 B 族维生素和维生素 C。分子中除含碳、氢、氧三种元素外，多数含氮，有的还含硫或钴。其特点如下：

(1)能溶于水，并可随水分很快由肠道吸收。

(2)体内一般不贮存，毒性相对脂溶性维生素要低得多。

(3)多数情况下缺乏症无特异性，主要表现为食欲下降和生长受阻。

(4)动物体内可合成维生素 C，但在高温、运输、疾病、断喙、防疫、转群等应激条件下，维生素 C 需要量增加，应额外补充。反刍动物瘤胃和草食动物盲肠中微生物可合成 B 族维生素，故成年反刍动物和草食动物不需由日粮提供 B 族维生素。

(四)维生素的来源

维生素的来源主要有饲料、动物消化道微生物合成和动物某些组织器官合成。即

饲料 ——→ 外源性维生素

消化道微生物 合成 } ——→ 内源性维生素

不同动物体内合成维生素的能力不同，动物一般能合成维生素 C 和烟酸，反刍动物能利用瘤胃和肠道微生物合成机体所需的 B 族维生素和维生素 K，单胃动物也能利用肠道微生物合成 B 族维生素和维生素 K，但由于合成的数量和利用率有限，通常不能满足需要。家禽消化道短，合成量有限，吸收的可能性也小，必须由日粮供给，或提供其前体物或维生素原。

二、脂溶性维生素

(一)维生素 A(抗干眼病维生素、视黄醇)

1. 理化特性

维生素 A 只存在于动物体内，植物饲料不含维生素 A，含有类胡萝卜素，在肠壁细胞和肝脏内可转变为维生素 A。

维生素 A 在无氧时对热稳定，热至 120～130℃基本不变，有氧时易氧化，尤其是在湿热和

有微量元素及酸败脂肪存在时，易氧化失效，在无氧黑暗处稳定。

2. 营养生理功能

(1)维持动物在弱光下的视力。维生素 A 是视觉细胞内的感光物质——视紫红质的成分，视紫红质使动物对弱光产生视觉。

(2)维持上皮组织健康。维生素 A 与黏液分泌上皮的黏多糖合成有关。

(3)影响动物繁殖。参与性激素形成。

(4)维持骨骼的正常发育。维生素 A 与成骨细胞活性有关。

(5)促进幼龄动物生长。维生素 A 能调节碳水化合物、脂肪、蛋白质及矿物质代谢。

(6)增强机体对传染病的抗感染能力。通过保持细胞膜的强度，使病毒不能穿透细胞，避免了病毒进入细胞利用细胞的繁殖机制来复制自己。

3. 缺乏症

(1)夜盲　在昏暗的光线下看不见东西是除猪以外的所有动物维生素 A 缺乏早期症状之一。病畜在弱光下表现盲目前进，行动迟缓，碰撞障碍物。猪则在血浆中维生素 A 降至很低时才出现夜盲症。

(2)干眼症　特征为角膜增厚及云雾状形成，常见于犊牛和犬。其他动物则表现为眼角流出稀薄的浆液、黏液样分泌物，随之角膜角化、增厚形成云雾状，失去光泽，有时出现溃疡。鸡因鼻孔和眼有黏液样分泌物，上下眼睑常被分泌物黏合着，结膜覆以干酪样物质，最后角膜软化，眼球下陷，甚至穿孔。动物干眼病可继发结膜炎、角膜炎、角膜溃疡及穿孔，最后使整个眼球发炎。

(3)皮肤变化　皮肤表皮、皮脂腺、汗腺和毛囊上皮角化使皮肤干燥、脱毛，严重时发生继发性皮炎。猪主要表现为脂溢性皮炎，全身表皮分泌褐色渗出物。牛皮肤上附有大量麸皮样鳞屑，蹄干燥，表面有鳞片和许多纵向裂纹。鸡食道和咽部的黏液腺与导管化为复层鳞状上皮，且上皮不断角化和脱落，与分泌物混合可阻塞管腔，导致食管和咽部黏膜表面分布血多黄白色颗粒状小结节，又称脓痘性咽炎和食管炎。

(4)其他　此外，维生素 A 缺乏还会导致动物繁殖障碍、共济失调、步态紊乱、肌肉麻痹等神经障碍症状。

4. 过量

动物对维生素 A 需要量一般为 1 000～5 000 IU/kg，使用维生素过量也会引起中毒。维生素 A 易积蓄在肝脏和脂肪内，即使未超过急性中毒量，如每天服用 80 000～100 000 IU，半年后仍会造成中毒。中毒表现为骨骼畸形，器官发生病变、生长缓慢，皮肤受损等。急性中毒颅内会产生水肿，两眼突出，浑身脱皮，同时伴有发烧症状。

5. 来源

维生素 A 主要来自于动物性饲料。如鱼粉、卵黄、牛奶、血液、肝脏等含量丰富。青绿饲料和胡萝卜中胡萝卜素最多，红、黄心甘薯、南瓜与黄玉米中也较多。冬季，优质干草和青绿饲料是胡萝卜素的良好来源。

饲料中胡萝卜素或维生素 A 的含量因加工调制技术、贮藏方式及其他条件而变化。如青干草在调制过程中胡萝卜素损失 30%～90%。维生素 A 的主要商品有维生素 A 醋酸酯和棕榈酸酯。

(二)维生素D(抗软骨病维生素)

1. 理化特性

天然的维生素D主要为D_2(麦角钙化醇)和D_3(胆钙化醇)。前者主要存在于植物性饲料中,维生素D_3存在于动物的皮肤、血液、神经和脂肪组织中的7-脱氢胆固醇经紫外线照射转变成的。其余几种异构物质,对动物来说没有多大营养意义。维生素D_3比维生素D_2对家禽的营养意义更大,维生素D_2仅为维生素D_3的1/30～1/20。

2. 营养生理功能

维生素D在动物体内必须先转变为具有活性的物质才能发挥其生理功能。

(1)维生素D主要与动物钙、磷代谢有关,可以控制钙、磷代谢,特别是增加肠对钙与磷的吸收,同时还可调节肾脏对钙和磷的排泄,控制骨骼中钙与磷的贮存,改善骨骼中钙磷的活动状态。从而影响动物骨骼与牙齿的正常发育。

(2)与肠黏膜细胞的分化有关,能促进肠道中Be、Co、Fe、Mg、Sr、Zn以及其他元素的吸收。

3. 缺乏与过量

(1)缺乏　维生素D缺乏,导致钙磷代谢失调,幼龄动物出现"佝偻病",常见行动困难甚至不能站立。成年动物,尤其妊娠母畜和泌乳母畜患"骨软病",骨质疏松,骨骼脆弱,易骨折,弓形腿。家禽除骨骼变化外,喙变软,蛋壳薄而脆或产软壳蛋,产蛋量及孵化率急剧下降。

(2)过量　维生素D过量可使大量钙从骨中转移出来,沉积于动脉管壁、关节、肾小管、心脏等处,引起软组织钙化,骨损伤。维生素D过多有可能引起动物中毒。中毒严重程度与维生素D的类型、剂量、途径、肾功能及日粮组成等有关。维生素D_3比维生素D_2毒性高10～20倍。日粮中钙、磷水平高时,维生素D中毒症状加剧。但由于中毒剂量很大,在实际生产中很少见到。

4. 来源

虽然自然界中维生素D元广泛存在,但维生素D的分布非常有限。在动物性饲料如鱼肝油、肝粉、血粉、酵母中都含有丰富的维生素D,经阳光晒制的干草含有较多的维生素D_2。

让动物多接触阳光也可让体内的7-脱氢胆固醇大量转变为维生素D,在密闭舍内可安装紫外线灯,进行适当的照射。

(三)维生素E(生育酚、抗不育维生素)

1. 理化特性

1922年Evans和Bishop发现一种当时叫"大因子"的物质,1925年Evans提出这种脂溶性的具有生育能力的因子是一种新的维生素,被命名为维生素E。

具有维生素E活性的酚类化合物有8种,其中以α-生育酚效价最高,通常所说的维生素E是指α-生育酚。维生素E为黄色油状物,不溶于水而溶于有机脂溶性溶剂,不易被酸、碱及热所破坏,但却极易被氧化,它可在脂肪等组织中贮存。

2. 营养生理功能

维生素E的功能极其多样化。

(1)抗氧化作用。抑制脂类过氧化物的生成,终止体脂肪的过氧化过程,稳定不饱和脂肪酸;维持细胞膜正常脂质结构,保护细胞膜,是抗氧化的第一道防线。

(2)维持毛细血管结构的完整和中枢神经系统的机能健全。

(3)增强机体免疫力和抵抗力。可促进抗体的形成和淋巴细胞的增殖,提高机体的抗病能力。

(4)维持正常的繁殖机能。维生素 E 可促进性腺发育、调节性机能,促进精子的生成,提高其活力。增强卵巢机能,促成受孕、防止流产、调节性激素代谢等。

(5)保证肌肉的正常生长发育,防止肝坏死和肌肉退化。

(6)改善肉质。添加适量维生素 E,可使肉用动物增重加快,并减少肉的腐败,有利于改善和保持肉的色、香、味等品质。

3. 缺乏与过量

(1)缺乏症　维生素 E 缺乏会严重影响繁殖机能,公畜尤为明显,公畜缺少维生素 E 时,精细胞的形成受阻,精液品质不佳,易发生不育;母畜缺少维生素 E 时,性周期失常,受胎率下降;母鸡产蛋率下降;雏鸡缺少维生素 E 时,毛细血管通透性增强,致使大量渗出液在皮下积蓄,患“渗出性素质病”。肉鸡饲喂高能量饲料又缺少维生素 E,易患“脑软化症”,早期表现为步态不协调,突然虚脱,腿伸展,爪趾屈曲,头部回缩。有的表现共济失调,角弓反张或头颈弯曲一侧,两腿不断作节律性蜷缩,无目的奔跑或作转圈运动,常因衰竭而死。偶见发现小脑软化,脑膜水肿小脑表面出血;脑回展平,并见有红色或褐色浑浊样的坏死区。缺乏时,各种幼龄动物易患“白肌病”,仔猪常因肝坏死而突然死亡。

维生素 E 缺乏症可分为原发性与继发性两种,前者是由于动物进食饲料中缺少维生素 E,后者是因其他因素引起维生素 E 失活,如食入过量的不饱和脂肪酸或已酸败的脂肪。各种动物都可能发生维生素 E 缺乏,其中幼年动物发病较多。不同动物的表现不同,如表 1-18 所示。

表 1-18　动物种类与维生素 E 缺乏症的表现

缺乏症	动物种类	受损组织	饲料中应添加		
			维生素 E	硒	抗氧化剂
桑葚心	猪	心肌	+	+	
肌肉营养不良	所有动物	肌肉有白条斑	+	±	
羔羊僵直症	新生羔羊	肌肉僵硬		+	
黄脂病	猪、马、鸡	脂肪组织	+	+	
肝坏死、锯屑肝	犊牛、牛、猪	肝	+	+	+
渗出性素质	鸡、猪	血管壁	++	+	+
贫血	猪、鸡	骨髓	+	±	
溶血	鸡、羔羊	红细胞	++	+	
脑软化	鸡	小脑	+		
睾丸退化、卵巢萎缩	猪、牛、鸡、火鸡、马	生发层上皮	+	+	
胚胎组织、死胎、新生活力低	猪、鸡、火鸡	胎儿血管系统	+		+
肾退化	羔羊、猪	纡曲的细管	++		+
肌酸尿	猪	血浆	+		

续表 1-18

缺乏症	动物种类	受损组织	饲料中应添加		
			维生素 E	硒	抗氧化剂
膝关节肿大	鸡	膝	+	±	
胃溃疡	猪	胃	+	+	
肌胃侵蚀	鸡、火鸡	肌胃	+	+	
胰纤维化	鸡	胰脏	+		
动物产品酸败	所有动物	肉、脂肪	+	?	?

摘自 Adams, C. A. Nutritions. Food Components in Health and Nutrition

(2)过量　维生素 E 对大多数动物几乎无毒，动物体能耐受需要量 100 倍以上的剂量。但维生素 E 过多，鱼会出现肝中毒，严重会死亡。

4. 来源

植物能合成维生素 E，所有谷类饲料中都含有丰富的维生素 E，特别是种子的胚芽中维生素 E 含量丰富。豆油、小麦胚油、花生油和棉籽油含维生素 E 也很丰富。绿色饲料、叶和优质干草也是维生素 E 很好的来源，尤其是苜蓿草中含量丰富。青绿饲料（以干物质计）维生素 E 含量一般较禾谷类籽实高出 10 倍之多。在饲料的加工和贮存中，维生素 E 损失较大。目前，维生素 E 添加剂已在生产中广泛应用。

(四)维生素 K(抗出血维生素)

1. 理化特性

维生素 K 是一类萘醌衍生物，其中最重要的是维生素 K_1（叶绿醌）、维生素 K_2（甲基萘醌）和维生素 K_3（甲萘醌）。维生素 K_1 和维生素 K_2 是天然产物，维生素 K_1 为黄色油状物，维生素 K_2 为黄色晶体。维生素 K_3 是人工合成的产品，其中大部分溶于水，效力高于维生素 K_2。维生素 K 耐热，但易被光、辐射、碱和强酸所破坏。

2. 营养生理功能

(1)催化肝脏中凝血酶原以及凝血活素的合成：通过凝血活素的作用，使凝血酶原变为凝血酶，将血液可溶性纤维蛋白元转变为不溶性的纤维蛋白，致使血液凝固。

(2)与钙结合蛋白的形成有关。

(3)还具有利尿、强化肝脏解毒功能及降低血压等作用。

3. 缺乏与过量

(1)缺乏症　家畜缺乏维生素 K 的较少，而家禽易发生维生素 K 缺乏症。雏鸡缺乏时皮下和肌肉间隙呈现出血现象，断喙或受伤时流血不止，禽类可在躯体各部位出现出血点，出血过多时造成严重贫血和全身代谢紊乱，冠、肉髯皮肤苍白干燥。猪缺乏维生素 K，皮下出血，内耳血肿，尿血，呼吸异常。初生仔猪去势后会发生凝血时间过长或流血不止而死亡。有的关节肿大，充满瘀血造成跛行。

(2)过量　动物对维生素 K 的耐受能力是非常高的，一般情况下是不会发生维生素 K 中毒。维生素 K 的中毒剂量一般为需要量的 1 000 倍。维生素 K_1 和维生素 K_2 及其衍生物无毒，K_3 过量时可产生贫血、卟啉尿及其他症状。

4. 来源

动物对维生素 K 的需要量，一般通过日粮或肠道中微生物合成可以满足。

维生素 K_1 遍布于各种植物性饲料中，尤其是青绿饲料中含量丰富，动物性饲料中维生素 K_2 含量丰富，还能在动物消化道中经微生物合成，畜粪中均有相当数量的维生素 K，具有食粪习性的动物，能从粪便中获取大量维生素 K。

三、水溶性维生素

(一)主要 B 族维生素概况

B 族维生素概况见表 1-19。

表 1-19 B 族维生素概况

名称	主要营养生理功能	主要缺乏症	易受影响的动物
维生素 B_1（硫胺素）	以羧化辅酶的成分参与能量代谢；维持神经组织和心脏正常功能，维持胃肠正常消化机能；为神经介质和细胞膜组分，影响神经系统能量代谢和脂肪酸合成	心脏和神经组织机能紊乱，雏鸡患多发性神经炎，厌食，消瘦，消化障碍，角弓反张，头部后仰呈"观星状"，同时进行性肌麻痹症状比较明显。猪运动失调，胃肠功能紊乱，厌食呕吐，浮肿，生长缓慢，体重下降	猪、鸡与幼年反刍动物及成年反刍动物出现应激或高产时均需补充
维生素 B_2（核黄素）	以辅基形式与特定酶结合形成多种黄素蛋白酶，参与蛋白质、能量代谢与生物氧化	食欲减退，生长停滞，被毛粗乱，眼角分泌物增多，伴有腹泻、皮肤炎、脱毛、皮肤发疹等。雏鸡呆立不动，驱赶时共济失调，借助翅以维持体躯平衡，腿肌萎缩，行走困难，多以跗关节着地而行，足爪向内弯曲，呈"卷爪麻痹症"	猪、鸡、幼年反刍动物，尤其是笼养鸡、种鸡
维生素 PP（烟酸）	参与三大营养物质代谢；事故多种脱氢酶的辅酶，在生物氧化中起传递氢的作用，参与视紫红质的合成；促进铁吸收和血细胞的生产；维持皮肤的正常功能和消化腺分泌；参与蛋白质和 DNA 合成	仔猪食欲降低，生长缓慢，表皮脱落性皮炎，脱毛，消化机能紊乱，呕吐、腹泻，结肠和盲肠有坏死性病变。鸡口腔出现深红色炎症（黑舌症），羽毛蓬乱，无光泽，皮肤表面角质化，皮炎。生长缓慢，下痢，骨骼异常；母鸡产蛋率和孵化率下降	猪、鸡、幼年反刍动物。奶牛日粮中添加烟酸，可抗热应激，提高产奶量，预防酮血病的发生

续表 1-19

名称	主要营养生理功能	主要缺乏症	易受影响的动物
维生素 B_6（吡哆醇）	以转氨酶和脱羧酶等多种酶系统的辅酶形式参与氨基酸、蛋白质、脂肪和碳水化合物代谢；抗体合成；促进血红蛋白中原卟啉的合成	幼龄动物食欲下降，生长发育受阻，皮肤发炎，脱毛，心肌变性；猪贫血，运动失调，阵发性抽搐或痉挛，昏迷，肝脏发生脂肪浸润，腹泻，被毛粗糙；鸡异常兴奋，惊跑，种蛋孵化率下降	日粮中能量和蛋白质水平高时，维生素 B_6 需要量增加，尤其生长动物。猪在应激状态需补充
泛酸（遍多酸）	为辅酶 A 的成分，参与三大营养物质代谢，促进脂肪代谢及类固醇和抗体的合成，是生长动物所必需	猪生长缓慢，运动失调，出现“鹅行步伐”，行走姿势同鹅一样。雏。雏鸡眼分泌物增多，眼睑周围结痂。犊牛被毛粗糙，皮炎。	猪、鸡、幼年反刍动物。泛酸是 B 族中最易缺乏的一种
维生素 B_{12}（氰钴素）	是几种酶系统中的辅酶，参与核酸、胆碱与蛋白质的生物合成及三种有机物的代谢	食欲减退，营养不良，贫血，神经系统损伤，行动不调，皮炎，皮肤粗糙，抵抗力和繁殖性能降低，仔猪生长缓慢	猪、禽与幼年反刍动物
叶酸	以辅酶形式通过一碳基团的转移、参与蛋白质和核酸生物合成及某些氨基酸的代谢，起催化作用。促进红细胞、白细胞的形成与成熟	营养性贫血，生长缓慢及停滞，慢性下痢，被毛粗乱，繁殖性能和免疫功能下降，患皮炎、脱毛，消化、呼吸及泌尿器官黏膜损伤	一般不会缺乏，特殊情况下会缺乏
生物素	以各种羧化酶的辅酶形式参与三种有机物代谢，主要是起传递 CO_2 作用，它和碳水化合物与蛋白质转化为脂肪有关，与溶菌酶活化和皮脂腺功能有关	动物营养性贫血，生长缓慢，皮炎，繁殖机能和饲料利用率下降；猪后腿痉挛，蹄开裂，皮肤干燥，鳞片和以棕色渗出物为特征的皮炎；鸡脚趾肿胀，开裂，脚、喙及眼周围发生皮炎，胫骨粗短症，生长缓慢，种蛋孵化率降低，鸡胚骨骼畸形	一般可满足需要。猪应激时需补充

（二）B 族维生素间的相互关系

各种 B 族维生素的作用，既有共同之处，也有各自的特点，但大多数的作用并不是单独孤立地进行，往往是几种 B 族维生素共同作用于一种或几种生理活动。生产实践中，通过观察动物的表现，联系每种维生素特有的作用，并结合饲粮中含量情况，进行综合分析，从而确认究竟是缺少哪一种，或哪几种维生素，以便有针对性地补饲。

(三)维生素C

1. 性质

维生素C，又叫抗坏血酸(ascorbic acid)，是一种白色或微黄的粉状晶体，微溶于丙酮和乙醇，0.5%的抗坏血酸水溶液是强酸性，pH为3。在干燥的室温中非常稳定，加热易破坏，在碱性条件下，低浓度的金属离子可加速破坏。

2. 营养作用

由于维生素C具有可逆的氧化-还原性，所以它参与体内多种生化反应。维生素C的主要功能是参与胶原蛋白质的生物合成。此外，在机体生物氧化过程，起传递氢和电子的作用；在体内具有杀灭细菌和病毒、解毒、抗氧化作用，可缓解铅、砷、苯及某些细菌毒素的毒性，阻止组织体内致癌物质亚硝基胺的形成，预防癌症及保护其他易氧化物质免遭氧化破坏；维生素C能使三价铁还原为易吸收的二价铁，促进铁的吸收；可促进叶酸变为具有活性的四氢叶酸，并刺激肾上腺皮质激素等多种激素的合成；维生素C还能促进抗体的形成和白细胞的噬菌能力，增强机体免疫功能和抗应激能力。

3. 缺乏与过量

(1)缺乏症　动物可利用葡萄糖在脾脏和肾脏合成维生素C，通常不会出现缺乏症。维生素C缺乏，毛细血管的细胞间质减少，通透性增强，引起皮下、肌肉、肠道黏膜出血。骨质疏松，易骨折。牙龈出血，牙齿松脱，创口溃疡不易愈合，患“坏血症”。动物食欲下降，生长缓慢，体重减轻，皮下及关节弥漫性出血，被毛无光泽，贫血，抵抗力和抗应激力下降。母鸡产蛋量减少，蛋壳质量降低。

(2)过量　维生素C的毒性很低，动物一般可耐受需要量的数百倍，甚至上千倍的剂量。维生素C在体内不易贮存，一般不易发生中毒，但长时间大剂量的摄入，会增加停止摄入时坏血病发生的概率，大量摄入会使吞噬细胞的活性受损。

4. 来源

维生素C来源广泛，青绿饲料、块根、鲜果中含量丰富，某些动物性饲料也含有一定的维生素C，动物体内又能合成，故生产中一般不需补饲。但是在高温、应激等条件下，动物体内合成维生素C能力下降，而消耗又多，则必须考虑添加补充维生素C。

在现代集约化生产中家禽生产性能不断提高，由于新陈代谢的加快，肉鸡生产中常发生代谢疾病，提高维生素C的添加量能起一定的预防作用。在应激条件下，如转群、高温、运输、疾病时可加大维生素C的给量。

(四)胆碱

按维生素的严格意义，将胆碱(choline)看作维生素类是不确切的，胆碱在动物体内是作为结构物质发挥其作用。尽管如此，还是将其收为B族维生素，胆碱不同于其他B族维生素，它可以在肝中合成，机体对胆碱的需要量也较高。

1. 结构与性质

胆碱是β-羟乙基三甲铵的羟化物，纯品为无色，黏滞，微带鱼腥味的强碱性液体，可与酸反应生成稳定的结晶盐，具极强的吸性湿，易溶于水，对热相当稳定，但在酸性条件下不稳定。饲料工业中用的氯化胆碱为吸湿性很强的白色结晶，易溶于水和乙醇，水溶液pH近中性(6.5～8)。

2.营养作用

(1)胆碱是机体结构物质。胆碱是细胞的组成成分,是细胞卵磷脂、神经磷脂和某些原生质的成分,同样也是软骨组织磷脂的成分。

(2)防止脂肪肝的发生。胆碱参与肝脏脂肪的代谢,可促使肝脏脂肪以卵磷脂形式输送或者提高脂肪酸本身在肝脏内的氧化利用。

(3)参与神经冲动的传导。胆碱是乙酰胆碱的成分,胰腺胆碱是敏感和副敏感神经系统的神经递质。

(4)不稳定甲基的来源。胆碱在机体内可作为甲基的供体参与甲基转移

3.缺乏与过量

(1)缺乏症　动物缺乏胆碱时,精神不振,生长迟缓,关节肿胀,运动失调。肝脏和肾脏出现脂肪浸润,而形成脂肪肝。家禽和生长猪易发生胆碱缺乏症,鸡缺乏胆碱典型症状是"滑腱症"和"骨粗短病",母鸡产蛋量下降,甚至停产。患猪多表现运动障碍,后退叉开站立,行动不协调。

(2)过量　过量时,动物表现为颤抖、痉挛、发绀、呼吸麻痹等。其中毒剂量与需要量的比为需要量的2～4倍。NRC认为,成年鸡按需要量的一倍添加胆碱是安全的。

4.来源

天然存在脂肪都含有胆碱,含脂肪的饲料都可提供一定数量的胆碱,蛋黄(1.7%),腺体组织粉(0.6%),脑髓和血(0.2%)是最丰富的来源,绿色植物、酵母、谷实幼芽、豆科植物籽实、油料作物籽实、饼粕含量丰富,玉米含胆碱少,麦类比玉米高一倍(表1-20)。

表1-20　几种饲料中胆碱的含量　　mg/kg 干物质

饲　料	含　量	饲　料	含　量	饲　料	含　量
大麦	1 177	大豆粕	2 916	青玉米	567
啤酒糟	1 757	高粱	737	血粉	848
小麦	1 053	苜蓿粉	1 037	小麦麸	1 797
鱼粉	4 036	燕麦	1 116	花生粕	2 120
棉仁饼	2 965				

(摘自张子仪,中国饲料学)

四、影响维生素需要量的因素

在饲养及营养的最佳情况下,目前对大部分禽畜的维生素需要量已有深入的研究,像美国国家科学研究院的动物营养委员会即经常公布这些最少需要量。但是在商业上的禽畜饲养上遭遇到不同环境、疾病的状况下,饲料中实际维生素的需要量要远超乎理想的实验状况下得到的数值。

(一)动物本身状况及应激因素

动物对维生素的需要量在很大程度上于其种类、年龄、生理时期、健康与营养状况及生产水平等,例如高产奶牛对维生素的需要量比干奶期奶牛和产奶少的奶牛要高;为保证种蛋孵化率,种母鸡日粮中维生素A、维生素D_3和维生素E的水平比快速生长的肉鸡还要高。各种应

急因素均可增加维生素的需要量，尤其是维生素 C。例如，动物患传染病和寄生虫病时，对维生素的需要量增加，其原因有，病菌和寄生虫本身存活需要维生素，肠道寄生虫侵害黏膜，影响维生素的吸收，病菌在动物体内产生毒素，分解和排除这些毒素也增加了对维生素的需要。采食高水平维生素日粮，会降低雏鸡伤寒病和死亡率。

（二）饲料中各种养分之间的相互关系

日粮中脂肪含量不足时，脂溶性维生素的吸收受到影响，其需要量增加。蛋白质的供应量增加时，维生素 B_6 的需要量随之增加。蛋氨酸不足时，胆碱需要量增加。色氨酸不足时，烟酸需要量增加。碳水化合物大量供应时，会增加维生素 B_1 的需要量。日粮中使用小麦代替部分玉米时，应增加生物素的补充量。日粮中钙不足或钙磷比例失调时，维生素 D 的需要量增加。维生素 E 有保护维生素 A 和维生素 C 的作用，硒的供给可节省维生素 E。

（三）饲料中维生素拮抗因子

饲料中含有某种维生素拮抗物时，维生素的需要量增加，如脂肪氧化酶破坏维生素 A 和胡萝卜素，生鱼尤其是淡水鱼和某些细菌含有硫胺素酶，可破坏维生素 B_1，豆科牧草中双香豆素可拮抗维生素 K。

（四）饲养方式

集约化饲养致使动物对维生素的需要量增加，因为集约化饲养条件下，易产生维生素不足，分析原因大体如下：

（1）笼养动物，接触粪便机会减少，从粪中获取 B 族维生素的量降低，动物接触阳光少，体内合成维生素 D_3 的量下降。

（2）饲喂动物的配合饲料中，富含维生素的饲料少，如青饲料、苜蓿草、酵母等，造成了天然维生素的缺乏。

（3）动物免疫力下降，应激因素增多，肠道微生物合成维生素数量减少。

（4）动物疾病增多，长期或大量使用抗生素药物，破坏了肠道微生物区系，减少了合成 B 族维生素和维生素 C 等的数量。

（5）动物生产性能的提高，市场对动物产品品质要求高，这就加剧了动物对维生素的需要量。

五、日粮中需要添加的维生素及其供给

（一）需要补充维生素的种类

猪需要补充维生素 A、维生素 D_3、维生素 B_{12}、烟酸、泛酸和胆碱。为了防止应激和亚临床缺乏症，可增加维生素 E、维生素 K、维生素 B_6 和生物素。

家禽需要补充维生素 A、维生素 D_3、维生素 E 和维生素 K、维生素 B_2、维生素 B_{12}、烟酸、泛酸和胆碱，而维生素 B_1、维生素 B_6、生物素和叶酸一般可满足需要。笼养比平养、种鸡比商品鸡需要量更多的维生素。

反刍动物和家兔通常需要补充维生素 A、维生素 E。若不接触阳光，应补充维生素 D。出现应激或处在高生产水平时，需补充维生素 B_1 和烟酸。断奶新生犊牛和幼兔应补充所有维生素。

（二）维生素的添加量

在天然饲料中虽然也含有一定量的维生素，但由于动物生产水平的大幅度提高和集约化、

工厂化饲养，天然饲料中所含有的维生素远远不能满足动物生产的需要，维生素的总需要量几乎全靠额外添加才能满足其营养需要。

畜禽对维生素的需要量随动物品种、生长阶段、饲养方式和环境因素的不同而不同。实际应用时，应以饲养标准为依据，综合考虑其他因素而定。对维生素的需要量，有几种表示方法。ARC和NRC标准中使用的是"最低需要量"。它是在试验条件下测定的，以不发生特定的缺乏症为主要依据。超量添加维生素已成为国内外获得动物最佳生产性能和最大效益的有效手段之一。

(三)维生素的稳定性和品质保护

维生素是低分子有机化合物，稳定性差，极易变质或失效。影响饲料中维生素稳定性的因素很多。合理地保护维生素在生产和使用过程中的品质，尽量防止其效价降低，是实现其营养价值的关键。

大部分维生素对矿物元素(尤其是以硫酸盐形式存在的矿物元素)和碱性物质不稳定。在潮湿或含水量较高条件下，维生素对各种因素的稳定性均下降，并会加速维生素的氧化以及氯化胆碱、微量元素对维生素的破坏作用，从而使其效价降低。可见光和紫外线对多种维生素有破坏作用。

在配合饲料生产中，人们采用多种措施来保持维生素的稳定性，如进行加工处理、正确选择载体与稀释剂、改善贮存环境、降低制粒温度等。

【技能】

动物维生素缺乏症的观察与识别

由维生素不足所引起的一组营养缺乏症的总称。不同维生素缺乏症的症状差异很大。日粮配合不当常是动物患病的一个原因。各种动物均可发生，家禽尤为多发。常见的有下述几类(图1-18至图1-31)。

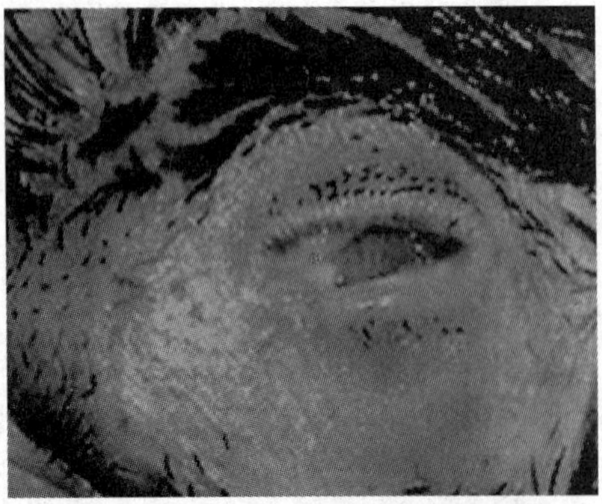

图1-18　患鸡缺乏维生素A泪腺上皮组织角化，发生"干眼病"，严重时角膜、结膜化脓溃疡，甚至失明

图1-19　母禽缺乏维生素A导致雏鸭缺乏。病雏上下眼睑粘连，眼睑内侧及眶下窦积聚多量混浊的渗出物，从该部位可挤出多量的渗出液

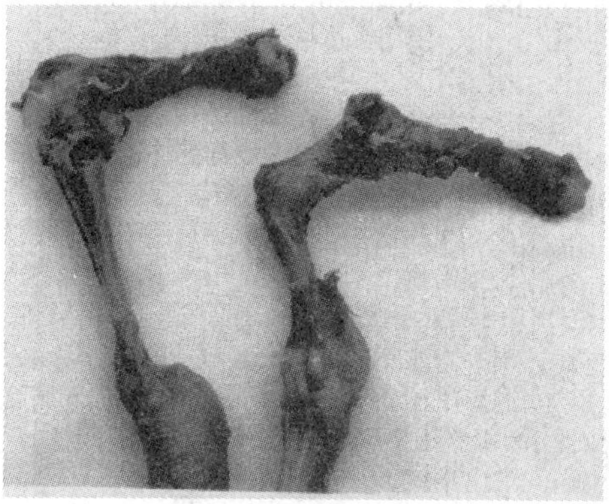

图 1-20 患鸭缺乏维生素 D 腿骨弯曲变形

图 1-21 维生素 D 缺乏症，肋骨弯曲，左为正常

图 1-22 小鸡缺乏维生素 E 中枢神经紊乱，外周神经麻痹，表现歪头扭颈

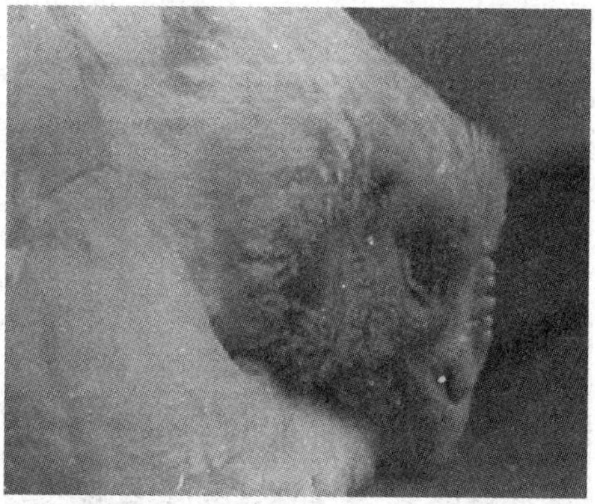

图 1-23 维生素 E 缺乏症发病小鸡腋窝部皮下组织水肿，外观呈蓝绿色

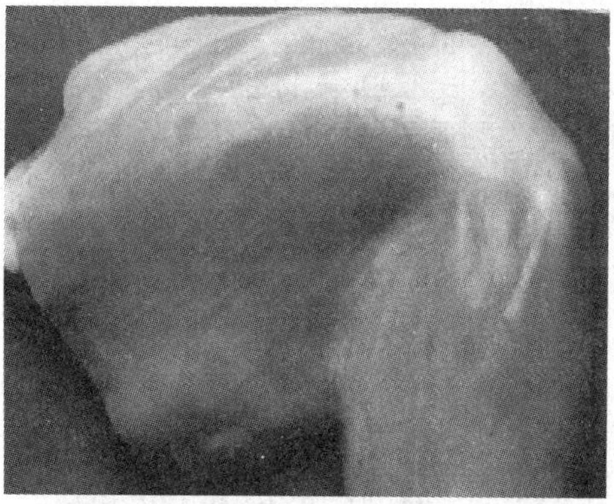

图 1-24 维生素 E 缺乏引起的肌营养不良症，肌肉表面有白色条纹

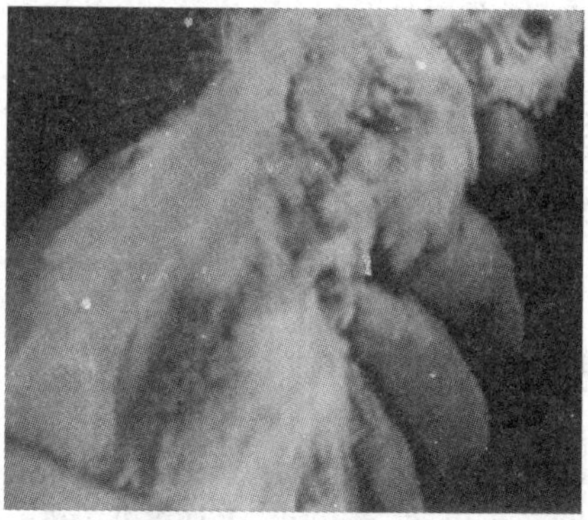

图 1-25 维生素 K 缺乏引起的皮下出血，胸骨一带呈红褐色

图 1-26 维生素 B_1缺乏，雏鸡发生痉挛，颈向上弯曲呈角弓反张的姿势，呈“观星”状

图 1-27 维生素 B_2缺乏，脚趾蜷曲

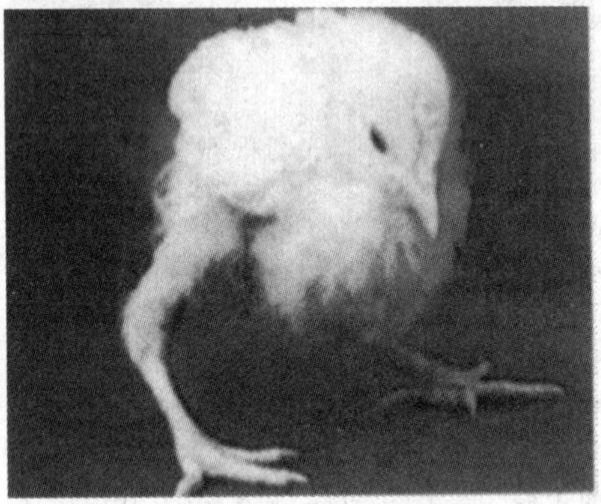

图 1-28 雏鸡胆碱缺乏的滑腱症。右脚关节部的筋腱脱离了原来位置，向外侧张出而弯曲的姿势

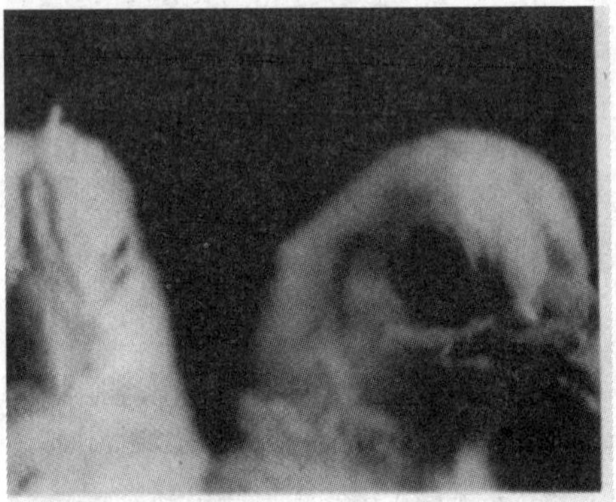

图 1-29 泛酸缺乏时雏鸡的嘴角和鼻孔周围形成疮痂，左侧为正常对照

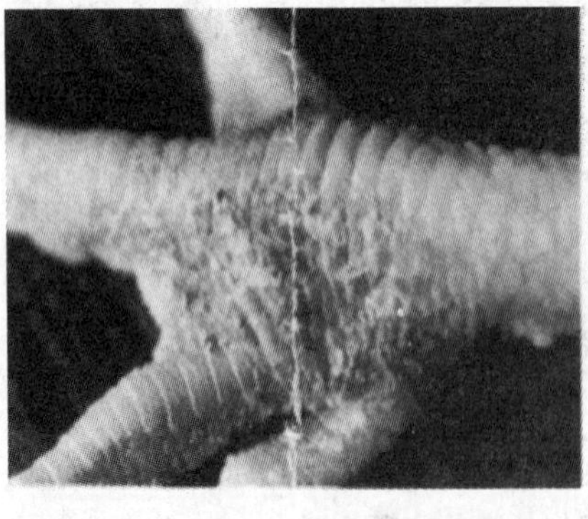

图 1-30 烟酸缺乏可引起皮肤炎，雏鸡脚部发生了皲裂

图 1-31 缺乏维生素 E 患脑软化症，雏鸡头向下弯曲

【拓展知识】 如何保存饲料中的维生素

由于各种维生素的性质不同,加工条件与方法不同,在饲料加工过程中维生素的损失情况也不尽相同。造成维生素损失的主要因素包括氧化、温度和时间、酸碱度、金属与酶的作用、光或电子辐射、水分含量等。

只用详细了解各种维生素的稳固性特点后,才能最大限度地避免损失,保持饲料的营养价值。为便于掌握,可记住各种维生素保存条件歌:

维生素A、维生素D怕光怕氧酸,密封保存最为先;

维生素E怕光怕氧碱,加热酮铁数量减;

维生素K只怕光和碱,最稳要算烟酰胺;

要数维生素C最"小气",光照氧酸碱脱水;

维生素B_6泛酸耐储藏,加工磨粉一半损。

【任务总结】

任务总结表

项目	内容	要点
相关知识	维生素营养概述	1.概念;2.特点;3.分类
	脂溶性维生素	1.维生素A;2.维生素D;3.维生素E;4.维生素K
	水溶性维生素	1.主要B族维生素概括;2.B族维生素间的相互关系;3.胆碱;4.维生素C
	影响维生素需要量的因素	1.动物本身状况及应激因素;2.饲料中各种养分之间的相互关系;3.饲料中维生素拮抗因子;4.饲养方式
	饲粮中需要添加的维生素及其供给	1.需要补充的维生素种类;2.维生素的添加量;3.维生素的稳定性和品质保护
任务实施	观察与识别动物维生素营养缺乏症	1.观察与识别脂溶性维生素营养缺乏症;2.观察与识别水溶性维生素营养缺乏症

任务八 认识饲料添加剂

任务描述:使用饲料添加剂能够达到提高动物生产性能,降低生产成本的目的。随着养殖业和饲料工业的迅速发展,饲料添加剂的使用越来越广泛,已成为全价配合饲料中不可缺少的组成部分。能够根据动物生产中常用饲料添加剂的种类、作用效果及使用方法,选择合理的饲料添加剂,设计科学合理的饲料配方。

【任务目标】

◆**知识目标**

1. 了解动物生产中常用饲料添加剂的种类。
2. 掌握饲料添加剂的作用和基本条件。

◆**技能目标**

1. 能列举生产中常用的饲料添加剂的名称。
2. 能依据需要合理选择饲料添加剂。
3. 能合理使用饲料添加剂。

◆**素质目标**

1. 养成认真负责的态度。
2. 培养遵纪守法、安全意识。

【知识】

一、饲料添加剂的概念

饲料添加剂(feed additives)是指在饲料加工、制作、使用过程中添加的少量或微量物质。饲料添加剂的主要作用是完善饲料的营养、提高饲料的利用效率、促进畜禽生长、预防疾病、减少饲料在贮存过程中的损失,改进畜禽产品的品质等。饲料添加剂是配合饲料中不可缺少的部分,在养殖生产中往往不是使用单一的饲料添加剂,而是同时使用几种饲料添加剂或复合添加剂预混料。饲料添加剂的使用剂量通常以 mg/kg 或 g/t 计,部分添加剂的添加量按百分含量计。

二、饲料添加剂的基本条件

(1)长期使用不应对动物产生急、慢性的毒害作用和不良影响。
(2)必须具有确实的生产效果和经济效益。
(3)在饲料和动物体内具有较好的稳定性。
(4)不影响饲料的适口性。
(5)在动物产品中的残留量不超过标准,不影响动物产品的质量和人体健康。
(6)所用化工原料,其中所含有毒金属量不得超过允许限度。
(7)不影响种畜生殖生理及胎儿。
(8)不得超过有效期或失效。
(9)不污染环境,有利于畜牧业可持续发展。

三、饲料添加剂的种类

目前,全世界在饲料中应用的添加剂有 300 多个品种,经常使用的有 150 多个品种。根据饲养动物的品种、生产目的及生长阶段等的不同,每种配合饲料中使用的添加剂有 20～60 种。根据动物营养学原理,一般将饲料添加剂分为营养性饲料添加剂(nutritive additive)和非营养性饲料添加剂(non-nutritive additive)两大类。

【技能】

一、利用营养性饲料添加剂

(一)氨基酸类料添加剂

1.认知日粮中添加氨基酸添加剂(amino acid additives)的目的

节约饲料蛋白质,提高饲料利用率和动物产品产量;改善畜产品品质;改善和提高动物消化机能,防止消化系统疾病;减轻动物的应激。

2.识别氨基酸添加剂种类

①*L*-赖氨酸盐酸盐添加剂为白色或淡褐色小颗粒或粉末,无味或稍有特殊气味,放入口中带有酸味,无涩感。假的*L*-赖氨酸盐酸盐气味不正,具有杂质样涩感,有些还有尿素刺鼻气味或芳香气味。

②蛋氨酸添加剂外观呈白色或浅黄色结晶,有的呈长棱形,具有反光性,略带有硫化物的特殊气味。纯品蛋氨酸颜色较为一致,有滑腻而无粗糙感,放入口中略带有甜味,无涩感。一般假的蛋氨酸手感粗糙,不滑腻。

③色氨酸添加剂外观呈白色至微黄色结晶或结晶性粉末,无臭,味微苦。在水中微溶,在乙醇中极微溶解,在氯仿中不溶,在甲酸中易溶,在稀氢氧化钠溶液或稀盐酸中溶解。

3.利用氨基酸类添加剂

①选择剂型,注意有效含量。在市售的赖氨酸中,有一种*DL*型,其中含有相当数量的*D*型赖氨酸,*L*型只是其中的一部分。由于动物体内只能利用*L*型赖氨酸,而*D*型不能被利用,故在使用时要计算其真正被动物利用的*L*型赖氨酸的含量。

②选择使用对象,满足添加量。氨基酸添加剂的使用,一般是针对单胃动物,即在猪、禽类中使用的较多。因为成年反刍动物的瘤胃能够将饲料蛋白质进行重新改组,其蛋白质的营养实质是瘤胃微生物的营养,故一般不使用氨基酸添加剂。在使用氨基酸添加剂时,一定在注意首先满足第一性限制性氨基酸的需要,再依次考虑其他限制性氨基酸。即一般猪的第一、第二限制性氨基酸是赖氨酸和蛋氨酸,禽类的第一、第二限制性氨基酸是蛋氨酸和赖氨酸。此外,赖氨酸有苦味,会影响仔猪的采食量,所以,仔猪饲料用*L*-赖氨酸盐酸盐时要限量。

(二)维生素饲料添加剂

维生素是最常用也是最重要的一类饲料添加剂。维生素添加剂(vitamin additives)种类很多,常用的有维生素A、维生素D_3、维生素E、维生素K_3、维生素B_1、维生素B_2、维生素B_6、维生素B_{12}、烟酸、生物素、叶酸、胆碱、维生素C等维生素类饲料添加剂。

在生产中为使用方便,预先按各类动物对维生素的需要,拟制出实用型配方,按配方将各种维生素与抗氧化剂和疏松剂加到一起,再加入载体和稀释剂,经充分混合均匀,即成为多种(复合)维生素预混料,使用十分方便。

(三)微量元素饲料添加剂

1.识别微量元素添加剂的种类

微量元素添加剂(trace mineral addtives)的产品形态,已逐步从第一代无机微量元素产品向第二代有机酸-微量元素配位化合物发展,常见产品有醋酸钴、醋酸锰、葡萄糖酸铁等。目前第三代氨基酸-金属元素配位化合物或以金属元素与部分水解蛋白质螯合的复合物发展也十分迅速，产品有：蛋氨酸锌、赖氨酸铜，钴蛋白化合物、铜蛋白化合物等。有机酸盐和氨基酸螯合物生物学效价高，但质量不稳定，价格高，生产中的大范围的使用受到限制。

2.合理利用微量元素添加剂原料时应注意的问题

(1)日粮中微量元素添加量的确定　日粮中微量元素添加量取决于微量元素添加剂的使用目的，动物对微量元素的正常需要和日粮的组成。

①日粮中微量元素添加剂使用的目的：日粮中添加微量元素添加剂主要是补充基础日粮中微量元素的不足，满足动物正常的生理和生产需要。其次是治疗微量元素缺乏症，此时，应根据其缺乏的程度来确定添加量，一般添加量高于正常添加量，待缺乏症消失后，再转为正常添加量。此外，某些微量元素添加剂还以某种特殊目的添加于日粮中。近十多年的研究显示，适当增加日粮铁、锌、硒等元素的水平，可增强动物的免疫能力；高剂量铜，在生长前期猪日粮中已普遍用于促进生长，其日粮添加量一般在 100～200 mg/kg；加有未脱毒棉籽饼日粮中按游离棉酚与 Fe^{2+} 1∶1 的比例添加硫酸亚铁，以降低游离棉酚的毒性，提高动物的生产性能；反刍动物钼中毒时，适当提高日粮铜水平，可降低钼的毒性。

②动物对微量元素的正常需要：动物对微量元素的需要受因动物的种类、品种，生产目的、生长阶段、产量等的影响，此外还受气温等环境条件影响。一般由大量试验和生产实践综合分析而得。实际应用时，通常以各地区的饲养标准为依据，综合考虑其他因素而定。

③日粮的组成：日粮的组成对日粮中微量元素添加剂的影响，主要取决于基础日粮中微量元素的含量和利用率，矿物元素之间的比例，微量元素与日粮中其他物质之间的关系，特别是植酸磷、草酸等微量元素拮抗物的含量。

由于各种饲料原料中微量元素的含量和利用率不易测定，资料不全，差异大，各种饲料中微量元素的拮抗物含量的资料不全，当前，在实际应用中，一般以各种生产情况下的动物需要量为日粮基本添加量，饲料中所含微量元素为安全量，综合考虑如高温、低温、特殊添加目的、各种原料中拮抗物的一般情况和来自特定地区的饲料和水中某些元素的过高或过低等情况适当调整而定。此外，还应考虑添加剂的生物学有效性和价格。

(2)微量元素添加剂的选择　应综合考虑使用目的、饲料的生产工艺、制剂的加工特性、价格等因素。应用于幼龄动物或液体饲料中，需选择水溶性制剂，有利于混合均匀和动物充分消化吸收；加工条件差的饲料厂或养殖场使用，应买已前处理或稀释产品，条件好的预混料厂则可选用纯度高的原料，自已处理，可降低生产成本。

(3)防止微量元素添加剂吸湿返潮的预处理　以硫酸盐作为营养性添加剂使用时，防止吸湿返潮是个大问题。自然状态的微量元素硫酸盐常含有 5～7 个结晶水，在一定的相对湿度下，因吸湿返潮而引起潮解与结块等问题，影响加工处理，设备寿命，混合均匀度以及维生素等活性成分的稳定性。制造饲料级微量元素添加剂及其预混合饲料都必须注意解决这个问题。一般可从以下几个方面解决这一问题：对含水量高的原料必须进行干燥，除去游离水及部分结晶水；在易吸湿结块的矿物原料中加入少量吸湿性差，流动性好，对畜禽无害的非营养性防结块剂。如在碘化食盐中加入少量硅酸钙，可防止食盐吸湿结块、减少碘的损失。美国规定防结块剂的添加量不超过饲料的 2%。

微量矿物元素添加剂的种类见表 1-21。

表 1-21 微量矿物元素添加剂的种类

矿物元素	矿物元素类饲料添加剂	含量/%
铁	七水硫酸亚铁	20.1
铜	五水硫酸铜	25.5
锰	五水硫酸锰	22.8
锌	七水硫酸锌	22.75
硒	亚硒酸钠	45.6
碘	碘化钾	76.45
钴	七水硫酸钴	21

二、利用非营养性饲料添加剂

非营养性饲料添加剂是真正的添加剂,它不是饲料内的固有营养成分。非营养性饲料添加剂种类很多,它们的共同点是从各自不同的作用提高饲料的效率。

(一)认知非营养性饲料添加剂的种类

(1)一般性添加剂(general additive) 主要包括微生态制剂、酶制剂、动物产品改良剂、饲料保存剂、食欲增进剂等。

(2)药物添加剂(medical additive) 指为预防、治疗动物疾病而掺入载体或者稀释剂的兽药的预混物,包括抗球虫药物、驱虫剂类、抑菌促生长类等。

(二)认知一般性饲料添加剂的种类

1. 微生态制剂(microecologics)

(1)种类 主要有乳酸杆菌制剂、枯草杆菌制剂、双歧杆菌制剂、链球菌属、酵母菌等。

(2)作用机理 使用有效的微生态制剂可在动物消化道内定植并大量繁殖,排除或抑制有害菌,促使乳酸菌等有益菌的繁殖,保持肠道内正常微生物区系的平衡。微生态制剂不会使动物产生耐药性,不会产生残留,也不会产生交叉污染。

(3)利用时应注意问题 选择合适的微生态制剂,正确掌握使用剂量,正确掌握使用时间,选择宜用动物。

2. 酶制剂(enzymes)

(1)种类 主要有蛋白酶类、淀粉酶类、纤维素分解酶类、脂肪酶类、糖分解酶类等单一酶制剂和复合酶制剂。

(2)作用机理 酶制剂目前多从发酵培养物中提取,制成饲料添加剂,也有连同培养物直接制成添加剂的,还有的是将酵母菌的菌体和培养基混合而成。

(3)利用时应注意问题 目前生产中复合酶和植酸酶应用较多。使用酶制剂应根据特定的饲料和特定的畜种及其年龄阶段而定,并在加工及使用过程中尽可能避免高温。

3. 饲料着色剂(feed colouring agent)

用作饲料添加剂的着色剂有两种,一种是天然色素,主要是植物中的类胡萝卜素和叶黄素类。另一种是人工合成的色素,如胡萝卜素醇。着色剂常用于家禽、水产动物和观赏动物日粮中,可改善蛋黄、肉鸡屠体和观赏动物的色泽。当日粮中添加着色剂时,要调整维生素 A 的用量。另外，有机铬（如烟酸铬、吡啶甲酸铬、氨基酸螯合铬等）也能提高动物胴体品质和瘦肉率。

4. 饲料保存剂（feed preservative）

为了保证饲料的质量，防止饲料品质的下降或提高饲料调制的效果，有必要在饲料中添加各种饲料保存剂，如抗氧化剂、防霉防腐剂等。

（1）抗氧化剂（antioxidant） 在配合饲料或某些原料中添加抗氧化剂可防止饲料中的脂肪和某些维生素被氧化变质，从而达到阻止或延迟饲料氧化、提高饲料稳定性和延长贮存期的目的。常用的抗氧化剂有乙氧基喹啉（山道喹）、丁基化羟基甲苯（BHT）等。添加量为0.01%～0.05%。

（2）防霉防腐剂（mould inhibitor and preservative） 在饲料保存过程中可防止发霉变质，还可防止青贮饲料霉变。常用的防霉防腐剂有丙酸及其钠（钙）盐和苯甲酸钠、山梨酸、山梨酸钾等。

5. 食欲增进剂（appetite promoter）

包括香料、调味剂及诱食剂三种。添加食欲增进剂可增强动物食欲，提高饲料的消化吸收及利用率。饲料香料添加剂有两种来源，一类是天然香料，如葱油、大蒜油、茴香油、橙皮油等；另一类是化学合成的可用于配制香料的物质，如酯类、醚类、酮类、酚类等。调味剂包括鲜味剂、甜味剂、酸味剂、辣味剂等；诱食剂主要针对水产动物使用，常含有甜菜碱、某些氨基酸和其他挥发性物质。

6. 其他饲料添加剂

（1）酸化剂（acidizing agent） 酸化剂是一类广泛使用的饲料添加剂。常用的有机酸添加剂包括乳酸、丙酸、柠檬酸、甲酸、山梨酸等。目前使用多以复合产品为主，其一般由 2 种或 2 种以上的有机酸复合而成，主要是增强酸化效果，其添加量为 0.1%～0.5%。

（2）乳化剂（emulsifiers） 是一种分子中具有亲水基和亲油基的物质，它的性状介于油和水之间，能使一方均匀地分布于另一方中间，从而形成稳定的乳浊液。利用这一特性可以改善或稳定饲料的物理性质。常用的乳化剂有动植物胶类、脂肪酸、大豆磷脂、丙二醇、木质素磺酸盐、单硬脂酸甘油酯等。

（3）缓冲剂（buffering agent） 最常用的是碳酸氢钠，俗称小苏打，还有石灰石、氢氧化铝、氧化镁、磷酸氢钙等。这类物质可增加机体的碱贮备，防治代谢性酸中毒，饲服后可中和胃酸，溶解黏液，促进消化，应用于反刍动物可调整瘤胃 pH，平衡电解质，增加产乳量和提高乳脂率，也可防止产蛋鸡因热应激引起蛋壳质量下降。一般用量为 0.1%～1%。

（4）黏结剂（binder） 也叫黏合剂或制粒添加剂，目的是减少粉尘损失，提高颗粒饲料的牢固程度，减少制粒过程中压模受损，是加工工艺上常用的添加剂。常用的黏结剂有木质素磺酸盐、羟甲基纤维素及其钠盐、陶土、藻酸钠等。某些天然的饲料原料也具有黏结性，如膨润土、α-淀粉、玉米面、动物胶、鱼浆、糖蜜等。

（5）抗结块剂（anti-caking agent） 常用的流散剂有天然的和人工合成的硅酸化合物和硬脂酸盐类，如硬脂酸钙、硬脂酸钾、硬脂酸钠、硅藻土、脱水硅酸、硅酸钙等。流散剂多系无水硅酸盐，难以消化吸收，用量不宜过高，一般在 0.5%～2%。它的主要目的是使饲料和饲料添加剂具有较好的流动性，以防止饲料在加工及贮存过程中结块。如食盐和尿素最易吸湿结块，使用流散剂可以调整这些性状，使它们容易流动、散开、不黏着。当配合饲料中含有吸湿性较强的乳清粉、干酒糟或动物胶原时均宜加入流散剂。

(6)除臭剂(deodorant) 为防止畜禽排泄物的臭味污染环境,国外有名为F-Nick的产品,此种添加剂的主要成分为硫酸亚铁,在饲料中添加0.5%~1%即可防臭。我国近年来研究证明,腐殖酸钙及沸石亦具有除臭作用。

(三)认知药物饲料添加剂的种类

为预防、治疗动物疾病而掺入载体或者稀释剂的兽药的预混物,包括抗球虫药物、驱虫剂类、抑菌促生长类等。

1.抗生素类饲料添加剂(antibiotic growth promoters)

添加在饲料中能抑制有害微生物的繁殖,促进营养物质的吸收,使动物保持健康,提高动物的生产性能。在卫生条件差和日粮营养不完善的情况下,抗生素的作用更加明显。

由于抗生素在动物体内和动物产品中残留,使人类疾病的治疗产生了危机,因此在使用抗生素添加剂时要注意以下问题:

①尽量选用动物专用的、吸收和残留少的、安全范围大的、无毒副作用的、不产生抗药性的品种,尽量不用广谱抗生素。

②严格控制使用对象和使用剂量,保证使用效果。

③对抗生素的使用期限作出严格的规定,避免长期使用同一抗生素。

抗生素添加剂的种类很多,常用的抗生素有:土霉素、金霉素、泰乐霉素、红霉素、杆菌肽、黏杆菌肽、维吉尼亚霉素、莫能霉素、盐霉素、拉沙里霉素、林肯霉素等。从抗生素的发展趋势看,今后将向专用饲料添加剂比如多肽类、聚醚类和磷酸化多糖类的方向发展。

2.人工合成的抑菌药物(synthetic antimicrobial drugs)

人工合成的抑菌药物主要有:磺胺二甲基嘧啶(SM)、磺胺咪(SG)、磺胺嘧啶(SD)、磺胺喹恶啉(SQ)、呋喃唑酮 、喹乙醇等,其作用类似抗生素。但同样存在药物残留和耐药性问题。

3.驱虫保健剂(vermifuge)

驱虫剂的种类很多,一般毒性较大,只能短期使用,不宜在饲料中作为添加剂长期使用。否则,这些药物残留在畜产品中,会危害人类的健康。

(1)抗蠕虫剂(anthelmintic) 主要有吩噻类、咪唑类、有机磷化合物(敌敌畏、敌百虫)及抗生素类(越霉素A、潮霉素B)等,用以防治动物遭受寄生虫感染与侵袭,达到促进动物生长、提高饲料效率的目的。我国批准使用的这类添加剂只有越霉素A。

(2)抗球虫剂(anticoccidiosis medicine) 在球虫病易发生阶段,应连续或经常投药,但多数药物长期使用易引起球虫产生抗药性,降低药效,所以应穿梭或轮流用药,以改善药物的使用效果。常用的药物有:氨丙啉、马杜拉霉素、地克珠利等。

4.中草药饲料添加剂(chinese herbal medicine additive)

中药是天然的动植物或矿物质,本身含有丰富的维生素、矿物质、蛋白质及未知活性因子,在饲料中可以补充营养,另外还具有促生长、增强动物体质、提高抗病力的作用。中草药饲料添加剂来源广泛、种类很多,不产生药物残留和抗药性,应用前景广阔。可用作饲料添加剂的中草药主要有以下几种:

(1)理气健脾助消化 由麦芽、贯众、何首乌等配制。

(2)补气壮阳、增强体质 如用刺五加浸剂饲喂母鸡,可提高产蛋量和蛋重;用山药、当归、淫羊藿添加在蛋鸡饲料中,可提高产蛋率。

(3)扶正驱邪、驱虫消积、防制病毒 使用老鹳草全草、使君子、南瓜籽等配制成复合制剂。

近年来，兽药和高污染型饲料添加剂使用过量，致畸致癌致突变及耐药性等问题已引起了人们的极大关注。因而，酶制剂、微生态制剂和中草药饲料添加剂的研制与应用得到了长足的发展，这三类饲料添加剂被人们称为“绿色饲料添加剂”，其前景广阔。

三、使用饲料添加剂的注意事项

第一，严格执行国家的有关法律、法规和法令。

第二，选择合适的饲料添加剂。饲料添加剂的种类繁多，特点各异，因此应根据各种饲料添加剂的特性、动物类型、基础日粮特性等，选用适合的饲料添加剂，即缺什么添什么。

第三，切实掌握饲料添加剂的使用量、中毒量和致死量，注意使用期限，防止动物产生生理障碍和不良后果。

第四，饲料添加剂加到配合饲料中一定要混合均匀。不要把饲料添加剂一次混合在大量的饲料里，应先混于少量的饲料中搅拌均匀，然后再混合在一定量的饲料中，再充分搅拌均匀。

第五，准确掌握饲料添加剂之间的配伍禁忌，注意微量元素、维生素及其相互间的拮抗关系。

第六，饲料添加剂应贮存于干燥、低温及避光处。

【拓展知识】 允许使用的饲料添加剂品种目录

（农业部 1999 第 105 号公告）

类别	饲料添加剂名称
饲料级氨基酸（7 种）	*L*-赖氨酸盐酸盐；*DL*-蛋氨酸；*DL*-羟基蛋氨酸；*DL*-羟基蛋氨酸钙；*N*-羟甲基蛋氨酸；*L*-色氨酸；*L*-苏氨酸
饲料级维生素（26 种）	β-胡萝卜素；维生素 A；维生素 A 乙酸酯；维生素 A 棕榈酸酯；维生素 D_3；维生素 E；维生素 E 乙酸酯；维生素 K_3（亚硫酸氢钠甲萘醌）；二甲基嘧啶醇亚硫酸甲萘醌；维生素 B_1（盐酸硫胺）；维生素 B_1（硝酸硫胺）；维生素 B_2（核黄素）；维生素 B_6；烟酸；烟酸胺；*D*-泛酸钙；叶酸；维生素 B_{12}（氰钴胺）；维生素 C（*L*-抗坏血酸）；*L*-抗坏血酸钙；*L*-抗坏血酸-2-磷酸酯；*D*-生物素；氯化胆碱；*L*-肉碱盐酸盐；肌醇
饲料级矿物质、微量元素（43 种）	硫酸钠；氯化钠；磷酸二氢钠；磷酸氢二钠；磷酸二氢钾；磷酸氢二钾；碳酸钙；氯化钙；磷酸氢钙；磷酸二氢钙；磷酸三钙；乳酸钙；七水硫酸镁；一水硫酸镁；氧化镁；氯化镁；七水硫酸亚铁；一水硫酸亚铁；三水乳酸亚铁；六水柠檬酸亚铁；富马酸亚铁；甘氨酸铁；蛋氨酸铁；五水硫酸铜；一水硫酸铜；蛋氨酸铜；七水硫酸锌；一水硫酸锌；无水硫酸锌；氧化锌；蛋氨酸锌；一水硫酸锰；氯化锰；碘化钾；碘酸钾；碘酸钙；六水氯化钴；一水氯化钴；亚硒酸钠；酵母铜；酵母铁；酵母锰；酵母硒
饲料级酶制剂（12 类）	蛋白酶（黑曲霉，枯草芽孢杆菌）；淀粉酶（地衣芽孢杆菌，黑曲霉）；支链淀粉酶（嗜酸乳杆菌）；果胶酶（黑曲霉）；脂肪酶；纤维素酶（recsei 木霉）；麦芽糖酶（枯草芽孢杆菌）；木聚糖酶（insolens 腐质霉）；β-聚葡糖酶（枯草芽孢杆菌）；甘露聚糖酶（缓慢芽孢杆菌）；植酸酶（黑曲霉，米曲霉）；葡萄糖氧化酶（青霉）

续表

类别	饲料添加剂名称
饲料级微生物添加剂(12种)	干酪乳杆菌;植物乳杆菌;粪链球菌;屎链球菌;乳酸片球菌;枯草芽孢杆菌;纳豆芽孢杆菌;嗜酸乳杆菌;乳链球菌;啤酒酵母菌;产朊假丝酵母;沼泽红假单胞菌
饲料级非蛋白氮(9种)	尿素;硫酸铵;液氨;磷酸氢二铵;磷酸二氢铵;缩二脲;异丁叉二脲;磷酸脲;羟甲基脲
抗氧剂(4种)	乙氧基奎啉;二丁基羟基甲苯(BHT);丁基羟基茴香醚(BHA);没食子酸丙酯
防腐剂、电解质平衡剂(25种)	甲酸;甲酸钙;甲酸铵;乙酸;双乙酸钠;丙酸;丙酸钙;丙酸钠;丙酸铵;丁酸;乳酸;苯甲酸;苯甲酸钠;山梨酸;山梨酸钠;山梨酸钾;富马酸;柠檬酸;酒石酸;苹果酸;磷酸;氢氧化钠;碳酸氢钠;氯化钾;氢氧化铵
着色剂(6种)	β-阿朴-8′-胡萝卜素醛;辣椒红;β-阿朴-8′-胡萝卜素酸乙酯;虾青素;β-胡萝卜素-4,4-二酮(斑蝥黄);叶黄素(万寿菊花提取物)
调味剂、香料(6种)	糖精钠;谷氨酸钠;5′-肌苷酸二钠;5′-鸟苷酸二钠;血根碱;食品用香料
黏结剂、抗结块剂和稳定剂(13种)	α-淀粉;海藻酸钠;羧甲基纤维素钠;丙二醇;二氧化硅;硅酸钙;三氧化二铝;蔗糖脂肪酸酯;山梨醇酐脂肪酸酯;甘油脂肪酸酯;硬脂酸钙;聚氧乙烯20山梨醇酐单油酸酯;聚丙烯酸树脂Ⅱ
其他(10种)	糖萜素;甘露低聚糖;肠膜蛋白素;果寡糖;乙酰氧肟酸;天然类固醇萨洒皂角苷(YUCCA);大蒜素;甜菜碱;聚乙烯吡咯烷酮(PVPP);葡萄糖山梨醇

【任务总结】

任务总结表

项目	内容	要点
相关知识	饲料添加剂的概念	1.概念;2.特点;3.分类
	饲料添加剂的基本条件	1.维生素A;2.维生素D;3.维生素E;4.维生素K
	饲料添加剂的种类	1.主要B族维生素概括;2.B族维生素间的相互关系;3.胆碱;4.维生素C
任务实施	识别与利用营养性饲料添加剂	1.识别与利用氨基酸类饲料添加剂;2.识别与利用维生素饲料添加剂;3.识别与利用微量元素饲料添加剂
	识别与利用非营养性饲料添加剂	1.认知非营养性饲料添加剂的种类;2.认知一般性饲料添加剂的种类;3.认知药物饲料添加剂的种类

续表

项目	内容	要点
任务实施	使用饲料添加剂注意事项	1.严格执行国家的有关法律、法规和法令;2.选择合适的饲料添加剂。饲料添加剂的种类很多,同时具有不同的特点,因此应根据各种饲料添加剂的特性、动物类型、基础日粮特性等,选用适合的饲料添加剂,即缺什么添什么;3.切实掌握饲料添加剂的使用量、中毒量和致死量,注意使用期限,防止动物产生生理障碍和不良后果;4.饲料添加剂加到配合饲料中一定要混合均匀;5.准确掌握饲料添加剂之间的配伍禁忌,注意微量元素、维生素及其相互间的拮抗关系;6.饲料添加剂应贮存于干燥、低温及避光处

学习情境2 设计饲料配方

情境描述

配方设计是饲料生产的核心技术，饲料配方的设计水平不仅关系到企业的效益和形象，甚至关系到一个地区乃至整个国家饲料资源的合理利用与畜牧业生产的可持续发展。通过完成全家配合饲料配方设计、浓缩饲料配方设计、添加剂预混合饲料配方设计和饲料配方验证4个任务，为配合饲料生产加工及饲料检验化验奠定坚实的基础。

学习目标：通过完成配合饲料配方设计，了解动物营养需要，掌握配合饲料配方设计方法。学习过程中，培养沟通协调能力，养成遵纪守法、成本意识，提高分析问题、解决问题的能力。

任务一 设计全价配合饲料配方

任务描述：饲料配方的优劣，直接关系到养殖或饲料企业经济效益的高低。因此，必须想方设法优化配方，配制营养平衡、价格合理、能充分发挥动物生产性能并可获得最大经济收益的饲料。在掌握配合饲料的种类的基础上，能够依据动物的营养需要特点，运用交叉法、试差法、配方软件设计猪、禽全价配合饲料配方及反刍动物精料补充料配方。

【任务目标】

◆知识目标

1. 掌握配合饲料的种类及组成成分。
2. 理解动物营养需要和饲养标准的意义。
3. 掌握全价配合饲料配方设计的方法。

◆技能目标

1. 能够根据动物营养需要，设计出较为合理的全价配合饲料配方。
2. 能以单一饲料或浓缩饲料为基础设计全家配合饲料配方。

◆素质目标

1. 培养信息收集处理能力。
2. 养成遵纪守法、成本意识。

【知识】

一、配合饲料概述

(一)配合饲料概念

配合饲料(formula feed)是根据动物在不同生理阶段、不同生产目的以及不同生产形式对营养的需要,以饲料营养价值评定的实验和研究为基础,按照科学的比例,经一定的工艺流程,将不同来源的多种饲料原料加工成的新产品。习惯上是指能直接饲喂动物的具有全面营养价值的全价配合饲料。但作为工业化生产的系列产品之一,全价配合饲料只是其中的一种。

配合饲料中各种饲料原料的配比,称为饲料配方(feed formulation)。

(二)配合饲料种类

1.按营养成分分类

配合饲料按所含的营养成分可分为添加剂预混合饲料、全价配合饲料、浓缩饲料、精料补充料。

(1)添加剂预混合饲料　添加剂预混合饲料(additive premix)指由一种或多种的添加剂原料(如各种维生素、微量元素、合成氨基酸等营养性添加剂以及药物等非营养性添加剂)与载体或稀释剂按一定比例混合均匀而成的产品,简称预混料。其目的是有利于微量的原料均匀分散于大量的配合饲料中,方便用户使用。预混合饲料是半成品,不能直接饲喂动物,必须按一定比例与蛋白质饲料、常量矿物质饲料和能量饲料混合配制成全价配合饲料,才能饲喂相应的动物。

添加剂预混合饲料在全价配合饲料中所占的比例很小,通常占0.01%～10%,一般按最终配合饲料产品的总需求为依据设计。因其含有的微量活性组分是配合饲料饲用效果的决定因素,预混合饲料可视为配合饲料的核心。预混合饲料又可分为单项预混合饲料和复合预混合饲料两种。

(2)浓缩饲料　浓缩饲料(concentrated feed)又称平衡用配合料,或者蛋白质补充料。浓缩饲料主要由蛋白质饲料(如豆粕、鱼粉等)、常量矿物质饲料(钙、磷、食盐)和添加剂预混合饲料配制而成的。通常为全价饲料中除去能量饲料的剩余部分。浓缩饲料不能直接用来饲喂动物,须加入一定比例的能量饲料后组成全价饲料方可饲喂动物,它一般占全价配合饲料的20%～40%。市场上将使用量在10%～20%的产品称为超级浓缩料或料精,其基本成分为添加剂预混料,在此基础上加入部分蛋白质饲料及具有特殊功能的物质。

(3)全价配合饲料　全价配合饲料(complete feed)亦称为完全配合饲料、全日粮配合饲料。全价配合饲料由能量饲料和浓缩饲料按一定比例配合而成。此类饲料中除水以外无需添加和饲喂任何数量和种类的其他物质便能够满足动物生活和生产所需要的各种营养成分,可用来直接饲喂动物。

(4)精料补充料　精料补充料(concentrate supplement)由能量饲料、蛋白质饲料、矿物质饲料及添加剂预混料组成,是为反刍动物(牛、羊等)配制生产的混合产品,目的在于补充青粗饲料所缺乏的营养物质,增进整个饲料的营养平衡,通常与一定比例的青、粗饲料一起配制成全混合日粮(total mixed ration,TMR)。

以上4种配合饲料虽然独立存在,但各自又有着密切的关系(图2-1)。

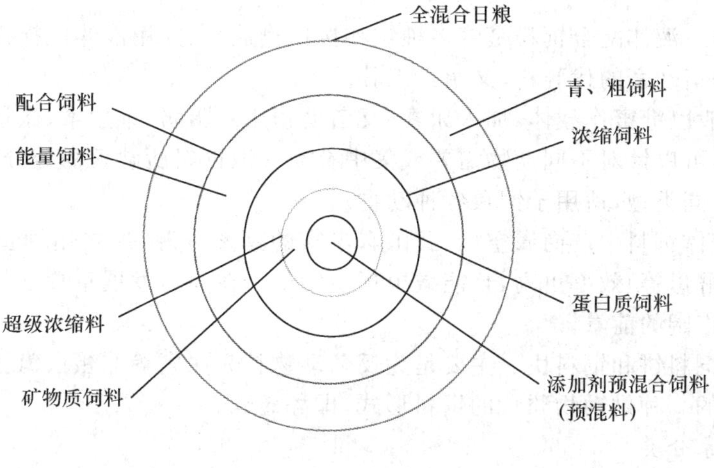

图 2-1 添加剂预混料、浓缩饲料、精料补充料与全价配合饲料的关系

2. 按成品形态分类

为了适应动物生产的需要及各种动物的采食习性。配合饲料往往可加工成不同的外形和质地。概括起来可分为以下几类：

(1)粉状饲料　粉料是目前饲料厂生产的主要形式。粉料的优点是养分含量均匀，易与其他饲料搭配，饲喂方便，生产工艺相对简单，耗电少，加工成本低。但易造成动物挑食，浪费饲料，且生产粉料时粉尘较大，加工、贮藏和运输过程中养分易受外界干扰而损失，此外，利用粉料饲喂动物，对青贮饲料或糟渣饲料不能充分利用。

(2)颗粒饲料　以粉料为基础的经过蒸汽调质、加压处理、冷却后制成的具有一定大小的颗粒饲料，其形态多为圆柱状。这种饲料容重大，改善了饲料适口性，因而可增加动物的采食量，避免挑食，保证了饲料的营养全价性，饲料报酬高，主要用作幼龄动物、肉用型动物和鱼的饵料。但加热加压处理可使部分维生素、抗生素和酶等受到影响，且耗能大，成本高。颗粒饲料的直径依动物种类和年龄而异。

(3)破碎料　指将生产好的颗粒饲料经过破碎机加工成细度为 2～4 mm 的颗粒状配合饲料。碎碎料是颗粒饲料的一种特殊形式，具有颗粒饲料的各种优点。这类饲料主要是为了解决生产小动物颗粒饲料时费工、费时、费电、产量低等问题。适用于饲喂各种周龄的雏鸡及其他小动物。

(4)膨化饲料　是把粉状的配合饲料加水、加温，使之糊化，在通过挤压机喷嘴时的 10～20 s时间内突然加热至 120～180℃挤出，使之膨胀发泡成饼干状，再根据需要切成适当大小的饲料。膨化饲料的适口性好，容易消化吸收，是幼龄动物的良好开食料；同时，膨化饲料密度小，多孔，保水性好，是水产养殖的最佳浮饵。膨化饲料密度比水轻，可在水上漂浮一段时间，故又称漂浮饲料。

(5)压扁饲料　压扁饲料是指籽实饲料(玉米、大麦、高粱)去皮(反刍动物可不去皮)，加入16％的水，通过蒸汽加热到 120℃左右，用压扁机压制成扁片状，然后冷却干燥处理，即制成压扁饲料。压扁饲料的优点是，由于加热时压扁饲料中一部分淀粉糊化，动物能很好地消化吸收，压扁后饲料表面积增大，消化液可充分浸透且消化酶充分作用，因此，能提高饲料的消化率和能量利用率。

(6)液体饲料　液体配合饲料是将多种饲料按比例混合、并用液体搅拌机搅拌均匀的流质饲料成品，主要是指幼畜的代乳料，又叫人工乳。

液体饲料一般以糖蜜作载体，加入尿素(反刍动物用)、脂肪、维生素、微量元素以及其他天然原料精制而成，可以针对不同动物需要或集中补充一般饲料所缺乏的养分，其产品主要有高蛋白、高脂肪等不同类型，适用于饲喂各种动物。

目前，国内液体饲料生产尚属空白，我国有丰富的糖蜜资源，加之用糖蜜作饲料比用其他工业原料(酒精、酵母等)效率更高，且能减少环境污染。在大力发展草食动物的情况下研究开发液体饲料有着广阔的前景。

(7)饲料砖、饲料饼和饲料块　主要是为反刍动物补充尿素等非蛋白氮物质、食盐、常量和微量元素而生产的一种供动物舔食的饲料形式，即舔砖。

3.按饲喂对象分类

主要是根据动物消化系统特点不同来分类。

(1)单胃动物配合饲料(如猪、鸡、鸭用配合饲料等)。

(2)反刍动物配合饲料(如牛、羊用配合饲料等)。

(3)草食动物配合饲料(如马属动物、家兔用配合饲料等)。

(4)水产动物配合饲料(如鱼、虾、蟹用配合饲料)。

每种动物根据年龄、生长阶段、不同生理时期及生产用途不同，又可具体分为阶段配合饲料。如产蛋鸡的配合饲料，按日产蛋率可分为产蛋率大于80%、产蛋率65%～80%以及产蛋率小于65% 3种配合饲料。

(三)配合饲料优越性

在近代畜牧业生产发达的国家，配合饲料已在猪、鸡、牛的饲养业中广泛的应用，美国、德国、日本等发达国家的养猪、养禽业饲料的80%或更多采用配合饲料形式。与20世纪上半叶相比，采用配合饲料饲喂家畜，效率几乎提高了1倍，这是因为配合饲料具有其他饲料所不具备的优越性。

1.科学配方，营养全面

配合饲料是根据动物的营养需要、动物消化生理特点以及饲料的营养特点，应用动物营养学、饲料学等最新现代科技研究成果，运用科学配方设计技术制定饲料配方，并采用先进加工工艺生产。它避免了单一饲料营养物质不平衡而造成的饲料浪费，使饲料中各种营养物质比例适当，同时科学合理地选用各种饲料添加剂。因此，能够充分满足动物的营养需要。

2.合理利用资源，提高经济效益

配合饲料是根据动物营养需要和饲料资源状况调制加工而成，充分利用了营养物质间的互补作用，可使用一些营养价值低劣或不宜单独用作饲料的原料。因而扩大了饲料来源，可以合理开发利用各种饲料资源。配合饲料由专门的生产企业集中生产配合饲料，节省了养殖业企业或养殖户的大量设备和劳动支出，从而提高经济效益。

3.保证质量，饲用安全

配合饲料是在专门的饲料加工厂，采用特定的计量器具和加工设备，经过清理、粉碎、混合、制粒等加工工艺生产出来的产品，混合均匀，粒度适宜，能够保证饲料的均匀一致性，质量标准化。颗粒饲料制作过程中的高温高压，还可消除饲料中的抗营养因子，此外，在配合饲料中添加了抗氧化剂、抗黏结剂等各种饲料保藏添加剂，延长了饲料保存期，提高了配合饲料质量。同时世界各国都制订了相关的饲料法规来规范配合饲料的生产，从而保证了饲用的安全性，具有预防疾病、保健助长的作用。

4.减轻劳动强度，提高劳动生产率

配合饲料集中生产，可以节约大量设备开支和劳动力；同时，配合饲料使用简便，按照说明书即可使用，有利于大中型养殖场或专业养殖户采用半机械化、机械化或自动化的饲养方式，减轻劳动强度，提高劳动生产率。

实际上，安全性是第一位的，没有安全性为前提，就谈不上营养性。目前我国政府已把饲料安全质量问题提高到了一个新的高度，因此，在配方设计时必须考虑饲料的安全性与合法性。

二、动物的饲养标准

(一)饲养标准的概念及意义

动物的饲养标准(feeding standard)是根据大量饲养试验结果和动物生产的实际，对各种特定动物所需要的各种营养物质的定额做出的规定。现行饲养标准更确切的含义是：系统地表述经试验研究确定的特种动物(包括不同种类、性别、年龄、体重、生理状态和生产性能等)的能量和各种营养物质需要量或供给量的定额数值，经有关专家组集中审定后，定期或不定期以专题报告性的文件由有关权威机关颁布执行。

饲养标准通常有两种表示方法：一是每头动物每日所需各种营养物质的数量；二是对于群体饲养且自由采食的动物，以每千克饲粮中各种营养物质的含量或所占百分数表示。

饲料标准是动物营养科学和饲料科学领域研究成功的高度概括和总结，反映了动物生存和生产对饲养及营养物质的客观要求，高度概括了本领域科学研究的最新进展和生产实践的最新总结，具有很强的科学性和广泛的指导性。同时饲养标准是在总结大量科学实验研究和实践经验的基础上，经过严格审定程序，由权威行政部门颁布实施，具有很强的权威性。它是动物生产计划组织饲料供给，设计饲粮配方、生产平衡饲粮和对动物实行标准化饲养的技术指南和科学依据。随着科学技术不断发展，实验方法的不断进步，动物营养研究不断深入和研究结果更加准确，饲养标准或营养需要也接近动物对营养物质摄入的实际需要。

(二)饲养标准的内容和表达方式

不同的饲养标准和营养需要除了在制定能量、蛋白质和氨基酸定额时采用的指标体系有所不同外，其他指标采用的体系基本相同。我国饲料成分及营养价值表和各类动物饲养标准中常用的营养物质种类及其需要量的指标单位是：

(1)采食量　干物质或风干物质采食量。

(2)能量　能量的表示因畜种而异。猪、羊等以消化能表示，家禽常以代谢能表示，这与一些发达国家饲养标准相一致；肉牛以产肉净能表示；奶牛以产奶净能表示，并以 3 138 kJ 产奶净能为 1 个奶牛能量单位(NND)。能量单位一般用每千克饲粮中含有千焦(kJ)或兆焦(MJ)表示。家畜也以每头每日需要千焦(kJ)或兆焦(MJ)表示。

(3)蛋白质　我国各种动物的饲养标准中蛋白质需要量指标为粗蛋白质、可消化粗蛋白质或小肠可消化粗蛋白质，常以百分数表示。家畜也以每头每日需要粗蛋白质、可消化粗蛋白质或小肠可消化粗蛋白质的克数表示。按英国国家科学委员会制定的标准，在反刍动物蛋白质需要中用瘤胃降解蛋白质、瘤胃未降解蛋白质来表示。

(4)蛋白能量比　蛋白能量比是每千克饲粮中粗蛋白质与能量的比值，常以 g/MJ 表示。

(5)氨基酸　饲养标准中一般列出部分或全部必需氨基酸的需要量，饲粮中以百分数或以每头每日所需克数表示。

(6)常量元素　主要考虑钙、磷(有效磷)、钠、氯等，饲粮中以百分数、每千克饲粮中含多少毫克(mg)表示，或以每头每日需要多少毫克(mg)表示。

(7)微量元素　主要考虑铁、铜、锌、锰、碘、硒等，饲粮中以每千克所含多少毫克(mg)或每头每日所需多少毫克(mg)表示。

(8)维生素　维生素 A、维生素 D、维生素 E 以每千克饲粮中含多少国际单位(IU)或毫克(mg)表示，或以每头每日需多少 IU 或 mg 表示；维生素 B_{12} 和生物素以每千克饲粮中含有多少微克(μg)表示，或以每头每日需要多少微克(μg)表示；其他 B 族维生素等以每千克饲粮中含有多少毫克(mg)，或以每头每日需要多少毫克(mg)表示。

猪与禽等的饲养标准中各种营养物质的需要量，是指一定生理状态和生产水平条件下总营养物质的需要量，不再分为维持需要与生产需要。但奶牛的饲养标准却列有维持需要和生产需要两部分。计算奶牛每日的营养需要量，应包括维持需要、产奶需要、妊娠需要和体重变化需要 4 部分，当然要根据某头奶牛具体情况来确定营养需要的项目，以合理计算其总营养需要量。

(三)应用饲养标准的原则

饲养标准是发展动物生产、制定生产计划、组织饲料供给、设计饲粮配方、生产平衡饲粮、实行标准化饲养管理的技术指南和科学依据。但是，饲养标准具有条件性和局限性，为了达到预期的目的和效果，在应用饲养标准时，要充分注意以下原则。

1. 适合性原则

在实际工作中，应用饲养标准时，首先要看所选用的饲养标准是否适合应用的对象，必须认真分析饲养标准与应用对象的适合程度，重点把握饲养标准所要求的条件与应用对象实际条件的差异，尽可能选择最适合应用对象的饲养标准。

2. 灵活性原则

同一品种动物，由于国家、地区、季节、环境温度以及饲料规格、质量和饲养技术不同，其饲养标准也应有所差异。但饲养标准是权威机构统一制定的，在制定标准过程中不能对所有的影响因素都加以考虑。比如同品种动物之间得个体差异，千差万别的饲料适口性和物理特性，不同的饲养环境条件的影响，甚至市场经济形势变化对饲养者的影响等，不可能制订适合于不同条件的多种饲养标准。只能结合具体情况，按饲养标准规定的原则灵活应用。所以饲养标准规定的数值，并不是在任何情况下都固定不变的，在采用动物饲养标准中营养定额设计日粮配方和拟定饲养计划时，对饲养标准要正确理解，因地制宜地做出适当调整，不可机械地照搬执行。

3. 效益性原则

应用饲养标准规定的营养定额，不能只强调满足动物对营养物质的客观要求，而不能不考虑饲料生产成本。必须贯彻营养、效益(包括经济、社会和生态等)相统一的原则。在饲料或动物产品的市场变化的情况下，可以通过改变饲粮的营养浓度，不改变平衡，而达到既不浪费饲料中的营养物质又实现调节动物产品的数量和质量的目的，从而体现效益性原则。

三、配合饲料配方设计的原则

配方设计是科学饲养在饲养实践中具体运用的首要环节，既要发挥营养物质的作用和动物的生产潜力，又要符合经济生产的原则。饲料配方的设计涉及许多制约因素，为了对各种资源进行最佳分配，配方设计应遵循以下原则：

(一)科学先进原则

饲养标准是对动物实行科学饲养的依据。科学合理的饲料配方必须选择与动物种类、品种、性别、年龄、体重、生产用途及生产水平等相适应的饲养标准，确定出营养需要指标，然后根据短期饲养实践中动物的生长、生产性能以及动物的膘情或季节等条件的变化情况，做适当的调整。

(二)营养平衡原则

在设计配合饲料时，一般把营养成分作为优先条件考虑，即首先保证能量、蛋白质及限制性氨基酸、钙、有效磷、地区性缺乏的微量元素与重要维生素的供给量，并注意能量与蛋白质的比例、能量与氨基酸的比例等应符合饲养标准的要求，尤其是各种营养指标间比例的平衡，使全价饲粮真正具备营养全价性、完全性的特点。

为了保证饲料配方的营养平衡性，在选择原料时，要考虑畜、禽的消化生理特点，注意粗纤维的给量。其次，配合饲料的体积要与动物消化道的容积相适应。既要让动物吃得下，又可有饱腹感，还能满足动物的营养需要。

(三)经济效益原则

经济性即考虑合理的经济效益。不断提高产品设计质量、降低成本是配方设计人员的责任，长期的目标自然是为企业追求最大的经济收益。饲料原料的成本在饲料企业中及畜牧业生产中均占很大比重(约70%)，在追求高质量的同时，往往会付出成本上的代价。营养参数的确定要结合实际，饲料原料的选用应注意因地制宜和因时制宜，合理安排饲料工艺流程和节省劳动力消耗，以降低成本。

(四)实际可行原则

即生产上的可行性。配方在原料选用的种类、质量稳定程度、价格及数量上都应与市场情况及企业条件相配套。产品的种类与阶段划分应符合养殖业的生产要求，还应考虑加工工艺的可行性。

(五)安全合法原则

饲料的安全性是指动物饲用后无中毒和疾病的发生。市场出售的配合饲料，必须符合有关饲料的安全法规。选用饲料时，必须安全当先，慎重从事。这种安全有两层基本含义：一是这种配合饲料对动物本身是安全的；二是这种配合饲料产品对人体必须是安全的。对于含有有毒成分的饲料原料如菜籽饼、棉籽饼等要注意限量使用；发霉变质、受生物污染的、未经科学实验验证的非常规饲料原料也不能使用；被病动物以及农药、工业废水等污染的饲料均不能使用。

四、设计全价配合饲料配方的步骤

为了确保配合饲料产品的科学性、经济性、市场性和安全性，配方设计一般应遵循以下步骤进行：

1. 明确饲料产品设计的目标

饲料产品的目标有多重性；最高的产品利润率、最佳的动物生产性能、最大的市场占有率、最佳的生态效益等等。这些目标一些是一致的，一些是矛盾的，有时可以兼顾多个目标，有时只能确定一个目标。

2. 确定动物的营养需要量

根据不同的目标定位，选择不同的饲养标准，并根据实际情况调整某些营养指标的水平，以最终确定动物的营养需要量。

3. 选择饲料原料

饲料原料的选择必须同时考虑饲料原料的营养特性和适口性、动物的消化生理特点、饲料原料的价格、饲料原料的来源和供应量、饲料原料营养成分含量等诸多方面的因素。

4. 计算饲料配方

可以用手工计算或借助专门的计算机软件计算饲料配方，在计算过程中，必须根据饲料原料的营养特性、有毒有害成分含量以及物理特性，决定是否限制用量以及确定限制的比例。

5. 评价饲料配方的质量

通过有配方设计经验人员的分析，进行成分检测以及小规模动物饲养试验可以检验所设计的配是否符合原来的预期值以及产品质量，根据质量评价结果，确定是否再进一步调整饲料配方，使所设计的饲料配方最终满足预订的目标。

全价配合饲料产品设计包括主原料用量比例规划和添加剂预混料设计两方面。主原料的营养成分、价格经常波动，用量比例也应进行相应调整，借助计算机优化饲料配方软件可以快速作出决策。而添加剂预混料中除氨基酸外，其他添加剂原料用量相对固定，不需要采用计算机优化，只要按规定用量安排到配方中即可。

五、动物饲料配方设计特点

（一）猪配合饲料配方特点

1. 乳仔猪饲料配方设计特点

乳仔猪料除应含有充足、全面、平衡的养分外，还应满足以下要求。

(1)诱食　为使小猪及早吃料，应在料中加诱食剂。乳猪爱吃带奶香和甜味的饲料，可添加香味剂和甜味剂等。

(2)易消化　乳仔猪由于消化道没有完全发育成熟，胃酸和消化酶的分泌量都不足。因此，饲料中最好能添加酸化剂、酶制剂。一些饲料原料，如大豆、饼粕等若能经膨化处理，既易消化，又带香味，饲喂效果较好。早期仔猪日粮中应尽量使用动物性蛋白质饲料，尤其是乳清粉、乳糖或脱脂奶粉等。随着体重的增加，可使用一些动物血浆蛋白粉、鱼粉、优良加工的血粉等，应注意植物性蛋白质饲料原料含量不能过高，豆粕在配合料中含量超过 20% 容易导致腹泻。

(3)防病促生长　乳仔猪由于对饲料消化能力差，很容易因消化不良而导致腹泻，而且防疫系统未发育完善，抗御病菌和不良条件的能力差，也容易发生各种疾病和腹泻，故一般乳仔猪料都添加抑菌促生长剂，效果较好的如杆菌肽锌、硫酸黏杆菌素、泰乐菌素等。

(4)高能量、高蛋白　可在日粮中添加大豆油、玉米油、棉籽油、菜籽油等油脂来补充能量需要，要求纯度高，并使用抗氧化剂。一般乳仔猪料中不提倡使用棉籽饼(粕)、菜籽饼(粕)。乳仔猪应严格控制纤维含量高的原料的使用，使日粮粗纤维水平在5%以下。

2. 生长肥育猪饲料配方设计特点

生长肥育猪配方通常分三期(20～35 kg,35～60 kg,60～90 kg)或两期(20～60 kg,60～90 kg)。

生长肥育猪需要较多的蛋白质，随着年龄的增长，蛋白质需要量逐渐减少，能量与蛋白质的比例增加。瘦肉品种的猪需要较多赖氨酸。

生长肥育猪对饲料的适应能力较强，可以应用各种价格较低的饲料资源，但有时需控制用量，以免有抗营养因子危害。菜籽饼(粕)不宜作为猪的单一蛋白质饲料，必须与豆粕、花生粕等混合使用效果较好。日粮粗纤维水平不能超过8%。

肥育后期应注意饲料对肉质的影响，由于生长育肥猪后期沉积脂肪的能力很强，若日粮中较多地使用某些脂肪含量高的饲料原料，可使猪胴体脂肪变软，降低肉质，有些原料甚至会产生黄脂或异味脂，这些原料在育肥后期应慎用或不用。

3. 种用猪饲料配方设计特点

种用猪对饲料品质的要求较高。未脱毒的菜籽饼、棉仁饼等含有毒物质的饲料，要少用或不用。怀孕前期母猪需要的营养物质不多，但营养应全面而平衡；怀孕后期和哺乳母猪需要营养物质较多，特别要注意补充钙、磷、维生素和微量元素的供给。日粮中应含有一定量粗纤维的饲料，以保持种猪良好的体况、维持较高的繁殖性能，减少便秘的发生，可在日粮中添加糠麸类、草粉和叶粉类饲料或另外补充青饲料。注意适时控制日粮的能量水平，以免种猪过肥或过瘦影响其繁殖性能。配合妊娠母猪的日粮时，除需满足营养需要外，还应考虑日粮体积，一般每100 kg体重给2.0～3.5 kg干物质为宜。

种公猪对能量的需要。在非配种期，可在维持需要的基础上提高20%，配种期可在非配种期的基础上再提高25%。日粮中蛋白质水平大致在17%左右，如日粮中蛋白质品质优良，水平可相应降低。对种公猪特别需要供给氨基酸平衡的动物性蛋白质，尤其要注意赖氨酸的含量。另外，维生素A、维生素E和微量元素锌都是精子生成不可缺少的，必须满足需要。

猪日粮中原料在配方中的大致含量范围见表2-1。

表2-1　猪日粮中原料在配方中的大致含量范围　%

原料	饲养阶段				
	生长肥育猪 2～4月龄	后备母猪	妊娠母猪	哺乳母猪	种公猪
谷实类	35～80	35～80	30～80	50～80	50～80
玉米	35～60	50～60	50～60	50～60	50～60
高粱	0～20	10～20	10～20	10～20	10～20
大麦	0～30	10～20	10～20	10～20	10～20

续表 2-1

原料	饲养阶段				
	生长肥育猪 2～4 月龄	后备母猪	妊娠母猪	哺乳母猪	种公猪
小麦	0～30	10～30	10～30	10～30	10～30
饼粕类	10～25	10～15	5～20	5～20	5～15
大豆饼(粕)	10～20	5～15	5～20	5～20	5～15
棉籽粕	5～10	10～15		2～4	
菜籽粕	5～10				
花生粕	10～20	10～20	10～20	10～20	10～20
糠麸类	5～15	5～20	10～25		5～20
动物蛋白	0～6	0～6	0～6	0～6	0～6
鱼粉	0～6	0～6	0～6	0～6	0～6
肉骨粉	0～6	0～6	0～6	0～6	0～6
粗饲料	1～5	1～5	1～7	1～5	1～5
青绿饲料			20～50	20～50	20～50
矿物质	1～2	1～2	1～2	2～3	1～2
酒糟	20～30	20～30	20～30	20～30	20～30

引自：动物饲料配方，张日俊主编，中国农业大学出版社，1999。

(二)家禽配合饲料配方设计特点

家禽饲料配方设计主要包括蛋鸡、肉鸡、鸭和鹅等，由于不同种类家禽的营养特点和生产用途不同，因此，各种家禽饲料配方设计差异很大。

1. 蛋鸡饲料配方设计特点

蛋鸡生长期的饲料可分为 2～3 期。

(1)育雏蛋鸡　0～6 周龄的小鸡消化系统、肠道微生态系统都没有完全发育好，采食量和消化能力都有限，而且免疫系统没有发育成熟，容易患病。但其生长快，因而需要养分含量高，且品质好的饲料。代谢能控制在 11.92 MJ/kg，蛋白水平应高达 18%，甚至高达 19%～20%。其他营养成分也应完全、充足、平衡，而且要求适口性好，容易消化。并根据饲养方式和新生雏鸡来源添加必要的抗球虫剂和防白痢药物等。从 4 周龄时可撒施硬的砂粒在垫料中或拌料中，每月一次，砂粒细度要合适，可帮助鸡消化吸收。

(2)育成蛋鸡　6～18 周龄时采食量渐大而相对生长速度减慢，可以利用一些养分含量稍低且价格低廉的饲料。为了达到育成鸡适宜的体重、良好整齐度及保证适时性成熟，通常采用限制饲养的方式。因而育成鸡配方的营养水平应根据不同限饲方式加以调整。为降低日粮中能量水平，可适量选用糠麸类农副产品、杂粕类饲料、优质草粉，减少精饲料的用量。

18～20 周龄虽未开产，但需要为产蛋积贮养分，应提高饲料中蛋白质和钙的含量。此期钙水平可提高到 2%。这阶段可单独设计配方，也可将产蛋前期和生长后期的料掺和饲喂。

生长蛋鸡日粮中的微量营养素要完全平衡。维生素、微量元素、必需氨基酸必须符合或达到标准以上。其中锰的水平最好高于标准的 2～3 倍，锌和硒的水平可以分别高于标准的 50%～100%。

(3)产蛋鸡　一般可按前后两期设计配方。从开产到 45 周龄左右为前期，45 周龄后产蛋率低于 75%时为后期。后期产蛋率下降，能量蛋白质可减少。但此时蛋变大，钙利用率降低，故饲料中钙含量不宜减少，可提高至 3.7%，甚至 3.8%，但不可超过 4%。产蛋鸡对饲料的改变很敏感，产蛋高峰时最好不要改动饲料，以免产蛋率下降。产蛋鸡由于蛋壳中含有大量的钙，因而配方中需有 8%～9%的矿物质饲料，常使用骨粉、石粉或磷酸盐类补充，钙、磷比一般为(5～6)：1。要想获得 80%以上的产蛋率，必须有品质良好的能量饲料和蛋白质饲料，特别要注意蛋白质的质量，一般都需添加蛋氨酸。注意饲料原料及饲料添加剂对蛋品质的影响，如添加一定比例的着色剂可增加蛋黄的颜色，产蛋期日粮中使用棉籽饼可使蛋黄产生异味。在鸡舍温度高于 25℃时，鸡的采食量降低，可提高蛋鸡的营养水平；并补加 0.25%碳酸氢钠，将食盐减少 0.1%～0.2%，同时每千克配合料添加 50～100 mg 维生素 C，可有效提高产蛋率和蛋壳强度。

2. 肉用仔鸡饲料配方设计特点

肉用仔鸡的饲料配方一般分为两期(0～4 周、5 周以上)或三期(0～3 周、4～6 周、6 周以上)。

各阶段能量浓度可以是相等的或渐增的，应尽力避免递减趋势。蛋白能量比呈渐降趋势。

肉鸡生长迅速，需要养分较多，要求每千克饲料中含有较高的能量和蛋白质等营养物质。往往需要应用油脂、鱼粉等能量和蛋白质含量高的饲料，或用近似的饲料原料代替，不用或少用粗纤维含量较高的原料如糠麸类等。

根据我国肉用仔鸡习惯使用日粮的饲料结构，需要注意赖氨酸、蛋氨酸及含硫氨基酸(蛋氨酸＋胱氨酸)的水平。钙、磷的补充必须以较宜利用的化合物形式(如磷酸一氢钙、磷酸二氢钙、磷酸钙等钙、磷含量较高的化合物)来补充。对于维生素，实际应用时可高于标准 50%～100%或更高。

注意饲料对肉用仔鸡品质的影响，如在饲料中添加着色剂可改善商品肉用仔鸡皮肤的颜色，提高其品质，添加高水平维生素 E 可改善鸡肉的品质。

为促进生长、预防疾病，在配方中可以使用微生态制剂、抗生素、人工合成抗菌剂及抗球虫药等添加剂。

究竟采用高营养还是中等营养水平的饲料配方，应从经济效益出发，根据饲养条件、饲料价格和肉鸡价格等综合考虑。

3. 鸭、鹅饲料配方设计特点

鸭对饲料中能量的利用效率往往高于鸡，当饲料中能量较低时，鸭通过增加采食量来满足能量需要的能力也较鸡强。因而饲粮能量水平稍低时，对它生产能力的影响不太大。但能量和蛋白质以及其他养分的比例必须适当。鸭的配方原料选择面比鸡宽些，可用糠麸等农副产品喂鸭。雏鸭对缺钠敏感，没有食盐的饲料可使雏鸭死亡。

鹅是草食禽类，比较耐粗饲。我国地方品种鹅的生长阶段以白天放牧采食天然青绿饲料和植物籽实为主；早、中、晚补饲以糠麸为主的混合饲料，精饲料用量很少。引进肉用品种鹅，设计饲料配方时可参照鸡的配方选择原料，饲喂配合饲料时可搭配 30%～50%的青绿饲料或配入一定量的青干草粉、植物叶粉等。一般粗纤维应占日粮的 5%～8%，达到 10%也是允许的。

(三)兔配合饲料配方设计特点

兔是食草动物,有比较发达的盲肠,并有食粪癖。兔的正常消化需要较多的粗纤维,若饲料中粗纤维低于6%,就会发生严重的消化不良。成年兔饲料中应有10%~16%的粗纤维,因而其饲料配方中应包括青饲料或粗饲料。兔对饲料的变化非常敏感。设计配方时要注意不要轻易变换饲料,引用新的饲料原料必须慎重,应逐渐少量添加。兔毛中含有较多的含硫氨基酸(胱氨酸和蛋氨酸),毛兔饲料中应能供应足够的含硫氨基酸。

(四)奶牛配合饲料配方设计特点

根据奶牛生长、发育、妊娠、产奶的不同生理时期,将奶牛的饲养划分为犊牛期、育成期和成年期,每个时期又按体重和产奶量划分为数个饲养阶段,每个饲养阶段均制定了相应的饲养标准。根据奶牛不同饲养阶段的饲养标准以及消化生理特点,配制不同饲料组成的日粮。

1.犊牛配合饲料配方设计特点

犊牛期前胃体积小,发育不完全,尚未建立起微生物区系,主要靠真胃和小肠消化食物,其消化机能与单胃动物相似。犊牛2~3周龄之后开始训练采食混合精料,此期混合精料主要由营养价值高和消化率高的玉米、高粱、麦类、小麦麸、大豆饼(粕)、优质鱼粉以及矿物质和维生素饲料组成,为提高精饲料的适口性可添加4%的糖蜜。青、粗饲料要选用柔嫩的青草、青干草,任犊牛自由采食。当青饲料不足时,应添加预混料或维生素制剂,尤其是维生素A、维生素D、维生素E制剂,以保证营养的全面性。多汁饲料和青贮饲料也应由少到多逐渐增加饲喂量,2月龄时饲喂多汁饲料1~1.5 kg;3月龄时饲喂青贮饲料1.5~3 kg,以后控制用量4~5 kg为宜。

3~6月龄间断奶的犊牛,已建立起较为完整的瘤胃微生物区系,能较好地消化各种植物性饲料,可以完全依靠采食固体饲料来满足营养需要。

2.育成牛配合饲料配方设计特点

6~12月龄阶段是育成牛生长速度最快的阶段,也是瘤胃快速发育以适应大量利用青、粗饲料阶段。在配制日粮时,既要逐步增加青、粗饲料的用量,又要注意补给一定数量的混合精料。

13月龄至初次配种阶段的育成牛,瘤胃发育已基本完善,消化机能较强,可大量利用各种青、粗饲料。此期日粮应以多种青、粗饲料为主,粗料可占日粮干物质的75% 左右。当青、粗饲料品质差或采食量不足时,再考虑补充一定量的糠麸或混合精料。生长牛钙、磷的需要按100 kg体重给6 g钙和4.5 g磷,每千克增重给20 g钙和13 g磷。

受胎至第一次产犊阶段的育成牛,妊娠前期与前一阶段基本相同,而妊娠后期的3~4个月内,日粮组成中必须提供充足的且品质优良的青、粗饲料,并根据母牛妊娠期的营养需要补充混合精料。

3.成年母牛配合饲料配方设计特点

(1)成年母牛日粮的配制应根据母牛生产阶段、产奶量、膘情等因素综合考虑。干奶期母牛日粮中要增加优质粗饲料的比例,适当控制青饲料和精饲料的比例,不喂或少喂多汁饲料,以促使母牛停止产奶。对于膘情较差的母牛,可按日产奶10~15 kg的营养标准配制日粮。若喂给青贮玉米秸,则需要补充混合精料。干奶牛消化器官受到胎儿和妊娠产物的压迫,日粮容积也不宜过大。产前15 d内为防止母牛产后发生产乳热,应控制日粮中钙、磷含量,使母牛每天摄入的钙小于100 g，磷小于45 g。泌乳盛期应保证精、粗料的比例合理，使日粮干物质的粗纤维含量不低于15%。当日粮的精、粗料比例达到或超过60∶40时，为避免瘤胃内酸度升高，可在日粮中添加碳酸氢钠或氧化镁。若粗纤维含量低于15%，日粮中应减少青贮饲料的用量，增加优质苜蓿干草的用量，提高日粮的粗蛋白质水平，减少混合精料的用量。泌乳中期日粮中精饲料的比例递减，而青、粗饲料的比例递增。泌乳后期日粮的营养水平应根据母牛的产奶量和膘情而调整，使母牛的体况在泌乳后期得到恢复。

(2)青粗饲料的组成比例对产奶量有很大影响。优质的干草、青饲料、块根、块茎、青贮饲料，特别像啤酒糟、糖渣等副产品，往往有明显的催乳作用。一般在有青草季节，最好日粮中有30～50 kg的青饲料和5～10 kg青贮块根、糟渣类多汁料。在枯草季节日粮中，最好有3～10 kg干草或秸秆，20 kg左右青贮饲料，5～10 kg左右块根、糟渣类饲料。青粗料干物质和精料干物质之比，不宜低于40∶60。否则极易引发代谢疾病。为了使乳中含有较高乳脂率，则应使日粮中含较高粗纤维。青年母牛，为使其消化器官充分发育并适应含多汁料多的日粮，应使其多吃青粗多汁料。

(3)在选择原料时，要考虑原料对乳品质的影响。例如，菜籽粕、糟渣、鱼粉和蚕蛹粉等饲料应严格限制用量，否则，可使牛乳产生异味，而影响奶的品质。

(4)配料时应根据季节作相应的调整。夏季高温奶牛采食量降低，此时可调整日粮组成，如增加优质饲料的用量，以提高饲料消化率；添加具有香、甜风味的饲料或饲料添加剂，以提高饲料的适口性，增加日粮干物质的采食量。冬季天气寒冷，牛将消耗更多的饲料产热来维持正常的体温，因而可在营养标准的基础上，增加维持能量的需要。

(5)产奶母牛干物质采食量的计算。奶牛干物质采食量(kg)，可由以下公式计算。

$$\text{干物质进食量(kg)}=0.062W^{0.75}+0.40(\text{或}\ 0.45)Y$$

式中 W 为体重(kg)，Y 为标准乳日产量(kg)。精粗比为60∶40时用0.40；精粗比为45∶55时用0.45。

(6)奶牛矿物质元素的补充，维持需要按每100 kg体重给6 g钙、4.5 g磷和3 g食盐；每千克标准乳给4.5 g钙、3 g磷和1.2 g食盐。精料中食盐的含量一般占1%。

(五)肉牛配合饲料配方设计特点

(1)不同饲养阶段的牛，在育肥期间所要求的营养水平不同。犊牛育肥以混合精料和母乳为主；幼牛育肥可采用高精料、高营养水平的日粮；成年牛育肥以提高日粮的能量水平为主。

①犊牛育肥饲料的配制特点：犊牛1月龄之前主要是饲喂母乳和人工乳，1月龄之后的日粮是由母乳、混合精料和青粗饲料组成。混合精料必须含有消化率较高的真蛋白，如优质鱼粉和大豆蛋白质；为满足能量需要可添加5%～10%的油脂。混合精料的饲喂量由少到多，而母乳和人工乳的饲喂量逐渐减少，从4周龄后按体重的10%～12%确定饲喂量。优质的青草或青干草任犊牛自由采食。

②幼牛育肥饲料的配制特点：根据月龄和对其增重速度的要求，分为幼牛直线育肥和架子牛育肥。

幼牛直线育肥整个育肥期采用高营养水平的日粮，使其日增重达到1.2 kg以上。日粮组成以品质好、消化利用率高的精饲料和青草、青干草或青贮饲料为主。

架子牛育肥实施“吊架子”，育肥的肉牛，断奶后先采用放牧；或配制的日粮以青、粗饲料为主，适宜搭配糟渣、糠麸等农副产品，并满足钙、磷、食盐等矿物质需要，以促进瘤胃容积的增大和骨骼的生长。当体重达到 250 kg 以上时，再按育肥期的营养需要配制日粮，实施强度育肥。

③成年牛育肥饲料的配制特点：成年牛育肥主要是通过增加脂肪沉积提高增重，其营养需要主要是满足维持牛的基本生命活动和沉积大量体脂，所以日粮的能量水平较高，而其他营养水平较低。成年役用牛和乳用牛育肥要比肉用牛增加 10%的能量需要，消耗的饲料也多。

(2)肉牛干物质采食量为 $0.062W^{0.75}+1.5296+0.0031W^{0.75}\times$日增重(kg)，其中 W 为体重(kg)。或根据经验：肉牛饲料干物质采食量一般为每 100 kg 活重每日需要 2～3 kg。

(3)青粗饲料是日粮的主体。肉牛的饲粮，应以粗饲料为主，合理搭配精饲料。肉牛所需养分的 60%以上应来自各类粗饲料。保证日粮粗纤维含量应在 15%～17%或以上。不同生理时期牛的饲粮，精、粗饲料的组成比例、采食量均不同，既要满足营养需要，又要让牛有饱感。

(4)精饲料是粗饲料的必要补充。生长前期、泌乳期及集中肥育期，粗饲料远不能满足其需要。品质低劣的粗饲料，消化率低，采食量少，以及在粗饲料来源不足的情况下，需要补充一定量的精饲料。随着生产强度的增加，精料喂量也应增加。精料补充量的多少取决于多种因素，对于肉牛要根据市场安排日粮结构，一般集中肥育期每天投喂 2～5 kg 精料，其余时间喂料很少或不喂精料。粗饲料品质较好且供应充足时，可不补充精饲料。各种饲料的大致比例如下：青粗饲料 30%～100%，谷实类饲料 10%～25%，饼粕类饲料 5%～15%。

(5)矿物质元素是日粮的增效剂。肉牛的生产性能越高，矿物质元素的需要量越大，舍饲或有补饲饲槽时，可随精料补充矿物质元素，放牧时补充矿物质元素舔砖即可。保证钙、磷比在(1～2)∶1)，允许日粮中钙、磷超标。食盐一般占精料的 0.5%～1.0%或日粮干物质的 0.25%左右。

(6)使用非蛋白氮以降低饲养成本。肉牛的日粮中可使用尿素等非蛋白氮，可降低饲养成本，并补充日粮氮素营养。其用量按尿素计算，不应超过粗料量的 3%，或每千克体重不超过 0.25～0.5 g，或尿素氮不超过日粮总氮量的 20%～30%。最好应用比较安全的糊化淀粉尿素或双缩脲、异丁基二脲等，而且应用于原来含蛋白质较低的(＜12%)的日粮中，否则效果较差。

(7)高温时应提高饲料营养物质浓度及适口性和调养性。快速肥育的肉牛，有时需用油脂来满足能量的要求，常用的油脂有牛羊脂、黄油等动物性油脂。

【技能】

一、交叉法设计全价配合饲料配方

交叉法也称方块法、对角线法或四角法。此种方法的特点是简便而快速。适用于饲料原料种类及营养指标少的情况，生产中最适用于能量饲料与浓缩饲料比例的计算。

应用此法的特点是：所需配制的营养指标必须处在所提供的最低营养含量的原料与最高营养含量的原料之间。

例：用玉米(CP 8%)、浓缩饲料(CP 38%)，欲配制哺乳母猪饲料。步骤如下：

第一步，查哺乳母猪饲养标准，得知哺乳母猪要求饲料粗蛋白水平为 14%。

第二步，作交叉图。把所需要混合饲料达到的粗蛋白含量 14%放在交叉处，玉米和浓缩饲料粗蛋白质含量分别放在左上角和左下角，然后以左方上、下角为出发点，各向对角通过中心作交叉，大数减小数，所得的数值记在右上角和右下角。

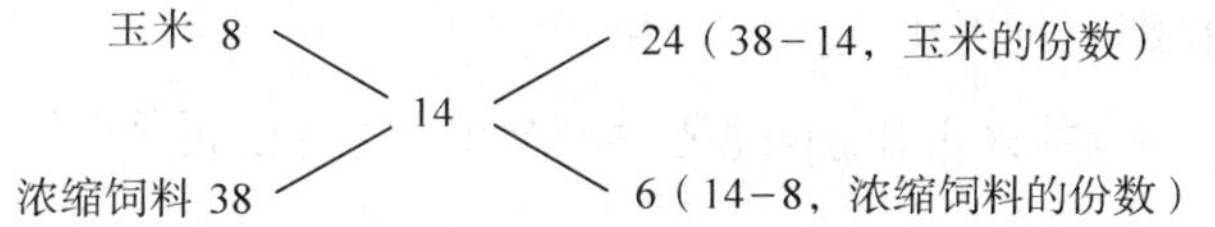

第三步，计算各自比例。上面所计算的各差数，分别除以这两差数之和，就得到两种饲料混合的百分比。

$$玉米应占比例=\frac{24}{24+6}\times 100\% = 80\%$$

$$浓缩饲料应占比例=\frac{6}{24+6}\times 100\% =20\%$$

因此，哺乳母猪混合饲料应由 80%玉米与 20%浓缩饲料混合而成。

二、代数法设计全价配合饲料配方

代数法也是联立方程法，是利用数学上联立方程求解法来计算饲料配方。结果即为配合饲料配方的配合比例。优点是条理清晰，方法简单。缺点是饲料种类多时，计算较复杂。原则上说，代数法可用于任意种饲料配合的配方计算，但是饲料种数越多，手算的工作量越大，甚至不可能用手算。而且求解结果可能出现负值，无实际意义。所以常用两种饲料的代数法求解方法。步骤如下：

第一步，选择一种营养需要中最重要的指标作为配方计算的标准。如粗蛋白。

基于代数法求解的特点，N 种饲料的配方求解，必须建立 N 个方程。其中一个方程代表配合比例，另外 $N-1$ 个方程代表配合的营养指标要求。因此，两种饲料求解，只有一个方程代表营养素，所以只能选择一个营养指标。

第二步，确定所选两种饲料的相应营养素含量。

第三步，根据已知条件列出二元一次方程组，方程组的解即为此两种饲料的配合比例。

例：某猪场要配制含 15%粗蛋白质的混合饲料。现有含粗蛋白质 9% 的能量饲料（其中玉米占 80%，大麦占 20%）粗蛋白质 40%的蛋白质补充料，其方法如下：

（1）混合饲料中能量饲料占 $x\%$，蛋白质补充料占 $y\%$。得：

$$x+y=100$$

（2）能量混合料的粗蛋白质含量为 9%，补充饲料含粗蛋白质为 40%，要求配合饲料含粗蛋白质为 15%。得：

$$0.09x+0.40y=15$$

（3）列联立方程：

$$\begin{cases} x+y=100 \\ 0.09x+0.04y=15 \end{cases}$$

（4）解联立方程，得出：

$$\begin{cases} x=80.65 \\ y=19.35 \end{cases}$$

(5)求玉米、大麦在配合饲料中所占的比例：

玉米占比例＝80.65％×80％＝64.52％

大麦占比例＝80.65％×20％＝16.13％

因此，配合饲料中玉米、大麦和蛋白质补充料各占64.52％、16.13％及19.35％。

三、试差法设计全价配合饲料配方

(一)试差法设计单胃动物全价配合饲料配方

1.试差法设计饲料配方的基本步骤

(1)确定饲养标准。

(2)选定所用饲料原料，并查出各种原料的营养成分。

(3)按能量和粗蛋白水平初拟配方，确定各类饲料原料的配比。

(4)计算初拟配方的能量和粗蛋白水平，并作配比调整。

(5)计算并调整日粮中磷、钙、赖氨酸和蛋氨酸＋胱氨酸的含量。

(6)进行综合调整。

(7)列出最终日粮配方。

2.配方实例

例：用GB2级玉米、麸皮、豆粕、菜籽粕、棉籽饼、磷酸氢钙、石粉、食盐、1％预混料，及赖氨酸、蛋氨酸等原料，用试差法配制一体重60～90 kg阶段生长肥育猪的日粮。

用试差法进行配方的具体步骤如下：

(1)查瘦肉型、肉脂型生长肥育猪的饲养标准（中国），从附录3查得60～90 kg阶段生长肥育猪的营养需要量如表2-2所示。

表2-2　60～90 kg阶段生长肥育猪的营养需要量标准

营养指标	消化能 (DE)/MJ/kg	粗蛋白 (CP)/％	钙 (Ca)/％	总磷 (TP)/％	赖氨酸 (Lys)/％	蛋＋胱氨酸 (M＋C)/％
标准	12.98	14.0	0.5	0.4	0.63	0.32

(2)选定饲料原料，查出各原料的营养成分（表2-3）（来源于中国饲料成分及营养价值表2004年修订版）。

(3)按能量和粗蛋白的需要量初拟配方。

根据实践经验，初步拟订日粮中各种原料的比例。肥育猪饲料中，能量饲料一般占65％～75％，蛋白质饲料15％～25％，矿物质与预混料2％～4％(本例按3％)。

(4)计算初拟配方中能量和粗蛋白水平，并作配比调整，见表2-4。

表 2-3 原料的营养成分表 MJ/kg,%

原料	DE	CP	Ca	P	Lys	M+C
玉米	14.18	7.8	0.02	0.27	0.23	0.30
麸皮	9.37	15.7	0.11	0.92	0.58	0.39
豆粕	13.18	43	0.32	0.61	2.45	1.30
菜籽粕	10.59	38.6	0.65	1.02	1.30	1.50
棉籽饼	9.92	36.3	0.21	0.83	1.40	1.11
磷酸氢钙	—	—	26	18	—	—
石粉	—	—	38	—	—	—
食盐	—	—	—	—	—	—
1%预混料	—	—	—	—	—	—

表 2-4 能量和蛋白质计算表

原料	配比	DE/(MJ/kg)	CP/%
玉米	69	14.18×0.69=9.7842	7.85×0.69=382
麸皮	5	9.37×0.05=0.469	15.7×0.05=0.785
豆粕	18	13.18×0.18=2.372	43×0.18=7.74
菜籽粕	3	10.59×0.03=0.3177	38.6×0.03=1.158
棉籽饼	2	9.92×0.02=0.198	36.3×0.02=0.726
合计	97	13.141	15.791
标准		12.98	14
差距		+0.161	+1.791

从表 2-4 情况来看：能量和蛋白质水平偏高，可进行如下调整。可用麸皮替代相应豆粕，采用替代的原料代谢能与粗蛋白含量均应低于被替代的原料，替代量可采用下式计算：替代量/%=配方中 CP 含量与标准的差值/被替代的原料与替代原料的 CP 值之差值。本例为：替代量/%=1.791/(0.43−0.157)≈6.6，即麸皮提高 6.6%，豆粕降低 6.6%。经计算后日粮 DE 为 12.89 MJ/kg，CP 为 13.99%。一般认为偏差在 0.5%以内可不再作调整。

(5)计算并调整日粮中 P、Ca、Lys、M+C 的含量。结果见表 2-5。

表 2-5 钙、磷、赖氨酸、蛋+胱氨酸计算结果表 %

原料	配方	Ca	P	Lys	M+C
玉米	69	0.0138	0.186	0.159	0.207
麸皮	11.6	0.0128	0.107	0.067	0.045
豆粕	11.4	0.0365	0.07	0.279	0.148
菜籽粕	3	0.0195	0.031	0.039	0.045
棉籽饼	2	0.0042	0.017	0.028	0.022
合计	97	0.0867	0.41	0.572	0.468
标准		0.5	0.4	0.63	0.32
比较		−0.41	+0.01	−0.06	+0.15

根据现配方中所列各种指标含量与标准的差异应作适当调整，具体调整步骤如下：

①磷的标准已满足需要，可不使用磷酸氢钙。

②用石粉补钙：石粉/%=0.41/0.38=1.1。

③平衡氨基酸：赖氨酸与蛋氨酸的平衡通常是缺多少补多少。但必须注意赖氨酸与蛋氨酸的形式与含量，通常饲料赖氨酸多为*L*-赖氨酸盐酸盐（含赖氨酸78.5%）或*L*-赖氨酸硫酸盐含赖氨酸65%，饲料级蛋氨酸为*DL*-蛋氨酸，含蛋氨酸98.5%。因此，本例中赖氨酸尚缺0.06%可补加0.06%/65%=0.1%的*L*-赖氨酸硫酸盐。蛋氨酸已超过标准，不必补充。

(6)进行综合调整。经计算日粮中添加石粉1.1%，食盐0.3%，*L*-赖氨酸硫酸盐0.1%，预混料1.0%，合计为2.5%，初始预留量为3%，因而，另可加3%-2.5%=0.5%于玉米中。

(7)列出最终日粮配方(表2-6)。

表2-6　60～90 kg阶段生长肥育猪日粮配方

原料	配方/%	DE/(MJ/kg)	CP/%	Ca/%	P/%	Lys/%	M+C/%
玉米	69.5	9.855	5.421	0.0139	0.188	0.16	0.209
麸皮	11.6	1.087	1.821	0.0128	0.107	0.067	0.045
豆粕	11.4	1.503	4.902	0.0365	0.07	0.279	0.148
菜籽粕	3	0.318	1.158	0.0195	0.031	0.039	0.045
棉籽饼	2	0.198	0.726	0.004	0.017	0.028	0.022
磷酸氢钙							
石粉	1.1			0.418			
L-赖氨酸硫酸盐	0.1					0.065	
食盐	0.3						
1%预混料	1						
合计	100	12.96	14.03	0.50	0.41	0.64	0.47

3.试差法设计饲料配方注意事项

(1)试差法计算饲料配方需要一定的配方经验，肉禽、肉猪及蛋小鸡、蛋中鸡饲料中通常矿物质饲料及添加剂预混料比例为3%左右，而蛋禽为10%左右。

(2)草拟配方是试差法设计配方成功的关键，参考时一般肉禽、肉猪及蛋鸡育雏、育成期中各类饲料配比及调整规律大致类似，蛋白质饲料比例随着日龄的增大比例下降。

(3)调整配方的原则：蛋白高就用蛋白低的原料去代替蛋白高的原料，蛋白低就选用蛋白高的原料去代替蛋白低的原料，能量水平调整与此一致。

(4)通常情况下，钙磷补充时，应考虑先补磷，再补钙。因为没有只含磷的原料，通常以磷酸氢钙补磷，补磷后需将其中的钙减去，再计算补钙量。

(5)一般情况下，由于蛋白质原料价格较高，所以先调整CP，再调整能量。与标准偏差在0.5%以内可不再作调整，但特殊要求除外，直至完全符合要求为止。最后配方总量必须是100%，否则均被视为不符合基本要求，必须引起配方人员的高度重视。

(二)试差法设计反刍动物精料补充料配方

1. 反刍动物精料补充料配方设计步骤

反刍动物精料补充料配方设计与单胃动物全价配合饲料配方设计相比，最大的区别是增加了粗料的使用。其配方设计步骤如下：

(1)确定动物营养需要。总营养需要应由维持需要和生产需要两部分组成。生产需要根据具体的生产目的又可能由产奶需要、产肉需要、妊娠需要、使役需要构成。

(2)选择适宜的饲料原料并获得原料的营养成分含量。

(3)确定粗料的组成及粗料所含的养分，并计算出需由精料补充的养分。

(4)设计精料补充料配方(方法同单胃动物日粮配方设计)，并将以干物质为基础的配方转换为以风干物质为基础的配方。

(5)列出反刍动物日粮组成。

2. 配方设计实例

例：为体重 600 kg 的产奶母牛配制平均乳脂率 3.5%，日产奶 30 kg 的日粮。

第一步，确定营养指标。查饲养标准，根据奶牛的维持需要和产奶需要确定日粮的营养指标(表 2-7)。

表 2-7 体重 600 kg、乳脂率 3.5%，日产奶 30 kg 母牛的营养需要

营养需要	日粮干物质/(kg/头)	奶牛能量单位/NND	粗蛋白质/g	钙/g	磷/g
维持需要	7.52	13.73	559	36	27
产奶 30 kg 需要	12.0	27.9	2 400	126	84
总营养需要	19.52	41.63	2 959	162	111

第二步，确定饲料原料，查饲料原料营养价值表(以干物质为基础)(表 2-8)。

表 2-8 选用饲料原料营养成分含量

原料	干物质/%	奶牛能量单位/(NND/kg)	粗蛋白质/(g/kg)	钙/(g/kg)	磷/(g/kg)
玉米	88.4	2.58	97	0.9	2.4
米糠	90.2	2.39	134	1.6	11.5
大豆饼	90.6	2.93	475	3.5	5.5
磷酸氢钙	99.4			219.8	86.6
苜蓿干草	92.4	1.78	182	21.1	3.0
玉米秸	90.0	1.66	66	3.9	2.3

第三步，确定粗饲料组成及用量，计算营养差额，即需要通过精料补充的营养物质量。通过使用苜蓿干草、野干草、羊草、青贮玉米、甘薯蔓和青绿饲料，可以增加日粮的粗饲料比例。尤其是优质的苜蓿干草，既提供了大量的粗蛋白质，又能满足奶牛对粗纤维的需要。但是增加苜蓿用量，可使日粮的含钙量显著超标，只有与糠麸饲料配合使用才能保证钙、磷比例的合理。确定粗料干物质占总干物质需要量的 50%，则粗料提供的干物质为 19.52×50%＝9.7，其中确定苜蓿干草用量为 5 kg，玉米秸用量则为 4.7 kg，计算粗料可提供的营养含量，并与确定的

营养指标比较其差额(表 2-9)。

表 2-9 粗料提供养分及需精料补充养分计算

原料	用量/kg	奶牛能量单位/NND	粗蛋白质/g	钙/g	磷/g
苜蓿干草	5	9.9	910	105.5	15
玉米秸	4.7	7.80	310.2	17.93	10.81
粗料合计	9.7	17.70	1 220.2	123.43	25.81
总需要量	19.52	41.63	2 959	162	111
营养差额(需精料补充)	9.82	23.93	1 738.8	38.57	85.19

第四步,通过试差法配制精料补充料配方(表 2-10)。

表 2-10 精料补充料配方(干物质为基础) kg

原料	玉米	大豆饼	米糠	磷酸氢钙
用量	4.8	1.84	3	0.34

第五步,根据饲料的干物质含量,将混合精料的干物质配比量折算成饲料原料风干样的配比量(表 2-11)。

表 2-11 精料补充料配方(风干样为基础) kg

原料	玉米	大豆饼	米糠	磷酸氢钙	合计
用量	5.432	2.031	3.326	0.342	11.131

第六步,根据日粮的混合精料用量,计算各种精饲料的百分比浓度(表 2-12)。

表 2-12 精料补充料配方(风干样为基础) %

原料	玉米	大豆饼	米糠	磷酸氢钙
用量	48.80	18.25	29.88	3.07

精饲料中额外添加预混料 1.0%、食盐 1.0%和小苏打 1.0%。大约每 1 kg 精料可满足产鲜奶 2.5 kg 的营养需要。

第七步,为方便配制奶牛日粮,计算出精、粗饲料原样的配合比例(表 2-13)。

表 2-13 奶牛日粮组成 kg

日粮组成	日粮干物质	折合饲料原样	混合精料	苜蓿干草	玉米秸
用量	19.68	21.75	11.13	5.41	5.21

经计算,日粮的精、粗料之比为 49.7∶50.3,符合需要。

四、配方软件设计饲料配方

随着计算机的普及和应用,饲料配方软件日益广泛地应用于生产。目前市场上的配方软件种类繁多：如胜丰饲料配方软件、利群饲料配方软件、农博士饲料配方软件、资源配方师软件及金牧饲料配方软件等。它们都具有原理相似，实用方便的共同特征。以下针对金牧饲料配方软件为例说明其使用方法。

(一)应用软件设计饲料配方的步骤

(1)如图 2-2 所示，单击【标准】进入“标准窗”，编辑标准。在“标准窗”中：

①输入配方的编号、名称。

②确定当前配制的是何种动物的饲料(如单胃动物的全价料配方或反刍动物精料混合料等)配方。

③选择本配方要计算的营养素的名称。操作方法：用鼠标在屏幕的右侧框(即待选营养素框)中双击营养素名称，将需要计算的营养素都标上钩号√，并自动进入到左侧框(即参配营养素框)中。

④在左框中输入各营养素的标准值。

相关说明：

①VF123 中提供了各种动物的营养需要标准，你可以点击【引用】按钮来选择标准。

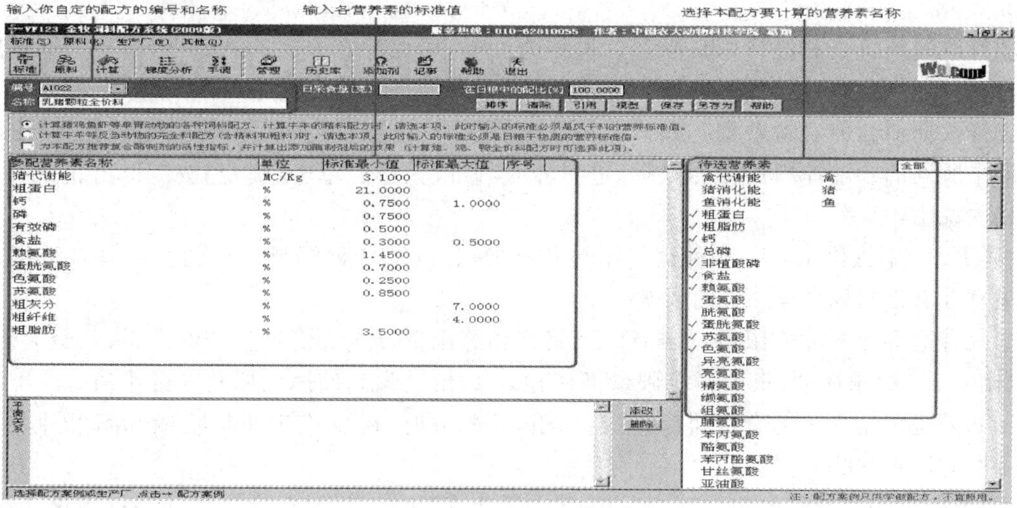

图 2-2 标准窗

②在输入配方编号后，如果该编号已经存在，该编号的标准会自动调入到屏幕左边的参配营养素框中，供你修改。

③除了钙和食盐外，一般都不要限最大值。

④从参配营养素框中删除营养素的方法：用鼠标双击之。

⑤配制牛羊的全价料(含精料和粗料)配方时，干物质的采食量是必须输入项，输入的饲养标准的单位是：每千克干物质的含量。

⑥如果用户要增加“蛋白能量比”、“钙磷比”、“蛋氨酸赖氨基比”等营养关系，可以在输入标准的下方，通过单击【增改】按钮来完成。

(2)如图 2-3 所示，单击【原料】进入原料窗，选择参配原料。在“原料窗”中，做以下三件事：

①从右框中选择需要使用的原料到左框中。

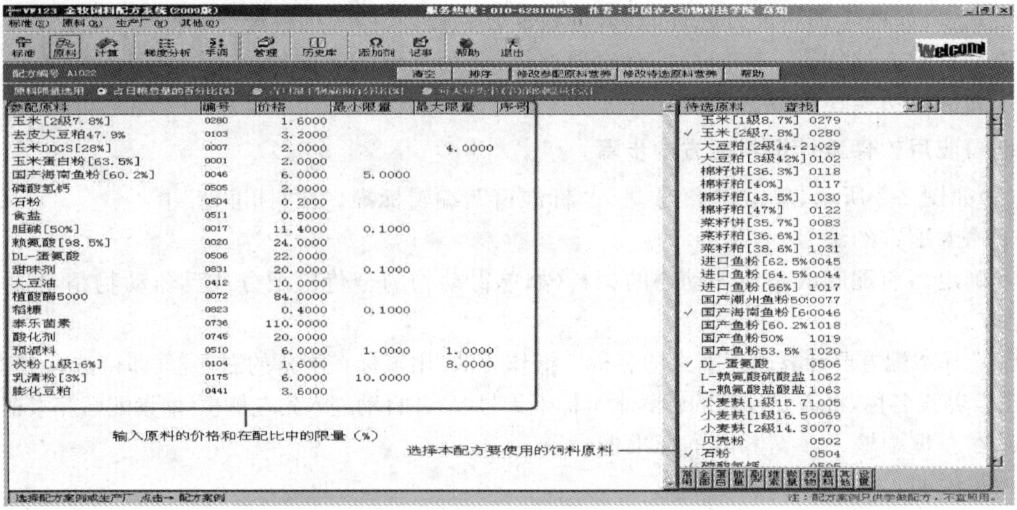

图 2-3 原料窗

②修改原料价格和进行原料限量。操作方法是：用鼠标在屏幕的右侧框（即待选饲料原料框）中双击原料名称，将要使用的原料标上钩号√，自动进入到左侧框（即参配原料框）中。

③修改原料营养含量数据。操作方法是：用鼠标点击【修改参配原料营养】按钮，调出屏幕左边框中所列的参配原料的营养数据，进行修改，修改完毕后单击【确定】按钮退出。

相关说明：

①VF123 中提供了 900 多种饲料原料及添加剂，以及各种饲料原料的营养含量数据。使用时注意看软件帮助中的“关于[原料]”。

②只有这些原料才需限量：如棉籽粕、菜籽粕等用量过大会影响生产的原料，限最大值；添加剂，比如 1%的添加剂，最大最小限量都应输入 1；给要强制使用的原料限最小值。

③如果是配制牛羊的全价料（含精料和粗料）配方时，还要确定原料限量选用哪种方式以及在参配的原料中哪些是粗料。

(3)当标准和原料都给定之后，用鼠标点击【计算】按钮，这时程序将自动进行优化计算，显示出如图 2-4、图 2-5 所示的计算结果。计算出的配方应该是满足你所给定的标准值，且配方成本是最低的配方。

相关说明：

①本配方的三步顺序不能颠倒。不可先选原料再定标准，因为在原料窗中修改原料的营养含量数据时，修改的营养素种类是标准窗中规定的。

②优化计算结束后，可以继续单击【手调】按钮，进行人工修改配方、计算浓缩料以及验算已有配方的营养等工作。

(二)应用软件设计饲料配方出现异常结果的原因及分析

(1)配比不对导致异常：在标准窗中要求输入本配方在日粮中的配比，如果是全价料必须输入 100；如果是 1%的预混料则输 1；是 5%的预混料输 5，此值输入不对，计算结果即不正确。

(2)原料没有选齐全：如漏选食盐时，计算出的配方中鱼粉用量很大，即用鱼粉中的食盐来满足配方的食盐需要量。

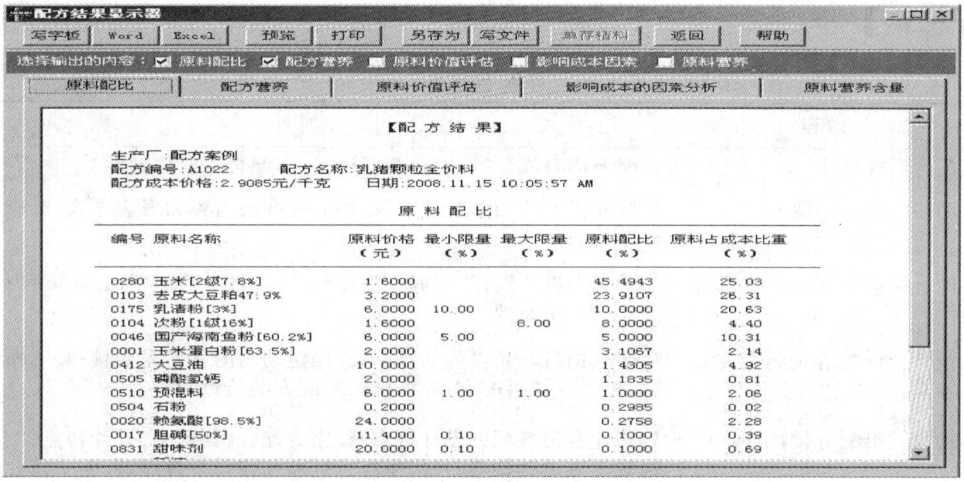

编号	原料名称	原料价格（元）	最小限量（%）	最大限量（%）	原料配比（%）	原料占成本比重（%）
0280	玉米[2级7.8%]	1.6000			45.4943	25.03
0103	去皮大豆粕47:9%	3.2000			23.9107	26.31
0175	乳清粉[3%]	6.0000	10.00		10.0000	20.63
0104	次粉[1级16%]	1.6000		8.00	8.0000	4.40
0046	国产海南鱼粉[60.2%]	6.0000	5.00		5.0000	10.31
0001	玉米蛋白粉[63.5%]	2.0000			3.1067	2.14
0412	大豆油	10.0000			1.4305	4.92
0505	磷酸氢钙	2.0000			1.1835	0.81
0510	预混料	6.0000	1.00	1.00	1.0000	2.06
0504	石粉	0.2000			0.2985	0.02
0020	赖氨酸[98.5%]	24.0000			0.2758	2.28
0017	胆碱[50%]	11.4000	0.10		0.1000	0.39
0831	甜味剂	20.0000	0.10		0.1000	0.69

图 2-4 原料配比

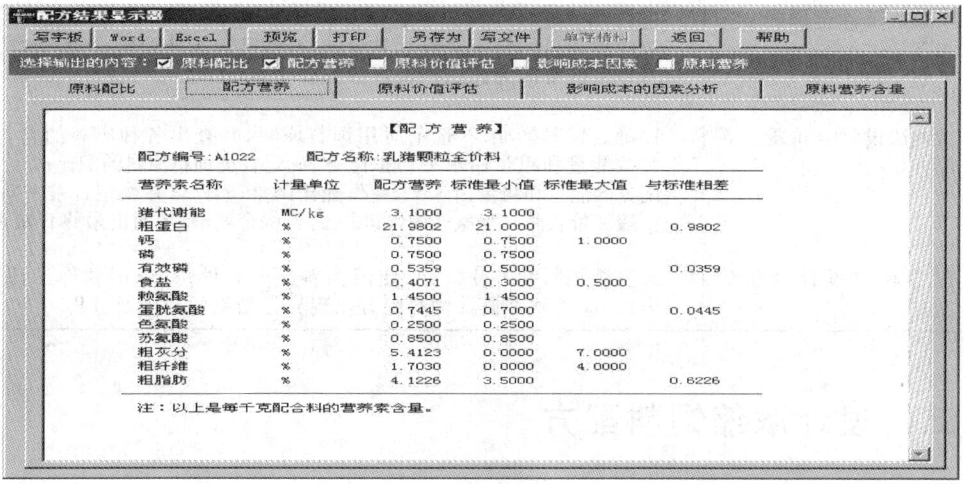

营养素名称	计量单位	配方营养	标准最小值	标准最大值	与标准相差
猪代谢能	MC/kg	3.1000	3.1000		
粗蛋白	%	21.9802	21.0000		0.9802
钙	%	0.7500	0.7500	1.0000	
磷	%	0.7500	0.7500		
有效磷	%	0.5359	0.5000		0.0359
食盐	%	0.4071	0.3000	0.5000	
赖氨酸	%	1.4500	1.4500		
蛋胱氨酸	%	0.7445	0.7000		0.0445
色氨酸	%	0.2500	0.2500		
苏氨酸	%	0.8500	0.8500		
粗灰分	%	5.4123	0.0000	7.0000	
粗纤维	%	1.7030	0.0000	4.0000	
粗脂肪	%	4.1226	3.5000		0.6226

注：以上是每千克配合料的营养素含量。

图 2-5 配方营养

（3）标准或原料用量限制过多：标准值除食盐、钙等可能要限量最大值外，其他标准尽可能不要限最大值。在原料窗中，不要将玉米、豆粕等都限制最大值和最小值。因限制条件越多，限制条件相互之间产生的矛盾可能越多，配方的成本也可能越高。

（4）由于原料的营养成分数据不全，或数据有误，造成配方错误。

（5）一些非常规饲料用量过大。

（6）标准中如果某一营养素的标准值不正确，也可能影响配方的结果。

【任务总结】

任务总结表

项目	内容	要点
相关知识	配合饲料概述	1.配合饲料概念;2.配合饲料种类;3.配合饲料优越性
	动物的饲养标准	1.饲养标准的概念及意义;2.饲养标准的内容和表达方式;3.应用饲养标准的原则
	配合饲料配方设计的原则	1.科学先进原则;2.营养平衡原则;3.经济效益原则;4.实际可行原则;5.安全合法原则
	设计全价配合饲料配方的步骤	1.明确饲料产品设计的目标;2.确定动物的营养需要量;3.选择饲料原料;4.计算饲料配方;5.评价饲料配方的质量
	动物饲料配方设计特点	1.猪配合饲料配方设计特点;2.家禽配合饲料配方设计特点;3.兔配合饲料配方设计特点;4.奶牛配合饲料配方设计特点;5.肉牛配合饲料配方设计特点
任务实施	交叉法设计全价配合饲料配方	1.查饲养标准;2.作交叉图;3.计算各自比例
	代数法设计全价配合饲料配方	1.选择一种营养需要中最重要的指标作为配方计算的标准;2.确定所选两种饲料的相应营养素含量;3.根据已知条件列出二元一次方程组,方程组的解即为此二种饲料的配合比例
	试差法设计全价配合饲料配方	1.确定饲养标准;2.选定所用饲料原料,并查出各种原料的营养成分;3.按能量和粗蛋白水平初拟配方,确定各类饲料原料的配比;4.计算初拟配方的能量和粗蛋白水平,并作配比调整;5.计算并调整日粮中磷、钙、赖氨酸和蛋氨酸+胱氨酸的含量;6.进行综合调整;7.列出最终日粮配方
	配方软件设计全价饲料配方	1.安装饲料配方软件;2.使用饲料配方软件;3.应用软件设计饲料配方;4.应用软件设计饲料配方出现异常结果的原因及分析

任务二　设计浓缩饲料配方

任务描述:随着饲料工业和畜牧养殖业的迅速发展,浓缩饲料的推广应用日趋广泛。然而,有些养殖户在使用浓缩饲料时还存在一些问题。能够依据浓缩饲料的特点和浓缩饲料配方设计原则,设计浓缩饲料配方,为合理选购和使用浓缩饲料奠定基础。

【任务目标】

◆知识目标

1.了解浓缩饲料的优越性。

2.掌握浓缩饲料配方设计方法。

3.了解浓缩饲料的使用技术。

◆技能目标

1.能够根据动物营养需要,设计出较为合理的浓缩饲料配方。

2.能根据浓缩饲料的特点,合理使用浓缩饲料。

◆**素质目标**

1. 培养信息收集处理能力。

2. 养成遵纪守法、成本意识。

【知识】

一、浓缩饲料的概念

浓缩饲料又称为蛋白质补充饲料，是由蛋白质饲料(鱼粉、豆饼等)、矿物质饲料(骨粉石粉等)及添加剂预混料配制而成的配合饲料半成品。再掺入一定比例的能量饲料(玉米、高粱、大麦等)就成为满足动物营养需要的全价饲料，一般在全价配合饲料中所占的比例为20%～40%。

二、浓缩饲料的优越性

(1)充分利用当地能量饲料　浓缩饲料最适合农村养猪户、养鸡户使用。利用自己生产的粮食和副产品，再配以浓缩饲料，即可直接饲喂，减少了不必要的运输环节，节本省工。

(2)利用方便　使用浓缩饲料再配制成全价配合饲料，技术简单，设备要求不高，使用方便，只要按照一定比例添加能量饲料即可保证动物的生长发育及生产性能的营养需要，在小型饲料厂、养殖场及农户养殖业发展中具有推广价值。

(3)促进饲料资源的开发　有利于地区性典型饲料配方的深入研发，促进地区性能量饲料和青粗饲料的科学利用及饲料资源的合理开发。

(4)完善饲料工业体系　经过浓缩饲料厂对当地典型饲料配方的全面研究，配制与生产出浓缩饲料销售到乡镇和农村，既方便养殖户的使用，促进了农村养殖业的发展，又完善了整个饲料工业体系。

(5)促进农村养殖业的发展　能充分法规大型饲料厂先进加工设备的生产能力及在推广动物营养与饲料科技成果中的主导作用，提高养殖户的饲养效果及饲料转化率，是减少饲料浪费的一种重要途径，促进农村养殖业的发展。

科学的挑选好浓缩料在平时就要多注意观察：选择好预混料的品牌同时要多注意产品的说明书及产品是否有合格证、是否有注册商标、产品标签等。

三、浓缩饲料配方设计的原则

(一)能量饲料配比的整数原则

在浓缩饲料的配方中，理论上各种原料的含量可精确到小数点后几位。但考虑到各种饲料的营养成分与营养成分表上的数据的差异，以及用户加入能量饲料时称量的差异性，用浓缩饲料配制配合饲料，其实是一种相对粗放的配料方法，没有必要过于精确，能量饲料如玉米、麸皮等一般取整数，在这种情况下与饲养标准不符时，可从浓缩饲料部分进行调整。

(二)浓缩饲料中一般不添加用户所添加的能量饲料

设计浓缩饲料配方时要将全价配合饲料中的能量饲料的数值固定地取整数。而不能只按照配合饲料的配方设计方法设计出配方后，将能量饲料取整数，多余的加到浓缩饲料中。后者从理论上尽管可以,但从商业角度讲可能给人一种掺假的错觉,势必要影响产品的销售。

四、浓缩饲料配方设计的方法

设计浓缩饲料配方常用的有两种方法,一是根据全价配合饲料配方推算浓缩饲料配方,二是由浓缩饲料与能量饲料的已知搭配比例推算浓缩饲料的配方。

【技能】

一、根据全价配合饲料配方推算浓缩饲料配方

(1)设计全价饲料配方。

(2)根据玉米麸皮等能量饲料在配合饲料中的实际用量范围,确定一个合适比例。

(3)计算浓缩饲料配方。

浓缩饲料部分的各种原料在配合饲料中的比例除以浓缩饲料部分的比例总和,就得到浓缩饲料的配方。

例:为体重 20～60 kg 的生长肥育猪制定浓缩饲料配方。

(1)先制定全价配合饲料配方

第一步,查饲养标准(表 2-14):

表 2-14　20～60 kg 生长肥育猪营养需要

消化能/(MJ/kg)	粗蛋白质/%	钙/%	磷/%	食盐/%	赖氨酸/%
13.39	16	0.6	0.5	0.23	0.75

第二步,查饲料原料营养成分表(表 2-15):

表 2-15　饲料原料营养成分表

原料	消化能/(MJ/kg)	粗蛋白质/%	钙/%	磷/%	赖氨酸/%
玉米	14.18	8.7	0.02	0.27	0.24
麸皮	9.37	15.7	0.11	0.92	0.58
豆粕	13.18	43	0.32	0.61	2.45
棉仁粕	9.46	42.5	0.24	0.97	1.59
磷酸氢钙	—	—	23.5	16.8	—
石粉	—	—	35.5	0	—
食盐	—	—	—	—	—

第三步,用试差法设计配合饲料配方(表 2-16):

表 2-16　用试差法设计配合饲料得到的配方　　%

玉米	麸皮	豆粕	棉仁粕	磷酸氢钙	石粉	食盐	预混合饲料
66	12	15.5	4	0.5	1.2	0.3	0.5

(2)根据浓缩饲料在配合饲料中所在的比例,计算浓缩饲料部分各种原料的比例。

在全价饲料中除去玉米(66%),麸皮(12%)剩余的就是浓缩饲料的成分,由此可见,浓缩饲料在全价饲料中所占的比例为22%,那么浓缩饲料部分各种原料在浓缩饲料中的比例,用各种原料在配合饲料中的比例分别除以22%,配比如下:

豆粕:15.5%÷22%=70.45%　　棉仁粕:4%÷22%=18.18%

磷酸氢钙:0.5%÷22%=2.27%　　石粉:1.2%÷22%=5.46%

食盐:0.3%÷22%=1.36%　　预混合饲料:0.5%÷22%=2.27%

即豆粕70.45%,棉仁粕18.18%,磷酸氢钙2.27%,石粉5.46%,食盐1.36%,预混料2.27%。

二、由浓缩饲料与能量饲料的搭配比例推算浓缩饲料配方

具体方法:

①根据浓缩饲料与能量饲料的搭配比例,结合饲养标准推算出要制定浓缩饲料的营养标准。

②依据浓缩料的营养标准,仿照全价配合料配方的制定方法,制定浓缩饲料配方。

例:用玉米、豆粕、棉仁粕、菜籽粕、骨粉、鱼油、食盐、1%预混合料为5周龄以上的肉用仔鸡,设计浓缩饲料配方。根据饲料厂的生产习惯,1袋40 kg浓缩料加入60 kg玉米即成全价料。

第一步,查肉仔鸡5周龄以上的饲养标准(表2-17)。

表2-17　5周龄以上肉用仔鸡饲养标准

代谢能/(MJ/kg)	粗蛋白/%	钙/%	有效磷/%	蛋氨酸/%	蛋+胱/%	赖氨酸/%	食盐/%
12.55	19.00	0.90	0.40	0.36	0.68	0.94	0.35

第二步,查饲料原料营养成分表(表2-18)。

第三步,根据40 kg浓缩料加入60 kg玉米配成全价料可知,全价配合料中玉米占60%。

60%玉米可提供的营养=0.6×玉米中营养含量

与饲养标准的差值=饲养标准-60%玉米可提供的营养=饲养标准-0.6×玉米中营养含量

浓缩饲料营养标准计算方法见表2-19。

表2-18　饲料原料营养成分表

原料	代谢能/(MJ/kg)	粗蛋白/%	钙/%	有效磷钙/%	蛋氨酸钙/%	胱+蛋钙/%	赖氨酸钙/%
玉米	13.56	8.6	0.02	0.06	0.18	0.36	0.27
豆饼	10.54	40.9	0.32	0.14	0.61	1.22	2.54
棉仁饼	9.04	36.3	0.36	0.31	0.41	0.96	1.39
菜籽饼	8.16	36.0	0.78	0.29	0.77	1.46	1.35
动物油	32.9	0	0	0	0	0	0
磷酸氢钙	0	0	23.6	18.6	0	0	0
食盐	0	0	0	0	0	0	0

表 2-19 浓缩饲料营养标准计算方法

名称	饲养标准	60%玉米提供的营养	与标准的差值	浓缩饲料营养标准
代谢能/(MJ/kg)	12.55	13.56×0.6=8.136	12.55−8.136=4.364	4.364÷0.4=10.91
粗蛋白质/%	19.00	8.6×0.6=5.16	19.00−5.16=13.84	13.84−0.4=34.60
钙/%	0.99	0.02×0.6=0.012	0.90−0.012=0.888	0.888÷0.4=2.22
有效磷/%	0.40	0.06×0.6=0.036	0.40−0.036=0.364	0.364÷0.4=0.91
蛋氨酸/%	0.36	0.18×0.6=0.108	0.36−0.108=0.252	0.252÷0.4=0.63
蛋氨酸+胱氨酸/%	0.68	0.36×0.6=0.216	0.68−0.216=0.464	0.464÷0.4=1.16
赖氨酸钙/%	0.94	0.27×0.6=0.162	0.94−0.162=0.778	0.778÷0.4=1.945
食盐/%	0.35	0×0.6=0	0.35−0=0.35	0.35÷0.4=0.875
预混合饲料/%	1	0×0.6=0	1−0=1	1÷0.4=2.5

第四步，根据上面计算出的浓缩饲料营养标准，仿照全价配合饲料配方的制定方法，制定浓缩饲料配方。现采用试差法制定浓缩饲料配方，配比见表 2-20。

表 2-20 浓缩饲料配方 %

豆饼	棉仁饼	菜籽饼	动物油	磷酸氢钙	食盐	1%预混料
70	13	5.6	6	3	0.9	2.5

【拓展知识】 浓缩饲料的使用

一、选购浓缩饲料时应注意的问题

1. 正确认识浓缩饲料的质量

浓缩饲料的质量优劣决定上述组分中原料质量的优劣和配比是否符合动物所需的营养需要。但目前许多农户在购买浓缩饲料时，他们单纯把饲料中有无鱼粉，作为鉴别其质量好坏的标准。虽然，鱼粉是动物优质的蛋白质原料，但绝不是动物高产的唯一特效剂。片面认为有鱼粉的饲料质量就好，无鱼粉的饲料质量就是差的看法，是一种认识上的偏见，况且目前因鱼粉价格昂贵，配合饲料正趋向于无鱼粉化。只要其中含有足量的有效成分即可达到预期的饲喂效果。

2. 正确认识浓缩饲料的价格

有的养殖户为了盲目追求效益，片面认为价格高是厂家为了谋取更多利润，而选购价格相应较低的所谓“经济料”，来降低饲养成本，以期望提高效益。殊不知这种只问售价，而不注重质量，特别是盲目购买“经济料”的养殖户，不仅未能获得预期效益，还造成不应有的经济损失。所以，养殖户购买浓缩饲料时，既要正确认识浓缩饲料的价格，也要注重饲料的质量。为保证选购到质优价廉的浓缩饲料，最好购买大型正规化饲料厂生产的名牌产品。

3. 要根据养殖对象选购浓缩饲料

动物种类相同，不同的生长发育阶段和不同生产用途，对各种营养成分需要亦不同。如蛋鸡料中所含的蛋白质和钙磷比例比其他类的饲料要高。若用蛋鸡料喂猪，既浪费了高蛋白饲料，增加了养猪成本，且易引起猪的钙磷代谢紊乱，造成消化不良而引起生长缓慢。反之，若用育肥猪料养蛋鸡，则既不能满足蛋鸡对蛋白质与钙磷的需要，出现产蛋减少或停产，还可引起产软壳蛋，啄蛋等异食癖。所以，养殖户选购浓缩饲料时，要首先了解产品的性能，适用对象等情况，然后再结合自己饲养的动物品种、生长阶段、生产用途等实际对号入座，切忌不分青红皂白地见料就买。

4. 购买浓缩饲料时要做到三看一捏，以购买到新鲜的真饲料

选购浓缩饲料时要做到一看包装袋上是否印有饲料标签所规定的内容，其内容是否完全可靠，以及外包装袋的新旧程度，名牌产品也不例外，若外观陈旧、毛糙、字迹图形褪色、模糊，说明产品贮存过久或转运过多，或者是假冒产品，不宜购买。二看包装缝口线路及合格证标签与说明，要特别注意出厂日期，宜选购包装严密、缝合良好完整和近期生产的产品。过期产品，营养会有所损失。三看产品颜色的色度是否一致，有无稻壳、麸皮等物质。一捏，即选购时，对购整包者，可先用手捏缝口内及包装的四角。若感觉不松散，有成团现象，可能是贮存过久或运输途中被水淋湿，不宜购买；若零购时，可用手捏一把，正常时松开手即自然松散，出现手松后不散或轻重成团块现象，说明水分含量过高，易发霉变质，不要购买。同时注意一次不要购得太多，以免存放时间过长而变质。

二、使用浓缩饲料应注意的事项

1. 正确配比稀释

浓缩饲料必须与一定比例的能量饲料配合后，才能饲喂。使用时搭配过量的能量饲料，就会使饲料质量营养指标达不到标准，导致饲喂效果差；若按配比加入能量饲料的同时，又额外补加豆粕等蛋白质原料，虽使一些营养指标超过了标准，但又破坏了营养的平衡性；或者超量添加浓缩饲料，降低能量饲料的比例，均不能产生预期效果。所以，使用浓缩饲料时，一定要按产品说明书推荐的比例正确稀释，才能达到配合后营养平衡，产生预期效果。

2. 使用浓缩饲料时要避免重复使用添加剂

一般浓缩饲料均含有微量元素、维生素和药物添加剂，使用时不需再添加。特别是应注意喹乙醇、呋喃唑酮等用量很少的药物添加剂，若重复添加，将会引起药物中毒。

3. 必须混合均匀

浓缩饲料在全价配合饲料中的比例一般不超过35%，全家配合饲料中比例最大的是能量饲料，若与能量饲料混合不均匀，动物采食量小会导致营养不良，采食过多了又会引起营养过剩，所以，稀释浓缩饲料时，应采用逐步多次稀释法混合均匀再用。

4. 注意生料干喂或拌潮后即喂，切忌加热处理

浓缩饲料与能量饲料混合后，即为全价配合饲料，使用时应生料干喂或拌潮后即喂，不必作任何处理，若把饲料煮熟后再喂或者发酵后饲喂，就会使其中的营养成分遭受破坏，而降低饲料报酬。所以，使用浓缩饲料应生喂。

5. 多种浓缩饲料不宜同时使用

不要将不同品牌或不同生长期的浓缩饲料同时使用，否则，会造成浓缩饲料的各种指标达不到动物的需求，从而造成动物生长发育受阻、生产性能降低和疾病的发生等问题。

6. 不要突然更换浓缩饲料

不同的厂家虽然能生产适合于同一时期的浓缩饲料，但其浓缩饲料结构组成却不尽相同，如果突然更换浓缩饲料，极易造成动物的生长受阻或产蛋下降。所以，必须更换浓缩饲料时，

切忌一次更换完毕，应逐步增加新料比例，在 10～14 d 完成换料过程。

7. 浓缩饲料混合后存放时间不宜过长

有的养殖户将浓缩饲料混合后，供动物采食长达 10 d 左右。由于浓缩料含有许多维生素，时间过长特别是在阳光下容易分解变质，容易造成动物发生维生素缺乏症。因此，一次混合饲料的量，供动物采食不宜超过 7 d，天热不宜超过 3 d。

8. 浓缩饲料贮藏及使用期

在贮藏浓缩饲料时，要注意通风、音量、避光，严防潮湿、雨淋和曝晒，提供一个良好的贮藏条件。浓缩饲料最好在规定保质期内使用完，对于超过保质期的浓缩饲料一定要慎用。

【任务总结】

任务总结表

项目	内容	要点
相关知识	浓缩饲料的概念	由蛋白质饲料（鱼粉、豆饼等）、矿物质饲料（骨粉石粉等）及添加剂预混料配制而成的配合饲料半成品
	浓缩饲料的优越性	1. 充分利用当地能量饲料；2. 利用方便；3. 促进饲料资源的开发；4. 完善了饲料工业体系；5. 促进农村养殖业的发展
	浓缩饲料配方设计的原则	1. 能量饲料配比的整数原则；2. 浓缩饲料中一般不添加用户所添加的能量饲料
	浓缩饲料配方设计的方法	1. 是根据全价配合饲料配方推算浓缩饲料配方；2 是由浓缩饲料与能量饲料的已知搭配比例推算浓缩饲料的配方
任务实施	根据全价配合饲料配方推算浓缩饲料配方	1. 设计全价饲料配方；2. 根据玉米麸皮等能量饲料在配合饲料中的实际用量范围，确定一个合适比例；3. 计算浓缩饲料配方
	由浓缩饲料与能量饲料的搭配比例推算浓缩饲料配方	1. 根据浓缩饲料与能量饲料的搭配比例，结合饲养标准推算出要制定浓缩饲料的营养标准；2. 依据浓缩料的营养标准，仿照全价配合料配方的制定方法，制定浓缩饲料配方

任务三　设计添加剂预混合饲料配方

任务描述：添加剂预混合饲料的配方设计是饲料生产中最重要的环节和核心技术，直接影响到添加剂预混合饲料产品品质、配合饲料质量及畜牧生产的经济效益。添加剂预混合饲料的配方设计一般不包括单项预混合饲料，其配方设计步骤基本是一样的，先要选择使用的原料和载体，确定适宜的添加量，然后依据相关指标，采用基本的数学方法，就能设计出添加剂预混合饲料的配方。

【任务目标】

◆知识目标

1. 了解添加剂预混合饲料的种类和意义。
2. 掌握添加剂预混合饲料配方的设计方法。

3.了解添加剂预混合饲料的使用技术。

◆技能目标

1.能够根据动物营养需要，设计出较为合理的添加剂预混合饲料配方。

2.能根据实际需要，合理使用添加剂预混合饲料。

◆素质目标

1.培养信息收集处理能力。

2.养成遵纪守法、成本意识。

【知识】

一、添加剂预混合饲料的分类

(一)根据有效成分和浓度分类

(1)单项预混合饲料　是指由单一种类的多种饲料添加剂与载体或稀释剂配制而成的均匀混合物，生产中常将单一的维生素、单一的微量元素(硒、碘、钴等)、多种维生素、多种微量元素各自进行初级预混分别制成单项预混合饲料。

(2)复合预混合饲料　是指按配方和实际要求将各种不同种类的饲料添加剂与载体或稀释剂混合制成的均质混合物。

由多种微量元素矿物元素按一定比例与适当比例的载体或稀释剂配制而成的均匀混合物，即复合微量元素预混料，通常以0.5%～1%的比例添加剂到全价配合饲料中。

由多种维生素与适当比例的载体或稀释剂配制而成的均匀混合物，即复合多维。维生素预混合饲料在日粮中添加量多为0.02%～0.5%。

许多预混料产品还包含常量的矿物质饲料和一定数量的蛋白质饲料，如3%～4%的复合预混料含有全部的矿物质饲料，5%～10%的复合预混料含有一定数量的蛋白质饲料(鱼粉、生物蛋白粉等)。

(二)根据饲喂对象分类

有猪用预混料，禽用预混料，对虾、鱼类预混料等。每种动物又根据其生长阶段、生产目的、生理状态等分为若干种预混料，如产蛋鸡预混料、泌乳母猪预混料等。

二、预混合饲料的非活性原料

(一)载体

载体是一种能够接受和承载粉状活性成分的可饲用饲料。它对微量添加剂可起到吸附作用和稀释作用，还可提高添加剂的流散性，使添加剂更易与均匀地分布到饲料中。

预混合料中载体是否适宜，影响到产品质量的优劣、添加效果的成败以及贮存、药效副作用等问题，因此要慎重选择。

微量元素预混剂常用的载体有石粉、白陶土粉、沸石粉、硅藻土粉等。其中人工合成的碳酸钙容重小、纯度高是轻质碳酸钙，是较好的载体。

维生素预混合饲料常用的载体有淀粉、乳糖、脱脂米糠、豆粉、麸皮、蛋白粉、次粉等，根据来源情况，不同的厂家所用载体有所不同。但总的说维生素预混料载体应含水量低，容重和维生素原料相近，黏着性好，pH 中性，化学性质稳定。

(二)稀释剂

稀释剂是指混合于一种或多种微量添加剂并起稀释作用的饲料。它可将活性微量组分的浓度降低，并把它们的颗粒彼此分开，减少活性成分之间的相互反应，以增加活性成分稳定性。

稀释剂分为有机物和无机物两大类。有机物厂用的有去胚玉米粉、葡萄糖、蔗糖、豆粕粉、次粉等，这类稀释剂要求在粉碎之前经干燥处理，含水量低于 10%。无机物主要有石粉、磷酸二钙、碳酸钙、贝壳粉、食盐等，这类稀释剂要求在无水状态下使用。

(三)吸附剂

吸附剂也称吸收剂，它可使活性成分附着在其颗粒表面，使液态微量化合物添加剂变为固态化合物，有利于添加剂均匀混合。

吸附剂一般也分为有机物和无机物两类，有机物如小麦胚粉、脱脂玉米胚粉、玉米芯片、粗麸皮、大豆细粉以及吸水强的谷物类等；无机物类则包括二氧化硅、蛭石、硅酸钙等。

实际上，载体、吸附剂、稀释剂大多是相互混用的，而且许多成分可能同时起到承载、吸附和稀释有效活性成分的作用。

三、预混合饲料中各成分需要量与添加量确定的原则

(一)需要量和添加量

需要量包括最低需要量和最适需要量。最低需要量是在试验条件下，为预防动物产生某种维生素或微量元素等活性物质的缺乏症，对该维生素或微量矿物质元素的需要量，它未包括各种影响因素所导致的需要量的提高，所以在预混合饲料中不能以最低需要量添加。

最适需要量则是指能在正常饲养条件下充分发挥动物的遗传潜力，以达到最佳的生产水平时，对维生素或微量元素等活性物质的需要量。

实际供给动物的某种活性物质的量包括两个部分，即基础饲粮的含量和通过添加剂预混合饲料等供给的量。其中通过添加剂预混合饲料添加的部分就是添加量，添加量就是设计预混合饲料的依据。

添加剂预混合饲料中活性成分添加量确定原则：总的原则是根据动物饲养标准，考虑动物生长特点，结合各种活性成分的理化特性营养条件等，确定预混合饲料中活性成分的添加量。

(二)预混合饲料中各成分添加量确定原则

1. 确定维生素添加量的原则

第一，微生物制剂的稳定性。维生素 A 和维生素 D_3 制剂比其他维生素易失去活性，即使已采用包囊技术也易失去活性，而且常用饲料原料中不含有维生素 A 和维生素 D_3。所以，维生素 A、维生素 D_3 供给量要比需要量高 5～10 倍。有时，维生素 E 的供给量也要提高。

第二，在常用饲料中，维生素 B_1、维生素 B_6 和生物素含量较丰富，为了降低维生素预混料的成本，这三种维生素的用量可以比需要量适当降低一些。

第三，维生素 B_2 对于防止雏鸡腿病和提高种蛋孵化率有显著作用，一般用量高于需要量。在球虫侵袭时，提高维生素 K_3 用量有利于凝血作用，所以也需提高用量。

第四，氯化胆碱呈碱性，与其他维生素添加剂一起配合时，会影响到其他维生素的效价，一

般不予混合在内，需单独添加剂。

第五，其他维生素可按猪禽营养需要添加，基础饲料中维生素含量可作为安全系数。

第六，为了保证维生素的稳定，必须在维生素预混料中加入抗氧化剂。

2. 确定微量元素添加量的原则

微量元素的添加量，原则上遵守饲养标准，但可以考虑相关因素作适当的调整，理论添加量应该是动物需要量减去基础饲料中的含量，如果基础饲料中某种微量元素含量不能满足动物的最低需要量，就应在饲料中添加这种微量元素。从实用角度讲，由于微量元素在饲料中添加量都比较小，即使添加多些，成本的增加也微乎其微，我们可把基础饲料中的微量元素含量看作安全裕量而忽略不计，直接把动物的需要量作为添加剂量添加即可，而且实际供给量处于最低需要量和最高耐受量之间是不会超过安全限度的。当然有些特殊元素需另外考虑，如考虑到高铜的促生长作用，铜的添加量远大于最低需要量，而对于毒性较大的微量元素硒和碘等，则需考虑基础饲料中的含量。

3. 确定药物成分添加量的原则

药物在预混合料中添加量很小，但它起很重要的作用，各饲料厂家都很重视药物的添加，但药物添加的种类和用量都必须符合国家的相关规定，不得随意加大药物的用量，切忌添加瘦肉精等国家严令禁止的药物。

【技能】

一、设计维生素预混合饲料配方

（一）配方设计步骤

（1）确定维生素种类和预混料添加比例。

维生素种类的确定即根据市场和生产需要，确定维生素添加剂预混料配方中维生素的种类，是生产完全复合维生素预混料添加剂还是部分复合维生素预混料添加剂。

维生素预添加剂预混料在日粮中的添加比例，与动物因素和预混料产品本身的因素有关，一般为 100～500 g/t。

（2）确定动物对各种维生素的实际需要量。

从各种动物饲养标准中查得维生素需要量，此量为最低添加量，实践中应在此基础上增加一定的保险系数，增加比例可参考表 2-21、表 2-22。

表 2-21 各种维生素产品的保险系数 %

维生素名称	保险系数	维生素名称	保险系数
维生素 A	2～3	维生素 B_6	5～10
维生素 D_3	5～10	维生素 B_{12}	5～10
维生素 E	1～2	叶酸	10～15
维生素 K_3	5～10	烟酸	1～3
维生素 B_1	5～10	泛酸钙	2～5
维生素 B_2	2～5	维生素 C	5～10

表 2-22 不同条件下家禽对维生素需要量增加的比例 %

影响因素	受影响的维生素种类	维生素需要量增加的比例
饲料成分	所有种类	10～20
环境温度	所有种类	20～30
舍笼饲养	B族维生素、维生素 K	40～80
无稳定剂或遇有过氧化的脂肪	维生素 A、维生素 D_3、维生素 E、维生素 K	100 或以上
蛔虫、线虫、球虫	维生素 A、维生素 K	100 或以上
应用亚麻籽粉	维生素 B_6	50～100
疾病	维生素 A、维生素 E、维生素 K、维生素 C	100 或以上

(3)确定维生素的添加量。

维生素的添加量＝实际需要量×(1＋保险系数%)

(4)确定适宜的维生素添加剂原料。

(5)把维生素添加量换算成原料添加量。

维生素添加量原料添加量＝维生素添加量÷原料中维生素的有效含量(%)

(6)选择适宜的抗氧化剂和载体，并确定其用量。

维生素的稳定性较差，因此维生素预混合饲料产品中都必须加入一定的抗氧化剂，一般配合饲料抗氧化剂添加量为 100～150 g/t。

载体是维生素预混合饲料中承载微量成分的物质，其选择原则如上所述，载体用量计算公式为：载体用量＝维生素预混料总量－各种维生素原料量之和－抗氧化剂用量

(7)列出配方，并进行复核。

维生素添加剂预混料的配方可以用两种方法来表示：一种用百分比表示，即各种原料占维生素预混料总重的百分比；另一种是用每千克维生素预混料中各种原料所占的 mg 或 IU 数。

(8)配方说明。对设计的配方应注明其适应范围、功能、用法、用量等。

(二)配方实例

设计一个 5 周龄以上商品 AA 肉鸡维生素预混合饲料配方(表 2-23)。

表 2-23 维生素配方设计

维生素种类	每千克日粮需要量	每吨需要量	增加 25%后添加量	商品原料中有效成分含量	原料用量/g	折合百分比/%
维生素 A	8 000 IU	800 万 IU	1 000 万 IU	50 万 IU /g	20	8.0
维生素 D	2 800 IU	280 万 IU	350 万 IU	50 万 IU /g	7	2.8
维生素 E	25 IU	2.5 万 IU	3.125 万 IU	50 万 IU /g	0.063	0.0252
维生素 K	1.50 mg	1.50 g	1.875 g	98%	1.91	0.764
维生素 B_1	1.0 mg	1.0 g	1.25 g	98%	1.28	0.512
维生素 B_2	6.0 mg	6.0 g	7.5 g	98%	7.65	3.06
泛酸钙	9.5 mg	9.5 g	11.875 g	98%	12.12	4.848

续表 2-23

维生素种类	每千克日粮需要量	每吨需要量	增加25%后添加量	商品原料中有效成分含量	原料用量/g	折合百分比/%
烟酸	60 mg	60 g	75 g	98%	76.53	30.61
维生素 B_6	4.0 mg	4.0 g	5 g	98%	5.10	2.04
叶酸	1.0 mg	1.0 g	1.25 g	40%	3.13	1.252
维生素 B_{12}	0.02 mg	0.2 g	0.25 g	1.00%	25	10
生物素	0.2 mg	0.2 g	0.25 g	2%	12.5	5
抗氧化剂					2	0.8
玉米蛋白粉					75.72	30.29
合　计					250	100

(1)确定维生素预混合饲料在全价配合饲料中添加量为0.25%,即每吨全价配合饲料添加量为250 g。

(2)确定预混合饲料中所含维生素的种类和添加量。种类和添加量均参考AA肉鸡育种公司提供的商品肉仔鸡维生素添加标准。

(3)计算每吨的需要量,并增加25%的保险系数即在添加标准的基础上,增加25%的用量。

(4)计算各种原料的用量,并折算出百分比。

二、设计微量元素预混合饲料配方

(一)微量元素预混合饲料配方设计的步骤

(1)确定微量元素预混合饲料的用量;

(2)根据基础配方和饲养标准等确定实际添加微量元素的种类和数量;

(3)选择适宜的原料及载体;

(4)计算微量元素添加剂原料的实际用量;

(5)根据微量元素的总量确定载体的添加量;

(6)得出微量元素预混合饲料的最终配方。

(二)配方实例

设计仔猪(10～20 kg)微量元素预混合饲料的配方:

(1)确定预混合饲料在全价饲料中的用量为1%,即每吨配合饲料中微量元素预混合饲料添加量为10 kg。

(2)确定微量元素的种类为铁、铜、锌、锰、碘、硒,在全价饲料中添加量分别为(单位,mg/kg):铁150、铜15、锌120、锰6、碘0.3、硒0.3。

(3)原料的种类为:一水硫酸亚铁、一水硫酸锌、一水硫酸锰,五水硫酸铜、碘化钾和亚硒酸钠,载体用轻质钙粉。

(4)微量矿物质元素预混合饲料配方计算如下(表2-24):

表 2-24 微量矿物质元素预混合饲料配方的设计

元素名称	全价饲料中微量元素添加量/(mg/kg)	预混料中元素添加量/(mg/kg)	添加剂原料含量	预混料中添加量/(mg/kg)	折合百分比/%
铁	150	150÷1% =15 000	一水硫酸亚铁 含铁量 30%	15 000÷30%÷ 1 000=50	50×100/ 1 000 =5
铜	15	15÷1% =1 500	五水硫酸铜 含铜量 25%	1500÷25÷ 1 000=6	6×100/1 000 =0.6
锌	120	120÷1% =12 000	一水硫酸锌 含锌量 35%	12 000÷35%÷ 1 000=34.29	34.29×100/1 000 =3.43
锰	6	6÷1% =600	一水硫酸锰 含锰量 32%	600÷32%÷ 1 000=1.88	1.88×100/1 000 =0.188
碘	0.3	0.3÷1% =30	碘化钾 含钾量 1%	30÷1%÷1 000 =3	3×100/1 000 =0.3
硒	0.3	0.3÷1% =30	亚硒酸钠 含硒量 1%	30÷1%÷1 000 =3	3×100/1 000 =0.3
载体				901.83	90.18×100/1 000 =90.18
合计				1 000	1 000×100/1 000 =100

三、设计复合预混合饲料配方

复合预混合料是在前面所讲的维生素预混合料和微量元素预混合饲料的基础上再加上药物、氨基酸等组分配合成的。复合预混料的规格有多种形式，0.5%复合预混料一般包括了维生素、微量元素和药物，1%预混合饲料则增加了氨基酸、酶制剂等，4%、5%的预混合饲料则在1%预混合饲料成分的基础上又增加了常量矿物质，如骨粉、食盐、石粉等。

利用单项原料直接生产复合预混料的设计方法和步骤与维生素预混料的设计过程相似，可以分为：

(1)确定标准及添加量，确定预混料的添加比例，常见比例有 1%、105%、2%等。

(2)选择合适的原料，应考虑原料的有效成分、物理特征等。

(3)折算出原料在每千克全价料中对应的用量，和对应有效成分在预混料中含量及原料用量、百分比。

(4)选择载体并计算用量，依其他各原料总和及添加量可计算出载体的用量及百分比。

以 20～60 kg 生长肥育猪为例，说明利用单项原料直接生产复合预混料的方法。

第一步，确定复合添加剂预混料的组成。

该复合添加剂预混料拟包括微量元素、维生素、赖氨酸、土霉素、风味剂、抗氧化剂(BHT)和防霉剂(丙酸钙)等有效成分。

第二步，确定微量元素预混料的用量和配方。

设微量元素预混料在全价料中的用量为 0.5%，则配方设计如表 2-25 所示。

表 2-25 微量元素预混料配方设计 mg

原料	每千克饲粮中添加量	原料纯度/%	元素含量/%	饲粮中原料的用量(mg/kg)($a \div b \div c$)	在预混料中的百分比/%($d \div 5\ 000 \times 100$)
	a	b	c	d	e
五水硫酸铜	6	98	25.5	24	0.48
七水硫酸亚铁	100	98	20.1	507.7	10.15
七水硫酸锌	145	99	22.7	624.2	12.48
一水硫酸锰	60	98	22.8	268.5	5.37
1%亚硒酸钠	0.3	45.65	1	65.7	1.31
1%碘化钾	0.5	76.4	1	65.4	1.31
小计				1 555.5	31.1
载体(石粉)				3 444.5	68.9
合计				5 000	100

第三步,确定维生素预混料的用量和配方。

设维生素预混料在全价料中的用量为 0.1%,则配方设计如表 2-26 所示。

表 2-26 维生素预混料配方设计

维生素的种类	添加量(每千克饲粮中)	原料规格(每克含量)	饲粮中原料用量(g/kg)($a \div b$)	预混料配方(%)($d \times 100$)
	a	b	d	e
维生素 A/IU	5 000	500 000	0.01	0.0
维生素 D_3/IU	1 000	500 000	0.002	0.2
维生素 E/mg	10	500	0.02	2.0
维生素 K/mg	2	950	0.002 1	0.21
维生素 B_1/mg	1	980	0.001	0.10
维生素 B_2/mg	2	930	0.002 2	0.22
盐酸/mg	20	980	0.020 4	2.04
叶酸/mg	0.10	850	0.000 12	0.012
维生素 B_{12}/mg	0.01	900	0.000 011	0.001 1
小计			0.057 831	5.783 1
载体(麸皮)			0.942 169	94.216 9
合计			1.000	100

第四步,确定赖氨酸、土霉素、风味剂和抗氧化剂的添加量及原料用量(表 2-27)。

表 2-27 赖氨酸等添加剂的用量换算

原料	在全价料中的添加量	原料规格(有效含量)/%	原料在全价料中的用量/%
赖氨酸	0.15	78.0	0.19
土霉素	50 mg/kg	10	0.05
风味剂	200 mg/kg	100	0.02
抗氧化剂	0.01	100	0.01
防霉剂	1 000 mg/kg	100	0.1
合计			0.37

第五步,确定复合添加剂预混料的用量,选择载体并计算其用量。

拟配复合预混料在全价料中的添加量为 2%,载体选用麸皮。

载体用量=复合添加剂用量-(微量元素预混料用量+维生素预混料用量+氨基酸等添加剂用量)=2%-(0.5%+0.1%+0.37%)=1.03%

第六步,整理出复合添加剂预混料配方,注明配方说明。配方计算及结果见表 2-28。该配方适用于生长肥育猪(20～60 kg);按 2%的比例将本配方产品添加到配合饲料中并混匀后使用;本配方的产品应保存在阴凉、避光、干燥之处,有效保质期两个月;一旦出现接口、变色和异味,则不能再作添加剂预混料使用。

表 2-28 复合添加剂预混料配方 %

组分	在全价料中用量	预混料配方
微量元素预混料	0.5	25
复合维生素预混料	0.1	5
L-赖氨酸盐酸盐	0.19	9.5
饲用土霉素	0.05	2.5
风味剂	0.02	1.0
抗氧化剂(BHT)	0.01	0.5
防霉剂(丙酸钙)	0.1	5.0
麦麸	1.3	51.5
合计	2.0	100

注:预混料配方=各组分在全价料中的用量÷2×100%。

【拓展知识】 添加剂预混合饲料的使用技术

添加剂预混合饲料在使用上带来很大方便,在质量上带来很大保证,适用于小型饲料厂和养殖户使用。使用添加剂预混合饲料可以提高配合饲料的营养价值,但添加剂预混合饲料毕竟是生产配合饲料的一项中间产品,饲料的种类与要求变化是很大的,添加剂预混合饲料生产时考虑再周到也很难完整地与各类全价饲料生产相配套。近年来,添加剂预混合饲料逐渐被广大养殖户所接受,对养殖业的发展和饲养水平的提高起到了良好的促进作用。正确使用添加剂预混合饲料,需要以下几点:

1.选择品牌

目前市场上的添加剂预混合饲料品种繁多,质量参差不齐。有相当一部分是不合格的。根据国家对饲料产品质量监督管理的要求,凡质量合格的产品,一是要有产品标签(标签内容包括饲用对象、批准文号、营养成分保证值、用法、用量、净重、生产日期、厂名、厂址),二是要有产品说明书,三是要有产品合格证,四是要有注册商标。只有掌握了这些基本知识,才能选购到合格的产品。

2.对号入座

添加剂预混合饲料一般由专业厂家配制,每个厂都针对不同动物品种的营养需要特点,生产不同动物的专业添加剂预混合饲料,例如猪系列添加剂预混合饲料、产蛋鸡系列添加剂预混合饲料、肉仔鸡系列添加剂预混合饲料、奶牛系列添加剂预混合饲料等,它们的特点是专一性强,用量小,作用大,效果显著。用户应按不同动物种类正确选择专用添加剂预混合饲料,不能混用,否则影响生产效果。

3.正确选择型号

对号入座后,每个动物品种的添加剂预混合饲料分不同型号,每种型号是按照不同生产发育阶段的营养需要而科学设计的,因此用户应根据实际情况选择不同阶段的添加剂预混合饲料品种。有的用户为了贪图一时便宜,用中猪料代替小猪料,岂不知"小猪差1斤,大猪差10斤",小猪阶段营养不足,影响了猪的后期发育。在使用时按动物不同生产阶段添加不同比例,便可保证动物生产发育的需要。

4.严格按推荐剂量配合饲料

添加剂预混合饲料在动物日粮中所占比例很小。很多饲养户使用添加剂预混合饲料时常常随便改变推荐配方:有的用户为降低成本随便降低添加剂预混合饲料在配合料中的比例,造成各项营养指标不能满足各个时期的生长需要;有的用户则任意加大添加剂预混合饲料的比例,这样不但增加了成本,而且有可能造成中毒现象。各种添加成分在饲料中不是越多越好,不可滥用,不可多用,要防止随便多加某种微量元素成分,都则会带来副作用,而且增加了饲养成本。更有甚者,将添加剂预混合饲料当"味精",在全价饲料中再增加小包装,以至破坏了饲料的"全价性"。

5.添加剂预混合饲料不宜直接使用

添加剂预混合饲料使用时,不能直接添加,应使用倍比稀释法,且一定要搅拌均匀。在拌料时首先用少量的料拌匀后再与多料拌匀,反复多拌几次,这样可以避免拌不匀现象。添加剂预混合饲料要在配料中充分拌匀,才能发挥其应有的作用。若不均匀,严重时会致使动物中毒,甚至死亡。目前农村大部分养殖户在配制饲料时都是采用人工搅拌。人工搅拌,均匀度达不到要求,严重限制了添加剂预混合饲料的使用效果。饲喂的饲料混合均匀度变异系数通常不得大于10%,有条件的应购买搅拌机,搅拌前对添加剂预混合饲料进行稀释,饲料与添加剂预混合饲料拌匀后方可使用。

6.更换添加剂预混合饲料要循序渐进

突然更换添加剂预混合饲料,动物可能不适应,从而影响采食和生长。使用添加剂预混合饲料时应逐渐增加新料用量,减少旧料用量,约7 d后就可以使用新添加剂预混合饲料。

7.注意添加剂预混合饲料的安全贮藏

预混料贮存地点应通风良好、清洁干燥,严禁日晒雨淋。添加剂预混合饲料应尽可能在有效期内使用完毕,以防营养成分失效。贮放时间不宜过长,时间一长,添加剂预混合饲料就会分解变质,色味全变。一般有效期夏季最多 3 d,其他季节不得超过 6 d。出厂运输、经销商保管,再到养殖户,往往需要一段时间,有的养殖户买回家一时用不了,贮存几个月就过期了,这样势必造成营养成分损失,质量下降,重者霉变,不能饲喂。养殖户一定要看保质期,以免造成经济损失。

【任务总结】

任务总结表

项目	内容	要点
相关知识	原料的选择	1.维生素原料选择主要考虑稳定性和生物可利用性;2.微量元素主要考虑是无机化合物和有机螯合物
	预混合饲料的非活性原料	1.载体;2.稀释剂;吸附剂
	预混料中各成分需要量与添加量的确定原则	1.需要量与添加量;2.预混料中各成分添加量的确定原则
任务实施	设计维生素预混合饲料配方	1.确定维生素预混合饲料在全价配合饲料中用量;2.确定应参与配方计算的维生素种类和添加量;3.选择维生素原料和载体;4.计算预混合饲料中各种维生素的用量;5.计算预混合饲料商品维生素添加剂和载体的用量,并得出配方
任务实施	设计微量元素预混合饲料配方	1.确定微量元素预混合饲料的用量;2.根据基础配方和饲养标准等确定实际添加微量元素的种类和数量;3.选择适宜的原料及载体;4.计算微量元素添加剂原料的实际用量;5.根据微量元素的总量确定载体的添加量;6.得出微量元素预混合饲料的最终配方
	设计复合预混合饲料配方	1.确定配合饲料的基础配方;2.制定复合预混料在全价饲料中的比例;3.计算复合预混料中各组分在全价饲料中的用量;4.制定出复合预混料中的各组分的实际用量得出复合预混料配方

任务四 验证饲料配方

任务描述:一个可供应用的配方,必须经过试验验证。若能达到预期效果,便可正式应用。在应用时,若发现畜、禽生长不快,蛋壳质量不好,动物不爱吃或腹泻多病等情况,便应立即分析原因。若确由饲料配方的缺陷引起,则应针对问题及时加以修正,并再行试验,直到满意为止。

【任务目标】

◆**知识目标**

1.理解饲养试验的意义。

2.掌握饲养试验设计方法。

◆**技能目标**

能够依据饲养试验设计的原则和要求，设计出科学合理的饲养试验。

◆**素质目标**

1. 培养实事求是和认真的态度。

2. 培养严谨的科学态度和对社会高度负责的精神。

【知识】

一、饲养试验的概念

饲养试验(feeding experiment)是在生产(或模拟生产)条件下，探讨与动物饲养有关的因子对动物健康、生长发育和生产性能等的影响或因子本身作用的一种研究手段。因子有多种，如某一饲料、添加剂和饲养技术等。饲养试验既是饲料与营养研究中常用的研究方法，同时也是畜牧生产技术和成果转化为动物生产力和效益的重要环节，是推广工作中进行应用性探讨不可缺少的手段。

饲养试验的意义如下：

第一，饲养试验与代谢试验及能量平衡试验结合，用于研究动物的营养需要和评定饲料的营养价值——可消化养分、消化能和代谢能等。这类参数的特点，是把饲料养分与动物消化、代谢和利用过程联系起来，从而能够客观地反映饲料对特定动物的利用价值。

第二，在畜牧生产和推广工作中，它被更多地用于验证或筛选较好的日粮配合设计，这是日粮配方调整和优化的重要环节；探讨新引入或开发的饲料资源及添加剂的使用效果、利用价值和一定条件下的最佳用量；比较各种饲养方式、管理因素和技术措施的优劣及对动物健康和生产力的影响；测定某品种或杂交组合的生产性能。总之，饲养试验可为改善饲养和提高生产水平提供有价值的数据。

二、饲养试验设计的方法

1. 分组试验

分组试验是饲养试验最常用的一种类型，就是将供试动物分组饲养，设试验组和对照组，以比较不同饲养因素对动物生产性能影响的差异。要求运用生物统计中完全随机设计的原则进行分组。其方案如表2-29所示。

表2-29 分组试验

组别	期别	
	预试期	正试期
对照组	基础日粮	基础日粮
试验组1	基础日粮	基础日粮+试验因子A
试验组2	基础日粮	基础日粮+试验因子B

分组试验的特点是，对照组与试验组都在同一时间和条件下进行饲养。因此可以认为，环境因素对每一个体的影响是相同的，从而可以不予考虑。当然，个体之间的差异是存在的，但

如果供试个体达到足够数量,这种差异也可忽略不计。所取得的结果有较高的置信度。

2. 分期试验

分期试验是把同一组(头、只、群)供试动物在不同时期采用不同的试验处理,观察各处理间的差异。其方案如表 2-30 所示。

表 2-30 分期试验

初试期	正试期	后试期
基础日粮	基础日粮+试验因子	基础日粮

分期试验的特点是,试验动物需要较少,可在一定程度上消除个体间的差异。但是,即使试验过程的环境条件完全相同(实际上是不可能的),同一个体的生产水平因不同阶段也存在差异。如奶牛的产奶量随时间推移呈一条曲线。这为资料的统计处理带来了不便,结果的准确性也受到一定影响。此法一般用在试验动物较少、采用分组试验有困难、且仅适用于成年动物的饲养试验。

3. 交叉试验

交叉试验是按对称原则将供试个体分为两组,并在不同试验阶段互为对照的试验方法。其设计方案如表 2-31 所示。

表 2-31 交叉试验

组别	第一期	第二期	第三期
1 组	基础日粮	基础日粮+试验因子 A	基础日粮+试验因子 B
2 组	基础日粮	基础日粮+试验因子 B	基础日粮+试验因子 A

第一期是预试期。第二期与第三期开始前应有 3～6 d 过渡期,两个组的日粮在不同试验中相互交换。进行数据处理时,可把两个试验组的平均值与两个对照组的平均值进行比较。在供试个体较少时,这种试验方法可在一定程度上消除个体差异和分期造成的环境因素对个体的不同影响,因而可获得较为准确的试验结。

三、饲养试验设计的原则与要求

试验设计的好坏直接关系到试验结果的准确性与可靠性。在进行饲养试验时,如果试验设计不合理,就可能会得出错误的结论或得不出结论,造成人力物力和时间的浪费。为此,设计饲养试验时,必须遵循设置重复、随机排列和局部控制三条基本原则。

1. 设置重复

重复是指在同一处理设置的试验单元数。其作用是估计误差,降低误差和增强试验的代表性。

2. 随机排列

一方面,是用随机方法来确定每个试验单元接受哪种处理。就是说,在分组时,不掺杂任何人为的主观因素;另一方面,在试验条件的安排,试验指标的测定上也采用随机的方法。

3. 局部控制

在饲养试验中,无论怎样努力,也无法使所有试验条件完全一致,因此,试验时经常采用局部控制的办法。所谓局部控制,就是在试验时,采取各种技术措施,使局部条件保持一致的办法。

试验人员要有严谨的科学态度和对社会高度负责的精神，应本着实事求是和认真的态度从事试验。为某种特殊目的而伪造或篡改数据，既是科学上的一大忌，也是一种卑劣行为。由此产生的不准确甚至错误的结论，势必在推广和生产中产生误导，最终酿成更大的经济损失。

饲养试验目的要明确，试验应有实际意义，计划要周密。通常有以下直接目的：解决生产中亟待解决的问题；充分利用资源，优化日粮结构，进一步提高经济效益。依据上述目的，制定试验计划与方案，作为试验操作的指南，以避免盲目性与随意性，使试验有条不紊地进行。

【技能】

一、设计饲养试验

(一)选题立项

为了使饲养试验有实际意义，应在广泛调查研究的基础上，根据当前生产中所提出要解决的问题作为研究课题。

(二)开题准备工作

确定好试验课题后，要搜集有关资料，包括类似课题在国内外的研究情况，以便阐明本课题的价值和意义，提出本试验的可行性和必要性，为试验提出理论依据。

(三)设计方案

试验方案是指试验中根据研究目的和要求而拟定的整个试验处理的总称。试验方案是试验设计的主体，在试验中承上启下，具有非常重要的作用。

完整的试验方案应包括以下内容：

(1)选题背景及国内外研究进展。

(2)试验目的、依据及研究内容。

(3)试验研究方法和技术路线。

(4)具体的实施方案和步骤。

(5)预期的成果类型、推广应用前景、社会与经济效益。

(6)试验的组织机构、实施地点、进度安排、经费预算和人员分工等。

(四)实施试验

1. 试验设备的准备

准备试验用的所有器具(圈舍、料槽和饮水器等)，备齐和备足试验期所需的各种饲料，在试验前按各组饲粮配方进行配制、分装和存放。

2. 试验动物的选择和分组

根据试验方案选择试验动物，并依需要进行分组、编号、驱虫、防疫和消毒、观察与终选动物等处理。试验动物的选择和分组应注意以下几个方面：

(1)一致性　品种、年龄、体重和来源等尽可能相同或接近。

(2)对称性　如果个体数量较少，为避免组间差异对试验结果的影响，可以两两配对，然后将其随机分配在两个组。如设更多个组，采用类似的方法。

(3)代表性　一般认为不应选择高产或低产、体重过大或过小的个体，因为它们在全群中所占比例较小，缺乏代表性。

(4)数量　根据统计学原理，个体越多，统计结果越可靠。但个体太多，造成管理、操作上的麻烦及费用增加。一般每个组以大家畜不少于3头、猪和禽类分别为10头和30羽为宜。

3.划分预试期和正试期

(1)预试期　在正式试验前按试验计划进行的一个预备试验，即预试期。其目的是：①使试验动物有一个适应环境的过程，使其在试验开始后，能适应试验条件。②测定不同处理动物的初始指标，并检验处理间的指标是否存在差异，以便调整。③观察试验动物的健康，并做好去势、驱虫、防疫等准备工作。④训练试验人员，使之熟练掌握操作规程。⑤检验设计是否合理，如试验动物质量、分组情况等。一般应有7～10 d预试期。此间，各组都采食基础日粮。淘汰不良个体，并对出现的显著组间差异进行调整，必须达到组间无显著差异($P>0.05$)。

(2)正试期　正试期紧接预试期。在正试期中，严格实施试验设计与方案，并按照生产条件下的饲养日程和操作规程进行饲养管理。正试期的长短，以因子充分体现出有关量化指标(日增重、饲料转化率、产蛋率等)为原则。一般来说，肉牛、奶牛和猪60 d，蛋鸡160 d，肉鸡28 d。

4.试验资料的收集与整理

饲养试验的目的不同，纪录的项目有很大的差异。而对于供试动物的体重和饲料消耗是饲养试验中必测的项目，其他项目按照试验方案中的规定，定期获取有关数据。称重一般要求在同一时间(早晨空腹)连续称重3 d，取其平均值。

5.结果的统计分析与课题总结

用生物统计的方法对原始数据进行处理，得出科学结论或小结，撰写研究报告，提出改进方案和下一步的研究思路。

试验报告应包括摘要、前言、材料与方法、试验结果、分析与讨论、小结或结论、参考文献等内容。

二、评价饲养试验

进行饲养试验，大多是为推广工作获得必要的数据。因而，试验结果的正确性十分重要。为避免推广中可能出现的误导和失误，必须对试验本身的局限性有所认识。首先，试验是在一定的饲养及环境条件下，利用特定的个体进行的。当条件改变时，试验结果也可能随之改变；其次，试验的方案设计及操作也影响其正确性。初步试验后，可扩大范围进行“中试”直至“大试”。被大量试验充分证明能够带来经济效益的试验结果，才真正具有推广价值。

附：饲养试验设计实例

(本实例引自饲料研究　2013年第2期)

4种添加剂对育肥猪生长性能的影响

陈立华

(辽宁铁岭　辽宁职业学院　112099)

摘要：本试验旨在研究4种添加剂对育肥猪生长性能的影响。选用体重75 kg左右的杜长大三元杂交猪135头，按$L_9(3^4)$正交试验设计分为9个处理组，每处理组设3个重复，每个重复5头。试验日粮在基础日粮基础上分别添加维生素C(mg/kg)：0、50、100；维生素E(mg/kg)：60、160、260；甜菜碱(mg/kg)：1 000、3 000、5 000；酵母硒(mg/kg)：100、300、500。试验结果表明：添加100 mg/kg 维生素C时的采食量显著高于0 mg/kg 和50 mg/kg($P<0.05$);维生素E在260 mg/kg时的日增重和采食量显著高于60 mg/kg 和160 mg/kg($P<0.05$);当甜菜碱添加量为1 000 mg/kg 时的采食量显著高于3 000 mg/kg 和5 000 mg/kg($P<0.05$);酵母硒在300 mg/kg 时对日增重、采食量和料重比均显著优于100 mg/kg 和500 mg/kg($P<0.05$)。结果提示:生产性能达到最佳时的4种添加剂的最适添加剂量为:维生素C 50 mg/kg、维生素E 260 mg/kg、甜菜碱1 000 mg/kg、酵母硒300 mg/kg。

关键词:4种添加剂;育肥猪;生产性能

迄今为止,国内外对维生素C、维生素E、甜菜碱和酵母硒在养猪、养禽及水产上的应用已有一些报道,并取得了丰硕的成果。一些研究学者和笔者的前期研究表明,4种添加剂具有提高育肥猪的生长性能、改善肉质等诸多功效,是新型的营养再分配剂。但4者同时添加对肥育猪生产性能的影响研究较少,因此本试验在国内外研究的基础上,以肥育猪为试验对象,通过饲养试验,探讨4种添加剂对肥育猪的影响,旨在阐明4种添加剂同时添加的最适添加量,为4种添加剂在养猪生产上的应用提供科学依据。

1 材料与方法

1.1 试验材料

(1)维生素C、维生素E:由沈阳波音饲料添加剂有限公司提供,均为99%含量;

(2)甜菜碱:由河北环球饲料添加剂有限公司提供,含量为97%;

(3)酵母硒:北京奥特奇生物制品有限公司提供,含硒1 000 mg/kg。

1.2 试验动物和日粮

试验动物选用“杜长大”三元杂交猪,选用健康、日龄相近、体重75 kg左右的育肥猪参照美国NRC(1998)肥育猪的营养需要配合成粉状全价料,基础日粮配方及营养水平见表1。

表1 基础日粮组成和营养水平(风干基础)

项目	含量/%	营养水平	含量
玉米	60.4	消化能(MJ/kg)2)	12.96
豆粕	8.5	粗蛋白质(%)	13
麦麸	21	赖氨酸(%)	0.493
DDGS	5	蛋氨酸(%)	0.19
玉米浆	1	蛋氨酸+胱氨酸(%)	0.428
磷酸氢钙	0.5	钙(%)	0.52
石粉	1	总磷(%)	0.59
盐	0.350		
65%赖氨酸	0.25		
预混料1)	2		
总计	100		

注:(1)预混料为每千克日粮提供:铁98 mg,锰69 mg,铜140 mg,碘0.3 mg,锌40 mg,维生素A 9 888 IU,维生素D_3 2 000 IU,维生素K_3 2 mg,维生素B_1 0.5 mg,维生素B_2 0.3 mg。

(2)消化能根据原料组成计算所得,其余为实测值。

1.3 试验设计与饲养管理

选择体重75 kg左右的杜长大三元杂交猪135头，采用四因素三水平的$L_9(3^4)$正交设计，根据初始重和性别随机分为9处理，每个处理3个重复，每个重复5头猪，3公2母或2公3母，试验设计和正交设计见表2，表3。试验猪只均在同一舍内饲养，饲料用粉料，记录编号，采取旋转式喂料器自由采食，鸭嘴式自动饮水器供水。试验预试期7 d，正试期为50 d，至猪体重达120 kg左右结束。试验期间每日记录料耗，饲养试验结果时，禁食(自由饮水)24 h后称重，计算试验猪的日平均采食量、日增重和料重比。

表2 试验设计

添加剂	添加水平		
	1	2	3
维生素C /(mg/kg)	0	50	100
维生素E /(mg/kg)	60	160	260
甜菜碱/(mg/kg)	1 000	3 000	5 000
酵母硒/(mg/kg)	100	300	500

注：经过换算，硒的含量分别为0.1,0.3和0.5 mg/kg.

表3 正交设计表

试验组	列号			
	1	2	3	4
1	1	1	1	1
2	1	2	2	2
3	1	3	3	3
4	2	1	2	3
5	2	2	1	1
6	2	3	2	2
7	3	1	3	2
8	3	2	1	1
9	3	3	2	3

1.4 生产性能指标测定

试验期正式开始前一天测定每头试验猪的初体重，在试验结束后出栏送往屠宰厂之前测定末体重，可计算出：日增重=(末体重－初体重)/试验天数；试验过程中以圈为单位计算日采食量；料重比=日采食量/日增重。

1.5 数据的统计分析

数据先用Excel软件做初步处理，然后再用SPSS12.0统计软件做正交设计单变量方差分析。$P \leqslant 0.05$时确定为差异显著，多重比较采用邓肯式法，文中所有数据均用平均值±标准差表示。

2 结果

试验结果通过正交设计单变量F值检验及多重比较显示(表4、表5)，本试验中添加

100 mg/kg 维生素 C 时能显著提高育肥猪的采食量($P<0.05$),添加 260 mg/kg 维生素 E 时能显著提高育肥猪的日增重和日采食量,甜菜碱各添加水平对提高动物的日采食量影响差异显著($P<0.05$),其中低水平(1 000 mg/kg)的效果最好,但日增重和料重比影响差异并不显著($P>0.05$);酵母硒对育肥猪的生产性能影响显著($P<0.05$),其中 300 mg/kg 添加水平对日增重的影响效果最好。生产性能达到最佳时的 4 种添加剂的最适添加剂量为:维生素 C 50 mg/kg、维生素 E 260 mg/kg、甜菜碱 1 000 mg/kg、酵母硒 300 mg/kg。

表 4 4 种添加剂对育肥猪生长性能的影响

添加剂	添加水平/(mg/kg)	日增重/g	采食量/kg	料重比
维生素 C	0	976.57±20.39	$3.67±0.01^{b}$	3.84±0.78
	50	997.59±22.56	$3.68±0.06^{b}$	3.77±0.65
	100	984.3±28.23	$3.76±0.25^{a}$	3.71±1.21
维生素 E	60	$974.83±13.65^{b}$	$3.64±0.03^{b}$	3.92±0.43
	160	$996.62±32.69^{ab}$	$3.67±0.05^{b}$	3.71±2.53
	260	$1\ 014.01±10.68^{a}$	$3.73±0.04^{a}$	3.65±0.25
甜菜碱	1 000	1 011.84±45.36	$3.73±0.12^{a}$	3.71±0.42
	3 000	969.81±18.96	$3.69±0.03^{b}$	3.82±0.83
	5 000	976.81±16.79	$3.69±0.15^{b}$	3.79±0.82
酵母硒	100	$949.76±32.15^{b}$	$3.64±0.13^{b}$	$3.92±0.58^{a}$
	300	$1\ 040.82±45.36^{a}$	$3.72±0.08^{a}$	$3.58±1.92^{b}$
	500	$967.87±28.04^{b}$	$3.67±0.21^{b}$	$3.82±0.32^{a}$

注:同列肩标相同字母表示差异不显著($P>0.05$),不同字母者表示差异显著($P<0.05$),下同。

表 5 4 种添加剂对育肥猪生长性能的影响

组别	日增重/g	采食量/kg	料重比
1	$927.53±37.04^{b}$	$3.71±0.04^{bc}$	$4.01±0.18^{a}$
2	$1\ 025.36±51.36^{ab}$	$3.63±0.03^{d}$	$3.55±0.20^{ab}$
3	$976.81±92.59^{b}$	$3.66±0.03^{cd}$	$3.76±0.33^{ab}$
4	$924.63±54.66^{b}$	$3.64±0.03^{d}$	$3.95±0.25^{a}$
5	$962.31±44.78^{b}$	$3.64±0.02^{d}$	$3.79±0.16^{ab}$
6	$1\ 105.79±38.66^{a}$	$3.75±0.04^{ab}$	$3.39±0.11^{b}$
7	$991.30±44.92^{b}$	$3.76±0.02^{ab}$	$3.81±0.17^{ab}$
8	$1\ 002.17±91.38^{ab}$	$3.73±0.03^{ab}$	$3.74±0.33^{ab}$
9	$959.42±64.93^{b}$	$3.79±0.05^{a}$	$3.96±0.29^{a}$

3 分析与讨论

3.1 4 种添加剂对日增重的影响

本次试验所添加的三个水平的维生素 C 对日增重的影响差异不显著($P>0.05$)。王胜林

(2004)研究表明，在热应激的条件下维生素C可以显著提高猪的日增重，也许本次试验室在9月到11月之间进行的，所以维生素C各水平之间对日增重的影响差异不显著($P>0.05$)。

本次试验结果表明，维生素E对育肥猪的日增重影响差异不显著($P>0.05$)，随着维生素E添加量的提高，日增重有升高的趋势。林映才(2005)等利用75头30 kg的仔猪试验不同添加量维生素E对生长育肥猪生产性能的影响，结果表明添加维生素E可显著提高育肥猪生产性能。这与本次试验结果完全一致。

本次试验结果表明，甜菜碱虽然可以显著提高育肥猪的日增重，但三个水平之间差异不显著，且以最小添加量1 000 mg/kg效果最佳。汪以真(1998)等实验结果表明，添加1 750 mg/kg水平的甜菜碱提高日增重效果最佳。本次试验数据结果与前人所报道不尽一致，也许是由于甜菜碱与其他三种添加剂相互具有协同作用所导致的。

硒与维生素E具有协同作用。本试验结果表明，当硒酵母的添加量为300 mg/kg时，对育肥猪日增重的影响效果最佳。杨华(2004)报道指出，在猪日粮中添加有机硒对仔猪、生长猪、肥育猪三个阶段的日增重有所提高。本次试验所得数据与前人的结果不尽一致，也许是由于本次试验采用的是有机硒酵母，并且其他三种添加剂与硒能够起到相同的作用或具有协同作用，所以最适添加量与前人相比低一点，或者是由于不同日粮营养水平的影响造成的试验结果不相一致。

3.2　4种添加剂对日采食量的影响

本次试验结果分析表明，随着维生素C添加量的提高，育肥猪的采食量也随之增加，且100 mg/kg水平时的采食量显著高于0 mg/kg和50 mg/kg添加水平时的采食量($P<0.05$)。王胜林(2004)等研究报道指出，热应激条件下，维生素C能够改善育肥猪的采食量，但与对照组差异不显著($P>0.05$)。本次试验与前人结果不相一致。也许是由于其他应激因素的存在造成的，也有可能是因为维生素C与其他添加剂发生了协同或拮抗作用所导致的，造成这种结果的原因还有待分析。

甜菜碱在一定程度上带有脂肪香味，做为饲料添加剂，维生素E和甜菜碱经常搭配使用，这样能更好地发挥二者的功效。本次试验中，维生素E的三个水平均能显著提高采食量，最佳效果为260 mg/kg；甜菜碱以1 000 mg/kg时效果最佳，且随着添加剂量的增多，采食量反而下降。这可能是由于甜菜碱能够维持维生素的效价，使其能够更好地发挥效用，并且维生素E和甜菜碱还具有协同作用所造成的甜菜碱的最适添加量为1 000 mg/kg。

本试验设置的硒的三个水平中300 mg/kg的添加量时采食量最高，且与100 mg/kg和500 mg/kg两组差异显著($P<0.05$)，这与前人实验结果相一致。说明添加剂酵母硒的含量不是越高越好，而是有一定的范围。对于影响育肥猪采食量这单一指标来说，300 mg/kg为最佳添加量。

3.3　4种添加剂对料重比的影响

本试验添加9种不同组合的添加剂对料重比统计分析表明，第六组(维生素C 50 mg/kg、维生素E 260 mg/kg、甜菜碱3 000 mg/kg、酵母硒100 mg/kg)的料重比显著低于其他各组($P<0.05$)。

甜菜碱可抑制脂肪的合成，所以能够节省饲粮在沉积脂肪方面的巨大消耗，从而提高饲料转化率。吴昊(2000)研究表明，甜菜碱能够显著提高料重比，但各水平之间影响差异不显著，这与本次试验结果相一致。张巧娥(2002)研究表明，有机硒含有动物所需的多种营养物质，又具有芳香气味，可促进胃液分化，提高消化力，从而提高动物的饲料报酬。关于4对动物生长性能的影响国内外报道不尽相同，这可能与猪的日粮中营养水平、氨基酸水平及猪的品种和生理阶段有关。

4 结语

①维生素C添加量为100 mg/kg时的采食量显著高于0 mg/kg和50 mg/kg($P<0.05$)，维生素E在260 mg/kg时的日增重和采食量与其他两组差异显著($P<0.05$)，当甜菜碱的添加量为1 000 mg/kg时的采食量显著高于其他添加水平($P<0.05$)，酵母硒在300 mg/kg时对日增重、采食量和料重比均显著优于另外两组($P<0.05$)。

②当生产性能达到最佳时的4种添加剂的最适添加剂量为：维生素C 50 mg/kg、维生素E 260 mg/kg、甜菜碱1 000 mg/kg、酵母硒300 mg/kg。

【拓展知识】 养殖场饲养效果分析与营养诊断

目的要求：能够客观、正确分析该场饲养效果，并能进行现场营养诊断。

材料设备：动物养殖场、饲料营养成分表、动物饲养标准等。

方法步骤：

(1)了解日粮配方，核算日粮中营养成分是否符合饲养标准。

(2)了解饲料原料，通过感官鉴定原料的品质。

(3)了解配合饲料产品，感官鉴定产品的品质，必要时取样带回实验室化验检测。

(4)观察动物群，感官鉴定动物生产情况，进行现场营养诊断，尤其要注意生长、生产异常的动物，并提出初步改进措施。

(5)与技术人员及技术管理人员座谈，了解养殖场的过去、现在的饲养情况，包括动物生长速度、生产效益、饲料转化效率和管理措施等。

【任务总结】

任务总结表

项目	内容	要点
相关知识	饲养试验的概念	饲养试验是在生产(或模拟生产)条件下，探讨与动物饲养有关的因子对动物健康、生长发育和生产性能等的影响或因子本身作用的一种研究手段
	饲养试验设计的方法	1.分组试验；2.分期试验；3.交叉试验
	饲养试验设计的原则与要求	1.设置重复；2.随机排列；3.局部控制
任务实施	设计饲养试验	1.选题立项；2.开题准备工作；3.设计方案；4.实施试验
	评价饲养试验	1.试验是在一定的饲养及环境条件下，利用特定的个体进行的。当条件改变时，试验结果也可能随之改变；2.试验的方案设计及操作也影响其正确性；3.初步试验后，可扩大范围进行“中试”直至“大试”；4.被大量试验充分证明能够带来经济效益的试验结果，才真正具有推广价值

学习情境 3　配合饲料加工

情境描述

从饲料原料的接收到成品出厂的全部过程即为饲料加工，它是决定饲料厂产品质量和生产效率的重要因素之一。本情境主要对应饲料生产相关岗位，包括参观饲料厂、粉状饲料加工、颗粒饲料加工3个任务。

学习目标：通过参观饲料厂，熟悉配合饲料加工工艺流程；通过小组合作完成配合饲料加工，正确识别饲料加工设备，培养分工合作、沟通协调能力，养成遵纪守法、安全生产意识，提高分析问题、解决问题的能力。

任务一　参观饲料厂

任务描述：饲料加工工艺影响产品质量，贯穿整个生产过程。掌握饲料加工工艺流程，理解加工工艺对产品质量的影响，能够根据加工工序要求科学配置并合理使用饲料加工设备，为配合饲料的生产奠定一定的基础。

【任务目标】

◆知识目标

1. 掌握饲料加工工艺流程。
2. 理解饲料加工工序对饲料质量的影响。

◆技能目标

1. 能够阐述饲料加工工艺流程。
2. 能根据实际情况，设计科学合理的饲料加工工艺流程。

◆素质目标

1. 了解饲料企业文化，提高个人素养。
2. 培养语言表达、沟通协调能力。

【知识】

一、配合饲料加工工艺流程

一个完整的配合饲料加工工艺(formula feed processing technology)包括原料的接收、清理、粉碎、配料、混合、制粒、成品包装等主要工序及通风除尘、油脂添加等辅助工序。只有先进合理的工序才能生产出优质产品,带来高效率。因此配置好工艺流程极为重要。

以粉状和颗粒饲料为例,其基本工序如图 3-1 所示。

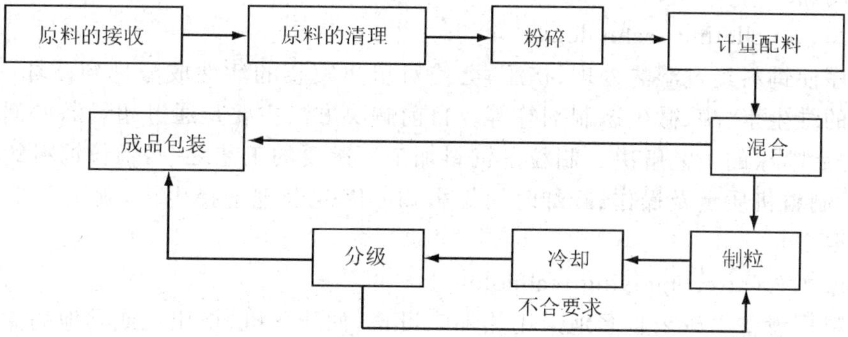

图 3-1 饲料加工工艺流程

二、加工工艺对产品质量的影响

1. 原料清理工艺(raw material cleaning technology)

原料中的杂质会影响产品质量。杂质中夹带大量的有害微生物,使产品储存期缩短,影响产品的货架寿命和产品的外观色泽。如果杂质太多,会降低物料的整体营养水平,使产品质量不稳定。此外,由于杂质的摩擦性强,也会影响设备的使用寿命,尤其是制粒机的压辊和压模的使用寿命。加强清理工作是加工过程中把好饲料质量的第一关,所有主、副原料都应进行清杂除铁处理。

2. 粉碎工艺(grinding technology)

粉碎工序是饲料厂的主要工序之一。粉碎质量直接影响到饲料生产的质量、产量和电耗等综合成本,同时也影响到饲料的内在品质和饲养效果。粉碎加工一直是饲料加工中一个活跃的研究领域,主要研究粉碎粒度、均匀性、电耗以及与粉碎相关的领域。

3. 配料工艺(batching technology)

配料是饲料加工工艺的核心部分,配方的正确实施是由配料工艺来保证的,配料质量直接关系到配合饲料的营养指标。

配料系统的变化主要是适应添加品种的增加,添加量的减少,称量准确性的提高,同时要缩短称量的周期,提高单位时间内的生产量。

称量准确性是另一个发展领域。现有的分批配料系统主要是加量配料系统,在称量的准确性和称量的时间上均有待改进。在称量过程中不可避免会出现空中量,尽管可以采用一些技术减少空中量,但不可能完全消除,影响物料称量准确性。加量称量系统也使物料称量的周期延长。现在已经有几种微量配料系统，是采用减重方式来计量的。采用减重的方式可以避免空中量的出现，提高称量的准确性，同时有可能称量10个或更多物料的重量，这就缩短了配料周期(有可能达到1～1.5 min)，而且精确度比较高，能与周期很短的混合机相匹配。

4. 混合工艺(mixing technology)

混合工艺的关键是如何保证混合均匀。在混合工艺中还应设置预混合工艺，对于大型饲料 厂，为了节省料仓，消除添加量过小带来的误差，可以设置预混合工艺；对于小型饲料产个，设置该工艺的意义并不大，小品种物料的添加可在混合机上方的人工添加口添加，但应注意不要重复加或漏加。

5. 制粒工艺(pelleting technology)

制粒工序使饲料经过湿热处理、挤压，会使对湿热敏感的活性成分遭到破坏，例如添加到配合饲料中的维生素、酶、微生态制剂等等。目前解决方法主要是通过超量添加剂以损失活性成分，或制粒后喷涂的工艺解决。制粒是饲料加工厂重要的工艺之一，颗粒饲料的质量受调质工艺及参数、制粒机质量及操作、冷却时间等影响。因此合理选择生产，确定科学合理的工艺参数非常重要。

6. 后喷涂工艺(after-spraying technology)

由于饲料厂设备中越来越多地采用热加工设备，如膨化机、挤压机或其他高温短时加工设备，使饲料中制粒、挤压和膨化过程中受温度、水分和压力的热烈作用，这会破坏维生素、酶制剂、微生态制剂及其他添加剂的大部分功效。而后置添加技术就是解决这一问题的新技术，即将热敏性营养物质放在热加工工序的后面添加。这样可使热敏性微量组分免受热加工的损害，减少这些组分的添加量，可降低生产成本。

7. 包装工艺(bagging technology)

包装工艺对饲料质量也有很大的影响，例如包装称的工作是否正常，其设定的质量与包装要求是否一致，计量是否准确等，都直接影响着产品的质量。因此，包装人员应定期检查包装称的准确性，检查被包装的饲料和包装袋及饲料标签是否正确无误，应随时注意饲料的外观，发现异常，及时处理，要保证缝包质量，不能漏缝和掉线，确保包装袋有良好的密封性。

8. 贮藏工艺(storage technology)

饲料贮藏工艺也直接影响饲料产品的质量，这就需要有良好的仓储条件和正确贮藏方法，保证饲料不发霉，不腐败变质。贮藏饲料的仓库应该不漏雨、不潮湿、门窗齐全、防晒、防热、防太阳辐射、通风良好、干净、卫生；不要把饲料同有毒物品放在一起，禁止与化肥、农药以及有腐蚀性、易潮湿的物品存放在一起。

三、设计工艺流程时应注意的问题

(1)工艺流程的选配应充分考虑产品种类、工厂规模以及今后的发展方向等因素。

(2)选配先进的机器设备，是提高产量、保证质量、节约能耗的基础。

(3)各工序的设备配置要得当，保证工艺流程的连续性。

(4)工艺流程应完整、流畅、剪接，不得出现工序重复或连续不断的现象。

(5)应充分考虑生产中产生的噪声和粉尘对工作人员及周围环境的影响，采取切实可行的噪声和粉尘防治措施，尽量创造良好的工作环境，保证安全生产。

【技能】

参观配合饲料厂

(1)厂区参观,了解配合饲料厂布局。

(2)原料仓库和成品库参观,熟悉配合饲料的原料种类。

(3)生产车间参观,熟悉配合饲料生产工艺。

(4)饲料检验化验室的参观,熟悉饲料检验化验室的布局、各类饲料原料和产品的检测项目与检测方法。

(5)与厂领导、技术员和销售管理人员一起座谈了解产品质量管理、生产管理和销售管理的措施及经营策略。

【任务总结】

任务总结表

项目	内容	要点
相关知识	配合饲料加工工艺流程	一个完整的配合饲料加工工艺包括原料的接收、清理、粉碎、配料、混合、制粒、成品包装等主要工序及通风除尘、油脂添加等辅助工序
	加工工艺对产品质量的影响	1.原料清理工艺;2.粉碎工艺;3.配料工艺;4.混合工艺;5.包装工艺
	设计工艺流程时应注意的问题	1.工艺流程的选配应充分考虑产品种类、工厂规模以及今后的发展方向等因素;2.选配先进的机器设备;3.各工序的设备配置要得当;4.工艺流程应完整、流畅、剪接;5.应充分考虑生产中产生的噪声和粉尘对工作人员及周围环境的影响
任务实施	参观配合饲料厂	1.厂区参观;2.原料仓库和成品库参观;3.生产车间参观;4.饲料检验化验室的参观;5.与厂领导、技术员和销售管理人员一起座谈

任务二 粉状饲料加工

任务描述:粉状饲料是指多种饲料原料的粉状混合物,是配合饲料最常用的形式,其特点是生产加工工艺简单,加工成本较低。在熟悉饲料加工工艺流程的基础上,结合加工工序的特点和要求科学配置生产设备;依据设备结构和特点合理使用和维护生产设备,按照饲料配方要求安全加工粉状配合饲料。

【任务目标】

◆知识目标

1.掌握粉状饲料加工工艺流程。

2.熟悉粉料加工工序特点和设备配置。

◆**技能目标**

1.能够准确识别粉料加工设备。

2.能依据饲料配方安全生产粉状配合饲料。

◆**素质目标**

1.通过粉状饲料加工,养成遵纪守法、安全操作意识。

2.通过小组合作,培养分工合作能力,养成参与意识和团队精神。

【知识】

一、原料的接收工艺

(一)原料接收任务

原料进厂接收是饲料厂饲料生产的第一道工序,也是保证生产连续性和产品质量的重要工序。原料接收任务是将饲料厂所需的各种原料用一定的运输设备运送到厂,并经质量检验、称重计量、初清入库存放或直接投入使用。

原料接收能力必须满足饲料厂的生产需要,接收设备的接收能力一般为饲料厂生产能力的3～5倍,并选择适用、先进的工艺和设备,以便及时接收原料,减轻工人的劳动强度,节约能耗,降低生产成本,保护环境。

1.原料的陆路接收

汽车或火车入厂的原料,经汽车地中衡和火车轨衡称重后,自动卸入下粮坑。然后将原料由水平输送设备、斗式提升机进行输送,再经清理、称量入库贮存或直接进入待粉碎仓或配料仓。

2.原料的水路接收

在我国南方地区有纵横交错的水网,有发达的水上运输体系,因其费用较低,在有条件的情况下是首选的运输形式,气力运输接收工艺适合于水路运输装卸粮食之用。它的吸管为软管,可适应水位的涨落,同时吸管可以前后左右移动,不受轮船的外形和大小限制,同时也保证了船舶内有良好的卫生条件和船体结构不被损坏。

气力输送装置可分为移动式和固定式两种。一般大型饲料厂宜采用固定式的,小型厂可采用移动式的。气力输送装置的优点是吸料干净,粉尘少,结构简单,操作方便,劳动强度低,缺点是能耗较高。

3.液体原料的接收

饲料厂接收最多的液体原料是糖蜜和油脂。液体原料接收时,首先需进行检验。检验主要内容有颜色、气味、比重、浓度等。经检验合格的原料方可入库贮存。

(二)原料接收的要求

在接收原料时,应按原料采购标准及预订的供货渠道仔细认真核对进厂原料。查对包装,核实原料名称、品牌、含量、包装方式、包装完好程度、标签、生产日期、保质期、包装数量、饲料原料的实际重量;观察饲料原料的颜色、有无霉变和杂质、粒度、流散性、均匀一致性、口味、气味、手感等,与典型的、正在使用的同类产品相比较,以初步确认原料质量。

二、原料的清理工艺

(一)清理的目的

在进入饲料厂的原料中,可分为植物性原料、动物性原料、矿物质性原料和其他小品种的添加剂。其中动物性原料(如鱼粉、肉骨粉),矿物性原料(如石粉、磷酸氢钙)以及维生素,药物等的清理已在原料生产过程中完成,一般不再清理。饲料厂需清理的主要是谷物性原料及其加工副产品。糖蜜、油脂等液体原料的清理则在管道上放置过滤器等进行清理。

饲料谷物中常夹杂着一些沙土、皮屑、秸秆等杂质。少量杂质的存在对饲料成品的质量影响大。由于成品饲料对含杂的限量较宽,所以饲料原料清理除杂的目的,不单是为了保证成品的含杂不要过量,而是为了保证加工设备的安全生产,减少设备损耗以及改善加工时的环境卫生。

(二)清理的方法

1.筛选

筛选是根据物料与杂质的粒度大小不同而进行分离的一种操作。筛选时小于筛孔的物料穿过筛孔为纯净物料(筛下物),大于筛孔的杂质不能通过筛孔而被清理出来(筛上物),两者或相反。饲料厂常用的筛理设备有圆筒(或圆锥)初清筛、粉料初清筛和平面回转分级筛。筛选法常用以筛除大于及小于饲料的泥沙、秸秆等大杂质和小杂质。

2.磁选

利用磁场的吸力分离磁性杂质的方法,称为磁选。

在饲料原料中所夹杂的磁性杂质,如铁、钴、镍等金属碎块以及磁铁矿矿砂等。在饲料生产中一般只按除强磁性杂质的要求选用磁选设备。磁选法用以清除各种磁性杂质。

(三)清理流程

饲料加工厂的原料清理流程分为进仓前的清理和进仓后的清理。

1.原料进仓前清理

这种清理工艺多为白天进料,一般是提升设备和清理设备配置较大,其特点进入料仓内的原料比较干净、杂质少,有利于储存,物料流动性好,有利于出仓。

2.原料进仓后清理

原料进仓后,主料由卸料坑进料,经提升机到埋刮板输送机进入立筒库。生产时,原料经出仓螺旋输送机到提升机进入振动筛、磁选机进行清理。这种清理工艺由于清理工序中仓后,因此,清理设备的规格可以和主车间结合起来,配备不必过大。清理设备的布置也可以和主车间结合起来,省去了工作塔。但由于毛粮进入立筒仓,杂质多,不利于储存。

3.选择原料清理设备需注意的问题

①根据饲料清理的需要确定清理工段的工艺流程。

②根据物料的性状,选择相应的设备,确定设备型号及参数。

③清理设备的产量一般为车间成品生产能力的2～3倍。

④考虑设备的清扫效果、运行可靠性,布置、安装、操作、维护的便利性。

⑤考虑设备生产厂的制造质量、价格、配件供应及售后服务情况等。

三、原料的粉碎工艺

（一）粉碎的目的与要求

饲料粉碎对饲料的可消化性和动物的生产性能有明显影响，对饲料的加工过程与产品质量也有重要影响。适宜的粉碎粒度可显著提高饲料的转化率，减少动物粪便排泄量，提高动物的生产性能，有利于饲料的混合、调质、制粒、膨化等。

1. 粉碎目的

（1）增加饲料的表面积，有利于动物的消化和吸收。动物营养学试验证明，减少颗粒尺寸，改善了干物质、蛋白质和能量的消化和吸收，降低了料肉比。

（2）改善和提高物料的加工性能。通过粉碎可使物料的粒度基本一致，减少混合均匀后的物料分级。对于微量元素及一些小组分物料，只有粉碎到一定的程度，保证其有足够的粒子数，才能满足混合均匀度要求；又如对于制粒加工工艺，粉碎物料的粒度必须考虑粉碎粒度与颗粒饲料的相互作用，粉碎的粒度会影响颗粒的耐久性和水产饲料在水中的稳定性。

2. 粉碎粒度要求

对于不同的饲养对象、不同的饲养阶段，有不同的粒度要求，而这种要求差异较大。在饲料加工过程中，首先要满足动物对粒度的基本要求，此外再考虑其他指标（表 3-1）。

表 3-1　各种动物饲料适宜的粉碎粒度

动物种类	生长发育阶段或时期	适宜粒度/mm
鸡	雏鸡	≤1.0
	中鸡、大鸡	≤2.0
	成鸡	2.0～2.5
猪	哺乳猪、仔猪	≤1.0
	生长肥育猪、母猪	1.0
牛	哺乳牛	≤1.0
	其他	≤2.0
马		2.0～4.0
鱼		≤0.5

（二）粉碎方法

在饲料加工过程中，对于谷物和饼粕等饲料，常用击碎、磨碎、压碎与劈碎的方式将其粉碎。

（1）击碎粉碎——物料在瞬间受到外来的冲击而粉碎，它对于粉碎脆性物料最为有利，因其适应性广、生产率高，在饲料厂广泛被应用。

（2）磨碎——物料与运动的表面之间受一定的压力和剪切力作用，当剪应力达到物料的剪切强度极限时物料被破碎。

（3）压碎——物料置于两个粉碎面之间，施加压力后粉料因压应力达到其抗压强度极限而被粉碎，所以粉碎效果较好。

（4）锯切碎——用一个平面和一个带尖棱的工作表面挤压物料时，物料沿压力作用线的方向劈裂，当劈裂平面上的拉应力达到或超过物料拉伸强度极限时物料破碎。

(三)粉碎工艺

饲料粉碎工艺与配料工艺密切相关。按粉碎与配料工艺的组合形式可分为先粉碎后配料(先粉后配)和先配料后粉碎(先配后粉)；按饲料原料粉碎次数分为一次粉碎和二次粉碎。

1.先粉碎后配料工艺

该工艺先将待粉物料进行粉碎，分别进入配料仓，然后再进行配料和混合(图3-2)。这种工艺的优点是：因粉碎单一品种物料，粉碎机可达到最高工作效率和最佳的粉碎效果。这对粉碎机的操作和管理带来方便，管理工作也较单纯。在粉碎工艺后配备许多配料仓，这不但在生产过程中起缓冲作用，而且可短期维修粉碎机前的工艺设备，不影响生产。对大型饲料厂还可设置不同类型粉碎机，以便适应不同原料粉碎，或实现二次粉碎工艺。该工艺的缺点是由于每一原料都需要配料仓，则配料仓增多，增加建厂的投资和以后的维修费用；受原料品种增加时料仓数的限制。粉碎后的粉料进配料仓存放，增加了物料在仓内结拱的可能性。该工艺适用于生产规模大、产品质量要求高、产品种类多、需粉碎物料在配方中占配比比较小的企业采用。

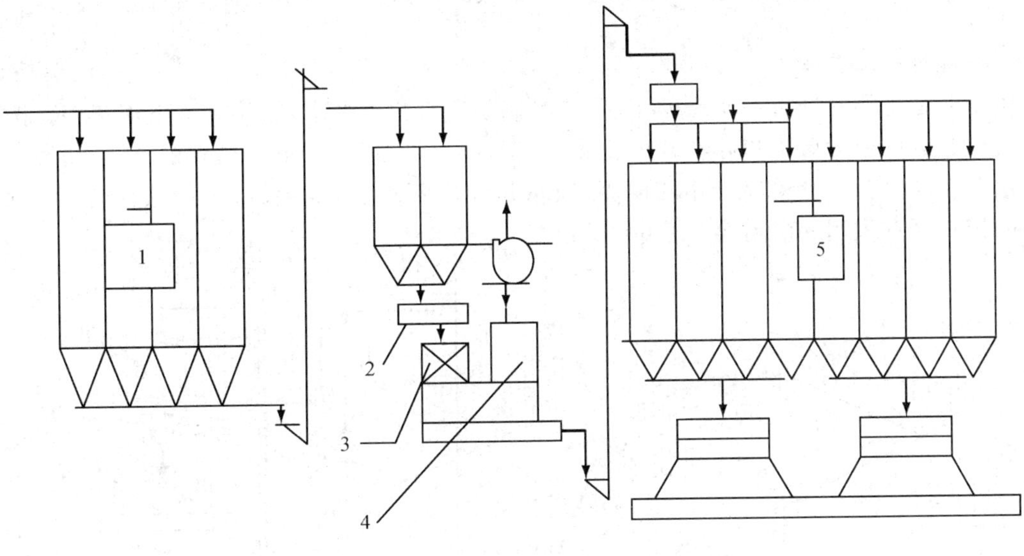

图3-2 先粉碎后配料工艺

1.原料仓 2.喂料器 3.粉碎机 4.除尘器 5.配料仓

2.先配料后粉碎工艺

该工艺是将各种饲料原料按照饲料配方的比例分别计量，混合后进行粉碎(图3-3)。这种工艺的特点是对需粉碎原料品种变更的适应性强。工艺连续性强，便于实现自动化控制。由于减少了后配料工艺的众多配料仓、粉碎机前的待粉碎仓，因而降低了饲料厂建设投资，可有效防止配料仓结拱。缺点是装机容量高，能耗较大；配料质量控制较难；由于多种原料混合后粉碎，粒度、软硬度不同，很难像单一原料粉碎那样控制粉碎机在最佳工作状态，粉碎机磨损严重；粉碎工序制约整个机组生产率，且当粉碎机发生故障或更换筛片时，机组停产。该工艺流程适合于需粉碎种类多、配方中占配比大，且经常变更的大中型企业。由于受设备投资控制，我国小型饲料加工机组常使用该工艺流程。

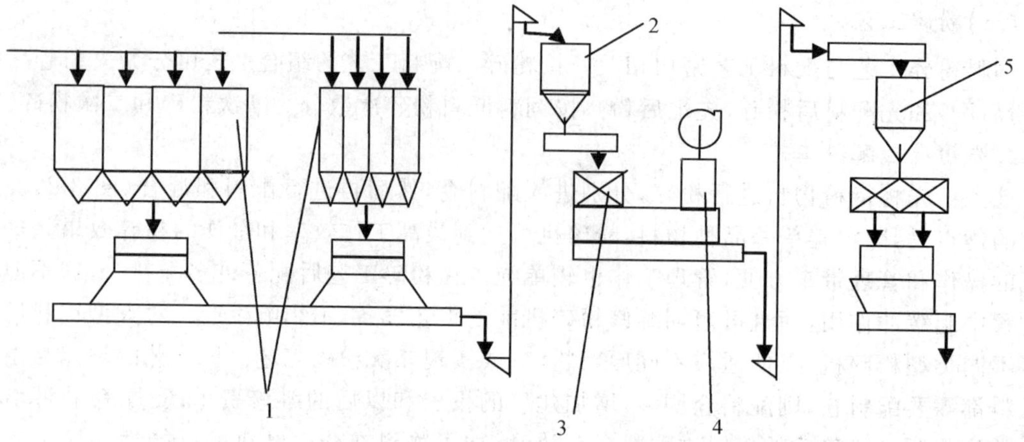

图 3-3　先配料后粉碎工艺流程

1.原料仓　2.缓冲仓　3.粉碎机　4.除尘器　5.混合机

3.一次粉碎工艺

该工艺是将物料经过一次粉碎工序，使其满足产品粒度要求，直接进入下面工序。按使用粉碎机的台数可分为单机粉碎和并列粉碎，小型饲料加工厂大多采用单机粉碎，中型饲料加工厂有用两台或两台以上粉碎机并列使用，缺点是粒度不均匀，电耗较高，一般而言对于 10t/h 以下的饲料厂宜采用一次粉碎工艺(图 3-4)。

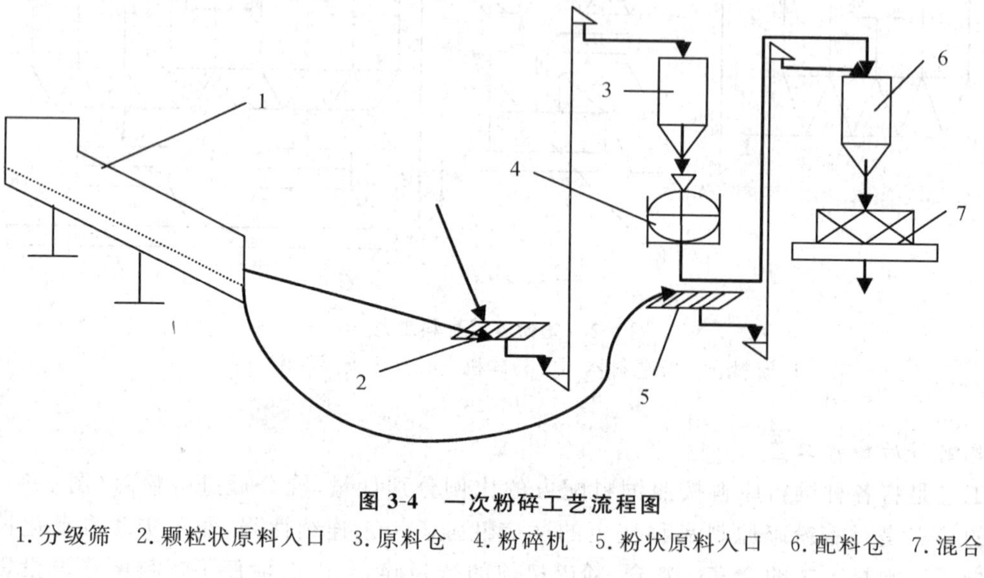

图 3-4　一次粉碎工艺流程图

1.分级筛　2.颗粒状原料入口　3.原料仓　4.粉碎机　5.粉状原料入口　6.配料仓　7.混合机

4.二次粉碎工艺

二次粉碎工艺是在第一次粉碎后，将经粉碎的物料进行筛分，对不符合要求的较大颗粒再进行一次粉碎的工艺。该工艺又分为单一循环粉碎工艺、阶段粉碎工艺和组合粉碎工艺。

(1)单一循环粉碎工艺　工艺流程:粒状原料经粉碎机粉碎,输送到分级筛中进行筛分;将不符合要求的大颗粒粉碎物连续输送回粉碎机再进行粉碎,符合要求的粉碎物直接进入混合机进行混合。工艺流程见图 3-5(a)。

工艺特点:生产效率高,比一次粉碎工艺提高 30%～60%;单产能耗低,能耗降低 30%～40%,饲料粒度均匀度高。因此适合我国的年班产 1t 饲料生产企业和水产饲料生产企业使用。

(2)阶段粉碎工艺　该工艺是使用两台锤片式粉碎机,饲料原料在第一台粉碎机粉碎后,经分级筛筛分后,不符合要求的大颗粒粉碎物再经第二台粉碎机粉碎。

工艺流程:粒状原料经第一台粉碎机(筛片直径 6 000 μm)粉碎;输送到分级筛筛分;将不符合要求的大颗粒粉碎物输送到第二台粉碎机(筛片直径 3 000 μm)再进行粉碎,符合要求的粉碎物直接进入混合机进行混合;经第二台粉碎机粉碎后,进入混合机进行混合。工艺流程见图 3-5(b)。

工艺特点:生产效率较高,单产能耗较低,对物料的适应性好,不受饲料软硬度和含水量限制。

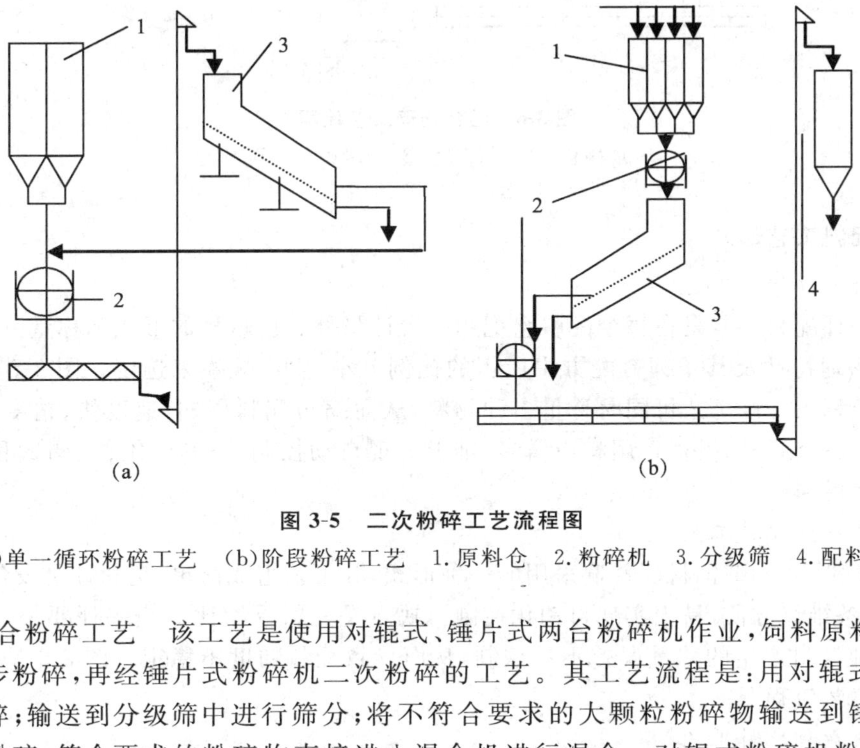

图 3-5　二次粉碎工艺流程图

(a)单一循环粉碎工艺　(b)阶段粉碎工艺　1.原料仓　2.粉碎机　3.分级筛　4.配料仓

(3)组合粉碎工艺　该工艺是使用对辊式、锤片式两台粉碎机作业,饲料原料经对辊式粉碎机初步粉碎,再经锤片式粉碎机二次粉碎的工艺。其工艺流程是:用对辊式粉碎机进行一次粉碎;输送到分级筛中进行筛分;将不符合要求的大颗粒粉碎物输送到锤片式粉碎机再进行粉碎,符合要求的粉碎物直接进入混合机进行混合。对辊式粉碎机粉碎速度快,能耗低,其对高纤维原料破碎能力差的缺陷由锤片式粉碎机弥补,所以该工艺的特点是生产效率高,能耗低,物料温升低,粉碎粒度均匀度高,但当原料含水量高时,粉碎效果不理想。工艺流程见图 3-6。

四、配料工艺

合理的配料工艺流程可以提高配料精度,改善生产管理。其组成的关键是正确选择配料装置及其与配料仓、混合机的组合协调。目前国内外饲料生产中的配料工艺流程系采用多仓一秤和多仓数秤。

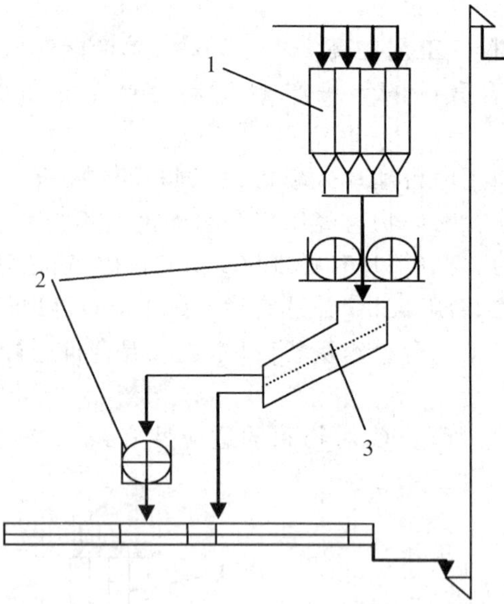

图 3-6 组合粉碎工艺流程图

1.原料仓 2.粉碎机 3.分级筛 4.配料仓

(一)配料工艺形式

1.一仓一秤配料工艺

一仓一秤配料工艺是在每个配料仓配用一台计量秤。计量秤的形式和称量范围可根据不同物料的物理特性及其子饲料配方中所占的比例大小、生产规模来选定。图 3-7 是一仓一秤配料工艺流程图。该工艺可同时称量多种物料，从而缩短配料周期，速度快、精度高。其缺点是使用的配料装置多，投资费用相应增多，难于实现自动控制，不利于维修、调试和管理等，故现已很少使用。

2.多仓一秤配料工艺

该工艺是中、小型饲料厂普遍采用的一种形式，其工艺组成简单，配料计量设备少，整体布局容易、设备维修方便，易于实现自动化控制。缺点是配料周期比一仓一秤要长，累次称量过程中对各种物料产生的称量误差不易控制，从而导致配料精度不稳定。图 3-8 是常用的多仓一秤配料工艺流程图。

3.多仓数秤配料工艺

该工艺是将各种被称物料按照它们的特性或称量差异而采用相应的分批分档次称量的称量设备。一般大配比物料用大秤，配比小或微量组分用小秤，因此配料绝对误差小，能经济、精确地完成整个配料过程。图 3-9 为该工艺流程示意图。多仓数秤配料工艺应用极为广泛，配合饲料厂，特别是预混合饲料厂、浓缩饲料厂等，几乎都采用这种配料工艺形式。

(二)配料过程

(1)由斗式提升机将原料送入各个料仓中。

(2)由计算机根据配方的要求，按一定顺序指令供料，电机从料仓中将原料经供料器输入秤斗中。

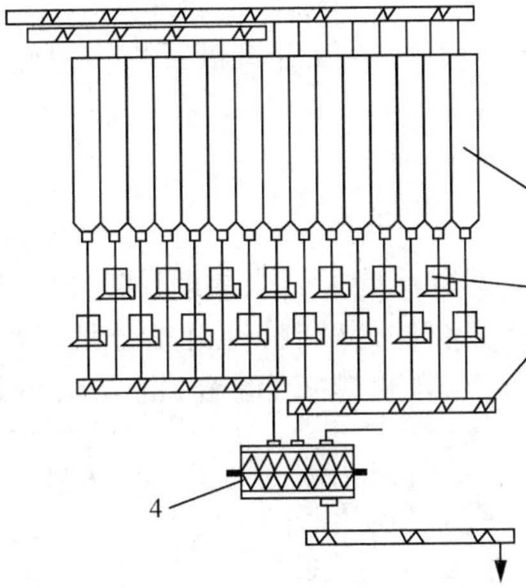

图 3-7　一仓一秤配料工艺流程

1.配料仓　2.配料秤　3.螺旋输送机　4.混合机

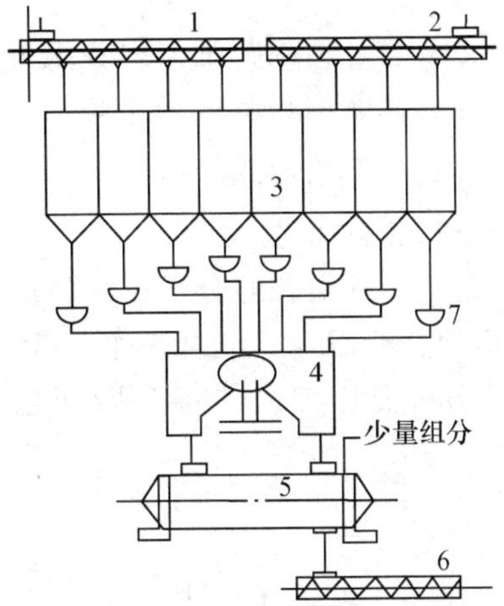

图 3-8　多仓一秤配料工艺流程

1、2.螺旋输送机　3.配料仓　4.配料秤　5.混合机　6.水平输送机　7.给料器

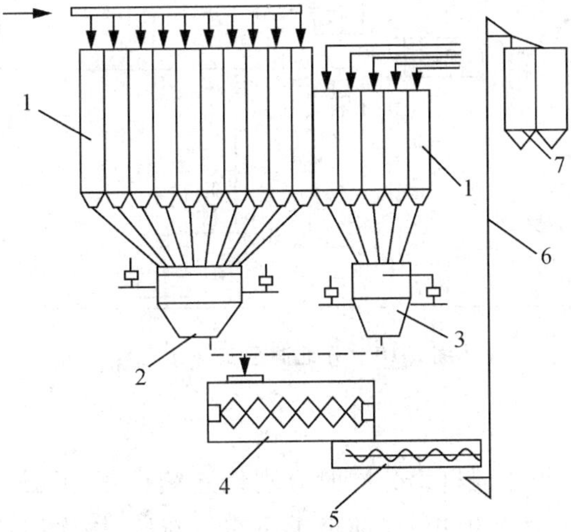

图 3-9　多仓数秤配料工艺流程

1.配料仓　2.大配料秤　3.小配料秤　4.混合机　5.水平输送机　6.斗提机　7.成品仓

(3)承重和传力机构将物料重量传递给称重传感器，称重传感器可以将作用其中的重量或力按一定的函数关系转变为电量信号，并将信号送入，经滤波和放大环节，再经过模/数转换后送入计算机。

(4)计算机对模/数定时采样，且进行比较、判断、检查预先存入计算机中的称重值是否达到一定比例，“否”，则仍以快速加料，“是”，则进行减速加料，待达到预定值后，计算机通知停止加料。

(5)当到最后一料仓加完料后，打开卸料门卸料，完成一次称量周期。

五、混合工艺

混合工艺是将饲料配方中各组分原料经称重配料后，进入混合机进行均匀混合的工艺过程。混合是确保饲料质量和提高饲料效果的重要环节。

(一)混合工艺形式

1.分批混合工艺

就是将各种混合组分根据配方的比例配合在一起，并将它们送人周期性工作的“批量混合机”分批地进行混合。混合一个周期，即生产出一片混合好的饲料，这就是分批混合工艺(图3-10)。分批混合工艺的每个周期包括配料(称重)、混合机装载、混合、混合机卸载及空转时间。

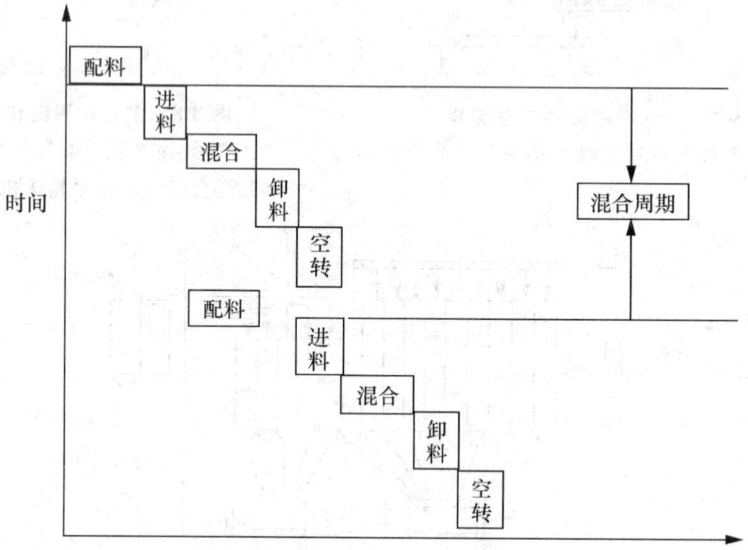

图 3-10　分批混合工艺示意图

2.连续混合工艺

连续混合工艺就是将各种饲料组分同时分别地连续计量，并按比例配合成一股均匀的料流，这种工艺的特点是可以连续地进行，前后工段容易衔接，操作简单。但是在换配方时，流量的调节比较麻烦，而且在连续输送和连续混合设备中的物料残留较多，所以两批饲料之间的互混问题比较严重，故应用不广。

(二)影响混合质量的因素

(1)机型的影响　以对流为主的混合机的混合速度快，以扩散和剪切为主的机型，混合速度慢，但最终混合均匀度要比对流机型好。

(2)混合机混合时间和转速的影响　确定其混合时间对于混合质量是非常重要的。混合时间短，物料在混合机中没有得到充分混合被卸出，混合质量肯定会受到影响。混合时间过长，物料在混合机中被长时间混合而造成能耗增加，产量下降。

(3)操作的影响　在加料的顺序上，一般是配比量大的组分先加入混合机内后，再将少量和微量组分加入，在各种物料中，粒度大的先加入混合机，粒度小的后加入。

(4)混合组分的物理特性，物理特性差异越小，混合效果越好，混合后越不易分离。

(5)装满系数　装入料的容积和混合机容积的比值。

(三)混合质量的评定和标准

生产中评定混合质量的指标采用饲料混合均匀度，即饲料产品中各组分分布的均匀程度。混合均匀度的测定方法是在混合机内若干指定的位置或者混合出口，以一定的时间间隔截取若干个一定数量的样品，分别测得每个样品所含某种检测组分的含量。我国饲料标准规定：全价配合饲料的变异系数应不超过10%，添加剂预混料则不应超过5%。

六、饲料的包装工艺

(一)包装要求

(1)对饲料包装的要求主要是防潮、防虫、防陈化等。传统使用的塑料编织袋防潮性能较差，最好采用防潮包装袋，即在袋中衬一层聚乙烯薄膜袋，能有效防潮，又有一定的透气性，对饲料的保藏有利。

(2)包装袋要求严密无缝，无破损，包装袋的大小要适宜，便于装料和封口。

(3)包装工艺要能保证包装质量和包装效率。

(4)饲料标签标示的内容必须符合国家有关法律和法规的规定，并符合《中华人民共和国标准饲料标签 GB 10648—2013》的要求。

(二)饲料成品贮藏

1.成品库的建筑要求

成品库的建设基本要求是防潮、防水、地面平整，内墙光滑，顶棚隔热良好、具备足够的高度等。成品库的高度应在4 m以上，最后为6.5～8 m，以利卡车的进入与设备安装。成品库应设在阴凉一侧。有条件的可建地下室或配备制冷设备。要求每种产品占用一个明确的位置，地面有托架。可设置多层货架以充分利用空间。成品库的面积应与生产规模相适应，保证每种产品有1～2个货位，以便于码放与识别。

2.成品贮藏注意事项

(1)成品饲料中库房中应码放整齐，合理安排使用库房空间。

(2)建立“先进先出”制度，以防码放在下面和后面的饲料因存放时间过长而变质。

(3)不同饲料之间要预留足够的距离，以防发生混料或发错料。

(4)防止破袋，保持库房清洁，对于因破袋而散落的饲料应及时处理，防止不同饲料之间的污染。

(5)应特别注意防潮，检查库房顶部和窗户是否有漏雨等现象。

(6)储存时间应不超过产品的保质期，最好备有温度和水分检测控制装置，以防产品变质。

(7)定期对饲料成品库进行清理，并做好盘存记录，发现变质或过期饲料及时处理。

(8)做好防虫、防鼠、防鸟等工作。

【技能】

一、识别原料接收设备

饲料原料种类繁多,运输方式多样,进料瞬时流量大,要求接收设备生产能力大。原料接收设备主要是称量设备、输送设备及一些附属设备。饲料厂应根据原料的特性、输送距离、能耗和输送设备的特点等来选定相应的设备。原料接收设备主要有各类称量设备、卸料坑、输送设备以及料仓。

(一)称量设备

台秤多用于包装原料进厂的称重;自动秤用于散装物料的称量;地中衡则用于以公路运输为主的饲料厂的自动车辆接收原料和发放产品的称量。地中衡应布置在地势高处,以防地面雨水流入地下室,其位置应距离汽车转弯处 10～20 m,以保证汽车出入方便。目前,饲料厂地中衡大多数采用电子式,其分辨率高,操作简单,价格性能比好,称重结果可直接输入计算机等外围设备。

(二)卸料坑

原料由运输工具卸出,进入散装物料仓或生产车间,均需设卸料坑。卸料坑可根据具体运输工具的外形尺寸、卸料方式、物料体积质量及卸料量等进行设计。卸料坑应配置栅栏,既可保护人身安全,又可除去大的杂质,栅筛的格间隙约为 40 mm,其旁边或正中上方装有吸风罩,以除尘和除清杂,其风速为 1.2～1.5 m/s,可以明显减少粉尘。

(三)输送设备

(1)带式输送机　带式输送机是以输送胶带作为承载、输送物料的主要构件,是饲料厂常用的水平或倾斜的装卸输送机械,适合水平或倾斜输送。

(2)刮板输送机　刮板输送机是利用装于牵引构建的刮板沿着固定的料槽拖带物料前进并在开口处卸料的输送设备。

(3)螺旋输送机　螺旋输送机是一种利用螺旋叶片的旋转推动物料沿着料槽移动而完成水平、倾斜和垂直的输送任务。

(4)斗式提升机　斗式提升机是环绕在驱动轮和张紧轮上的环形牵引构件上,每隔一定距离安装一畚斗,通过机头带动牵引构件在提升管中运行,完成物料提升的专用垂直输送设备。

(5)气力输送机　气力输送是利用风机在管道内形成一定流速的空气风压来输送散(粒体物料。气力输送装置的主要部件有吸料器、关风器、离心卸料器和风机等。

(四)料仓

通常采用立筒仓、房式仓等形式。立筒仓主要用于存放粒状原料,房式仓主要用来存放各种袋装和块状原料,微量矿物质原料及某些添加剂则要求存放在小型储藏室中,液体饲料一般采用液罐存放。

二、识别原料清理设备

原料的清理一般要经过三道清理设备。第一道是带吸风的进料地坑栅筛,主要用来清理原料中麻袋绳等杂质;第二道为筛选设备,用以筛除大杂;第三道为磁选设备,清除原料中的磁性杂质，饲料厂多用永磁磁选设备。永磁筒结构简单，无需配备动力，主要由磁体和外筒体构成。具有较好的除铁效果，但必须由人工排铁。还有一种是永磁滚筒，该设备无需人工清除铁杂，磁选效率高，但价格昂贵。

三、识别原料粉碎设备

（一）粉碎机种类

粉碎是使用机械通过撞击、研磨或剪切等方式将物料颗粒变小的过程。按机械结构特征的不同，可分为锤片式粉碎机、爪式粉碎机、辊式粉碎机、压扁式粉碎机和破碎机等几种。

锤片式粉碎机具有结构简单、通用性好、适应性强、生产率高和使用安全等优点。因此，在饲料行业中得到普遍应用。它对含油脂较高的饼粕、含纤维多的果谷壳、含蛋白高的塑性物料等都能粉碎，可以一机多用。近年来，研制的立式粉碎机，粉碎效率更高，粒度更为均匀，为新型高效粉碎机。

（二）粉碎机合理配置与维护

1. 粉碎机的合理配置

粉碎粒度根据产品要求可以调节，通用性好；粉碎的成品粒度均匀；粉碎后的物料不产生高热；连续进料和出料方便；动力消耗和单位产品的能耗低；主要工作部件耐磨损、容易更换、标准化程度高；工作时粉尘少、噪声小；保养与维修方便。在配置粉碎机时，要根据饲料加工中对粉碎机的要求，充分考虑生产规模、投资额度、粉碎工艺、产品质量要求以及各种类型各个系列粉碎机的特点合理配置粉碎机。

2. 粉碎机的保养和维护

（1）粉碎机的检查与清洁　粉碎机开始工作前及工作结束后，要做好检查和清洁工作。

（2）筛片的更换和修理　筛片是用来控制粉碎粒度的，根据成品的粒度要求选用相应的型号筛片。当筛片出现磨损或被异物击穿时，如损坏面积小时，可用铆焊方法修复，如损坏面积较大时，应该及时更换新筛片。

（3）轴承的润滑与更换　每个生产班次工作结束后，应给粉碎机轴承加一次润滑油；粉碎机每工作 1 000 h 左右，应将轴承拆卸下来，进行一次清洗。当粉碎机轴承磨损严重或损坏时，应及时更换。

（4）锤片的调整与更换　在锤片使用过程中，当其尖角磨钝后（接近锤片宽度的 1/2 时），可将锤片调角使用（对于可以正反转工作的粉碎机，可以调换进料导向板方向，将转子反转使用）；当锤片的同侧两个角都已经磨损时，可以调换另一端使用；当锤片四个角都已经磨损后，应该更换新的锤片。

四、识别配料设备

（一）配料秤

目前，应用最为广泛的是 PGZ 型字盘定值自动配料秤和电子配料秤。字盘定值配料秤是利用电器控制系统，实现自动进料、称重和卸料等过程。选择配料装置时，必须充分考虑称量范围和配料精度。尤其是添加剂预混合饲料，不同添加量的原料必须采用相应称量范围及精度的配料秤来完成称量。电子秤以其称量精度高、速度快、稳定性好、使用维护方便、重量轻、体积小等显著特点，已得到了普遍应用。电子秤以称重传感器为基础，已成为饲料厂配料秤的主流。

(二)配料系统的辅助设备

配料系统中除配料秤外，还需给料设备、控制部分及配料仓等才能构成完整的工作系统，完成配料工作。

(1)给料设备　给料器是保证配料秤准确完成称量过程的重要辅助设备。常用的给料器有：螺旋给料器、叶轮式给料器、电磁振动给料器等，其中以螺旋给料器应用最为广泛。

(2)控制部分　随着电子技术的发展，配料秤普遍采用电子控制配料系统。常用的配料系统控制方式有继电器控制、微机控制等。微机控制更为先进，使饲料的配料更为准确，自动化程序更高。

五、识别混合设备

(一)混合机种类

混合机是饲料生产中的关键及核心部件，它是确保配合饲料质量和提高饲料效果的关键性设备。根据安装形式可分为立式混合机和卧式混合机。

卧式混合机有螺旋式、桨叶式、犁刀式三种，现代饲料厂常采用卧式螺旋式混合机，这类混合机工作时，把配好的物料在内外带状叶片的推动下，按逆流原料进行充分混合。

立式混合机有螺旋锥式、垂直绞龙式两种。立式混合机是一种新型高效的粉体混合设备。

(二)混合机的要求

混合机的主要技术指标有：每批混合量、混合均匀度、混合速度和机内物料残留率。对混合机主要有以下要求。

(1)混合均匀度要求较高：饲料标准中规定，对于配合饲料的混合均匀度变异系数$\leqslant 10\%$，对于预混合饲料的混合均匀度变异系数$\leqslant 5\%$。

(2)混合时间要短：混合时间决定了混合周期，混合时间的长短，可影响到生产线的生产率。

(3)机内残留率要低：为避免交叉污染，保证每批的产品质量，配合饲料混合机内残留率$R\leqslant 1\%$，预混合饲料混合机$R\leqslant 0.8\%$。目前先进的机型可达到0.01%以下。

(4)混合机要满足结构合理、简单、不漏料，便于检视、取样和清理等机械性能要求。

混合机的生产能力决定了饲料厂的生产规模，所以按生产规模来选择混合机容量大小，当采用单台卧式螺带混合机为生产线主机时，它们之间的关系如下：

混合机的批量/(kg/批)	500	1 000	2 000	3 000	4 000
混合周期/min	66	6	6	6	
饲料厂规模(年单班产)/万 t	1	2	4	6	8

六、饲料包装

饲料厂包装工序主要采用成套设备，包装工艺有人工包装和自动包装两种。

包装过程是饲料加工和质量和控制的最后一道工序。按规定的加工工艺进行操作和合理的质量控制，是饲料质量控制的重要环节。

(一)检查包装前的质量

饲料经过包装，其外观质量缺陷不容易被发现。所以，包装前的检查时十分必要的。包装前应检查和核实以下几方面：

①被包装的饲料和包装袋及饲料标签是否正确无误；②包装称的工作是否正常；③包装称设定的数量是否与要求的重量一致；④从成品仓中放出部分待包装饲料，由质检人员进行检验，检查饲料的颜色、粒度、气味以及颗粒饲料的长度、光滑度、颗粒成型率等，并按规定要求对饲料取样。

(二)控制包装过程的质量

包装饲料的重量应在规定的范围之内，一般误差应该在1%～2%；打包人员应随时注意饲料的外观，发现异常情况及时报告质检人员，听候处理；缝包人员要保证缝包质量，不得将漏缝和掉线的包装饲料放入下一道工序；质检人员应定时抽查检验，包括包装的外观质量和包重。

【任务总结】

任务总结表

项目	内容	要点
相关知识	原料的接收工艺	1.原料接收的任务；2.原料接收的要求
	原理的清理工艺	1.清理的目的；2.清理的方法；3.清理流程
	原料的粉碎工艺	1.粉碎的目的与要求；2.粉碎方法；3.粉碎工艺
	配料工艺	配料是采用特定的配料装置，按照饲料配方的要求，对多种不同品种的原料进行准确称量的过程
	混合工艺	混合是饲料生产中将配合后的各种物料混合均匀的一道工序，它是确保饲料质量和提高饲料效果的重要环节
	饲料的包装工艺	1.包装要求；2.包装质量控制；3.饲料成品贮藏
任务实施	识别原料接收设备	1.称量设备；2.卸料坑；3.输送设备；4.料仓
	识别原料清理设备	1.带吸风的进料地坑栅筛；2.筛选设备；3.磁选设备
	识别原料粉碎设备	1.粉碎机类型；2.粉碎合理配置与维护
	识别配料设备	1.配料秤；2.配料系统的辅助设备
	识别混合设备	1.混合机种类；2.混合机的使用
	识别包装设备	1.人工包装设备；2.自动包装设备

任务三 颗粒饲料加工

任务描述：饲料成型加工是饲料产品的发展方向。膨化和膨胀颗粒饲料加工对于提高配合饲料的消化率，改善适口性，提高动物生产性能，提高饲料资源利用率有着重要意义。通过完成本任务，为制粒设备使用与维修，颗粒饲料质量控制，制粒工序工艺合理选择，科学配置设备提供支持。

【任务目标】

◆知识目标

1.掌握颗粒饲料加工工艺流程。

2.理解加工工序对颗粒饲料质量的影响。

◆技能目标

1.能够准确识别颗粒饲料加工设备。

2.能依据饲料加工工艺流程合理配置加工设备。

◆素质目标

1.通过加工颗粒饲料,养成遵纪守法、安全操作意识。

2.通过小组合作,培养分工合作能力,养成参与意识和团队精神。

【知识】

一、制粒工艺

普通颗粒饲料加工工艺流程(图 3-11):待制粒仓原料经供料器进入调制器,经蒸汽调质后进入制粒机制粒,压制的颗粒饲料经冷却器冷却,碎粒或不碎粒进入分级筛分级,不合格颗粒重新制粒,合理颗粒进入成品仓。

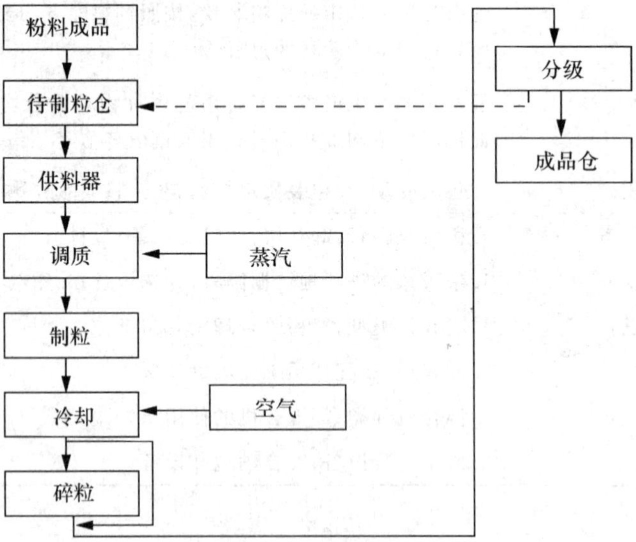

图 3-11 普通颗粒饲料加工工艺流程

(一)调质

调质是饲料制粒前通过湿热处理,软化粉料的加工过程。调质是制粒过程中最重要的环节。调质的目的是将配合好的干粉料调质成为具有一定水分、一定湿度利于制粒的粉状饲料,目前我国饲料厂都是通过加入蒸汽来完成调质过程。

随着饲料质量要求的不断提高、特种水产养殖的迅猛发展，相继出现了多级调质、制粒后熟化调质和高压环隙膨胀调质等调质方法。多级调质通过延长调质时间来提高调质效果，淀粉糊化效果程度可达到40%～60%。制粒后熟化调质是将刚压制出的颗粒(70～80℃)进行保温，让热颗粒在高温、高湿的环境下持续一段时间，使颗粒饲料中淀粉充分糊化，蛋白质充分变性。高压环隙膨胀调质是一种针对粉状饲料进行调质处理的先进的、新型的方法。它采用的是一种高压环隙膨胀调质器，物料在工作区与蒸汽进行强烈的挤压和加压调质作用，使得固、液、气三相物料整体在受剪切力、挤压力和蒸汽压力的综合力状态下，被强制推动通过可调环隙圆锥形排料阀，整个处理过程仅为几秒钟，但最高压力可达100 MPa，最高料温可达170℃，使物料能充分地调质和熟化。

(二)制粒

颗粒饲料的成形是在挤压室内完成的，普通的制粒机只有一个挤压室和一套压辊压模。近年，人们又提出了一种新的制粒工艺—重复制粒。重复制粒是指经过制粒加工的热饲料，立即通过第二个压模对热而软的颗粒饲料进行重复制粒。重复制粒工艺由于对饲料进行两次挤压，改进了颗粒质量，改进了饲料的营养价值，提高了制粒效果等。由于饲料品种的变化，制粒机压辊压模间隙的设定需要经常调整，为了节约调整时间，在线的压辊调节能解决这一问题。

(三)冷却

在制粒过程中由于通入高温、高湿的蒸汽同时物料被挤压产生大量的热，使得颗粒饲料刚从制粒机出来时，含水量达16%～18%，温度高达75～85℃，在这种条件下，颗粒饲料容易变形破碎，贮藏时也会产生黏结和霉变现象，必须使其水分降至14%以下，温度降低至比气温高8℃以下，这就需要冷却。

几乎所有新建饲料厂都采用逆流冷却器。但是，目前的冷却器设计都未能解决最终产品的水分控制问题。因此，未来的冷却器应装有水分感应和控制设备，应当将产品既能冷却又能干燥到安全水平，这就要求厂家提供的冷却器具有加热区、气流控制以及精巧的控制设计。

(四)破碎

破碎是指将冷却后的较大颗粒破碎称较小的颗粒。其目的：一是满足喂饲雏鸡等家禽和较小动物的要求(一般要求直径为2～2.5 mm)；二是根据制粒原理，直接压制小颗粒饲料，产量低，动力消耗大，并且饲料难以成型，较易产生细粉，所以在颗粒饲料生产过程中，常常先压制成较大的颗粒，再用颗粒破碎机破碎成小颗粒。

(五)分级

用筛孔将成型颗粒饲料中过大颗粒和细粉筛出称为分级。颗粒饲料经破碎工艺处理后，会产生一部分粉末、凝块等不符合要求的物料，因此破碎后的颗粒饲料需要筛分成颗粒整齐，大小均匀的产品。分级的作用是除去破碎后过国大或过小颗粒。过大颗粒将重新经过破碎加工，粉末将重新制粒，所选分级筛筛分率应在85%以上。

(六)后喷涂工艺

由于饲料厂设备中越来越多地采用热加工设备，如膨化机、挤压机或其他高温短时加工设备，使饲料在制粒、挤压和膨化过程中受温度、水分和压力的强烈作用，这会破坏维生素、酶制剂、微生态制剂及其他添加剂的大部分的功效。而后置添加技术就是解决这一问题的新技术，即将热敏性营养物质放在热加工工序的后面添加。后置添加技术具有以下优点：

(1)可使热敏性微量组分免受热加工的损害,减少这些组分的添加量,从而降低生产成本。例如,采用液体后置添加技术,大大提高了维生素的活性保持率;

(2)将药物的添加放在后面而不是加于混合机中,有利于减少混合机及后路设备的药物残留,减少交叉污染;

(3)把酶制剂等微量组分的添加设置在制粒或膨化之后,采用离线喷涂工艺,有利于根据用户的需求来添加,从而可以满足用户的要求;

(4)可以做到"即售即喷",始终为用户提供新鲜产品;

(5)通过采用离线喷涂工艺,饲料厂不仅可以节省成品仓的数量,而且也可以取代价格昂贵、占用空间较大的微量配料系统,进而降低饲料厂的一次性投资。

二、颗粒饲料加工的技术要求

(1)形状均匀,尺寸满足动物的生理要求。

(2)含水量不大于12%～12.5%,便于储存。

(3)颗粒饲料的成型率不低于97%。

(4)颗粒饲料的密度为1.2 g/cm³。

三、影响颗粒饲料质量的因素

1.饲料配方及成分

包括容重、粒度、含水量、各种营养成分含量、摩擦特性、腐蚀性等。这些因素都直接影响颗粒饲料的质量、生产率、能耗及机械寿命。

(1)成分　蛋白质、脂肪、淀粉利于制粒,纤维、无机质不利于制粒。

(2)含水量　原料含水量对颗粒的产量和质量都有明显影响。调质后原料含水量过高,难于质量,同时冷却时含水量降不到贮藏标准。

(3)粒度　有关资料认为,粉料应100%通过14目筛,25目筛上物不超过25%。

2.调质

好的调质效果能极大地提高产量,降低制粒机振动,降低能耗,提高颗粒质量。调质效果的好坏可以用三个指标来反映。

(1)调质后原料的温度　一般要求猪料不低于80℃,禽料不低于65℃。

(2)水分　通常配合饲料调质后水分可达15%～17%。不同物料对水分的吸收能力不一样;如果物料对水分的吸收能力差,加入过多的蒸汽,转变成游离水后易造成堵机。

(3)时间　物料在调质室内需要30～40 s以上的停留时间。

3.环模

(1)模孔的有效长度　有效长度越长,颗粒越坚硬,强度越高。

(2)模孔粗糙度　模孔粗糙度越低,生产率越高,颗粒表面光洁,不容易开裂,质量好。

(3)模孔直径　对一定厚度的环模来说,孔径增大,生产率大,但颗粒质地松散。

(4)模孔间距　模孔间距与原料有关。压制磨损性小的原料时,采用间距小的压模。

(5)模孔形状　模孔的形状有内锥孔、外锥孔、阶梯孔、直孔等。具体使用时,应根据原料的种类、颗粒大小、脂肪含量等选用。

(6)压缩比　模孔长度与模孔比称压缩比。一般加工畜禽颗粒饲料,压缩比为(6～10)：1,水产动物颗粒饲料为(10～12)：1,幼龄水产动物饲料为(12～16)：1。

4. 制粒机

(1)制粒机转速　转速过大时，容易出现带有断层的不良制品；转速过低时，产量低。环模在制粒机上的线速度一般为4～8 m/s。

(2)模辊间隙　一般模辊间隙为0.1～0.4 mm。

5. 进料量

包括调质、制粒、冷却、碎粒、分级等都受到供料量的影响。进料应均匀，进料量根据原料组成及生产率而定。刚开机时物料流要小，逐渐增大至满负荷工作，并稳定料流。

6. 季节、气候

制粒过程中，应根据季节、气候适当调整制粒参数，保证颗粒质量。例如夏季，应保证颗粒冷却效果，避免颗粒饲料保质期短，影响质量。

四、保证颗粒饲料质量的措施

(1)合理配置设备　根据可饲料加工能力、质量要求，选择合理的加工工艺流程，配置适当的机械设备，以保证加工质量。

(2)控制粉状饲料的水分　有效控制粉料水分，以保证调质质量。

(3)制粒工艺参数科学合理　根据季节、饲料配方等，选择合理的质量参数；蒸汽压力、蒸汽量、模辊间隙、制粒机转速、压模、冷却时间、通风量等，控制好进料量，保证各工序质量，进而保证颗粒饲料产品质量。

(4)经常检查维修设备　经常检查维修设备，及时更换压模、压辊、轧辊、分级筛筛网等。

(5)严格遵守操作规程　按照操作规程开、关机，在正常运转时调整各参数，保证设备中最佳状态下作业。

【技能】

一、识别制粒机种类

环模制粒机和平模制粒机如图3-12，图3-13所示。

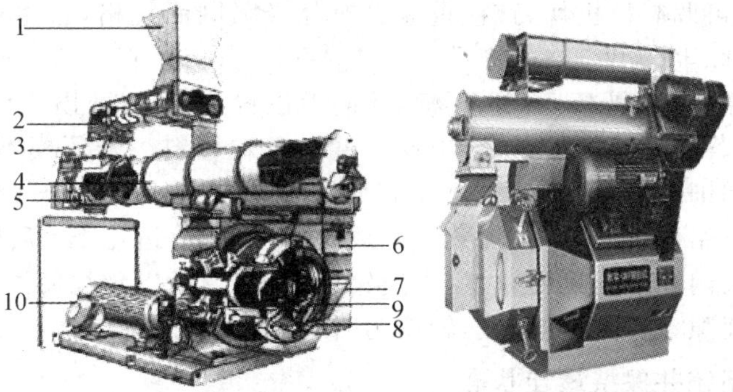

(a)　　　　(b)

图3-12　环模制粒机

(a)结构　　(b)外观

1. 喂料斗　2. 供料器　3. 下料溜管　4. 调质器　5. 蒸汽进口

6. 下料口　7. 下料斜槽　8. 环模　9. 主轴　10. 电动机

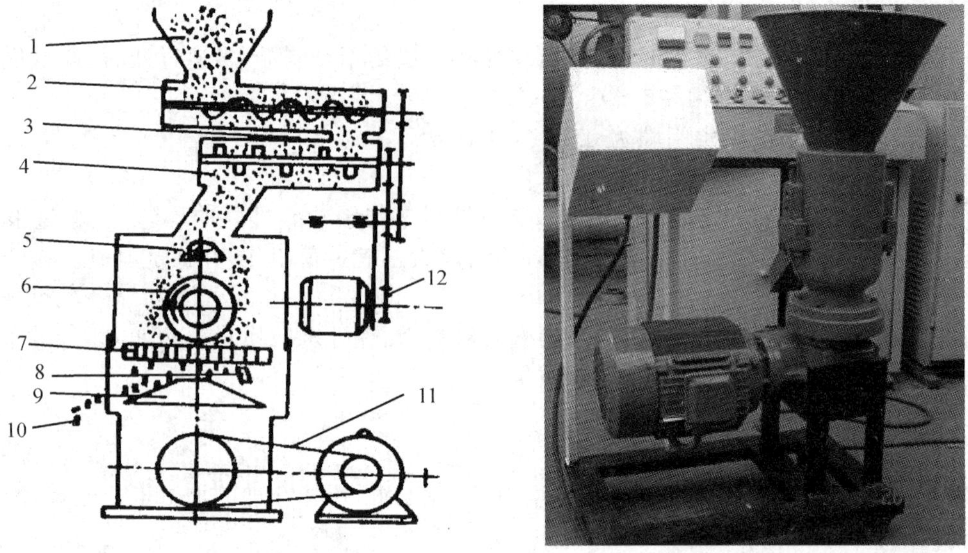

(a) (b)

图 3-13 平模制粒机

(a)结构 (b)外观

1.料斗 2.螺旋供料器 3.蒸汽孔 4.搅拌调质器 5.分料器 6.压辊 7.压模 8.切刀 9.出料盘 10.颗粒料 11.皮带 12.链轮

二、使用制粒机

(一)准备开机

首先查看本班次的计划安排,了解上一班次的工作记录,查看待制粒料子仓中的分布情况,是否和生产计划及控制屏上的挂牌信号相符。然后彻底清理冷却器、关风器、管道及制粒机内部残留物(夜班开机前仅清理制粒机内部)。

根据生产品种、粗调制粒机切刀,检查或更换分级筛网面规格,若生产破碎料还必须粗调破碎机快慢辊间隙,以生产出合格的产品。

检查制粒机的导向刀、刮刀、压辊、环模,导向刀位置,若刮刀磨损严重,生产黏性较大的饲料,制粒机易堵塞。若压辊磨损严重,会出现少量杂色颗粒料。若环模不是用高速枪加工的,在使用前要用清糠和细砂混合物研磨 30 min,若是用高速枪加工的不锈钢环模,不用研磨即可直接使用。但刚开始使用时,应少加蒸汽并放慢生产速度,运行 1 h 后即可完成磨合期。若环模因使用时间较长内孔被压延时,可用慢速钻床重新扩孔,以延长使用寿命。接下来调整制粒机压辊与环模的间隙,让环模空转,压辊调为时转时停为好。

(二)启动制粒系统并保持最佳状态

为了防止堵料现象的发生,按工艺流程从后向前顺序启动相关设备,启动顺序:将分配器或三通对准待制粒机→分级筛→提升机→破碎机→冷却器→制粒机。

启动制粒机主电机,不加入蒸汽,打开制粒机旁通门,让少许黑色颗粒料排到地面上。然后再启动调质器,让刚开始出来的少量粉料排到地面上,以防物料受潮卡住压辊;接下来慢速启动给料器,不加蒸汽,用干粉挤出环模中的陈料,并排到地面上,等挤出的颗粒料颜色正常后，再让颗粒料进入冷却器。

加入少量的蒸汽，同时给料器加速，使制粒机保持50%的负载，将地面上能用的料慢慢地喂入环模中，然后再提高喂料速度，使制粒机满负荷运转。

加大蒸汽量，等数十秒钟，制粒机主电机电流有所回落，再次提高喂料速度，让制粒机再慢负荷。然后再加大蒸汽量，等数十秒钟，制粒机主电流再次回落，反复多次，直到加入蒸汽制粒机主电流不回落，此时表示粉料水分已到最大，制粒机已满负荷。满负荷表示制粒机主电流达到90%额定电流。

打开制粒机人工喂料门，用手抓起调质后的粉料，感到发烫，再松开，物料成团状，轻轻压后自然散开，若物料太黏稠，应减少蒸汽量；反之，物料太松，则增大蒸汽量。用勺子从制粒机下料管取一些刚制好的热料，放在拇指与食指中间指压，以能压扁而不松散为好。

观察制粒机电流表，若电流表指针不再大幅度左右摆动，表示整个制粒系统处于最佳稳定状态。

用10 min时间清理制粒机周围的环境以保持清洁。

(三)检查生产过程并记录各生产参数

检查颗粒料的温度：取颗粒料作耐久性试验，检查成品的含粉率；检查破碎辊间隙；检查离心集尘器的回料管及分级筛的回料管是否堵塞，以上工作每1 h进行一次。

记录各种生产参数，如生产时间、物料温度、耐久性、含粉率、生产品种、生产量、效率等。注意控制屏，协调好包装和制粒，以便及时回入前后袋，及时发现各类问题，及时处理，减少损失。例如及时检查料中含粉量是否过高、料中是否有小块、料温是否超标等。

(四)停机

停机顺序与开机相反，按工艺流程从前先后顺序关停相关设备。当待制粒仓低料位器显示无料时，打开制粒机人工喂料门，观察入料口料流情况。

当料流明显减少时，让冷却器人工放料，增加回流料流量，这样制粒机入料口的料流量增加以保证制粒质量。此刻要注意回机料管是否堵塞：若回机料管堵塞则停止冷却器人工放料并开回机料，可减少对下次生产的污染。

停止蒸汽供给并停止冷却器放料，关闭喂料器、调质器，然后用清糠或膨化大豆清洗环模，再关闭制粒机主电机。检查制粒系统流程：即检查冷却器、破碎机、提升机、回机料管、离心分离器、分级筛等是否有积料。最后关闭制粒系统总电源，并做好清理工作。

三、维护制粒机

1. 日常维护

定期向润滑点加润滑油，并检查油泵。每班前检查切刀与压模间距离；检查螺栓、螺钉和刮刀是否松动；检查磁铁，是否有铁杂和积料；检查机器是否漏油，及时调整和更换油封。检查模辊间隙并及时调整。保持机器外表清洁，及时清除电机外壳上的积尘。

2. 定期检查

每周检查1次各连接部件有无松动；检查每个行程开关看动作是否可看；清理1次供料螺旋和调质器。每半个月检查1次压模与传动轮连接键的磨损情况，有问题及时更换；检查1次皮带传动型制粒机的主动传动皮带，看张紧度是否适宜。每半年拆卸、清洗保养供料轴的轴承1次。新制粒机刚开始工作时，主传动箱和两个减速器内的机油在500 h后更换，以后连续工作约1 000 h须换油一次。

3. 压模存放

应将压模存放于干燥、清洁的环境中，以免模孔被腐蚀，降低寿命和治理效率。长时间不用压模时，用含有非腐蚀性的油性且易于清除的物料填充模孔。存放放期超过 6 个月，必须除去模孔中的填充料，以免填充料老化，清除困难。

【任务总结】

任务总结表

项目	内容	要点
相关知识	制粒工艺	1. 调质；2. 制粒；3. 冷却；4. 破碎；5. 分级；6. 后喷涂工艺
	颗粒饲料加工的技术要求	1. 形状均匀，尺寸满足动物的生理要求；2. 含水量不大于 12%～12.5%，便于储存；3. 颗粒饲料的成型率不低于 97%；4. 颗粒饲料的密度为 1.2 g/cm^3
	影响颗粒饲料质量的因素	1. 饲料配方及成分；2. 调质；3. 环模；4. 制粒机；5. 进料量；6. 季节气候
	保证颗粒饲料质量的措施	1. 合理配置设备；2. 控制粉状饲料的水分；3. 制粒工艺参数科学合理；4. 经常检查维修设备；5. 严格遵守操作规程
任务实施	识别制粒机种类	
	使用制粒机	1. 启动；2. 运行；3. 关机
	维护制粒机	1. 日常维护；2. 定期检查；3. 压模存放

学习情境 4　检验饲料质量

情境描述

随着人们生活水平的不断提高，人民群众对畜产品质量安全提出了更高的要求，而饲料产品质量直接影响畜产品质量。饲料生产企业的品管员和化验员承担着企业的原料采购、配合饲料生产和成品的监督检验、配合饲料质量控制等工作。本情境包括掌握采集与制备饲料样本、测定饲料常规养分含量、检测饲料加工指标、检测饲料安全指标 4 个任务。

学习目标：通过小组合作，完成采集与制备饲料样本、测定饲料常规养分含量、检测饲料加工指标、检测饲料安全指标 4 个任务，理解饲料质量检验标准，并依据相关标准科学合理地检验饲料的质量，正确撰写检验报告，养成参与意识和团队精神，培养认真负责、严谨务实的态度和分析问题、解决问题的能力。

任务一　采集与制备饲料样本

任务描述：样本是待检饲料原料或产品的一部分。从待测饲料原料或产品中按规定采集一定数量、具有代表性样品的过程称为采样。将样品经过干燥、磨碎和混合处理，以便进行理化分析的过程称为样品的制备。饲料样本的采集和制备是饲料分析中两个极为重要的步骤直接影响饲料原料或产品检测化验的准确度，必须加以重视。通过饲料样本的采集与制备，学会科学合理采集饲料样本，正确制备与保存饲料样本，为进行饲料原料或成品检测化验奠定坚实基础。

【任务目标】

◆知识目标

1. 掌握饲料样本采集和制备的方法。
2. 理解饲料样本采集的原则与要求。
3. 掌握饲料样本登记与保存的方法。

◆技能目标

1. 能够依据饲料检验要求采集和制备饲料样本。
2. 能正确进行饲料样本的登记与保存。

◆**素质目标**

培养认真负责的做事态度和沟通协调的能力。

【知识】

一、常用样本类别与定义

由于各类样本有着各种不同的用途，因此，在实践中有必要把各类样本进行定义，分类如下。

(1)核对样本　是指把同一个样本在分为若干份样本后，再分别送往多个实验室进行分析测定。根据化验结果的方差来核对某一测定方法的准确性。

(2)混合样本　把来自同一个批量货物(如一船、一卡车、一集装箱等)的多个样本混合以后，用来测定该批量货物的平均组成成分。

(3)单一样本　采自一小批饲料的样本，可用于分析该批饲料的成分变异或混合均匀度等。

(4)平行样本　将同一个样本一分为二，分别送往两个不同实验室进行分析测定。这常用来比较两个实验室之间分析结果的差异。

(5)官方样本　指由政府采取的样本，常用于制定规格。

(6)商业样本　这是指由卖方发货时，一同送往买方的样本。

(7)仲裁样本　指由公正的采样员采取的样本，送往仲裁实验室分析化验，以有助于买卖双方在商业贸易工作中达成协议。

(8)参考样本　指具有特定性质的样本，在购买原料时可作为参考比较，或用于鉴定成品与之有无颜色、结构及其他表观特征上的区别。

(9)备用样本　指在发货后留下的样品，供急需或有争议时备用。

(10)标准样本　是指由权威实验室仔细分析化验后的样本。如再由其他实验室进行分析化验，可用标准样本来校正或确定某一测定方法或某种仪器的准确性。

(11)化验样本　亦称“工作样本”，指送往化验室或检验站分析的样本。

二、样本采集的目的与要求

样本采集是饲料分析中的第一步，也是最重要的一个环节。通常，采样影响着下列几个方面，例如：饲料配方对原料的选择；对原料供应商的选择；对一批原料的取舍与对加工程度的确定；对产品是否符合其规格要求与保证值的鉴定；对全部保证项目，在规定的期限内是否稳定以及加工条件是否控制与官方检验的必要性等。显然，对饲料生产和质量控制人员的许多决策，需要以采集样品的正确与否来决定分析样品的代表性。否则，将会直接影响分析结果的准确性。所以，要求所采集的样品必须能代表全部被分析的原料。如果样品不代表整批饲料，否则，即使以后的分析方法和处理无论多么严谨、精确，所得出的分析结果都毫无科学性、公正性和实用价值。采样的根本目的是通过对样品理化指标的分析，客观反映受检饲料或产品的品质。

采样人员应明白自己是饲料厂管理及产品质量的“眼睛”，应具有高度的责任心，在采样时认真按操作规程进行，不弄虚作假和谋取私利，及时发现和报告一切异常的情况。采样人员应通过专门培训，具备相应技能，经考核合格后方能上岗。

饲料组分的可变性很大，因此，正确采样应该从有不同代表性的区域取几个样点，混匀—缩分—再混匀—再缩分，然后再从中分出一小部分作为分析样本之用。这样，最后分析的结果就可代表整批被采样本饲料的平均值。

三、样本采集的原则

(1)尽可能地考虑到采取被检饲料的各个不同部分、不同位置，不同深度和广度，多点取样，按随机抽样原则使每个个体被抽到的机会相等，使最终抽取的样本能代表整批对象。

(2)注意要有足够的采样点和采样量。一般地说，采样点和采样量愈多，混合后所得的平均样品愈具有代表性。在饲料分析中，采样点最低不少于5个，采样量不低于200 g。

(3)采样点的分布要合理。采样点应分布于饲料堆垛的各个部位，包括上下层、四角、中心。在田间采集新鲜样品时，还应注意边角优势的影响。

(4)采样应是随机的，除遇个别与样品无关的杂物外，不应带主观意识的挑选。当杂物较多时，应计算其在饲料中所占比例。

四、样品制备的一般方法

样品取回后，首先应对样品的来源、重量、送样日期等情况进行详细登记，然后对样品进行分析鉴定前的处理工作，主要包括以下几个阶段。

1. 粉碎

块状或粒状的原始样品，不能直接用于分析测试，需要经过破碎、粉碎工作。

2. 过筛

样品在粉碎过程中，并非所有的试样颗粒都是同步粉碎的，其试样颗粒大小在很大范围内变动。为了加快粉碎速度，在对试样粉碎前和粉碎过程中用一定孔径筛孔的分样筛过筛一遍，将筛上物再进行粉碎，这样可以有效地加快粉碎速度。应该注意的是，任何时候都不能随意弃去筛上物。

3. 混匀

在试样中常含有一些比重、硬度不同的组分。在粉碎和过筛的过程中，会使一些硬度大、比重小的组分产生滞后现象，造成物料的分级。因此，试样全部过筛后须混匀。

4. 缩分

原始样品经加工处理后一般重量较大，不能直接作为分析试样，需经缩分后，取其中的一部分作为分析试样。缩分方法常用的有四分法、正方形法、分样器法。

(1)四分法　样品混匀后，用木板将样品摊成圆盘形，通过圆心划两根垂直的直线，将样品分成四等份，任意取出对角的两个1/4合并成一个试样。如采集的样品太多，可再进行混匀、继续用四分法缩分。

(2)正方形法　将混匀后的样品摊成长方形的薄层，然后用直尺将样品分成若干个正方形，取其中的一个或几个小块作为正样或副样，只要方格的完整性没有破坏，就可从中取出一个或几个试样，这种方法常用于缩分的最后阶段。

(3)分样器法　采用槽式分样器进行缩分可省去混匀手续。槽式分样器的内部并排焊接着一些隔板，这些隔板形成几个一左一右交替开口的隔槽，试样倒入后，分别由槽底两侧的开口流出，从而形成两等份试样。分样器的槽口越窄，缩分的准确性越高，但要保证试样不堵塞隔槽。

【技能】

一、采集样本

(一)准备采样工具

采样铲或采样针如图 4-1 所示。

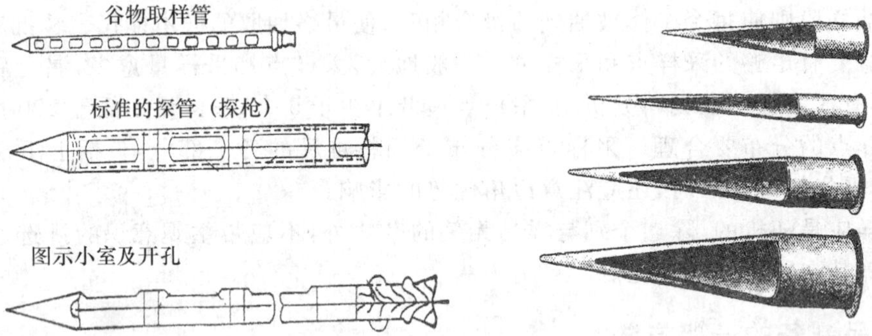

图 4-1 采样器

(二)采集饲料样本

由生产现场、仓库、试验场等大量分析对象中采集的样本叫原始样本。原始样本应尽量从批量(或大数量)饲料中,按照不同的部位即深度和广度来采取,保证每一小部分的成分与其全部的成分完全相同。然后,从原始样本中制备分析样本。为了使样本的取舍均匀一致,一般来说对于均匀性的物料,即单相的液体或搅拌均匀的颗粒籽实、磨成粉末的各种糠麸等饲料以及研碎的物品,可用"四分法"来缩减原始样本。方法是:将颗粒及籽实、粉末及研碎的物品置于一张方形纸或塑料布上(大小视样本的多少而定),提起纸的一角,使粉末等流向对角,随即提起对角使籽实或粉末等流回。再将四角轮流反复提起,使粉末反复移动混合均匀,然后将籽实、粉末等铺平,用药铲、刀子或其他适当器具,从中划一"十"字或以角线相连接,将样本分成四等份,除去对角的两份,将剩余的两份,如前述混合均匀后,再分成 4 个等份。重复上述过程,直至剩余样本数量与测定所需要的用量相接近时为止。

大量的颗粒及籽实、粉末也可在洁净的地板上堆成锥形,然后,用铲将堆移至另一处,移动时将每一铲饲料倒于前一铲饲料之上,这样使颗粒及籽实、粉末由锥顶向下流动到周围,如此反复移动 3 次以上,即可混合均匀。最后,将饲料堆成圆锥形,将顶部略略压平使呈圆台状,再从上部中间分割为十字形的四等份,弃去对角线的两部分,缩减 1/2,然后送实验室供化学分析之用。

对于不均匀的物料如各种粗饲料、块根、块茎饲料、家畜胴体等,则需要较复杂的采样技术。其复杂程度随物品体积的大小和不均匀性质的情况而定。一般可采用"几何法",具体方法如下:把整个一堆物质看成一种有规则的几何体,如立方体、圆柱体、圆锥体等。取样时先将该立体分为若干体积相等的部分(或在想象中将其分开),这些部分必须在全体中分布得均匀,而不只是在表面或只是在一面。从这些部分中取出体积相等的样本,称之为支样,将这些支样混合后即为"初级、次级、三级、……"样本,然后由最后一级样品中制备分析用样本。

对配合饲料来说,如对水平卧式或垂直式混合机(搅拌机)里的饲料进行采样,其采样方法相对而言就比较容易。在肯定饲料确实充分混合均匀后,样本的采取就可以从混合机的出口处定期(或定时)地取样,其取样的间隔应该是随机的。

配合饲料中不同成分的颗粒料大小及吸湿性可能不一样,这会给配合饲料准确采样带来麻烦。因此,在某些情况下,将配合饲料含有的成分单独进行分析更为确切。当然,这必须注意称重上要无误并且是混合均匀的饲料。

二、制备样本

1. 制备风干样本

饲料中的水分有三种存在形式:游离水、吸附水(吸附在蛋白质、淀粉及细胞膜上的水)、结合水(与糖和盐类结合的水)。风干样本是指饲料样本中除去游离水,且吸附水含量在15%以下的样本。一般分析样本均为风干样本。主要有籽实类、糠麸类、干草类、秸秆类、乳粉、血粉、鱼粉及配合饲料等。这类饲料样本制备的方法是:

(1)缩减样本　将原始样本按"四分法"取得化验样本;即将样品混合均匀、铺平,从中划一"十"字或以对角相连接,将样品分为四等份,除去对角两份,将剩余两份混合均匀,重复上述过程,直到样品数量与测定所需要的样品相接近时为止。

(2)粉碎　将所得的化验样本经一定处理(如剪碎、捶碎等)后用样本粉碎机粉碎。

(3)过筛　按照检验要求,将粉碎后的化验样本全部过筛。用于常规营养成分分析时要求全部通过0.44 mm(40目)标准分析筛;用于微量矿物质元素、氨基酸分析时要求全部通过0.172～0.30 mm(60～100目)标准分析筛,使其具备均质性,便于溶样。对于不易粉碎过筛的渣屑类亦应剪碎,混入样本中,不可抛弃,避免引起误差。粉碎完毕的样本200～500 g,装入磨口广口瓶内保存。

2. 制备新鲜样本

对于新鲜样本,如果直接用于分析可将其匀质化,用匀浆机或超声破碎仪破碎、混匀,再取样,装入塑料袋或瓶内密闭,冷冻保存后测定。若需干燥处理的新鲜样本,则应先测定样本的初水分(所谓初水分,是指首先将新鲜样本置于60～65℃的恒温干燥箱中烘8～12 h,除去部分水分,然后回潮使其与周围环境的空气湿度保持平衡,在这种条件下所失去的水分称为初水分),制成半干样本(测定初水分之后的样本称为半干样本),再粉碎装瓶保存。

三、登记与保存样本

(一)登记样本

经粉碎后的分析样本,可用"四分法"缩小至200～250 g,装入磨口广口瓶或塑料瓶中保存。瓶中装填的样本不得超过其容积的一半,以便在采取化学分析样本前能很好的进行混合。

制备好的样本装入磨口广口瓶或塑料瓶后,将瓶编号,贴好标签,注明样本名称、采样地点、采样日期、制样日期、分析日期。并在记录本上应详细描述样本,注明下列内容:

(1)样品名称(一般名称,学名和俗名)和种类(必要时需注明品种、质量等级)。

(2)外观是否合乎标准。

(3)取样地点和日期。

(4)生产厂家及出厂日期。

(5)货物种类或批量、包数。

(6)存放地点。

(7)取样人和送样时间。

饲料样本都由专人采取、登记、粉碎与保管。如需要测氨基酸和矿物质等项目的原料(样本)应用高速粉碎机,粉碎粒度为0.172 mm(100目),其他样本可用圆环式或自制链片式粉碎机,粒度0.30～0.44 mm(40～60目),样本量一般在500～1 000 g。

(二)保存样本

样本的保存应注意保持其稳定性,保存于干燥通风、不受阳光直射的地方。易变质的样本或在盛夏季节,应将样本低温保存。样本保存时间的长短应有严格规定,一般情况下原料样本应保留2周,成品样本在分析之后应保留2～3个月,以备复查和仲裁分析用。有时为了特殊目的某些饲料样本需保管1～2年,这时可用锡铝纸软包装,经抽真空充氮气(高纯氮气)后密封,并于冷库中保存备用。

样本保存或送检过程中,须保持样本原有的状态和性质,减少样本离开总体后发生的各种可能变化,如污染、损失、变质等。接触样本的器具应洁净,容器密闭,防止水分蒸发。

样本制备后,应尽快完成分析化验。

四、原料留样

(1)取得的原料样品,按四分法分样,留取三份,两份作为平行样,一份留存。

(2)留存的样品,要用塑料袋密封保存,留存样要与已检测样登记一致,并标明到货日期、品种、供货人、取样时间、取样人等。

(3)所留样观察的样品,要按时间先后和品种分类编号存放,以便于查找。

(4)留存的样品要妥善保管,防止生虫、霉坏或丢失。

(5)被检测的样品进入流转程序时,要办理必要的交接手续。分析检测完成后,应及时将样品归还样品管理人员。

(6)所留样品存放期为两个月,逾期的样品应视情况处理,需回机的,应在质检人员和生产主管的指导下进行。

【任务总结】

任务总结表

项目	内容	要点
相关知识	常用样本类别与定义	1.标准样本;2.商业样本;3.参考样本;4.备用样本;5.仲裁样本;6.化验样本;7.原始样本;8.初级样本;9.次级样本;10.分析样本
	样本采集的目的与要求	1.样本采集的目的;2.样本采集的要求
	样本采集的原则	1.多点取样;2.足够的采样点和采样量;3.采样点的分布要合理;4.采样应是随机的
任务实施	采集样本	1.准备采样工具;2.采集饲料样本
	制备样本	1.制备风干样本;2.制备新鲜样本
	登记与保存样本	1.登记样本;2.保存样本
	原料留样	取得的原料样品,按四分法分样,留取三份,两份作为平行样,一份留存

任务二 测定饲料常规养分含量

任务描述：饲料常规养分是指饲料中水分、粗蛋白质、粗脂肪、粗灰分、粗纤维和无氮浸出物的含量，饲料中前5种成分都是不纯的，因此，所测定的数据仅仅是在规定的检测条件下得出的类似成分近似值，亦称概略养分。饲料概略养分含量的测定方法是1862年德国Weende试验站的Henneberg与Stohmann二人创建的，一直沿用至今。饲料常规养分分析所得数据可直接用于饲料配合。《饲料检验化验员国家职业标准》中，饲料常规养分的检验在其职业功能和工作内容中有着重要的作用。依据饲料常规养分含量的测定原理、方法步骤及注意事项，在规定的时间内，能够进行某一种饲料常规养分含量的测定。

【任务目标】

◆知识目标

1. 掌握分析化学基本知识与实验仪器基本操作要求。
2. 理解配合饲料常规养分含量检测标准。

◆技能目标

1. 能够依据检测要求正确安装和调试所需仪器设备。
2. 能快速和准确地检测饲料常规养分含量，撰写质检报告单。

◆素质目标

1. 认真记录检测数据，培养严谨务实的态度，提高分析问题、处理问题的能力。
2. 饲料常规养分含量检测过程中，规范使用仪器设备及试剂，养成安全意识。

【知识】

一、化学基本知识

（一）配制与标定溶液

在饲料检测实验中，随时都要使用各种浓度的溶液，而不论采用何种滴定方法，都离不开标准溶液。

标准溶液是具有准确浓度的溶液，用于滴定待测试样，标准溶液配制时需使用基准物质。

1. 基准物质及其使用条件

用来直接配制标准溶液或标定溶液浓度的物质称为基准物质。作为基准物质必须满足以下条件：

(1)纯度高，一般要求其纯度在99.9%以上，即杂质含量少，不至于影响分析的准确度。

(2)物质的化学组成与化学式完全相符，若含有结晶水，其含量也应与化学式相同。

(3)化学性质稳定，如不氧化、不分解、不潮解、不挥发、不还原等。

(4)有较大的摩尔质量，以减少称量的相对误差。

(5)试剂参加反应时无副反应。

常用基准物质及其标定对象见表4-1。

表4-1 分析常用基准物质及其标定对象

基准物质名称	分子式	干燥条件	标定对象
碳酸钠	$NaCO_3$	270～300℃	酸
硼砂	$Na_2B_4O_7 \cdot 10H_2O$	室温，在NaCl和蔗糖饱和液的干燥器中4 h	酸
邻苯二甲酸氢钾	$KHC_8H_4O_4$	110～120℃干燥至恒重	碱
草酸钠	$Na_2C_2O_4$	105～110℃	高锰酸钾
氯化钠	NaCl	500～600℃干燥40～50 min	硝酸银
硝酸银	$AgNO_3$	280～290℃	氯化物
碳酸钙	$CaCO_3$	110～120℃干燥至恒重	EDTA
锌	Zn	室温，干燥器24 h以上	EDTA

2. 配制标准溶液

标准溶液的配制方法有直接法和间接法。

(1)直接法　准确称取一定量基准物质，溶解后转入容量瓶，用蒸馏水稀释至刻度，根据计算得出该溶液的准确浓度。

(2)间接法　对于不符合基准物质条件的试剂，不能直接配制成标准溶液，可先配制成近似所需浓度的溶液，然后选用能与所配溶液定量反应的基准物质或另一种标准溶液测定所配溶液的准确浓度。如氢氧化钠溶液的配制，先配制成近似浓度，再用邻苯二甲酸氢钾来标定氢氧化钠溶液的准确浓度。

3. 标定与保存标准溶液

(1)标定　用基准物质或标准试样来测定所配制的标准溶液浓度的过程称为标定。

(2)标定方式　准确称取基准物质(用待标定溶液滴定时，消耗该溶液25 mL左右，溶于适量水中)，用待标定溶液滴定。如标定NaOH，用$KHC_8H_4O_4$ 0.515 g，用NaOH滴定时消耗25.00 mL，则NaOH的标准浓度为(已知$KHC_8H_4O_4$的摩尔质量为204.2 g/mol)：

$$n(KHC_8H_4O_4)=\frac{m(KHC_8H_4O_4)}{M(KHC_8H_4O_4)}=\frac{0.515}{204.2}=2.500\times10^{-3}(\text{mol})$$

$$n(NaOH)=2.500\times10^{-3}(\text{mol})$$

$$c(NaOH)=\frac{n(NaOH)}{V(NaOH)}=\frac{2.500\times10^{-3}}{25.00}=0.100\times10^{-3}(\text{mol/mL})=0.100(\text{mol/L})$$

(二)常见的酸碱指示剂的变色范围

借助于颜色的变化来指示溶液pH的物质叫酸碱指示剂。

指示剂的颜色变化取决于H^+浓度或溶液的pH。以弱酸指示剂(通式为HIn)为例，在溶液中有如下电离平衡：

$$\underset{\text{酸式色}}{HIn} \Leftrightarrow H^+ + \underset{\text{碱式色}}{In^-}$$

酸式当溶液的 H^+ 浓度加大时，电离平衡向左移动而呈现酸式色，反之，平衡向右移动而呈现碱式色。常见的酸碱指示剂的变色范围见表 4-2。

表 4-2 酸碱指示剂的变色范围

指示剂	变色范围(pH)	颜色变化(酸式色—碱式色)	浓度
百里酚蓝	12～28	红色—黄色	0.1%的 20%乙醇溶液
甲基黄	29～40	红色—黄色	0.1%的 90%乙醇溶液
甲基橙	31～44	红色—黄色	0.05%水溶液
溴酚蓝	30～46	黄色—紫色	0.1%的 20%乙醇溶液
溴甲酚绿	40～56	黄色—蓝色	0.1%的 20%乙醇溶液
甲基红	44～62	红色—黄色	0.1%的 60%乙醇溶液
溴百里酚蓝	62～76	黄色—蓝色	0.1%的 20%乙醇溶液
中性红	68～80	红色—黄橙色	0.1%的 60%乙醇溶液
苯酚红	68～84	黄色—红色	0.1%的 60%乙醇溶液
酚酞	80～100	无色—红色	0.5%的 90%乙醇溶液
百里酚酞	94～106	无色—蓝色	0.1%的 90%乙醇溶液

二、处理分析数据

(一)有效数字

定量分析中能测量到的有实际意义的数字称为有效数字。有效数字不仅反映测量数据"量"的多少，而且反映所用仪器的准确程度。

有效数字包括所有的准确数字和最后一位"可疑数字"。例如，在电子天平上称得一试样为 0.500 0 g，即表明试样的质量为 0.500 0 g，还表明称量的误差在±0.000 2 g 以 内。如果将其记录为 0.50 g，则表明试样是台秤称量的，且称量误差为 0.02 g。

数字中的"0"是否为有效数字，要视具体情况而定，因"0"在数字中有双重意义，即一种是有效数字；一种是起定位作用，见表 4-3。

表 4-3 有效数字中"0"的意义

物质	称量瓶	Na_2CO_3	$C_2H_2O_4$	称量纸
质量/g	10.783 0	2.908 5	0.240 8	0.018 0
有效数字	6 位	5 位	4 位	3 位

以上数字中，"10.783 0" 中的两个"0"都是有效数字，即为 6 位有效数字；"2.908 5"中的"0"也是有效数字，即有 5 位有效数字；"0.240 8"中，第一个非零数字前面的"0"不是有效数字，仅起定位作用，所以是 4 位有效数字；"0.018 0" 中仅末尾的"0"是有效数字，故有 3 位有效数字。以"0"结尾的正整数，有效数字的位数不确定。如"5 800"，就不能确定是几位有效数字，遇到这种情况，应根据实际有效数字书写成：5.8×10^3(2 位有效数字)；5.80×10^3(3 位有效数字)；5.800×10^3(4 位有效数字)；对于滴定管、移液管和吸量管，能准确测量 0.001 mL 溶

液体积。当使用 25 mL 滴定管，其测定体积大于 10 mL 而 小于 50 mL 时，应记录 4 位有效数字；测定体积小于 10 mL，应记录 3 位有效数字。当用 25 mL 移液管移取溶液时，应记录为 25.00 mL，用 5 mL 移液管移取溶液时，溶液体积应记录为 5.00 mL。

(二)数字的修约规则

处理分析数据时，要对一定位数的有效数字进行合理的修约。修约规则是“四舍六入五成双”。即当尾数≤4 时舍去，尾数≥6 时进位，当尾数为“5”时，“5”前为偶数将“5”舍去，“5”前为奇数则“5”进位，当“5”后面还有不为 0 的任何数时，无论其前面是奇数还是偶数都应进位。如：6.346 → 6.35　　6.343 → 6.34　　6.3351 → 6.34

6.345 → 6.34　　6.355 → 6.36　　6.3651 → 6.37

(三)有效数字运算规则

1.加减法

几个数据相加减时，以小数点后面位数最少的数字为标准，对参与运算的所有数据进行一次修约后再计算，并正确保留计算结果的有效数字。如：0.0122＋25.64＋1.057 83 时应以 25.64 为准，修约后的三位数是 0.01、25.64、1.06。

则 0.01＋25.64＋1.06 ＝ 26.71

2.乘除法

几个数据相乘除时，以相对误差最大的数据即有效数字位数最少的数为标准，对参与运算的所有数据进行一次修约后再计算。如：

0.012 2×25.64×1.057 83 时 应以 0.0122 为准，结果应保留 3 位有效数字。

即 0.012 2×25.6×1.06＝0.331

(四)准确度与精密度

1.准确度与误差

饲料常规成分检验是测定试样中有关组分的含量，因此，得到的分析结果与被测组分真实值越接近准确程度就越高。但分析过程中由于方法、仪器、试剂等多因素的限制，测量值与真实值之间存在差值，我们将这种差值称为误差。

准确度通常用误差的大小表示，误差越小，分析结果越准确。

误差可用绝对误差和相对误差表示。

(1)绝对误差　绝对误差(E)是测量值(X)与 真实值(T)之差，表达式为：

$$E=X-T$$

(2)相对误差　相对误差(E_r)是绝对误差与真实值之比，用百分数表示，表达式为：

$$E_r=\frac{E}{T}\times100\%=\frac{X-T}{T}\times100\%$$

2.精密度与偏差

在分析检验中，为了提高分析结果的可靠性，往往通过多次重复测定取算术平均数作为分析结果。多次测定值相接近的程度称为精密度。精密度的高低用偏差表示，偏差是单次测定值与多次测定结果的算术平均值之差。偏差越小，精密度越高。偏差可用绝对偏差和相对偏差表示。

(1)绝对偏差

$$绝对偏差(d_i)=个别测得值(x)-算术平均值(\bar{x})$$

(2)相对偏差

$$相对偏差=\frac{d_i}{\bar{x}}\times 100\%$$

三、分析仪器设备的使用

(一)使用电子天平

进行饲料常规成分分析时,电子天平是常用的称量工具,以FA型电子天平系列为例的天平使用方法。

1.调试天平

(1)调整水平仪　使用前调整水平调整脚,使水泡位于水平仪中央。

(2)预热　使用要求一般时,天平应预热30 min以上;精确称重时,天平应预热180 min以上。

(3)校准　从秤盘上取走加载物,按"TARE"键清零,等待天平稳定后按"C"键,显示"匚",轻轻放校准码至天平中心,关闭玻璃门约30 s后,显示校准码值,听到"嘟"音后,取出校准码,天平校准完毕。

2.称重

(1)基本称重　按"TARE"键,将天平清零,等待天平显示零。称重稳定后即可读取显示的质量读数。

(2)使用容器称重　如液体等物品称重时,先将空容器放置在秤盘上,按"TARE"键清零,等待天平显示零后,将待测物品放入容器中,称重稳定后即可读出所称液体质量读数。

(3)称重模式选择　按住"M"键不放,天平在"克、金盎司、计件称重、百分比称重"模式之间在秤盘上放置所称物体,称重循环切换,待天平显示所需称重模式时,放开"M"键,天平进入所选称重模式。

(4)计件称重　放上容器(若不需容器时,可越过此步骤),按"TARE"键清零,等待天平显示零后,放上计件物,待称重稳定后,按照称重模式选择操作,进入计件称重模式。

(5)百分比称重　放上容器(若不需容器时,可越过此步骤),按"TARE"键清零,等待天平显示零后,放上标准样,待称重稳定后,按照称重模式选择操作,进入百分比称重模式。

(二)使用分光光度计

测定饲料的总磷时,需要使用分光光度计,以722 s型可见分光光度计为例进行介绍。

1.操作使用

(1)预热仪器　将选择开关置于"T",打开电源开关,使仪器预热20 min。为了防止光电管疲劳,不要连续光照,预热仪器时和不测定时应将试样室盖打开,使光路切断。

(2)选定波长　根据实验要求,转动波长手轮,调至所需要的单色波长。

(3)固定灵敏度档　在能使空白溶液很好地调到"100%"的情况下,尽可能采用灵敏度较低的挡,使用时,首先调到"1"挡,灵敏度不够时再逐渐升高。但换挡改变灵敏度后,须重新校正"0%"和"100%"。选好的灵敏度,实验过程中不要再变动。

(4)调节 T=0%　轻轻旋动“0%”旋钮，使数字显示为“0.000”，(此时试样室是打开的)。

(5)调节 T=100%　将盛蒸馏水(或空白溶液，或纯溶剂)的比色皿放入比色皿座架中的第一格内，并对准光路，把试样室盖子轻轻盖上，调节透过率“100%”旋钮，使数字显示正好为“100.0”。

(6)吸光度的测定　将选择开关置于“A”，盖上试样室盖子，将空白液置于光路中，调节吸光度调节旋钮，使数字显示为“0.000”。将盛有待测溶液的比色皿放入比色皿座架中的其他格内，盖上试样室盖，轻轻拉动试样架拉手，使待测溶液进入光路，此时数字显示值即为该待测溶液的吸光度值。读数后，打开试样室盖，切断光路。

重复上述测定操作 1～2 次，读取相应的吸光度值，取平均值。

(7)浓度的测定　选择开关由“A”旋置“C”，将已标定浓度的样品放入光路，调节浓度旋钮，使得数字显示为标定值，将被测样品放入光路，此时数字显示值即为该待测溶液的浓度值。

(8)关机　实验完毕，切断电源，将比色皿取出洗净，并将比色皿座架用软纸擦净。

2. 维护仪器

(1)清洁仪器外表时，不能使用乙醇、乙醚等有机溶剂，仪器不使用时需加盖防尘罩。

(2)比色皿使用后应用石油醚清洗，并用擦镜纸擦拭干净了存放于比色皿盒中备用。

(3)检查机内机械、光路、电路状态时要先切断电源，卸下仪器底座前部两个 M_4 螺钉，向上翻起上盖(仪器底座左后方有高压部分注意勿带电操作)。

3. 识别与处理常见故障

识别与处理分光光度计常见故障见表 4-4。

表 4-4　分光光度计常见故障

故障现象	原因	处理方法
电源开启后仪器无反应	1. 电源未接通 2. 电源保险丝断裂 3. 机内接插件松动	1. 电源插头应在 190～240 V 间且接触良好，主机底部电压应在适配开关位置，查看电源电缆是否短线，主机电源开关有否损坏 2. 更换保险丝 3. 重插接插件
显示数值不稳	1. 仪器预热时间不够 2. 交流电源不稳 3. 环境振动大 4. 接插件接触不良	1. 仪器预热 30 min 2. 电源应保持在(220±20) V 无突变 3. 调换工作环境 4. 打开仪器盖，重插接插件
不能调 100% T	1. 光能源不够 2. 滤光片位置不对 3. 比色皿架未落位	1. 正确选择益增键，检查光源灯光是否打进入光狭缝或调高灯电压 2. 放置于正确位置 3. 放置于正确位置
测光不正常	1. 样品处理错误 2. 比色皿不配对 3. 波长误差大	1. 正确处理 2. 扣除配对误差 3. 用镨钕玻璃检查并调整波长
数值不能输进上层软件	与计算机有关的电路串行通信有故障	与厂家维修部联系
出现“Err 3”	操作错误	关机重开

四、玻璃器皿的使用

(一)使用滴定管

1.滴定管的种类

滴定管是在滴定过程中用来准确测量滴定溶液体积的量器,分为常量、半微量和微量3种。常量滴定管有 50 mL 和 25 mL 两种规格,最小刻度为 0.1 mL,读数时,可估计到0.01 mL。半微量或微量滴定管有 10 mL、5 mL、2 mL、1 mL 等规格。

滴定管分酸式和碱式两种。

酸式滴定管的下端带有玻璃活塞,用于盛放酸性溶液和氧化性溶液;碱式滴定管的下端装有带玻璃珠的橡皮管,用来盛放碱性溶液。

2.滴定前的准备

(1)检查 滴定管在使用前要检查其密合性。操作时关闭活塞,在管中加水至“0”刻度标线,将其垂直夹在滴定管夹上,直立 2 min,观察活塞周围及管尖有否渗水现象;将活塞旋转 180°后,若仍无渗水现象,则可以使用。若有渗水时,需进行涂油处理。对碱式滴定管要检查玻璃珠的大小与橡皮管是否匹配,能否灵活控制滴液,若不符合要求,应更换成合适的橡皮管后使用。

(2)涂油 平放酸式滴定管,取出活塞,将其卷一层滤纸后再插入活塞内转动几次,以除去活塞表面和活塞套内残留的油污和水分。取出活塞,用手指蘸少量凡士林,均匀地涂抹于活塞孔两侧(注意不要让油堵塞活塞孔),将活塞插入活塞套内,单方向旋转活塞,使其与活塞套的接触部位全部呈透明状、无气泡和纹路且转动灵活,用橡皮圈或塑料盖将活塞套好以防脱落。

(3)洗涤 用滴定管刷蘸少量洗涤剂刷洗,再用自来水冲洗,最后用蒸馏水润洗 2～3 次(每次用水 5～10 mL)。润洗时,双手平持滴定管缓慢转动,使水能够润洗滴定管全部内壁,再从末端将水放出。若有油污时,可用 10～15 mL 洗液润洗或浸泡(碱式管应拔去橡皮管,套上橡皮帽再注入洗液),再用自来水冲洗、蒸馏水润洗。

(4)装液 先用待装液润洗滴定管 2～3 次(每次 5～10 mL,方法同用蒸馏水洗),润洗液一定要从滴定管下端放出。然后从试剂瓶中将待装液直接装入滴定管至“0”刻度以上。

(5)排出气泡 酸式滴定管排气泡时,右手拿滴定管,使其倾斜 30°,左手迅速打开活塞,使溶液冲出将气泡排出;碱式管可将橡皮管向上弯曲,轻轻捏挤玻璃珠右上方的橡皮管,使气泡随溶液排出。

3.读数

滴定管应垂直固定,待装液排出气泡后等待 2 min,视线应和液体凹面下缘处于同一水平面上。无色或浅色的液体,应读取液体凹面下缘最低点处所对应的刻度;深色溶液,读取液体凹面两侧最高点处所对应的刻度;蓝线滴定管,应从蓝线的尖端与液面接触处读数,即读取三角交叉点所对应的刻度。

4.滴定操作

(1)滴定前准备 必须将悬挂在滴定管尖端的液体除去后记录初读数。将滴定管尖端插入锥形瓶或烧杯内约 1 cm 处,注意管头不可靠住内壁,左手操作滴定管,右手按单方向摇动锥形瓶;用烧杯滴定时,将滴定管放于烧杯左侧,右手持玻璃棒单方向搅动液体,注意玻璃棒不要触及杯壁、杯底以及滴定管尖部。

(2)酸式滴定管滴定操作 左手无名指及小指弯曲位于滴定管左侧,轻轻抵住滴定管,其他三指控制活塞，拇指在前，食指和中指在后，轻轻将活塞转动并向里用力(不可向外用力，以防拔出活塞)，控制滴定速度。

(3)碱式滴定管滴定操作　用左手无名指和小指夹住橡皮管下端，拇指和食指的指尖挤捏玻璃珠上部右侧的橡皮管，使溶液从橡皮管和玻璃珠之间的隙缝处流出(不可挤捏玻璃珠下部的橡皮管和使玻璃珠发生移动，以免使管尖吸入气泡而造成滴定误差)。

(4)控制滴定速度　滴定开始时，液体不可呈柱状加入，接近终点时，需一滴滴地滴入。每一滴需轻摇锥形瓶或烧杯，最后要半滴半滴加入。当溶液悬挂在滴定管尖部时，可用锥形瓶内壁靠上去，使悬挂液沿瓶壁流入瓶内，用蒸馏水冲洗瓶内壁。若用烧杯滴定，可用玻璃棒接悬挂液然后将其放入烧杯中搅拌。

(5)滴定后的处理　滴定完毕，应将滴定管中剩余的溶液倒出、洗净并倒置在滴定管架上，或装满蒸馏水，用大试管套住管口，固定在滴定管架上。

(二)使用容量瓶

容量瓶是准确测量溶液体积的量器，用于配制或稀释溶液，通常有 50 mL、100 mL、250 mL、500 mL 和 1 000 mL 等多种规格。

1. 使用前的检查

加入一定量的自来水，盖好瓶塞。左手食指压住瓶塞，右手手指托住瓶底，将容量瓶倒立 2 min，观察瓶塞周围是否漏水。若不漏水，将瓶正立使瓶塞旋转 180°，塞紧瓶塞后再将其倒立，不漏水时方可使用。

2. 清洗

使用时依次用洗液、自来水、蒸馏水洗涤容量瓶，直至内壁不挂水珠为止。

3. 定容操作

溶液转移时，应用玻璃棒插入容量瓶引流，以避免移液过程中的溶液损失。加水到接近刻度 2～3 cm 时，改用胶头滴管加蒸馏水到刻度，这个操作叫定容。定容时要注意溶液凹液面的最低处和刻度线相切，眼睛视线与刻度线呈水平，不能俯视或仰视，否则都会造成误差。

在容量瓶中加蒸馏水至容量瓶体积的 1/2～1/3 时，直立旋摇容量瓶(不盖瓶塞)，使溶液初步混合均匀。继续加入蒸馏水至接近标线下 1 cm 处，静置 1～2 min。

用胶头滴管滴加蒸馏水至溶液凹面下缘与标线重合，盖好瓶塞。用右手食指压住瓶塞，左手托住瓶底，将容量瓶反复倒转数次，使溶液混合均匀。

4. 注意事项

(1)容量瓶是刻度精密的玻璃仪器，不能用来溶解(易溶解且不发热的物质可直接用漏斗倒入容量瓶中溶解，其他物质基本不能在容量瓶里进行溶质的溶解，应将溶质在烧杯中溶解后转移到容量瓶里)。

(2)用于洗涤移液前容器的溶剂总量不能超过容量瓶的标线。

(3)溶解完溶质后溶液要放置冷却到常温再转移。容量瓶不能进行加热。如果溶质在溶解过程中放热，要待溶液冷却后再进行转移，因为一般的容量瓶是在 20℃ 的温度下标定的，若将温度较高或较低的溶液注入容量瓶，容量瓶则会热胀冷缩，所量体积就会不准确，导致所配制的溶液浓度不准确。

(4)溶解用烧杯和搅拌引流用玻璃棒都需要在转移后洗涤两三次。

(5)定容一旦加入水过多，则配制过程失败，不能用吸管再将溶液从容量瓶中吸出到刻度。

(6)摇匀后,发现液面低于刻线,不能再补加再补加蒸馏水,因为用胶头滴管加入蒸馏水定容到液面正好与刻线相切时,溶液体积恰好为容量瓶的标定容量。摇匀后,竖直容量瓶时会出现液面低于刻线,这是因为有极少量的液体沾在瓶塞或磨口处。所以摇匀以后不需要再补加蒸馏水,否则所配溶液浓度偏低。

(7)容量瓶只能用于配制溶液,不能储存溶液,因为溶液可能会对瓶体进行腐蚀,从而使容量瓶的精度受到影响。

(8)容量瓶用毕应及时洗涤干净,塞上瓶塞,并在塞子与瓶口之间夹一条纸条,防止瓶塞与瓶口粘连。

(三)使用干燥器

干燥器是一个下层放有干燥剂,之间由带孔的瓷板隔开,上层放置待干燥物品的玻璃器皿。一般按照其外径的大小分为 100 mm、150 mm、180 mm、210 mm、240 mm 等不同规格。

新干燥器在使用前需在其口上涂一层凡士林,然后盖好盖并反复推动使凡士林涂抹均匀。

开启干燥器时,应固定干燥器的下部,然后向前用力推开盖子(不可用力向上拔盖)。

干燥器内使用的干燥剂一般是变色硅胶或无水二氧化钙,变色硅胶变为红色时或长期使用过程中,应更换干燥剂。

(四)使用移液管和吸量管

移液管和吸量管是用来准确量取溶液体积的量器。移液管是中部较粗、两端较细的玻璃管,有 5 mL、10 mL、15 mL、20 mL、25 mL、50 mL 等多种规格;吸量管是管身直径均匀并有分刻度的玻璃管,用于吸取不同体积的溶液,常用的有 1 mL、2 mL、5 mL、10 mL 等不同规格。

移液管和吸量管在吸取溶液前,应用洗液洗净内壁,再用自来水冲洗、蒸馏水润洗 2～3 次,最后用少量待移取溶液润洗 2～3 次。

吸取溶液时,用右手大拇指和中指拿住管的标线以上部位,将其插入移取液内数厘米,但不得触及瓶底,左手持洗耳球并挤出球内空气,将球尖嘴部分紧贴管口后,慢慢松开洗耳球,当移取液上升到刻度线以上时,移去洗耳球。迅速用右手食指摁住管口,将管提出液面,使管尖紧贴盛液瓶的内壁,使用中指和拇指轻微转动,利用转动时食指与管口产生的空隙,使液面缓缓下降到与刻度线重合时,再用食指迅速压住管口。将移液管慢慢垂直移至接受溶液的容器内,左手倾斜容器使其内壁与管尖相靠,松开右手食指使移取液自由流出。待溶液流尽并停 15 s 后,取出移液管。

若管上印有“吹”、“B”等字样,则要将残留在管尖的液体吹出,否则,不需要吹出。

五、饲料常规养分含量的测定原理

(一)饲料中水分和其他挥发性物质含量的测定原理(GB/T 6435—2006)

根据样品性质的不同,在(103±2)℃、1 个大气压下特定条件下,对试样进行干燥所损失的质量在试样中所占的比例。

(二)饲料中粗蛋白质含量的测定原理(CB/T 6432—1994)

凯氏法测定试样中的含氮量,即在催化剂作用下,用浓硫酸破坏有机物,使含氮物转化成硫酸铵。加入强碱进行蒸馏使氨逸出,用硼酸吸收后,再用酸滴定,测出氮含量,将结果乘以换算系数6.25,计算出粗蛋白质含量。

(三)饲料粗脂肪含量的测定原理(GB/T 6433—2006)

将试样放在特制的仪器中,用脂溶性溶剂(乙醚、石油醚、三氯甲烷等)反复抽提,可把脂肪抽提出来,浸出的物质除脂肪外,还有一部分类脂物质,如游离脂肪酸、磷脂、蜡、色素以及脂溶性维生素等,所以称为粗脂肪。

本标准规定了动物饲料脂肪含量的测定方法,本方法适用于油籽和油籽残渣以外的动物饲料。为了本方法的测定效果,将动物饲料分为下列两类;B类产品的样品提取前需要水解。B类:纯动物性饲料,包括乳制品;脂肪不经预先水解不能提取的纯植物性饲料,如谷蛋白、酵母、大豆及马铃薯蛋白以及加热处理的饲料;含有一定数量加工产品的配合饲料,其脂肪含量至少有20%来自这些加工产品。A类:B类以外的动物饲料。

脂肪含量较高的样品(至少200 g/kg)预先用石油醚提取。B类样品用盐酸加热水解,水解溶液冷却、过滤,洗涤残渣并干燥后用石油醚提取,蒸馏、干燥除去溶剂,残渣称量。A类样品用石油醚提取,通过蒸馏和干燥除去溶剂,残渣称量。

(四)饲料中粗纤维含量的测定原理(GB/T 6434—2006)

用固定量的酸和碱,在特定条件下消煮样品,再用醚、丙酮除去醚溶物,经高温灼烧和扣除矿物质的量,所余量称为粗纤维。(试样用沸腾的稀释硫酸处理,过滤分离残渣,洗涤,然后用沸腾的氢氧化钾溶液处理,过滤分离残渣,洗涤,干燥,称量,然后灰化。因灰化而失去的质量相当于试料中粗纤维质量。)它不是一个确切的化学实体,只是在公认强制规定的条件下,测出的概略养分。其中以纤维为主,还有少量半纤维和木质素。

(五)饲料中粗灰分含量的测定原理(GB/T 6438—2007)

根据无机物不能燃烧的特性,将一定质量的试样在550℃的高温电炉中灼烧,试样经灼烧完全后,余下的残留物质如氧化物和盐,称为灰分。因灰分中除含有钾、钠、钙、镁等氧化物和可溶性盐外,还含有泥沙和原来存在于动植物组织中经灼烧成的二氧化硅,故称为粗灰分,用质量分数表示。

(六)饲料中钙含量的测定原理(GB/T 6436—2002)

1.高锰酸钾法

将试样中有机物破坏,钙变成溶于水的离子,并与盐酸反应生产氯化钙,加入草酸铵溶液使钙成为草酸钙白色沉淀,用硫酸溶解草酸钙,再用高锰酸钾标准溶液滴定游离的草酸根离子,根据高锰酸钾标准溶液的用量,计算出试样中钙含量。

2.乙二胺四乙酸二钠络合滴定法

将样品中的有机物破坏,钙变成溶于水的离子,用三乙醇胺、乙二胺、盐酸羟胺和淀粉溶液消除干扰离子的影响,在碱性溶液中以钙黄绿素为指示剂,用乙二胺四乙酸二钠标准液络合滴定钙,可快速测定钙的含量。

(七)饲料中总磷含量的测定原理(GB/T 6437—2002)

将试样中的有机物破坏,使磷游离出来,在酸性溶液中,用钒钼酸铵处理,生成黄色的$(NH_4)_3PO_4NH_4VO_3 \cdot 16MoO_3$络合物,在波长400 nm下进行比色测定。

(八)饲料中水溶性氯化物含量的测定原理(GB/T 6439—2007)

试样中的氯离子溶解于水溶液中,如果试样含有有机物质,需将溶液澄清,然后用硝酸稍加酸化，并加入硝酸银标准溶液使氯化物形成氯化银沉淀，过量的硝酸银溶液用硫氰酸铵或硫氰酸钾标准溶液滴定。

【技能】

一、测定饲料中水分和其他挥发性物质的含量(GB/T 6435—2006)

(一)准备仪器与设备

(1)实验室用样品粉碎机或研钵。

(2)分样筛：孔径 0.45 mm(40 目)。

(3)分析天平：感量 1 mg。

(4)电热式恒温烘箱：可控制温度为(105±2)℃。

(5)称量瓶：由耐腐蚀金属或玻璃制成，带盖。其表面积能使样品铺开约 0.3 g/cm^2。

(6)干燥器：用氯化钙(干燥试剂)或变色硅胶作干燥剂。

(二)选取和制备试样

(1)按 GB/T 14699.1 采样。样品应具有代表性，在运输和贮存过程中避免发生损坏和变质。

(2)按 GB/T 20195 制备试样。

(三)测定步骤

1. 试样

(1)液体、黏稠饲料和以油脂为主要成分的饲料：称量瓶内放一薄层砂和一根玻璃棒。将称量瓶、内容物和盖放入 103℃的干燥箱内干燥(30±1)min。盖好称量瓶盖，取出，冷却至室温。称重，称取 10 g 试样于称量瓶中，用玻璃棒将试样与沙充分混合，玻璃棒留在称量瓶中，烘干。

(2)其他饲料：将称量瓶 103℃干燥(30±1)min 后取出，冷却至室温。称重。称取 5 g 试样于称量瓶中，并摊匀。

2. 测定

将称量瓶盖放在下面或边上与称量瓶一同放入 103℃干燥箱中，建议平均每升干燥箱空间最多放一个称量瓶。当干燥箱温度到达 103℃后，干燥(4±0.1)h。将盖盖上，取出，冷却至室温，称量。

以油脂为主要成分的饲料在 103℃干燥箱再干燥 30 min。两次称量结果相差不大于试样质量的 0.1%，如大于 0.1%，应按“检查试验”步骤操作。

3. 检查试验

为了检查中干燥过程中是否有因为化学反应而造成不可接受的质量变化，做如下检查。

在干燥箱中于 103℃再次干燥称量瓶和试样，时间为(2±0.1)h。准干燥器中冷却至室温，称量。如经第二次干燥后质量变化大于试样质量的 0.2%，就可能发生了化学反应。在这种情况下按“发生不可接受质量变化的样品”步骤操作。

4. 发生不可接受质量变化的样品

按“试样”操作步骤取试样。将称量瓶盖放在下面或边上与称量瓶一同放入 80℃真空干燥箱内，减压至 13 kPa。通入干燥空气或放置干燥剂干燥试样。中放置干燥剂的情况下，当达到设定的压力后断开真空泵。在干燥过程中保持所设定的眼里。当干燥箱温度达到 80℃

后，加热干燥(4±0.1)h。小心地将干燥箱恢复至常压。打开干燥箱，立即将称量瓶盖盖上，从干燥箱中取出，放入干燥器中冷却至室温称量，准确至1 mg。

将试样再次放入80℃的真空干燥箱中干燥(30±1)min，直至连续两次干燥质量变化之差小于其质量的0.2%。

同一试样进行两个平行测定。

(四)计算测定结果

(1)未做预先处理的样品计算如下。

未做预先处理的样品，其水分及其他挥发性物质含量的测定方法W_1以质量分数表示，按式①计算：

$$W_1=\frac{m_3-(m_5-m_4)}{m_3}\times 100\% \qquad ①$$

式中：m_3为试样的质量，g；m_4为称量瓶(包括盖)的质量，如使用砂和玻璃棒，也包括砂和玻璃棒的质量，g；m_5为称量瓶(包括盖)和干燥后试样的质量，如使用砂和玻璃棒，也包括砂和玻璃棒的质量，g。

(2)经过预处理的样品计算如下。

样品水分含量达17%，脂肪含量低于120 g/kg，只需预干燥的样品，其水分及其他挥发性物质的含量的测定方法W_2以质量分数表示，按式②计算：

$$W_2=\left[\frac{m_0-m_1}{m_0}+\frac{m_3-(m_5-m_4)}{m_3}\times\frac{m_1}{m_0}\right]\times 100\% \qquad ②$$

式中：m_0为试样经提取或空气风干前的质量，g；m_1为试样经提取或空气风干后的质量，g；m_3为试样的质量，g；m_4为称量瓶(包括盖)的质量，如使用砂和玻璃棒，也包括砂和玻璃棒的质量，g；m_5为称量瓶(包括盖)和干燥后试样的质量，如使用砂和玻璃棒，也包括砂和玻璃棒的质量，g。

(3)经脱脂的高脂肪低水分试样及经脱脂和预干燥的高脂肪高水分试样，其水分及其他挥发性物质含量的测定方法W_3以质量分数表示，按式③计算：

$$W_3=\frac{m_0-m_1-m_2}{m_0}+\left[\frac{m_3-(m_5-m_4)}{m_3}\times\frac{m_1}{m_0}\right]\times 100\% \qquad ③$$

式中：m_2为从试样中提取脂肪的质量，g；其他符号同式②。

结果表示：取两个平行样进行测定，以其算术平均值为结果。两个平行样测定值相差不得超过0.2%，否则重做，结果准确至0.1%。

(五)注意事项

(1)如果试样已进行过预先干燥处理，应按下式计算原来试样中所含水分总量：

原试样总水分(%)＝预干燥减重(%)＋[100－预干燥减重(%)]×风干试样水分(%)

(2)某些含脂肪高的样品，烘干时间长反而重量增加，乃脂肪氧化所致，应以增重前那次重量为准。测定这样的样品最好在真空干燥箱或装有二氧化碳的特殊烘箱中进行。

(3)在整个操作过程中，移动称样皿时必须用钳子或带棉线手套，不允许用手直接接触。

(4)样品烘干直的时间要在稳定达到105℃开始计时。

(5)样品烘干时，称样皿要打开盖侧放，冷却和称量时应将盖盖严。

二、测定饲料中粗蛋白的含量(CB/T 6432—1994)

(一)准备试剂

(1)硫酸(GB 625):化学纯,含量为98%,无氮。

(2)混合催化剂:0.4 g 硫酸铜,5个结晶水(GB 665),6 g 硫酸钾(HG 3—920)或硫酸钠(HG 3—908),均为化学纯,磨碎混匀。

(3)氢氧化钠(GB 629):化学纯,40%水溶液(W/V)。

(4)硼酸(GB 628):化学纯,2%水溶液(W/V)。

(5)混合指示剂:甲基红(HG 3—958)0.1%乙醇溶液,溴甲酚绿(HG3—1220)0.5%乙醇溶液,两溶液等体积混合,在阴凉处保存期为3个月。

(6)盐酸标准溶液(无水硫酸钠法标定)。

①盐酸标准溶液:$c(HCl)=0.1$ mol/L。8.3 mL 盐酸(GB 622,分析纯),注入1 000 mL蒸馏水中。

②盐酸标准溶液:$c(HCl)=0.02$ mol/L。1.67 mL 盐酸(GB 622,分析纯),注入1 000 mL蒸馏水中。

(7)蔗糖(HG3—1001):分析纯。

(8)硫酸铵(GB 1396):分析纯,干燥。

(9)硼酸吸收液:1%硼酸水溶液1 000 mL,加入0.1%溴甲酚绿乙醇溶液10 mL,0.1%甲基红乙醇溶液7 mL,4%氢氧化钠水溶液0.5 mL,混合,置阴凉处保存期为1个月(全自动程序用)。

(二)准备仪器设备

(1)实验室用样品粉碎机或研钵。

(2)分样筛:孔径0.45 mm(40目)。

(3)分析天平:感量0.000 1 g。

(4)消煮炉或电炉。

(5)滴定管:酸式,10 mL、25 mL。

(6)凯氏烧瓶:250 mL。

(7)凯氏蒸馏装置:常量直接蒸馏式或半微量水蒸气蒸馏式。

(8)锥形瓶:150 mL、250 mL。

(9)容量瓶:100 mL。

(10)消煮管:250 mL。

(11)定氮仪:以凯氏原理制造的各类型半自动、全自动蛋白质测定仪。

(三)选取和制备试样

选取具有代表性的试样用四分法缩减至200 g,粉碎后全部通过40目筛,装于密封容器中,防止试样成分的变化。

(四)测定步骤

1.仲裁法

(1)试样的消煮 称取试样0.5～1 g(含氮量5～80 mg)准确至0.000 2 g,放入凯氏烧瓶中,加入6.4 g混合催化剂,与试样混合均匀,再加入12 mL硫酸和2粒玻璃珠,将凯氏烧瓶置于电炉上加热，开始小火，待样品焦化，泡沫消失后，再加强火力（360～410℃）直至呈透明的蓝绿色，然后再继续加热，至少 2 h。

（2）氨的蒸馏

①常量蒸馏法：将试样消煮液冷却，加入 60～100 mL 蒸馏水，摇匀，冷却。将蒸馏装置的冷凝管末端浸入装有 25 mL 硼酸吸收液和 2 滴混合指示剂的锥形瓶内。然后小心地向凯氏烧瓶中加入 50 mL 氢氧化钠溶液，轻轻摇动凯氏烧瓶，使溶液混匀后再加热蒸馏，直至流出液体体积为 100 mL。降下锥形瓶，使冷凝管末端离开液面，继续蒸馏 1～2 min，并用蒸馏水冲洗冷凝管末端，洗液均需流入锥形瓶内，然后停止蒸馏。

②半微量蒸馏法：将试样消煮液冷却，加入 20 mL 蒸馏水，转入 100 mL 容量瓶中，冷却后用水稀释至刻度，摇匀，作为试样分解液。将半微量蒸馏装置的冷凝管末端浸入装有 20 mL 硼酸吸收液和 2 滴混合指示剂的锥瓶内。蒸汽发生器的水中应加入甲基红指示剂数滴，硫酸数滴，在蒸馏过程中保持此液为橙红色，否则需补加硫酸。准确移取试样分解液 10～20 mL 注入蒸馏装置的反应室中，用少量蒸馏水冲洗进样入口，塞好入口玻璃塞，再加 10 mL 氢氧化钠溶液，小心提起玻璃塞使之流入反应室，将玻璃塞塞好，且在入口处加水密封，防止漏气。蒸馏 4 min 降下锥形瓶使冷凝管末端离开吸收液面，再蒸馏 1 min，用蒸馏水冲洗冷凝管末端，洗液均流入锥形瓶内，然后停止蒸馏。

注：上述两种蒸馏法测定结果相近，可任选一种。

③蒸馏步骤的检验：精确称取 0.2 g 硫酸铵，代替试样，分别按上述两种步骤进行操作，测得硫酸铵含氮量为（21.19±0.2）%，否则应检查加碱、蒸馏和滴定各步骤是否正确。

（3）滴定　蒸馏后的吸收液立即用 0.1 mol/L 或 0.02 mol/L 盐酸标准溶液滴定，溶液由蓝绿色变成灰红色为滴定终点。

2. 推荐法

（1）试样的消煮　称取 0.5～1 g 试样（含氮量 5～80 mg）准确至 0.000 2 g，放入消化管中，加 2 片消化片（仪器自备）或 6.4 g 混合催化剂，12 mL 硫酸，于 420℃下在消煮炉上消化 1 h。取出放凉后加入 30 mL 蒸馏水。

（2）氨的蒸馏　采用全自动定氮仪时，按仪器本身常规程序进行测定。

采用半自动定氮仪时，将带消化液的管子插在蒸馏装置上，以 25 mL 硼酸为吸收液，加入 2 滴混合指示剂，蒸馏装置的冷凝管末端要浸入装有吸收液的锥形瓶内，然后向消煮管中加入 50 mL 氢氧化钠溶液进行蒸馏。蒸馏时间以吸收液体积达到 100 mL 时为宜。降下锥形瓶，用蒸馏水冲洗冷凝管末端，洗液均需流入锥形瓶内。

（3）滴定　用 0.1 mol/L 的标准盐酸溶液滴定吸收液，溶液由蓝绿色变成灰红色为终点。

（五）空白测定

称取蔗糖 0.5 g，代替试样，进行空白测定，消耗 0.1 mol/L 盐酸标准溶液的体积不得超过 0.2 mL。消耗 0.02 mol/L 盐酸标准溶液体积不得超过 0.3 mL。

（六）计算分析结果

1. 计算式

$$粗蛋白质=\frac{(V_2-V_1)\times c\times 0.014\ 0\times 6.25}{m\times\frac{V'}{V}}\times 100\%$$

式中：V_2为滴定试样时所需标准酸溶液体积，mL；V_1为滴定空白时所需标准酸溶液体积，mL；c为盐酸标准溶液浓度，mol/L；m 为试样质量，g；V 为试样分解液总体积，mL；V'为试样分解液蒸馏用体积，mL；0.014 0 为与 1.00 mL 盐酸标准溶液[c(HCl)＝1.000 0 mol/L]相当的、以克表示的氮的质量；6.25 为氮换算成蛋白质的平均系数。

2. 重复性

每个试样取两个平行样进行测定，以其算术平均值为结果。当粗蛋白质含量在 25%以上，允许相对偏差为 1%。当粗蛋白质含量在 10%～25%之间时，允许相对偏差为 2%。当粗蛋白质含量在 10%以下，允许相对偏差为 3%。

(七)注意事项

试样消煮时，加入硫酸铜 0.2 g，无水硫酸钠 3 g，与试样混合均匀，再加硫酸 10 mL，仍可使饲料试样分解完全，只是试样焦化再变为澄清所需要时间略长些。

三、测定饲料中粗脂肪的含量(GB/T 6433—2006)

(一)准备试剂

本标准所用试剂，未注明要求时，均指分析纯试剂。

(1)水至少应为 GB/T 6682 规定的 3 级。

(2)硫酸钠，无水。

(3)石油醚，主要由具有 6 个碳原子的碳氢化合物组成，沸点范围为 40～60℃。溴值应低于 1，挥发残渣应小于 20 mg/L。也可使用挥发残渣低于 20 mg/L 的工业乙烷。

(4)金刚砂或玻璃细珠。

(5)丙酮。

(6)盐酸：c(HCl)＝3 mol/L。

(7)滤器辅料：例如硅藻土(lieselguhr)，中盐酸[(HCl)＝6 mol/L]中消煮 30 min，用水洗至中性，然后再 130℃下干燥。

(二)准备仪器设备

实验室常用仪器设备，按下列准备。

(1)提取套管，无脂肪和油，用乙醚洗涤。

(2)索氏提取器，虹吸溶剂约 100 mL，或用其他循环提取器。

(3)加热装置，有温度控制装置，不作为火源。

(4)干燥箱，温度能保持(103±2)℃。

(5)电热真空箱，温度能保持(80±2)℃，并减压至 13.3 kPa 以下，配有引入干燥空气的装置，或内盛干燥剂，例如氧化钙。

(6)干燥器：内装有效的干燥剂。

(三)采集与制备试样

样本采集按照 GB/T 14699.1 执行，样本制备按照 GB/T 20195 执行。

(四)分析步骤

1. 分析步骤的选择

如果试样不易粉碎，或因脂肪含量高(超过 200 g/kg)而不易获得均质的缩减的试样，按步骤(1)处理。在所有其他情况下,则按步骤(2)处理。

(1)预先提取

①称取至少 20 g 制备的试样(m_0),准确至 1 mg 与 10 g 无水硫酸钠混合,转移至一提取套管并用一小块脱脂棉覆盖。

将一些金刚砂转移至一干燥烧瓶,如果随后将对脂肪定性,则使用玻璃细珠取代金刚砂。将烧瓶与提取器连接,收集石油醚提取物。

将套管置于提取器中,用石油醚提取 2 h。如果使用索氏提取器,则调节加热装置使每小时至少循环 10 次,如果使用一个相当设备,则控制回流速度每秒至少 5 滴(约 10 mL/min)。

用 500 mL 石油醚稀释烧瓶中的石油醚提取物,充分混合。对一个盛有金刚砂或玻璃细珠的干燥烧瓶进行称量(m_1),准确至 1 mg,吸取 50 mL 石油醚溶液移入此烧瓶中。

②蒸馏除去溶剂,直至烧瓶中几无溶剂,加 2 mL 丙酮至烧瓶中,转动烧瓶并在加热装置上缓慢加温以除去丙酮,吹去痕量丙酮。残渣中 103℃干燥箱内干燥(10±0.1)min,中干燥器中冷却,称量(m_2),准确至 0.1 mg。

也可采取下列步骤。

蒸馏除去溶剂,烧瓶中残渣中 80℃电热真空箱中干燥 1.5 h,中干燥器中冷却,称量(m_2),准确至 0.1 mg。

③取出套管中提取的残渣中空气中干燥,除去残余的溶剂,干燥残渣称量(m_3),准确至 0.1 mg。

将残渣粉碎成 1 mm 大小的颗粒,按步骤(2)处理。

(2)试料　称取 5 g(m_4)制备的试样,准确至 1 mg。

对 B 类样品按步骤(3)处理。对 A 类样品,将试料移至提取套管并用一小块脱脂棉覆盖,按步骤(4)处理。

(3)水解　将试料转移至一个 400 mL 烧杯或一个 300 mL 锥形瓶中,加 100 mL 盐酸和金刚砂,用表面皿覆盖,或将锥形瓶与回流冷凝器连接,在火焰上或电热板上加热混合物至微沸,保持 1 h,每 10 min 旋转摇动一次,防止产物黏附于容器壁上。

在环境温度下冷却,加一定量的滤器辅料,防止过滤时脂肪丢失,在布氏漏斗中通过湿润的无脂双层滤纸抽吸过滤,残渣用冷水洗涤至中性。

注:如果在滤液表面出现油或脂,则可能得出错误结果,一种可能的解决办法是减少测定试料或提高酸的浓度重复进行水解。

小心取出滤器并将含有残渣的双层滤纸放入一个提取套管中,在 80℃电热真空箱中于真空条件件下干燥 60 min,从电热真空箱中取出套管并用一小块脱脂棉覆盖。

(4)提取

①将一些金刚砂转移至一干燥烧瓶,称量(m_5),准确至 1 mg。如果随后将要对脂肪定性,则使用玻璃细珠取代金刚砂。将烧瓶与提取器连接,收集石油醚提取物。

将套管置于提取器中,用石油醚提取 6 h。如果使用索氏提取器,则调节加热装置使每小时至少循环 10 次,如果使用一个相当设备,中控制回流速度每秒至少 5 滴(约 10 mL/min)。

②蒸馏除去溶剂,直至烧瓶中几无溶剂,加 2 mL 丙酮至烧瓶中,转动烧瓶并在加热装置上缓慢加温以除去丙酮,吹去痕量丙酮。残渣在 103℃干燥箱内干燥(10±0.1)min,在干燥器中冷却,称量(m_6),准确至 0.1 mg。

也可采取下列步骤:

蒸馏除去溶剂，烧瓶中残渣在80℃电热真空箱中真空干燥1.5 h，在干燥器中冷却，称量(m_6)，准确至0.1 mg。

(五)计算结果

1.预先提取的测定法

试样的脂肪含量W_1按式①计算，以克每千克表示：

$$W_1=\left[\frac{10(m_2-m_1)}{m_0}+\frac{(m_6-m_5)}{m_4}\times\frac{m_3}{m_0}\right]\times f \qquad ①$$

式中：m_0为步骤(1)中称取试样的质量，g；m_1为(步骤一中)装有金刚砂的烧瓶的质量，g；m_2为步骤(1)中带有金刚砂的烧瓶和干燥的石油醚提取物残渣的质量，g；m_3为步骤(1)中获得的干燥提取的残渣的质量，g；m_4为步骤(2)试料的质量，g；m_5为步骤(4)中使用的盛有金刚砂烧瓶的质量，g；m_6为步骤(4)中盛有金刚砂的烧瓶和获得的干燥石油醚提取残渣的质量，g；f为校正因子单位，单位为克每千克(g/kg)(f=1 000 g/kg)。

结果表示准确至1 g/kg。

2.无预先提取的测定法

试样的脂肪含量W_2按式②计算，以克每千克表示

$$W_2=\frac{m_6-m_5}{m_4}\times f \qquad ②$$

式中：m_4为步骤(2)试料的质量，g；m_5为步骤(4)使用的盛有金刚砂的烧瓶的质量，g；m_6为步骤(4)盛有金刚砂的烧瓶和获得的干燥石油醚提取残渣的质量，g；f为校正因子单位，单位为克每千克(g/kg)(f=1 000 g/kg)。

四、测定饲料中粗纤维的含量(GB/T 6434—2006)

(一)准备试剂

除非另有规定，只用分析纯试剂。

(1)水至少应为GB/T 6682规定的三级水。

(2)盐酸溶液：$c(HCl)=0.5$ mol/L。

(3)硫酸溶液：$c(H_2SO_4)=(0.13\pm0.005)$mol/L。

(4)氢氧化钾溶液：$c(KOH)=(0.23\pm0.005)$mol/L。

(5)丙酮。

(6)滤器辅料：海沙，或硅藻土，或质量相当的其他材料。使用前，海沙用沸腾盐酸[$c(HCl)=4$ mol/L]处理，用水洗至中性，在(500±25)℃下至少加热1 h。

(7)防泡剂：如正辛醇。

(8)石油醚：沸点范围40～60℃。

(二)准备仪器与设备

实验室常用设备，特别是下列各件。

(1)粉碎设备：能将样品粉碎，使其能完全通过筛孔1 mm的筛。

(2)分析天平：感量0.1 mg。

(3)滤埚:石英的、陶瓷的或硬质玻璃的,带有烧结的滤板,滤板孔径 40～100 μm。

在初次使用前,将新滤埚小心地逐步加温,温度不超过 525℃,并在(500±25)℃下保持数分钟。也可使用具有同样性能的不锈钢坩埚,其不锈钢筛板的孔径为 90 μm。

(4)陶瓷筛板。

(5)灰化皿。

(6)烧杯或锥形瓶:容量 500 mL,带有一个适当的冷却装置,如冷凝器或一个盘。

(7)干燥箱:用电加热,能通风,能保持温度(130±2)℃。

(8)干燥器:盛有蓝色硅胶干燥剂,内有厚度为 2～3 mm 的多孔板,最好由铝或不锈钢制成。

(9)马福炉:用电加热,可以通风,温度可调控,在 475～525℃条件下,保持滤埚周围温度准至±25℃。马福炉的高温表读数不总是可信的,可能发生误差,因此对高温炉中的温度要定期检查。因高温炉的大小及类型不同,炉内不同位置的温度可能不同。当炉门关闭时,必须有充足的空气供应。空气体积流速不宜过大,以免带走滤埚中物质。

(10)冷提取装置:附有一个滤埚支架,一个装有真空和液体排出孔旋塞的排放管,连接滤埚的连接环。

(11)加热装置(手工操作方法):带有一个适当的冷却装置,在沸腾时能保持体积恒定。

(12)加热装置(半自动操作方法):用于酸和碱消煮,附有一个滤埚支架,一个装有真空和液体排出孔旋塞的排放管,一个容积至少 270 mL 的量筒,供消煮用,带有回流冷凝器,将加热装置与滤埚及消煮圆筒连接的连接环,可选择性地提供压缩空气,使用前,设备用沸水预热 5 min。

(三)采集试样

采样按 GB/T 14699.1 进行。重要的是实验室收到一份真正有代表性的样品并在运输和保存过程中不受到破坏或不发生变化。

(四)制备试样

试样按 GB/T 20195 制备。用粉碎装置将实验室风干样粉碎,使其能通过筛孔为 1 mm 的筛,充分混合

(五)分析步骤

1.手工操作法分析步骤

(1)试料　称取约 1g 制备的试样,准确至 0.1 mg(m_1)。如果试样脂肪含量超过 100 g/kg,或试样中脂肪不能用石油醚直接提取,则将试样装移至一滤埚,并预先脱脂。

如果试样脂肪含量不超过 100 g/kg,则将试样装移至一烧杯。如果其碳酸盐(碳酸钙形式)超过 50 g/kg,须要除去碳酸盐,然后进行酸消煮;如果碳酸盐不超过 50 g/kg,可直接进行酸消煮。

(2)预先脱脂　在冷提取装置中,真空条件下,试样用石油醚脱脂 3 次,每次用石油醚 30 mL,每次洗涤后抽吸干燥残渣,将残渣装移至一烧杯。

(3)除去碳酸盐　将 100 mL 盐酸倾注在试样上,连续振摇 5 min,小心将此混合物倾注以滤埚,滤埚底部覆盖一薄层滤器辅料。

用水洗涤两次,每次用水 100 mL,细心操作最终使尽可能少的物质留在滤器上,将滤埚内容物转移至原来的烧杯中。

(4)酸消煮　将150 mL硫酸倾注在试样上。尽快使其沸腾，并保持沸腾状态(30±1)min。

在沸腾开始时，转动烧杯一段时间。如果产生泡沫，则加数滴防泡剂。在沸腾期间使用一个适当的冷却装置保持体积恒定。

(5)第一次过滤　在滤埚中铺一层滤器辅料，其厚度约为滤埚高度的1/5，滤器辅料上可盖一筛板以防溅起。

当消煮结束时，将液体通过一个搅拌棒滤至坩埚中，用弱真空抽滤，使150 mL几乎全部通过。如果滤器堵塞，则用一个搅拌棒小心地移去覆盖在滤器辅料上的粗纤维。

残渣用热水洗洗5次，每次约10 mL水，要注意使滤埚的过滤板始终有滤器辅料覆盖，使粗纤维不接触滤板。

停止抽真空，加一定体积的丙酮，刚好能覆盖残渣，静置数分钟后，慢慢抽滤排出丙酮，继续抽真空，使空气通过残渣，使之干燥。

(6)脱脂　在冷提取装置中，在真空条件下，试样用石油醚脱脂3次，每次用石油醚30 mL，每次洗涤后抽吸干燥。

(7)碱消煮　将残渣定量转移至酸消煮用的同一烧杯中。

加150 mL氢氧化钾溶液，尽快使其沸腾，保持沸腾状态(30±1)min，在沸腾期间用同一适当的冷却装置使溶液体积保持恒定。

(8)第二次过滤　将杯内容物通过滤埚过滤，滤埚内铺有一层滤器辅料，其厚度约为滤埚高度的1/5，上盖一筛板以防溅起。

残渣用热水洗至中性。

残渣在真空条件下用丙酮洗涤3次，每次用丙酮30 mL，每次洗涤后抽吸干燥残渣。

(9)干燥　将滤埚置于灰化皿中，灰化皿及内容物在130℃干燥箱中至少干燥2 h。

在灰化或冷却或冷却过程中，滤埚的烧结滤板可能有些部分变得松散，从而可能导致分析结果错误，因此将滤埚置于灰化皿中。

滤埚和灰化皿在干燥器中冷却，从干燥器中取出后，立即对滤埚和灰化皿进行称量(m_2)，准确至0.1 mg。

(10)灰化　将滤埚和灰化皿置于马福炉中，其内容物在(500±25)℃下灰化，直至冷却后连续两次称量的差值不超过2 mg。

每次灰化后，让滤埚和灰化皿初步冷却，在尚温热时置于干燥器中，使其完全冷却，然后称量(m_3)，准确至0.1 mg。

(11)空白测定　用大约相同数量的滤器辅料，进行空白测定，但不加试样。

灰化引起的质量损失不应超过2 mg。

2. 半自动操作方法的分析步骤

(1)试料　称取约1 g按GB/T 20195制备的试样，准确至0.1 mg，转移至一带有约2 g滤器辅料的滤埚中。

如果试样脂肪含量超过100 g/kg，或样品所含脂肪不能用石油醚直接提取，要预先脱脂。

如果试样脂肪含量不超过100 g/kg，其碳酸盐(碳酸钙形式)超过50 g/kg，须要除去碳酸盐，然后进行酸消煮；如果碳酸盐不超过50 g/kg，可直接进行酸消煮。

(2)预先脱脂　将滤埚与冷提取装置连接，试样在真空条件用石油醚脱脂3次，每次用石油醚 30 mL，每次洗涤后抽吸干燥残渣。

(3)除去碳酸盐　将滤埚与加热装置连接，试样用盐酸洗涤 3 次，每次用盐酸 30 mL，在每次加盐酸后在过滤之前停留约 1 min。约用 30 mL 水洗涤一次，然后进行酸消煮。

(4)酸消煮　将消煮圆筒与滤埚连接，将 150 mL 沸硫酸转移至带有滤埚的圆筒中，如果出现气泡，则加数滴防泡剂，使硫酸尽快沸腾，并保持剧烈沸腾(30±1)min。

(5)第一次过滤　停止加热，打开排放管旋塞，在真空条件下通过滤埚将硫酸滤出，残渣用热水至少洗涤 3 次，每次用水 30 mL，洗涤至中性，每次洗涤后抽吸干燥残渣。

如果过滤发生问题，建议小心吹起排出滤器堵塞。

如果样品所含脂肪不能直接用石油醚提取，进行脱脂，然后碱消煮；否则，直接进行碱消煮。

(6)脱脂　将滤埚与冷提取装置连接，残渣在真空条件下用丙酮洗涤 3 次，每次用丙酮 30 mL，然后，残渣在真空条件下用石油醚洗涤 3 次，每次用石油醚 30 mL。每次洗涤后抽吸干燥残渣。

(7)碱消煮　关闭排出孔旋塞，将 150 mL 沸腾的氢氧化钾溶液转移至带有滤埚的圆筒，加数滴防泡剂使溶液尽快沸腾，并保持沸腾状态(30±1)min。

(8)第二次过滤　停止加热，打开排放管旋塞，在真空条件下通过滤埚将氢氧化钾溶液滤去，用热水至少洗涤 3 次，每次用水约 30 mL，洗至中性，每次洗涤后抽吸干燥残渣。

如果过滤发生问题，建议小心吹气排出滤器堵塞。

将滤埚与冷提取装置连接，残渣在真空条件下用丙酮洗涤 3 次，每次用丙酮 30 mL，每次洗涤后抽吸干燥残渣。

(9)干燥　将滤埚置于灰化皿中，灰化皿及内容物在 130℃ 干燥箱中至少干燥 2 h。

在灰化或冷却过程中，滤埚的烧结滤板可能有些部分变得松散，从而可能导致分析结果错误，因此将滤埚置于灰化皿中。

滤埚和灰化皿在干燥器中冷却，从干燥器中取出后，立即对滤埚和灰化皿进行称量(m_2)，准确至 0.1 mg。

(10)灰化　将滤埚和灰化皿置于马福炉中，其内容物在(500±25)℃下灰化，直至冷却后连续两次称量的差值不超过 2 mg。

每次灰化后，让滤埚和灰化皿初步冷却，在尚温热时置于干燥器中，使其完全冷却，然后称量(m_3)，准确至 0.1 mg。

(11)空白测定　用大约相同数量的滤器辅料，按进行空白测定，但不加试样。

灰化引起的质量损失不应超过 2 mg。

(六)计算测定结果

试样中粗纤维的含量(X)以克每千克(g/kg)表示，按式①计算：

$$X=\frac{m_2-m_3}{m_1} \quad ①$$

式中：m_1 为试料的质量，g；m_2 为灰化盘、滤埚以及在 130℃ 干燥后获得的残渣的质量，mg；m_3 为灰化盘、滤埚以及在(500±25)℃获得的残渣的质量，mg。

结果四舍五入，准确至 1 g/kg。

注:结果亦可用质量分数(%)表示。

五、测定饲料中粗灰分的含量(GB/T 6438—2007)

(一)准备仪器与设备

除常用实验室设备外,其他仪器设备如下。

(1)分析天平:感量为 0.001 g。

(2)马福炉:电加热,可控制高温,带高温计。马福炉中摆放煅烧盘的地方,在 550℃时温差不超过 20℃。

(3)干燥箱:温度控制在(103±2)℃。

(4)电热板或煤气喷灯。

(5)煅烧盘:铂或铂合金(如 10%铂,90%金)或者实验室条件下不受影响的其他物质(如瓷质材料),最好是表面积约为 20 cm^2、高约 2.5 cm 的长方形容器,对易于膨胀的碳水化合物样品,灰化盘的表面积约为 30 cm^2、高为 3.0 cm 的容器。

(6)干燥器:盛有有效的干燥剂。

(二)选取和制备试样

采样按 GB/T 14699.1 执行,试样制备按 GB/T 20195 执行。

(三)测定步骤

将煅烧盘放入马福炉中,于 550℃,灼热至少 30 min 移入干燥器冷却至室温,称重,准确至 0.001 g。称取约 5 g 试样(精确至 0.001 g)于煅烧盘中。

将盛有试样的煅烧盘放在电热板或煤气喷灯上小心加热至试样炭化,转入预先加热到 550℃的马福炉中灼烧 3 h,观察是否有炭粒,如无炭粒,继续于马福炉中灼烧 1 h,如果有炭粒或怀疑有炭粒,将煅烧盘冷却并用蒸馏水润湿,在(103±2)℃的干燥箱中仔细蒸发至干,再将煅烧盘置于马福炉中灼烧 1 h,取出于干燥器中,冷却至室温迅速称量,准确至 0.001 g。

对同一试样取两份试料进行平行测定。

(四)计算测定结果

粗灰分 W,用质量分数(%)表示,按式①计算:

$$W=\frac{m_2-m_0}{m_1-m_0}\times 100\% \qquad ①$$

式中:m_2 为灰化后粗灰分加煅烧盘的质量,g;m_1 为煅烧盘加试样的质量,g;m_0 为空煅烧盘的质量,g。

取两次测量的算术平均值作为测定结果,所得结果应表示至 0.1%。

六、测定饲料中钙的含量(GB/T 6436—2002)

方法一 高锰酸钾法

(一)准备试剂

实验室用水应符合 GBT 6682 中三级用水规格,使用试剂除特殊规定外均为分析纯。

(1)盐酸:1∶3(V_1∶V_2)。

(2)硫酸：1∶3(V_1∶V_2)。

(3)氨水：1∶1(V_1∶V_2)。

(4)草酸铵水溶液(42 g/L)：称取4.2 g草酸铵溶于100 mL水中。

(5)高锰酸钾标准溶液$c\left(\frac{1}{5}KMnO_4=0.05\ mol/L\right)$的配制按GB/T 601规定。

(6)甲基红指示剂(1 g/L)：称取0.1 g甲基红溶于100 mL 95%乙醇中。

(二)准备仪器和设备

(1)实验室用样品粉碎机或研钵。

(2)分样筛：孔径0.45 mm(40目)。

(3)分析天平：感量0.000 1 g。

(4)高温炉：电加热，可控温度在(550±20)℃。

(5)坩埚：瓷质。

(6)容量瓶：100 mL。

(7)滴定管：酸式，25 mL或50 mL。

(8)玻璃漏斗：直径6 cm。

(9)定量滤纸：中速，7～9 cm。

(10)移液管：10 mL，20 mL。

(11)烧杯：200 mL。

(12)凯氏烧瓶：250 mL或500 mL。

(三)制备试样

取具有代表性试样，用四分法缩分至200 g，粉碎过0.42 mm孔筛，混匀，装入样品瓶中，密闭，保存备用。

(四)测定步骤

1. 试样的分解

(1)干法　称取试样2～5 g于坩埚中，精确至0.000 2 g，在电炉上小心炭化，再放入高温炉中于550℃下灼烧3 h(或测定粗灰分后连续进行)，在盛灰坩埚中加入盐酸溶液[1∶3(V_1∶V_2)]10 mL和浓硝酸数滴，小心煮沸，将此溶液转入100 mL容量瓶，冷却至室温，用蒸馏水稀释至刻度，摇匀，为试样分解液。

(2)湿法　称取试样2～5 g于250 mL凯氏烧瓶中，精确至0.000 2g，加入硝酸10 mL，加热煮沸，至二氧化氮黄烟逸尽，冷却后加入高氯酸10 mL，小心煮沸至溶液无色，不得蒸干(危险)，冷却后加蒸馏水50 mL，且煮沸驱逐二氧化氮，冷却后转入100 mL容量瓶，蒸馏水稀释至刻度，摇匀，为试样分解液。

2. 试样的测定

准确移取试样液10～20 mL(含钙量20 mg左右)于200 mL烧杯中，加蒸馏水100 mL，甲基红指示剂2滴，滴加氨水溶液[1∶1(V_1∶V_2)]至溶液呈橙色，若滴加过量，可补加盐酸溶液调至橙色，再多加2滴使其呈粉红色(pH为2.5～3.0)，小心煮沸，慢慢滴加已加热草酸铵溶液10 mL，且不断搅拌，如溶液变橙色，则应补滴盐酸溶液使其呈红色，煮沸数分钟，放置过夜使沉淀陈化(或在水浴上加热2h)。

用定量滤纸过滤，用1：50的氨水溶液洗沉淀6～8次，至无草酸根离子(接滤液数毫升加硫酸溶液数滴，加热至80℃，再加高锰酸钾溶液1滴，呈微红色，30s不褪色)。

将沉淀和滤纸转入原烧杯，加硫酸溶液[1：3(V_1：V_2)]10 mL，蒸馏水50 mL，加热至75～80℃，用0.05mol/L高锰酸钾溶液滴定，溶液呈粉红色且30s不褪色为终点。同时进行空白溶液的测定。

(五)计算测定结果

1.测定结果

按式①计算：

$$X=\frac{(V-V_0)\times c\times 0.02}{m\times\frac{V'}{100}}\times 100\% \quad ①$$

式中：X以质量分数表示的钙含量，%；V试样消耗高锰酸钾标准溶液的体积，mL；V_0为空白消耗高锰酸钾标准溶液的条件，mL；c为高锰酸钾标准溶液的浓度，mol/L；V'为滴定时移取试样分解液体积，mL；m为试样质量，g；0.02为与1.00 mL高锰酸钾标准溶液$\left[c\left(\frac{1}{5}KMnO_4\right)=1.000\ mol/L\right]$相当的以g表示的钙的质量。

2.允许差

含钙量在10%以上，允许相对偏差2%；含钙量5%～10%时，允许相对偏差3%；含钙量1%～5%时，允许相对偏差5%；含钙量1%以下，允许相对偏差10%。

(六)注意事项

(1)高锰酸钾溶液浓度不稳定，应至少每月标定1次。

(2)每种滤纸的空白值不同，消耗高锰酸钾标准滴定溶液的体积也不同，因此，至少每盒滤纸应做1次空白液测定。

(3)用高锰酸钾标准滴定溶液滴定时温度不能过高，且最初几滴滴加的速度要慢，以防高锰酸钾分解。如果溶液出现棕色，应重做。

方法二　乙二胺四乙酸二钠络合滴定法

(一)准备试剂

(1)盐酸羟胺。

(2)三乙醇胺。

(3)乙二胺。

(4)盐酸水溶液：1：3(V_1：V_2)。

(5)氢氧化钾溶液(200 g/L)：称取20 g氢氧化钾溶于100 mL水中。

(6)淀粉溶液(10 g/L)：称取1 g可溶性淀粉放入200 mL烧杯中，加5 mL水润湿，加95 mL沸水搅拌，煮沸，冷却备用(现用现配)。

(7)孔雀石绿水溶液(1 g/L)。

(8)钙黄绿素-甲基百里香草酚蓝试剂：0.10 g钙黄绿素与0.10 g甲基麝香草酚蓝与0.03 g百里香酚酞、5 g氯化钾研细混匀，贮存于磨口瓶中备用。

(9)钙标准液(0.001 0 g/mL)：称取2.497 4 g于105～110℃干燥3 h的基准物碳酸钙，溶

于 40 mL 盐酸中，加热赶出二氧化碳，冷却，用水移至 1 000 mL 容量瓶中，稀释至刻度。

(10)乙二胺四乙酸二钠(EDTA)标准滴定溶液：称取 3.8 g EDTA 加入 200 mL 烧瓶中，加水 200 mL，加热溶解冷却后转至 1 000 mL 容量瓶中，用水稀释至刻度。

①EDTA 标准滴定溶液的滴定：准确吸取钙标准溶液 10.0 mL 按试样测定法进行滴定。

②EDTA 滴定溶液对钙的滴定按式②计算：

$$T=\frac{\rho\times V}{V_0} \qquad ②$$

式中：T 为 EDTA 标准滴定溶液对钙的滴定度，g/mL；ρ 为钙标准液的质量浓度，g/mL；V 为所取钙标准液的体积，mL；V_0为 EDTA 标准滴定液的消耗体积，mL。

所得结果应表达至 0.0001 g/mL。

(二)准备仪器和设备

(1)实验室用样品粉碎机或研钵。

(2)析筛：孔径 0.42 mm(40 目)。

(3)分析天平：感量 0.000 1 g。

(4)高温炉：电加热，可控温度在(550±20)℃。

(5)坩埚：瓷制。

(6)容量瓶：100 mL。

(7)滴定管：酸式，25 mL 或 50 mL。

(8)玻璃漏斗：直径 6 cm。

(9)定量滤纸：中速，7～9 cm。

(10)移液管：10 mL，20 mL。

(11)烧杯：200 mL。

(12)凯式烧瓶：250 mL。

(三)制备试样

1. 干法

称取试样 2～5 g 于坩埚中，精确至 0.002 g，在电炉上小心炭化，放入高温火炉于 550℃下灼烧 3 h(或测定粗灰分后连续进行)，在盛灰坩埚中加入盐酸溶液 10 mL 和浓硝酸数滴，小心煮沸，将此溶液转入 1 000 mL 容量瓶中，冷却至室温，用蒸馏水稀释至刻度，摇匀，为试样分解液。

2. 湿法

称取试样 2～5 g 于 250 mL 凯式烧瓶中，精确至 0.000 2 g，加入硝酸 10 mL，加热煮沸，至二氧化氮黄烟逸尽，冷却后加入高氯酸 10 mL，小心煮沸至溶液无色，不得蒸干(危险)；冷却后加入蒸馏水 50 mL，且煮沸驱逐二氧化氮，冷却后移入 100 mL 容量瓶中，用蒸馏水稀释至刻度，摇匀，为试样分解液。

(四)测定步骤

准确移取试样分解液 5～25 mL(含钙量 2～5 mg)。加水 50 mL，加淀粉溶液 10 mL、三乙醇胺 2 mL、乙二胺 1 mL、1 滴孔雀石绿，滴加氢氧化钾溶液至无色，再过量 10 mL，加 0.1 g

盐酸羟胺(每加一种试剂都需摇匀),加钙黄绿素少许,在黑色背景下立即用 EDTA 标准溶液滴定至绿色荧光消失呈现紫红色为滴定终点。同时做空白实验。

(五)计算测定结果

1. 测定结果

按式③计算:

$$X=\frac{T\times V_2}{m\times \frac{V_1}{V_0}}\times 100\%=\frac{T\times V_2\times V_0}{m\times V_1}\times 100\% \quad ③$$

式中:X 以质量分数表示的钙含量,%;T 为 EDTA 标准滴定溶液对钙的滴定度,g/mL;V_0 为试样分解液的总体积,mL;V_1 为分取试样分解液的体积,mL;V_2 为试样实际消耗 EDTA 标准滴定溶液的体积,mL;m 为试样的质量,g。

每个试样取两个平行样进行测定,以其算术平均值作为结果,所得结果应表示至小数点后两位。

2. 允许差

含钙量 10%以上,允许相对偏差 2%;含钙量在 5%~10%时,允许相对偏差 3%;含钙量 1%~5%时,允许相对偏差 5%;含钙量 1%以下时,允许相对偏差 10%。

(六)注意事项

(1)用 EDTA 标准滴定溶液滴定时应从上往下观察,且光线不能太弱,以免影响终点判定。(2)如滴定前溶液中有沉淀,可以稀释样品溶液或加入蔗糖溶液,以免影响测定结果。

七、测定饲料中总磷的含量(GB/T 6437—2002)

(一)准备试剂

本标准中所用试剂,除特殊说明外,均为分析纯。实验室用水为蒸馏水或同等纯度的水。

(1)盐酸:1∶1 水溶液。

(2)硝酸。

(3)高氯酸。

(4)钒钼酸铵显色剂:称取偏钒酸铵 1.25 g,加硝酸 250 mL,另称取钼酸铵 25 g,加水 400 mL溶解,在冷却的条件下,将两种溶液混合,用水定容 1 000 mL。避光保存,若生成沉淀,则不能继续使用。

(5)磷标准液:将磷酸二氢钾在 105℃干燥 1 h,在干燥器中冷却后称取 0.219 5 g 溶解于水,定量转入 1 000 mL 容量瓶中,加硝酸 3 mL,用水稀释至刻度,摇匀,即为 50 μg/mL 的磷标准液。

(二)准备仪器和设备

(1)实验室用样品粉碎机或研钵。

(2)分样筛:孔径 0.45 mm(40 目)。

(3)分析天平:感量 0.000 1 g。

(4)分光光度计：有 10 mm 比色池，可在 420 nm 下测定吸光度。

(5)高温炉：可控温度在(550±20)℃。

(6)瓷坩埚：50 mL。

(7)容量瓶：50 mL、100 mL、1 000 mL。

(8)刻度移液管：1.0 mL、2.0 mL、3.0 mL、5.0 mL、10 mL。

(9)凯氏烧瓶：125 mL、250 mL。

(10)可调温电炉：1 000 W。

(三)制备试样

取有代表性试样，粉碎至 0.45 mm(40 目)，用四分法将试样缩分至 200 g 装入密封容器，防止试样成分变化或变质。

(四)测定步骤

1. 试样的分解

(1)干法[不适用含 $Ca(H_2PO_4)_2$ 的饲料]　称取试样 2～5 g(精确至 0.000 2 g)于坩埚中，在电炉上小心炭化，再放入高温炉，在 550℃灼烧 3 h(或测粗灰分后继续进行)，取出冷却，加入 10 mL 盐酸(1∶1 水溶液)溶液和硝酸数滴，小心煮沸约 10 min，冷却后转入 100 mL 容量瓶中，用水稀释至刻度，摇匀，为试样分解液。

(2)湿法　称取试样 0.5～5 g(精确至 0.000 2 g)于凯氏烧瓶中，加入硝酸 30 mL，小心加热煮沸至黄烟逸尽，稍冷，加入高氯酸 10 mL，继续加热至高氯酸冒白烟(不得蒸干)，溶液基本无色，冷却，加水 30 mL，加热煮沸，冷却后，用水转移至 100 mL 容量瓶中，并稀释至刻度，摇匀，为试样分解液。

2. 标准曲线的绘制

取磷酸标准液 0 mL、1.0 mL、2.0 mL、5.0 mL、10.0 mL、15.0 mL 于 50 mL 容量瓶中，各加钒钼酸铵显色剂 10 mL，用水稀释至刻度，摇匀，常温下放置 10 min 以上，以 0 mL 溶液为参比，用 10 mm 比色池，在 400 nm 波长下，用分光光度计测定各溶液的吸光度。以磷含量为横坐标，吸光度为纵坐标绘制标准曲线。

3. 试样的测定

准确移取试样分解液 1～10 mL(含磷量 50～750 μg)于 50 mL 容量瓶中，加入钒钼酸铵显色剂 10 mL，按上述方法显色和比色测定，测得试样分解液的吸光度，用标准曲线查得试样分解液的含磷量。

(五)计算测定结果

样品中总磷的含量(P%)按下式计算：

$$P=\frac{X}{m\times V\times 100}\times 100\%$$

式中：m 为试样的质量，g；X 为由标准曲线查得试样分解液总磷含量，μg；V 为移取试样分解液的体积，mL。

所得到的结果应精确到 0.01%。

(六)允许差

每个试样称取两个平行样品进行测定,以其算术平均值为测定结果。其间分析结果的相对偏差总磷含量低于0.5%,不超过10%;总磷含量大于或等于0.5%,不超过3%。

八、测定饲料中水溶性氯化物的含量(GB/T 6439—2007)

(一)准备仪器

(1)实验室常用仪器设备。

(2)回旋振荡器:35~40 r/min。

(3)容量瓶:250 mL;500 mL。

(4)移液管。

(5)滴定管。

(6)分析天平:感量0.000 1 g。

(7)中速定量滤纸。

(二)准备试剂和溶液

(1)所使用试剂均为分析纯,水应至少符合GB/T 6682中3级用水的要求。

(2)丙酮。

(3)正己烷。

(4)硝酸:$\rho_{20}(HNO_3)=1.38$ g/mL。

(5)活性炭:不含有氯离子也不能吸收氯离子。

(6)硫酸铁铵饱和溶液:用硫酸铁铵[$NH_4Fe(SO_4)_2 \cdot 12H_2O$]制备。

(7)Carrez Ⅰ:称取10.6g亚铁氰化钾[$K_4Fe(CN)_6 \cdot 3H_2O$],溶解并用水定容至100 mL。

(8)Carrez Ⅱ:称取21.9g乙酸锌[$Zn(CH_3COO)_2 \cdot 2H_2O$],加3 mL冰乙酸,溶解并用水定容至100 mL。

(9)硫氰酸钾标准溶液:$c(KSCN)=0.1$ mol/L。硫氰酸铵标准溶液:$c(NH_4SCN)=0.1$ mol/L。

(10)硝酸银标准溶液:$c(AgNO_3)=0.1$ mol/L。

(三)采样

采样方法不是本标准规定的内容,采样方法按照GB/T 14699.1进行。实验室得到真实、具有代表性的样品非常重要,应保证样品在运输过程中不变质。

(四)试样制备

按GB/T 20195制备样品。如样品是固体,则粉碎试样(通常500 g),使之全部通过1 mm筛孔的样品筛。

(五)分析步骤

1. 步骤的选择

如果试样不含有有机物,按A执行;如果试样是有机物,按B执行。但熟化饲料、亚麻饼粉或富含亚麻粉的产品和富含黏液或胶体物质(例如糊化淀粉)除外,后面的这些试样需按C执行。

2. 测定步骤

(1)不含有有机物试样试液的制备　称取试样不超过 10 g 试样，精确至 0.001 g，试样所含氯化物含量不超过 3 g，转移至 500 mL 容量瓶中，加入 400 mL 温度约 20℃的水，混匀，在回旋振荡器中振荡 30 min，用水稀释至刻度，混匀，过滤，滤液供滴定用，按(4)执行。

(2)含有有机物试样试液的制备　称取 5 g 试样(质量 m)，精确至 0.001 g，转移至500 mL容量瓶中，加入 1 g 活性炭，加入 400 mL 温度约 20℃的水和 5 mL Carrez I 溶液，搅拌，然后加入 5 mL Carrez II 溶液混合，在振荡器中摇 30 min，用水稀释至刻度(V_i)，混匀，过滤，滤液供滴定用，按(4)执行。

(3)熟化饲料、亚麻饼粉或富含亚麻粉的产品和富含黏液或胶体物质(例如糊化淀粉)试样试液制备　称取 5 g 试样，精确至 0.001 g，转移至 500 mL 容量瓶中，加入 1 g 活性炭，加入 400 mL 温度约 20℃的水和 5 mL Carrez Ⅰ溶液，搅拌，然后加入 5 mL Carrez Ⅱ溶液混合，在振荡器中摇 30 min，用水稀释至刻度(V_i)，混合。

轻轻倒出(必要时离心)，用移液管吸移 100 mL 上清液至 200 mL 容量瓶中，加丙酮混合，稀释至刻度，混匀并过滤，滤液供滴定用。

(4)滴定　用移液管移取一定体积滤液至三角瓶中，25～100 mL(V_a)，其中氯化物含量不超过 150 mg。

必要时(移取的滤液少于 50 mL)，用水稀释至 50 mL 以上，加 5 mL 硝酸，2 mL 硫酸铁铵饱和溶液，并从加满硫氰酸铵或硫氰酸钾标准溶液滴定溶液至 0 刻度的滴定管中滴加 2 滴硫氰酸铵或硫氰酸钾溶液。

注：剩下的硫氰酸铵或硫氰酸钾标准滴定溶液用于滴定过量的硝酸银溶液。

用硝酸银标准溶液滴定直至红棕色消失，再加入 5 mL 过量的硝酸银溶液(V_{s1})，剧烈摇动使沉淀凝聚，必要时加入 5 mL 正己烷，以助沉淀凝聚。

用硫氰酸铵或硫氰酸钾溶液滴定过量硝酸银溶液，直至产生红棕色能保持 30 s 不褪色，滴定体积为(V_{t1})。

3. 空白试验

空白试验需与测定平行进行，用同样的方法和试剂，但不加试料。

(六)计算结果

试样中水溶性氯化物的含量 W_{wc}(以氯化钠计)，数值以%表示，按式①进行计算。

$$W_{wc}=\frac{M\times[(V_{s1}-V_{s0})\times c_s-(V_{t1}-V_{t0})]\times c_t}{m}\times\frac{V_i}{V_a}\times f\times 100 \quad ①$$

式中：M 为氯化钠的摩尔质量，$M=58.44$ g/mol；V_{s1} 为测试溶液滴加硝酸银溶液体积，mL；V_{s0} 为空白溶液滴加硝酸银溶液体积，mL；c_s 为硝酸银标准溶液浓度，mol/L；V_{t1} 为测试溶液滴加硫氰酸铵或硫氰酸钾溶液体积，mL；V_{t0} 为空白溶液递减硫氰酸铵或硫氰酸钾溶液体积，mL；c_t 为硫氰酸钾或硫氰酸铵溶液浓度，mol/L；m 为试样重量，g；V_i 为试液的体积，mL；V_a 为移出液的体积，mL；f 为稀释因子，$f=2$，用于熟化饲料、亚麻饼粉或富含亚麻粉的产品和富含黏液或胶体物质的试样；$f=1$，用于其他饲料。

结果表示为质量分数(%)，报告的结果如下：水溶性氯化物含量小于 1.5%，精确到

0.05%；水溶性氯化物含量大于或等于1.5%，精确到0.10%。

【任务总结】

任务总结表

项目	内容	要点
相关知识	化学基本知识	1.配制与标定标准溶液；2.常见的酸碱指示剂的变色范围
	处理分析数据	1.有效数字；2.数字的修约规则；3.有效数字的运算规则；4.准确度与精密度
	使用分析用仪器设备	1.使用电子天平；2.使用分光光度计；3.使用高温电炉；4.使用电热恒温干燥箱
	使用分析用玻璃器皿	1.使用滴定管；2.使用容量瓶；3.使用干燥器；4.使用移液管和吸量管；5.安装与使用凯氏定氮装置；6.安装与使用索氏提取装置
	饲料常规养分含量测定原理	1.测定饲料中水分含量的原理；2.测定饲料中粗蛋白质含量的原理；3.测定饲料中粗脂肪含量的原理；4.测定饲料中粗灰分含量的原理；5.测定饲料中钙含量的原理；6.测定饲料中总磷含量的原理；7.测定饲料中水溶性氯化物含量的原理
任务实施	测定饲料中水分的含量	1.准备仪器与设备；2.选取和制备试样；3.测定步骤；4.计算测定结果；5.注意事项
	测定饲料中粗蛋白质的含量	1.准备试剂；2.准备仪器与设备；3.选取和制备试样；4.测定步骤；5.空白测定；6.计算分析结果；7.注意事项
	测定饲料中粗脂肪的含量	1.准备试剂；2.准备仪器设备；3.制备试样；4.测定步骤；5.重复性；6.注意事项
	测定饲料中粗灰分的含量	1.准备仪器与设备；2.选取和制备试样；3.测定步骤；4.计算测定结果；5.允许差；6.注意事项
	测定饲料中钙的含量	1.准备试剂；2.准备仪器设备；3.测定步骤；4.计算测定结果；5.注意事项
任务实施	测定饲料中总磷的含量	1.准备仪器；2.准备仪器和设备；3.制备试样；4.测定步骤；5.计算测定结果；6.允许差
	测定饲料中水溶性氯化物的含量	1.准备仪器；2.准备试剂；3.测定步骤；4.计算测定结果；5.允许差

任务三　检测配合饲料加工质量

任务描述：优质的饲料产品不但依靠合理的科学的配方、优质的饲料原料，而且还必须通过合理的加工才能达到预期的目的。衡量配合饲料加工质量的指标主要包括配合饲料混合均匀度、配合饲料的颗粒硬度、配合饲料的粉碎粒度、颗粒饲料的粉化率等。

【任务目标】

◆**知识目标**

1. 掌握评定配合饲料加工质量的指标和方法。
2. 理解配合饲料加工质量检验标准。

◆**技能目标**

1. 能够依据检测要求正确安装和调试所需仪器设备。
2. 能快速和准确地检验饲料加工质量,并撰写质检报告单。

◆**素质目标**

1. 认真记录检测数据,培养严谨务实的态度,提高分析问题、处理问题的能力。
2. 饲料加工质量检验过程中,规范使用仪器设备及试剂,养成安全意识。

【知识】

一、配合饲料加工质量指标

(一)饲料混合均匀度

饲料混合均匀度(mixing uniformity)是指饲料产品中各组分分布的均匀程度,是衡量饲料加工质量的重要指标。饲料混合均匀度用变异系数表示。变异系数越大,表明饲料组分在产品中的分布越不均匀,特别是添加到饲料中的微量添加剂组分,如果不能均匀分布在产品中,一方面会降低产品的使用效果,另一方面可导致一部分动物食入不足或过量,严重时可能导致动物出现缺乏症或引起中毒。因此,保证饲料产品的混合均匀度,对确保饲料产品的质量至关重要。

对不同的配合饲料,变异系数的要求不同。一般情况下,配合饲料混合均匀度变异系数不超过10%,与混合饲料混合均匀度变异系数不超过5%。

为保证饲料中各组分混合的效果,提高混合均匀度,应注意以下几方面:①尽量使各种组分的相对密度接近,粒度相当;②依据物料特性确定合适的混合时间,以避免不足或过度混合;③掌握适当的装满系数及安排正确的加料顺序;④注意混合机转子与机筒的间隙,合理选用转子的转动速度;⑤混合后的物料不宜进行快速流动或剧烈振荡,以避免分级;⑥定期检查混合机的混合效果。

(二)颗粒饲料硬度

颗粒饲料硬度(hardness of pellets)是指颗粒饲料对外界压力所引起变形的抵抗能力。颗粒饲料的硬度不仅坚实度有关,还与适口性有关。但无论是从饲用效果还是制粒成本的角度,都不能说是饲料硬度越大越好。颗粒饲料硬度可用颗粒硬度计来测定,用压力表示。根据饲料品种不同,一般为0.06～0.12 MPa,即(0.06～0.12 kgf/cm^2)。此外,还可以用Stokes硬度计和Pfizer硬度计测定。

(三)配合饲料的粉碎粒度

粉碎粒度(particle size)是指粉状饲料产品的粒度或在混合之口、制粒、膨化之前的混合粉料的粒度或经粉碎的饲料原料的粒度。

饲料的最佳粉碎粒度是指使饲养动物对饲料具有最大利用率或获得最佳生产性能且不影响动物健康，经济上又合算的重量几何平均粒度。

合适的粉碎粒度对饲料营养价值和其他品质的贡献主要表现在：①增加了动物肠道消化酶或微生物作用的机会，提高了饲料的消化利用率，减少了动物粪便排泄量和营养物流失及对环境的污染。②使得各种原料组分能混合均匀，能生产质地均一的饲料。③可提高饲料调质效率和熟化程度，改善制粒和挤压膨化效果。④可便于动物采食，减少饲料浪费，也便于储存、运输、氨化、青贮和发酵等加工。⑤粉碎可破坏颗粒结构，改善其适口性，还可破坏杂草籽实。

各种动物饲料适宜的粉碎粒度参照表3-1。

(四)颗粒饲料的含粉率及粉化率

含粉率(percentage of powdered pellets)是指颗粒饲料中所含粉料(2.0 mm筛下物)质量占其总质量的百分比。一般要求通过净孔边长2 mm的标准编制筛的筛下物不超过5%。

颗粒饲料粉化率是指颗粒饲料在特定条件下产生的粉末质量占其总质量的百分比。一般要求粉化率不超过10%，优质产品的粉化率不超过5%。粉化率往往也用坚实度来表述，如粉化率为8%时，也可用坚实度为92%来表述。

粉化率常用回转箱法进行测定。

二、测定配合饲料的混合均匀度原理(GB/T 5918—2008)

(一)氯离子选择电极法(仲裁法)

通过氯离子选择电极的电极电位对溶液中氯离子的选择性响应来测定氯离子的含量，以同一批次饲料的不同试样中氯离子的差异来反映饲料的混合均匀度。

(二)甲基紫法

本法主要适用于混合机和饲料加工工艺中混合均匀度的测定。不适合用于添加有苜蓿粉、槐叶粉等含色素组分的饲料产品混合均匀度的测定。本法以甲基紫色素作为示踪物，在大批饲料加入混合机后，再将甲基紫与添加剂一起加入混合机，混合规定时间，然后取样，以比色法测定样品中甲基紫含量，以同一批次饲料的不同试样中甲基紫含量的差异来反映饲料的混合均匀度。

【技能】

一、测定配合饲料的混合均匀度(GB/T 5918—2008)

(一)氯离子选择电极法(仲裁法)

1. 准备试剂

以下试剂除特别说明外，均为分析纯，水为蒸馏水，符合GB/T 6682的三级用水规定。

(1)硝酸溶液：浓度约为0.5 mol/L，吸取浓硝酸35 mL用水稀释至1 000 mL。

(2)硝酸钾溶液：浓度约为2.5 mol/L，称取252.75 g硝酸钾于烧杯中，加水微热溶解，用水稀释至1 000 mL。

(3)氯离子标准溶液:称取经 550℃灼烧 1 h 冷却后的氯化钠 8.2440 g 于烧杯中,加水微热溶解,转入 1 000 mL 容量瓶中,用水稀释至刻度,摇匀,溶液中含氯离子 5 mg/mL。

2. 准备仪器设备

(1)氯离子选择电极。

(2)双盐桥甘汞电极。

(3)酸度计或电位计:精度 0.2 mV。

(4)磁力搅拌器。

(5)烧杯:100 mL,250 mL。

(6)移液管:1 mL,5 mL,10 mL。

(7)容量瓶:50 mL。

(8)分析天平:感量 0.000 1 g。

3. 采集样本

本法所需样品应单独采集。每一批饲料产品抽取 10 个有代表性的原始样品,每个样品的采样量约 200 g。取样点的确定应考虑各方位的深度、袋数或料流的代表性,但每一个样品应由一点集中取样。取样时不允许有任何翻动或混合。

4. 试样制备

将每个样品中实验室内充分混合。颗粒饲料样品需粉碎通过 1.40 mm 筛孔。

5. 测定步骤

精确量取氯离子标准工作溶液 0.1,0.2,0.4,0.6,1.2,2.0,4.0 mL 和 6.0 mL 于 50 mL 容量瓶中,加入 5 mL 硝酸溶液和 10 mL 硝酸钾溶液,用水稀释至刻度,摇匀,即可得到 0.50,1.00,2.00,3.00,6.00,10.00,20.00 mg/mL 和 30.00 mg/mL 的氯离子标准系列,将它们倒入 100 mL 的干燥烧杯中,放入磁力搅拌子一粒,以氯离子选择电极为指示电极,甘汞电极为参比电极,搅拌 3 min。在酸度计或电位计上读取电位值(mV),以溶液的电位值为纵坐标,氯离子浓度为横坐标,在半对数坐标纸上绘制标准曲线。

6. 试液制备

准确称取试料(10.00±0.05)g 置于 250 mL 烧杯中,准确加入 100 mL 水,搅拌 10 min,静置澄清,用干燥的中速定性滤纸过滤,滤液作为试液备用。

7. 试液的测定

准确吸取试液 10 mL,置于 50 mL 容量瓶中,加入 5 mL 硝酸溶液和 10 mL 硝酸钾溶液,用水稀释至刻度,摇匀,然后倒入 100 mL 的干燥烧杯中,放入磁力搅拌子一粒,以氯离子选择电极为指示电极,甘汞电极为参比电极,搅拌 3 min。在酸度计或电位计上读取电位值(mV),从标准曲线上求得氯离子浓度的对应值 X。按此步骤依次测定出同一批次的 10 个试液中的氯离子浓度 $X_1, X_2, X_3, \cdots, X_{10}$。

8. 计算结果

(1)试液氯离子浓度平均值 $\bar{X}$　试液氯离子浓度平均值 $\bar{X}$ 按式①计算:

$$\bar{X} = \frac{X_1 + X_2 + X_3 + \cdots + X_{10}}{10} \qquad ①$$

(2)试液氯离子浓度的标准差 S　试液氯离子浓度的标准差 S 按式②计算:

$$S=\sqrt{\frac{(X_1-\bar{X})^2+(X_2-\bar{X})^2+(X_3-\bar{X})^2+\cdots+(X_{10}-\bar{X})^2}{10-1}} \quad ②$$

(3)混合均匀度值　混合均匀度值以同一批次的10个试液中氯离子的变异系数CV值表示，CV值越大，混合均匀度越差。

10个试液中氯离子浓度的变异系数CV值(%)按式③计算：

$$CV=\frac{S}{\bar{X}}\times 100\% \quad ③$$

计算结果精确到小数点后两位。

(二)甲基紫法

1. 准备试剂

(1)甲基紫(生物染色剂)。

(2)无水乙醇。

2. 准备仪器

(1)分光光度计：带5 mm比色皿。

(2)标准筛：筛孔净孔尺寸100 μm。

(3)分析天平：感量0.000 1 g。

(4)烧杯：100 mL，250 mL。

3. 制备与添加示踪物

将测定用的甲基紫混匀并充分研磨，使其全部通过尺寸为100 μm的标准筛。按照混合机混一批饲料量的十万分之一的用量，在大批饲料加入混合机后，再将其与添加剂一起加入混合机，混合规定时间。

4. 采集与制备样本

方法同仲裁法。

5. 测定步骤

称取试料(10.00±0.05)g放在100 mL的小烧杯中，加入30 mL无水乙醇，不时地加以搅动，烧杯上盖一表面皿，30 min后用滤纸过滤(定性滤纸，中速)。用无水乙醇作空白调节零点，用分光光度计以5 mm比色皿在590 nm的波长下测定滤液的吸光度。

以同一批次10个试液测得的吸光度值为X_1，X_2，X_3，…，X_{10}，按式①、式②、式③分别计算平均值$\bar{X}$，标准差S和变异系数CV。

二、测定配合饲料的粉碎粒度(GB/T 5917—2008)

(一)准备仪器

标准编织筛：筛目(目/英寸)4，6，8，12，16；净孔边长(mm)：5.00，3.20，2.50，1.60，1.25；摇筛机：统一型号电动摇筛机；天平：感量为0.01 g。

(二)测定步骤

从原始样品中称取试样100 g，放入规定筛层的标准编织筛内，开动电动机连续筛10 min，筛完后将各层筛上物分别称重，计算：

该筛层上留存百分率=(该筛层上留存粉料的重量/试样重量)×100%

检验结果计算到小数点后第一位,第二位四舍五入。

过筛的损失量不得超过1%,双试验允许误差不超过1%,求其平均数即为检验结果。

(三)注意事项

(1)测定结果以统一型号的电动摇筛机为准,在该摇筛机未定型与普及前,各地暂用测定面粉粗细度的电动筛筛理(或手工筛5 min计算结果)。

(2)筛分时若发现有未经粉碎的谷粒与种子时,应加以称重并记载。

三、测定含粉率及粉化率(GB/T 16765—1997)

试样采集及制备 按GB/T 14669执行,应注意不使颗粒饲料破碎,取样约1.2 kg。

(一)测定含粉率

1. 准备仪器设备

(1)标准筛一套。

(2)顶击式标准筛振筛机(频率220次/min,行程25 mm)。

(3)粉化仪(双箱体式)。

(4)天平(感量0.1 g)。

2. 测定含粉率

将样品用四分法分为两份,每份约600 g(m_1),放于2.0 mm的筛格内,在振筛机上筛理5 min或用手工筛(每分钟110~120次,往复范围10 cm),将筛下物称量(m_2)。

3. 计算

$$含粉率=\frac{2.0\ \text{mm}筛下物质量(\text{g})}{样品质量(\text{g})}\times 100\%$$

4. 允许差

两次测定结果之差不大于1%,以其算术平均值报告结果,数值表示至一位小数。

(二)测定粉化率

1. 测定步骤

将样品用四分法分为两份,每份约600 g,放于规定筛孔的筛格(按表4-5选用)内,在振筛机上预筛5 min,也可用手工筛,从筛上物中分别称取样品500 g(m_3)两份。各装入粉化仪的两个回转箱内,盖紧箱盖,开动机器,使箱体回转500转,停机后取出样品,放于规定筛孔的筛格内,在振筛机上筛理5 min,或用手工筛,将筛下物称量(m_4)(如同时需测含粉率则可在预筛时,用2.0 mm及规定筛孔的筛格相叠使用)。

表4-5 不同颗粒直径规定用筛孔尺寸 (mm)

颗粒直径	2.5	3.0	3.5	4.0	4.5	5.0	6.0	8.0
筛孔尺寸	2.0	2.8	2.8	3.35	4.0	4.0	5.6	6.7

2. 计算测定结果

$$粉化率=\frac{回转后筛下物质量(\text{g})}{回转前样品质量(\text{g})}\times 100\%$$

3. 允许差

两次测定结果之差不大于1%,以其算术平均值报告结果,数值表示至一位小数。

【任务总结】

任务总结表

项目	内容	要点
相关知识	配合饲料加工质量指标	1.饲料混合均匀度;2.颗粒饲料硬度;3.配合饲料的粉碎粒度;4.颗粒饲料的含粉率及粉化率
	测定配合饲料加工质量指标原理	1.测定饲料混合均匀度原理;2.测定配合饲料颗粒硬度的原理
任务实施	测定配合饲料的混合均匀度	1.甲基紫法;2.沉淀法
	测定配合饲料的颗粒硬度	1.准备仪器设备;2.选取与制备试样;3.测定步骤
	测定配合饲料的粉碎粒度	1.准备仪器;2.测定步骤;3.注意事项
	测定含粉率及粉化率	1.测定含粉率;2.测定粉化率

任务四　检测饲料卫生指标

任务描述：饲料产品是否安全卫生，不但关系到养殖业的安全生产，而且关系到动物性食品的安全性，与人民健康密切相关。饲料卫生标准是从保证饲料对动物的饲用安全性和动物性食品的安全性出发，对饲料中有毒有害物质及有害微生物以法律形式作出的统一规定。它是国家一项重要的技术性法规，是饲料行业各项标准中最关键的标准之一，是饲料生产企业组织生产和检验产品卫生质量的依据和准则。

【任务目标】

◆知识目标

1.理解配合饲料卫生标准。

2.掌握评定配合饲料卫生标准的指标和方法。

◆技能目标

1.能够依据检验要求正确安装和调试所需仪器设备。

2.能快速和准确地检验卫生质量，并撰写质检报告单。

◆素质目标

1.认真记录检测数据，培养严谨务实的态度，提高分析问题、处理问题的能力。

2.饲料卫生指标检验过程中，规范使用仪器设备及试剂，养成安全意识。

【知识】

一、饲料卫生标准的指标

饲料卫生标准对饲料的卫生质量要求体现在各项指标上。饲料卫生标准质量指标包括以下3类。

(一)感官指标

感官指标是指人们感觉器官所辨认的饲料性质，包括饲料的色、香、味、组织构型等。饲料的某种污染和轻微变质常可反映在它的感官指标上，如霉菌污染时可使饲料出现异味、异常的颜色和结块。因此，对感官指标要有所规定，通常规定要求是色泽一致，无异臭、无异味、无结块和无霉变外观等。

(二)毒理学指标

毒理学指标是根据毒理学原理和检测结果规定的饲料中有毒有害物质的限量标准，主要包括饲料中的天然有毒物质或在某种情况下由饲料正常成分形成的有毒物质、霉菌毒素、各种残留农药、有毒金属元素及其他化学性污染物等，对这些有毒有害成分规定一定的允许含量。

(三)生物学指标

生物学指标包括各种生物性污染，其中主要是霉菌和细菌的数量。判定饲料是否发霉变质，不能仅凭感官鉴定，还应对污染饲料的霉菌和细菌有明确的定量规定，如霉菌总数，细菌菌落总数，大肠菌群、沙门氏菌、金色葡萄球菌的数量等。这些指标可表明饲料的清洁程度、饲料变质可能性的大小、饲料被动物粪便污染的程度和肠道致病菌存在的可能性。

二、大豆脲酶活性

(一)测定大豆脲酶活性的意义

抗胰蛋白酶是生大豆中的一种蛋白酶抑制物，它在消化道内能使胰蛋白酶和凝乳酶失活，从而降低蛋白质的消化率，并引起胰代偿性增大。由于胰酶富含硫氨基酸，因此，大量分泌消化酶可能加剧大豆蛋白含硫氨基酸的缺乏现象。抗胰蛋白酶的测定方法很耗时也很昂贵，因此需要寻找一种简易而快速的测定方法。生大豆中含不等量脲酶(尿素酶)，脲酶本身无营养意义，但它与抗胰蛋白酶的含量接近，而且遇热变性失活的程度与抗胰蛋白酶相似，因此可用脲酶活性作为豆粕等加工适宜度的间接估测指标。

(二)测定大豆脲酶活性的原理

将粉碎的大豆制品与中性尿素缓冲溶液混合，在30℃保持30min，尿素酶催化尿素水解产生氨的反应。用过量盐酸中和所产生的氨，再用氢氧化钠标准溶液回滴。

三、亚硝酸盐

(一)亚硝酸盐的危害

青绿饲料(包括叶菜类、牧草、野菜类)及树叶类饲料都不同程度地含有硝酸盐，其中尤以叶菜类饲料，如小白菜、青菜等含量较高。每千克新鲜的叶菜类饲料中含硝酸盐的含量可高达数千毫克，但一般不含亚硝酸盐或含量甚微，通常多低于1 mg/kg。

对动物来说，硝酸盐是低毒的，而亚硝酸盐则是高毒的，临床上多见的畜禽中毒都是由硝酸盐转化为亚硝酸盐而引起的。

中毒病猪常在采食之后的15 min至数小时以内病发。最急性者可能仅稍显不安，站立不稳，即倒地死亡。但这些严重中毒病例生前却多是精神良好，食欲旺盛者。

急性病者出现不安，严重的呼吸困难，脉搏急速细弱，全身发绀，体温正常或者偏低。末期则出现强直性痉挛，中毒病牛自采食后可经约1～5 min发病，除呈现中毒病猪所表现的症状外，还可出现流涎，疝痛，腹泻甚至呕吐等症状。

(二)测定亚硝酸盐的原理(GB/T 13085—2005)

样品在弱碱性条件下除去蛋白质，在弱酸性条件下试样中的亚硝酸盐与对氨基苯磺酸反应，生成重氮化合物，再与N-1-萘基乙二胺偶合形成紫红色化合物，进行比色测定。

四、游离棉酚

(一)游离棉酚的危害

棉酚是一种姜黄色晶体，熔点181～185℃，它是一种多元化合物，具有多种异构体。棉酚有游离态和结合态两种，“结合棉酚”是棉酚在高温蒸炒过程中，游离棉酚与棉仁中的蛋白、糖类化合而成的，它在消化系统中不被吸收，可很快随粪便排出体外，毒性很低；“游离棉酚”是具有活性醛基和活性羟基的棉酚，其毒性较大，含量超过安全界限，将导致畜禽生长迟缓、中毒、繁殖率下降及死亡。此外，含活性醛基和活性羟基的游离棉酚的酚基或酚基氧化产物醌基可以和饲料中蛋白氨基酸残基的活性基团(如赖氨酸的ε-氨基、半胱氨酸的巯基)结合生成不溶性复合物，并且还可以与消化道中的蛋白质水解酶结合，抑制其活性，由此降低蛋白质的利用率。游离棉酚对胃肠黏膜有刺激作用，引起胃肠黏膜发炎和出血，并能增加血管壁的通透性，使血细胞和血浆渗透到外周组织，致受害组织发生血浆性浸润。它还可与蛋白质和铁结合，损害血红蛋白中铁的作用，引起畜禽的缺铁性贫血。棉酚使机体严重缺钾，能导致低钾麻痹症，肝、肾细胞及血管神经受损，中枢神经活动受抑，心脏骤停或呼吸麻痹。游离棉酚溶于磷脂后，在神经细胞中积累，导致神经细胞的功能发生紊乱。

当日粮中的游离棉酚浓度高于100 mg/kg时，可导致公鸡睾丸严重损伤，抑制成熟的卵泡分泌雌二醇和孕酮，造成卵巢萎缩，卵子破裂，严重者可丧失排卵功能而失去繁殖能力。

蛋鸡棉酚中毒时出现食欲减退、日渐消瘦、四肢无力、抽搐、腹泻、粪便颜色变淡、呼吸困难、冠髯发绀等症状。病鸡血红蛋白值明显下降，细胞数减少；所产蛋体积变小，贮存过程中蛋白变粉红色，蛋黄变茶青色。出现症状后数日死亡。

猪中毒时精神萎靡不振，后肢无力，行走无力，皮毛无光。体温有的高达41℃以上。结膜暗红，有黏状分泌物，心跳快而弱，呼吸急促，鼻膜有黏浆流出，食欲减退，便秘腹泻，粪便干黑或带血，不断喝水，但尿量少，出现尿血。

(二)测定棉酚含量的原理

在3-氨基-1-丙醇存在下用异丙醇与正己烷的混合溶剂提取游离棉酚，用苯胺使棉酚转化为苯胺棉酚，在最大吸收波长440 nm处进行比色测定。

【技能】

一、测定大豆制品中脲酶的活性(GB/T 8622—2006)

(一)准备仪器设备

(1)粉碎机：粉碎时应不生强热。

(2)样品筛：孔径 200 μm。

(3)分析天平：感量 0.1 mg。

(4)恒温水浴：可控温(30±0.5)℃。

(5)计时器。

(6)酸度计：精度 0.02，附有磁力搅拌器和滴定装置。

(7)实验室常用玻璃仪器。

(二)准备试剂和溶液

(1)尿素缓冲溶液(pH 7.0±0.1)：8.95 g 磷酸氢二钠和 3.40 g 磷酸二氢钾溶于水并稀释至 1 000 mL，再将 30 g 尿素溶在此缓冲溶液中，有效期 1 个月。

(2)盐酸溶液[c(HCl)＝0.1 mol/L]：移取 8.3 mL 盐酸，用水稀释至 1 000 mL。

(3)氢氧化钠溶液[c(NaOH)＝0.1 mol/L]，称取 4g 氢氧化钠溶于水并稀释至 1 000 mL。

(4)甲基红一溴甲酚绿乙醇混合溶液：称取 0.1 g 甲基红，溶于 95％乙醇溶液并稀释至 100 mL，再称取 0.5 g 溴甲酚绿，溶于 95％乙醇溶液并稀释至 100 mL，两种溶液等体积混合，储存于棕色瓶中。

(三)制备试样

用粉碎机将具有代表性的样品粉碎，使之全部通过样品筛。对特殊试样(水分或挥发物含量较高而无法粉碎的产品)应先在实验室温度下进行预干燥，再进行粉碎，当计算结果时应将干燥失重计算在内。

(四)测定步骤

称取约 0.2 g 制备好的试样，称准至 0.1 mg，于玻璃试管中(如活性很高只称 0.05 g 试样)，加入 10 mL 尿素缓冲溶液，立即盖好试管并剧烈振摇后，马上置于(30±0.5)℃恒温水浴中，计时保持 30 min±10 s。要求每个试样加入尿素缓冲液的时间间隔保持一致。停止反应时再以相同的时间间隔加入 10 mL 盐酸溶液，振摇后迅速冷却到 20℃。将试管内容物全部转入小烧杯中，用 20 mL 水冲洗试管数次，以氢氧化钠标准溶液用酸度计滴定至 pH 4.70。如果选择用指示剂，则将试管内容物全部转入 250 mL 锥形瓶中加入 8～10 滴混合指示剂，以氢氧化钠标准溶液滴定至溶液呈蓝绿色。

另取试管作空白试验，称取约 0.2 g 制备好的试样(精确至 0.0 mg)，于玻璃试管中(如活性很高可称 0.05 g)加入 10 mL 盐酸溶液，振摇后再加入 10 mL 尿素缓冲液，立即盖好试管并剧烈振摇。将试管马上置于(30±0.5)℃恒温水浴中，计时保持 30min±10s，停止反应时将试管迅速冷却至 20℃。将试管内容物全部转入小烧杯，用 20 mL 水冲洗试管数次，以氢氧化钠标准溶液滴定至 pH 4.70。如果选择用指示剂，则将试管内容物全部转入 250 mL 锥形瓶中加入8～10 滴混合指示剂，以氢氧化钠标准溶液滴定至溶液呈蓝绿色。

(五)计算测定结果

1. 计算方法

大豆制品中尿素酶活性 X，以尿素酶活性单位每克(IU/g)表示，按式①计算，若试样经粉碎前的预干燥处理后，则按式②计算。计算结果以算术平均值表示，结果表示到小数点后两位。

$$X=\frac{14\times c\times(V_0-V)}{30\times m} \quad ①$$

$$X=\frac{14\times c\times(V_0-V)}{30\times m}\times(1-S) \quad ②$$

式中：X 为试样的尿素酶活性，IU/g；c 为氢氧化钠标准溶液浓度，mol/L；V_0 为空白消耗氢氧化钠标准滴定溶液体积，mL；V 为测定试样消耗氢氧化钠标准滴定溶液的体积，mL；14 为氮的摩尔质量，$M(N_2)=14$g/moL；30 为反应时间，min；m 为试样质量，g；S 为预干燥时试样失重的百分率，%。

2. 重复性

同一分析人员用相同方法，同时或连续两次进行测定。活性≤0.2 时，结果之差不超过平均值的 20%；活性>0.2 时，结果之差不超过平均值的 10%，结果以算术平均值表示。

二、测定饲料中氟的含量(GB/T 13083—2002)

(一)适用范围

本标准规定了饲料中氟的测定(离子选择性电极法)。本标准适用于饲料原料、饲料产品中氟的测定。本方法氟的最低检测限为 0.80 μg。

(二)测定原理

氟离子选择电极的氟化镧单晶膜对氟离子产生选择性的对数响应，氟电极和饱和甘汞电极在被测试液中，电位差可随溶液中氟离子的活度的变化而改变，电位变化规律符合能斯特方程式$\left(E=E^{\circ}-\frac{2.303RT}{F}lgc_F\right)$。$E$ 与 $\lg c_F$ 呈线性关系。$2.303RT/F$ 为直线的斜率(25 时为 59.16)。

在水溶液中，易与氟离子形成络合物的三价铁(Fe^{3+})、三价铝(Al^{3+})及硅酸根(SiO_3^{2-})、等离子的干扰氟离子测定，其他离子对氟离子测定无影响。在测量溶液的酸度为 pH5～6，用总离子强度缓冲液消除干扰离子及酸度的影响。

(三)准备试剂和溶液

本标准所用试剂，除特殊说明外，均为分析纯。实验室用水应符合 G B/T 6682 中三级用水的规格。全部溶液贮于聚乙烯塑料瓶中。

(1)$c(CH_3COONa\cdot 3H_2O)=3$ mol/L 乙酸钠溶液：称取 204 g 乙酸钠，溶于约 300 mL 水中，待溶液温度恢复到室温后，以 1 mol/L 乙酸调节至 pH 7.0，移入 500 mL 容量瓶，加水至刻度。

(2)$c(Na_3C_6H_5O_7Na\cdot 2H_2O)=0.75$ mol/L 柠檬酸钠溶液：称取 110 g 柠檬酸钠，溶于约 300 mL 水中。加高氯酸 14 mL，移入 500 mL 容量瓶，加水至刻度。

(3)总离子强度缓冲液：3 mol/L 乙酸钠溶液与 0.75 mol/L 柠檬酸钠溶液等量混合，临用时配制。

(4)$c(HCl)=1$ mol/L 盐酸溶液：量取 10 mL 盐酸，加水稀释至 120 mL。

(5)氟标准溶液：

①氟标准贮备液：称取经 100℃干燥 4 h 冷却的氟化钠 0.2210 g，溶于水。移入 100 mL 容量瓶中，加水至刻度，混匀，贮备于塑料瓶中，置冰箱内保存，此液每毫升相当于 1.0 mg 氟。

②氟标准溶液：临用时准确吸取氟贮备液 10.00 mL 于 100 mL 容量瓶中，加水至刻度，混

匀。此液每毫升相当于100.0 μg氟。

③氟标准稀溶液：准确吸取氟标准溶液10.00 mL于100 mL容量瓶中，加水至刻度，混匀，此液每毫升相当于10.0 μg氟。即配即用。

（四）准备仪器设备

（1）氟离子选择电极：测量范围10^{-1}～5×10^{-7} mol/L，pF-1型或与之相当的电极。

（2）甘汞电极：232型或与之相当的电极。

（3）磁力搅拌器。

（4）酸度计：测量范围0.0～±1400 mV，PHS-3型或与之相当的酸度计或电位计。

（5）分析天平：感量0.000 1 g。

（6）纳氏比色管：50 mL。

（7）容量瓶：50 mL，100 mL。

（8）超声波提取器。

（五）试样制备

取具有代表性的样品2 kg，以四分法缩分至约250 g，粉碎，过0.42 mm孔筛，混匀，装入样品瓶，密闭保存，备用。

（六）测定步骤

1. 氟标准工作液的制备

吸取氟标准稀溶液0.50，1.00，2.00，5.00，10.00 mL，再吸取氟标准溶液2.00，5.00，分别置于50 mL容量瓶中，于各容量瓶中分别加入盐酸溶液5.00 mL，总离子强度缓冲液25 mL，加水至刻度，混匀。上述标准工作液的浓度分别为0.1，0.2，0.4，1.0，2.0，4.0，10.0 μg /mL。

2. 试液制备

（1）饲料试液制备（除饲料级磷酸盐外）　精确称取0.5～1 g试样（精确至0.000 2 g），置于50 mL纳氏比色管中，加入盐酸溶液5.0 mL，密闭提取1 h（不时轻轻摇动比色管），应尽量避免样品粘于管壁上，或置于超声波提取器中密闭提取20 min。提取后加总离子强度缓冲液25 mL，加水至刻度，混匀，干过滤。滤液供测定用。

（2）磷酸盐试液制备　准确称取约含2000 μg氟的试样（精确至0.000 2 g）置于100 mL容量瓶中，用盐酸溶液溶解并定容至刻度，混匀。取5.00 mL溶解液至50 mL容量瓶中，加入25 mL总离子强度缓冲液，加水至刻度，混匀。供测定用。

（3）测定　将氟电极和甘汞电极与测定仪器的负端和正端连接，将电极插入盛有水的50 mL聚乙烯塑料烧杯中，并预热仪器，在磁力搅拌器上以恒速搅拌，读取平衡电位值，更换2～3次水，待电位值平衡后，即可进行标准液和试样液的电位测定。

由低到高浓度分别测定氟标准工作液的平衡电位。同法测定试液的平衡电位。以平衡电位为纵坐标，氟标准工作液的氟离子浓度为横坐标，用回归方程计算或在半对数坐标纸绘制标准曲线。每次测定均应同时绘制标准曲线。从标准曲线上读取试液的氟离子浓度。

（七）计算分析结果

1. 饲料中氟含量计算

（1）饲料（除饲料添加剂级磷酸盐外）按式①计算出试样中氟的含量：

$$X=\frac{\rho\times 50\times 1\ 000}{m\times 1\ 000}=\frac{\rho}{M}\times 50 \qquad ①$$

(2)磷酸盐按式②计算出试样中氟的含量：

$$X=\frac{\rho\times 50\times 1\ 000}{m\times 1\ 000}\times\frac{100}{5}=\frac{\rho}{m}\times 1\ 000 \qquad ②$$

式中：X 为试样中氟的含量，mg/kg；ρ 为试液中氟的浓度，μg /mL；M 为试样质量，g；50 为测试液体积，mL。

2. 结果表示

每个试样取两个平行样进行测定，以其算术平均值为结果，结果表示到 0.1 mg/kg。

3. 允许差

同一分析者对同一饲料同时或快速连续地进行两次测定，所得结果之间的相对偏差：在试样中氟含量小于或等于 50 mg/kg 时，不超过 10%；在试样中氟含量大于 50 mg/kg 时，不超过 5%。

注：国家标准 GB 13078－2001 规定不同饲料中氟的允许量如下：鱼粉≤500 mg/kg，石粉≤2 000 mg/kg，磷酸盐≤1 800 mg/kg，肉鸡和生长鸡配合饲料≤250 mg/kg，产蛋鸡配合饲料≤350 mg/kg，猪配合饲料≤100 mg/kg，骨粉、肉骨粉≤1 800 mg/kg，生长鸭、肉鸭配合饲料≤200 mg/kg，产蛋鸭≤250 mg/kg，牛精料补充料≤50 mg/kg，猪、禽添加剂预混料≤1 000 mg/kg，猪、禽浓缩饲料按添加比例折算后，与相应猪、禽配合饲料规定值相同。

三、测定饲料中铬的含量(GB/T 13088－2006)

(一)适用范围

为原子吸收光谱法，适用于饲料原料(包括饲料用皮革粉、水解皮革粉)、微量元素预混料、复合预混料、浓缩饲料和配合饲料，其中石墨炉原子吸收光谱法最低检出限为 0.005 μg/kg；火焰原子吸收光谱法最低检出限为 150 μg/kg。

(二)测定原理

样品经高温灰化，用酸溶解后，注入原子吸收光谱检测器中，在一定浓度范围，其吸收值与铬含量成正比，与标准系列比较定量。

(三)准备试剂和溶液

本方法中所用试剂均为优级纯，水为超纯水或相应纯度的水，符合 GB/T 6682 一级水的规定。

(1)硝酸溶液(98%)：V(硝酸)＋V(水)＝2＋98

(2)硝酸溶液(80%)：V(硝酸)＋V(水)＝20＋80

(3)铬标准溶液。

①铬标准储备液(100 mg/L)：称取 0.2830 g 经 100～110℃烘至恒量的重铬酸钾，用水溶解，移入 1 000 mL 容量瓶中，稀释至刻度，此溶液每毫升相当于 0.1 mg 铬。

②铬标准溶液Ⅰ(20 mg/L)：量取 10.0 mL 铬标准储备液于 50 mL 容量瓶中，加硝酸溶液(98%)稀释至刻度，此溶液每毫升相当于 20 μg 铬。

③铬标准溶液Ⅱ(2 mg/L):量取1.0 mL铬标准储备液于50 mL容量瓶中,加硝酸溶液(98%)稀释至刻度,此溶液每毫升相当于2 μg铬。

④铬标准溶液Ⅲ(0.2 mg/L):量取1.0 mL铬标准溶液Ⅱ于100 mL容量瓶中,加硝酸溶液(98%)稀释至刻度,此溶液每毫升相当于0.2 μg铬。

(四)准备仪器设备

所有玻璃器具及坩埚均用硝酸溶液(80%)浸泡24 h或更长时间后,用纯净水冲洗,晾干。

(1)实验用样品粉碎机或研钵(无铬)。

(2)超纯水装置。

(3)分析天平:感量为0.000 1 g。

(4)瓷坩埚:60 mL。

(5)可控温电炉:600 W。

(6)高温电炉(马福炉)。

(7)容量瓶:20 mL,50 mL,100 mL,1 000 mL。

(8)移液管:0.5 mL,1.0 mL,2.0 mL,3.0 mL,5.0 mL,10.0 mL,25.0 mL。

(9)短颈漏斗:直径6 cm。

(10)滤纸:11 cm,定量、快速。

(11)原子吸收光谱仪。

(五)制备试样

根据GB/T 14699.1,采集具有代表性的饲料原料(包括饲料用皮革粉、水解皮革粉)、微量元素预混料、复合预混料、浓缩饲料和配合饲料样品约2 kg,用四分法缩减至250 g作用,磨碎1 mm孔筛,混匀,装入密闭容器。为防止试样变质,应低温保存备用。

(六)测定步骤

1.制备试样溶液

称取0.1~10.0 g试样(精确到0.000 1 g),置于60 mL瓷坩埚中,中电炉上炭化完全后,置于马福炉内,由室温开始,徐徐升温,至600℃灼烧5 h,直至试样呈白色或灰白色、无炭粒为止。

冷却后取出,用硝酸(80%)5 mL溶解,过滤至50 mL容量瓶,并用纯净水反复洗涤坩埚和滤纸,洗涤液并入容量瓶中,然后用纯净水定容,混匀,作为试样溶液。同时配制试剂空白液。

2.测定

测定条件:根据仪器性能调至最佳状态。

(1)火焰法

光源:铬空心阴极灯

波长:359.3 nm

灯电流:7.5 mA

狭缝宽度:1.30 nm

燃烧头高度:7.5 mm

火焰:空气-乙炔

助燃气压力:160 kPa(流速 15.0 L/min)

燃气压力:35 kPa(流速 2.3 L/min)

氘灯背景校正。

(2)石墨炉法

波长:359.3 nm

灯电流:7.5 mA

狭缝宽度:1.30 nm

干燥温度:100℃,30 s

灰化温度:900℃,20 s

原子化温度:2 600℃,6 s

清洗温度:2 700℃,4 s

背景校正为赛曼效应。

(七)标准曲线绘制

1.火焰法

吸取 0.00 mL,1.25 mL,2.50 mL,5.00 mL,10.00 mL,20.00 mL 铬标准溶液Ⅰ,分别置于 20 mL 容量瓶中,加硝酸溶液(98%)稀释至刻度,混匀,制成标准工作液。容量瓶中每毫升溶液分别相当于 0.00 μg,1.25 μg,2.50 μg,5.00 μg,10.00 μg,20.00 μg 铬。

2.石墨炉法

吸取 0.00 mL,1.25 mL,2.50 mL,5.00 mL,10.00 mL,20.00 mL 铬标准溶液Ⅲ,分别置于 20 mL 容量瓶中,加硝酸溶液(98%)稀释至刻度,混匀,制成标准工作液。容量瓶中每毫升溶液分别相当于 0.00 ng,5.0 ng,10.00 ng,20.0 ng,40.0 ng,80.0 ng 铬。

(八)测定试样

将各铬标准工作液、试剂空白液和试样溶液分别导入调至最佳条件的原子化器中进行测定,测得其吸光值,代入标准系列的一元线性回归方程中取得试样溶液中的铬含量。石墨炉发自动注入 20 μL。

(九)计算结果

1.火焰法

饲料中铬的含量 X_1,以质量分数微克每克(μg/g)表示,按式①计算:

$$X_1=\frac{(A_1-A_2)\times V_1\times 1\ 000}{m_1\times 1\ 000} \qquad ①$$

式中:A_1为测定用试样溶液中铬的含量,μg/mL;A_2为试剂空白液中铬的含量,μg/mL;V_1为试样溶液的总体积,mL;m_1为试样质量,g。

计算结果为同一试样两个平行样的算术平均值,精确到小数点后两位。

2.石墨炉法

饲料中铬的含量饲料中铬的含量 X_2,以质量分数纳克每克(ng/g)表示,按式②计算:

$$X_2=\frac{(m_2-m_3)\times 1\ 000}{m_4\times\left(\frac{V_3}{V_2}\right)\times 1\ 000} \qquad ②$$

式中：m_2为用于测定时试样溶液中铬的含量，ng；m_3为用于测定时试剂空白液中铬的含量，ng；m_4为试样质量，g；V_2为试样溶液的总体积，mL；V_3为用于测定时的试样溶液体积，mL。

计算结果为同一试样两个平行样的算术平均值，精确到小数点后两位。

（十）重复性

同一分析者对同一试样同时或快速连续地进行两次测定，所得结果相对偏差：在铬含量小于10 mg/mL时，相对偏差不得超过20%；在铬含量大于或等于10 mg/mL时，相对偏差不得超过10%。

注：国家标准GB 13078—2001中规定不同饲料中铬的允许量如下：皮革蛋白粉≤200 mg/kg，鸡、猪配合饲料中≤10 mg/kg。

四、测定饲料中铅的含量（GB/T 13080－2004）

（一）使用范围

本标准规定了用原子吸收光谱法对饲料中铅的测定。本标准适用于配合饲料、浓缩饲料、单一饲料、添加剂预混合饲料中铅的测定。干灰化法适用于含有有机物较多的饲料原料、配合饲料、浓缩饲料中铅的测定。湿消化法分盐酸消化法和高氯酸消化法。盐酸消化法适用于不含有机物质的添加剂与混合饲料和矿物质饲料中铅的测定。高氯酸消化法适用于含有有机物质的添加剂预混合饲料中铅的测定。

（二）原理

1. 干灰化法

将试料在马福炉(550±15)℃温度下灰化之后，酸性条件下溶解残渣，沉淀和过滤，定容制成试样溶液，用火焰原子吸收光谱法，测量其在283.3 nm处的吸光度，与标准系列比较定量。

2. 湿消化法

试料中的铅在酸的作用下变成铅离子，沉淀和过滤去除沉淀物，稀释定容，用原子吸收光谱法测定。

（三）准备试剂和材料

除特殊规定外，本方法所用试剂均为分析纯实验用水符合GB/T 6682中二级水的规定。警告：各种强酸应小心操作，稀释和取用均在通风橱中进行，使用高级酸时注意不要烧干，小心爆炸。

(1)稀盐酸溶液，$c(HCl)=0.6$ mol/L。

(2)盐酸溶液，$c(HCl)=6$ mol/L。

(3)硝酸溶液，$c(HNO_3)=6$ mol/L：吸取43 mL硝酸，用水定容至100 mL。

(4)铅标准储备液：准确称取1.598 g硝酸铅，加硝酸溶液10 mL，全部溶解后，转入1 000 mL容量瓶中，加水至刻度，该溶液含铅1 mg/mL。标准储备液贮存在聚乙烯瓶中，4℃保存。

(5)铅标准工作液：吸取1.0 mL铅标准储备液，加入100 mL，容量瓶中，加水至刻度，此溶液含铅为10 μg/mL。工作液当天使用当天配制。

(6)乙炔：符合GB 6819的规定。

(四)准备仪器设备

注：所用的容器在使用前用稀盐酸煮。如果使用专用的灰化皿和玻璃器皿，每次使用前不需要用盐酸煮。

(1)马福炉，温度能控制在(550±15)℃。

(2)分析天平：称量精度到0.000 1 g。

(3)实验室用样品粉碎机。

(4)原子吸收分光光度计附测定铅的空心阴极灯。

(5)无灰(不释放矿物质的)滤纸。

(6)瓷坩埚(内层光滑没有被腐蚀，使用前用盐酸(0.6 mol/L)煮。

(7)可调电炉。

(8)平底柱型聚四氟乙烯坩埚(60 cm^2)。

(五)制备试样

选取有代表性的样品，至少500 g，四分法缩分至100 g，粉碎，过1 mm尼龙筛，混匀装入密闭容器中，低温保存备用。

(六)测定步骤

1.试样溶解

(1)干灰化法　称取约5 g制备好的试样，精确到0.001 g，置于瓷坩埚中。将瓷坩埚置于可调电炉上，100～300℃缓慢加热炭化至无烟，要避免试样燃烧。然后放入已在550℃下预热15 min的马福炉，灰化2～4 h，冷却后用2 mL水将炭化物润湿。如果仍有少量炭粒，可滴入硝酸使残渣润湿，将坩埚放在水浴锅上干燥，然后再放到马福炉中灰化2 h，冷却后加2 mL水。

取5 mL盐酸(6 mol/L)，开始慢慢一滴一滴加入到坩埚中，边加边转动坩埚，直到不冒泡，然后再快速放入，再加入5 mL硝酸(6 mol/L)，转动坩埚并用水浴加热直到消化液2～3 mL时取下(注意防止溅出)，分次用5 mL左右的水转移到50 mL容量瓶。冷却后，用水定容至刻度，用无灰滤纸过滤，摇匀，待用。同时制备试样空白溶液。

(2)湿消化法

①盐酸消化法：依据预期含量，称取1～5 g制备好的试样，精确到0.001 g，置于瓷坩埚。用2 mL水将试样润湿，取5 mL盐酸(6 mol/L)，开始慢慢一滴一滴加入到坩埚中，边加边转动坩埚，直到不冒泡，然后再快速放入，再加入5 mL硝酸(6 mol/L)，转动坩埚并用水浴加热直到消化液2～3 mL时取下(注意防止溅出)，分次用5 mL左右的水转移到50 mL容量瓶。冷却后，用水定容至刻度，用无灰滤纸过滤，摇匀，待用。同时制备试样空白溶液。

②高氯酸消化法：称取1 g试样(精确至0.001 g)，置于聚四氟乙烯坩埚中，加水湿润样品，加入10 mL硝酸(含硅酸盐较多的样品需再加入5 mL氢氟酸)，放在通风柜里静置2 h后，加入5 mL高氯酸，在可调电炉上垫瓷砖小火加热，温度低于250℃，待消化液冒白烟为止。冷却后，用无灰滤纸过滤到50 mL的容量瓶中，用水冲洗坩埚和滤纸多次，加水定容至刻度，摇匀，待用。同时制备试样空白溶液。

2.标准曲线绘制

分别吸取0 mL，1.0 mL，2.0 mL，4.0 mL，8.0 mL铅标准工作液，置于50 mL容量瓶中，加入盐酸溶液(6 mol/L)1 mL，加水定容至刻度，摇匀，导入原子吸收分光光度计，用水调零，在 283.3 nm 波长处测定吸光度，以吸光度为纵坐标，浓度为横坐标，绘制标准曲线。

3. 测定

试样溶液和试剂空白，按绘制标准曲线步骤进行测定，测出相应吸光值与标准曲线比较定量。

(七)计算结果

$$X=\frac{(\rho_1-\rho_2)\times V_1\times 1\,000}{m\times 1\,000}=\frac{(\rho_1-\rho_2)\times V_1}{m}$$

式中：X 为试料中铅含量的数值，mg/kg；m 为试料的质量的数值，g；V_1 为试料消化液总体积的数值，mL；ρ_1 为测定用试料消化液铅含量的数值，μg /mL；ρ_2 为空白试液中铅含量的数值，μg /mL。

每个试样取两个平行样进行测定，以其算术平均值为结果，结果表示到 0.01 mg/kg。

(八)重复性

同一分析者对同一试样同时或快速连续地进行两次测定，所得结果与允许相对偏差在铅含量小于等于 5 mg/mL 时，相对偏差不得超过 20%；在铅含量大于 5～15 mg/mL 时，相对偏差不得超过 15%；在铅含量大于 15～30 mg/mL 时，相对偏差不得超过 10%；在铅含量大于 30 mg/mL 时，相对偏差不得超过 5%。

注：国家标准 GB 13078－2001 规定不同饲料中铅的允许量如下：生长鸭、产蛋鸭、肉鸭、鸡、猪配合饲料≤5 mg/kg，奶牛、肉牛精料补充料≤8 mg/kg，产蛋鸡、肉用仔鸡、生长肥育猪浓缩料≤13 mg/kg，骨粉、肉骨粉、鱼粉、石粉≤10 mg/kg，磷酸盐≤30 mg/kg，产蛋鸡、肉用仔鸡仔猪、生长肥育猪复合预混料≤40 mg/kg。

五、测定饲料中黄曲霉毒素 B_1 的含量(GB/T 17480—2008)

(一)检测范围

本标准规定了饲料中黄曲霉毒素 B_1 的酶联免疫吸附测定(ELISA)方法，适用于各种饲料原料、配合饲料及浓缩饲料中黄曲霉毒素 B_1 的测定，检出限为 0.1μg/kg。

(二)检测原理

试样中黄曲霉毒素 B_1、酶标黄曲霉毒素 B_1 抗原与包被于微量反应板中的黄曲霉毒素 B_1 特异性抗体进行免疫竞争性反应，加入酶底物后显色，试样中黄曲霉毒素 B_1 的含量与颜色成反比。用目测法或仪器法通过与黄曲霉毒素 B_1 标准溶液比较判断或计算试样中黄曲霉毒素 B_1 的含量。

(三)准备试剂和材料

除非另有说明，在分析中仅使用确认为分析纯的试剂和蒸馏水或去离子水或相当纯度的水。

1. 黄曲霉毒素 B_1 酶联免疫测试盒中的试剂

注意：不同测试盒制造商间的产品组成和操作会有细微的差别，应严格按说明书要求规范操作。

(1)包被抗黄曲霉毒素 B_1 抗体的聚苯乙烯微量反应板。

(2)样品稀释液 甲醇-蒸馏水(7：93)。

(3)黄曲霉毒素B_1标准溶液 1.00 μg//L、50.00 μL。

警告:凡接触黄曲霉毒素B_1的容器,需浸入1%次氯酸钠($NaClO_2$)溶液,12 h后清洗备用。为分析人员安全,操作时要戴上医用乳胶手套。

(4)酶标黄曲霉毒素B_1抗原黄曲霉毒素B_1-辣根过氧化物酶交联物。

(5)0.01 mol/L、pH7.5 磷酸盐缓冲液的配制:称取 3.01 g 磷酸氢二钠($Na_2HPO_4 \cdot 12H_2O$)、2.5 g 磷酸二氢钠($NaH_2PO_4 \cdot 2H_2O$)、8.76 g 氯化钠(NaCl),加水溶解至1 L。

(6)酶标黄曲霉毒素B_1抗原稀释液:称取0.1 g牛血清白蛋白(BSA)溶于100 mL、pH 7.5磷酸盐缓冲液。

(7)0.1 mol/L、pH 7.5 磷酸盐缓冲液:称取 3.01 g 磷酸氢二钠($Na_2HPO_4 \cdot 12H_2O$)、2.5 g磷酸二氢钠($NaH_2PO_4 \cdot 2H_2O$)、87.6 g 氯化钠(NaCl),加水溶解至1 L。

(8)洗涤母液:吸取 0.5 mL 吐温-20 于 1 000 m/L 0.1 mol/L pH 7.5 磷酸盐缓冲液。

(9)pH 5.0 乙酸钠-柠檬酸缓冲液:称取 15.09 g 乙酸钠($CH_3COONa \cdot 3H_2O$)、1.56 g 柠檬酸($C_6H_8O_7 \cdot H_2O$),加水溶解至1 L。

(10)底物溶液 a:称取四甲基联苯胺(TMB)0.2 g 溶 1 L pH 5.0 乙酸钠-柠檬酸缓冲液。

(11)底物溶液 b:1 L pH 5.0 乙酸钠-柠檬酸缓冲液中加入0.3%过氧化氢溶液28 mL。

(12)终止液:硫酸溶液,$c(H_2SO_4)=2$ mol/L。

(13)甲醇水溶液:5 mL 甲醇加 5 mL 水混合。

2.测试盒中试剂的配制

(1)酶标黄曲霉毒素B_1抗原溶液　在酶标黄曲霉毒素B_1抗原中加入15 mL酶标黄曲霉毒素B_1抗原稀释液,配成试验用酶标黄曲霉毒素B_1抗原溶液,冰箱中保存。

(2)洗涤液　洗涤母液中加 300 mL 蒸馏水配成试验用洗涤液。

(四)准备仪器和设备

(1)小型粉碎机。

(2)分样筛:孔径 1.00 mm。

(3)分析天平:感量 0.01 g。

(4)滤纸:快速定性滤纸,直径 9~10 cm。

(5)具塞三角瓶:100 mL。

(6)电动振荡器。

(7)微量连续可调取液器及配套吸头:10~100 μL。

(8)恒温培养箱。

(9)酶标测定仪:内置 450 nm 滤光片。

(五)分析步骤

1.试样制备

按 GB/T 20195 要求制备试样,试样须通过孔径 1.00 mm 的分样筛。如果样品脂肪含量超过10%,在粉碎之前用石油醚脱脂,分析结果以未脱脂样品质量计。

2.试样提取

称取 5 g 试样,精确至 0.01 g,置于 100 mL 具塞三角瓶中,加入甲醇水溶液 25 mL,加塞振荡 10 min,过滤,弃去 1/4 初滤液,再收集适量试样液。如果样品中离子浓度高,建议按照附录 A 的规定对试样滤液进行萃取。

根据各种饲料中黄曲霉毒素 B_1 的限量规定和黄曲霉毒素 B_1 标准溶液浓度，用样品稀释液将试样液适当稀释，制成待测试样稀释液。如果黄曲霉毒素 B_1 标准溶液浓度为 1.00 μg/L 时，建议按照附录 B 的规定稀释试样。

3. 限量测定

(1)试剂平衡　将测试盒于室温中放置约 15 min，平衡至室温。

(2)测定　在微量反应板上选一孔，加入 50 μL 样品稀释液、50 μL 酶标黄曲霉毒素 B_1 抗原稀释液，作为空白孔；根据需要，在微量反应板上选取适量的孔，每孔依次加入 50μL 黄曲霉毒素 B_1 标准溶液或试样液。再每孔加入 50 μL 酶标黄曲霉毒素 B_1 抗原溶液。在振荡器上混合均匀，放在 37℃恒温培养箱中反应 30 min。将反应板从培养箱中取出，用力甩干，加 250 μL 洗涤液洗板 4 次，洗涤液不得溢出，每次间隔 2 min，甩掉洗涤液，在吸水纸上拍干。每孔各加入 50 μL 底物溶液 a 和 50 μL 底物溶液 b，摇匀。在 37℃恒温培养箱中反应 15 min。每孔加 50 μL 终止液，在显色后 30 min 内测定。

4. 结果判定

(1)目测法：比较试样液孔与标准溶液孔的颜色，若试样液孔颜色比标准溶液孔浅者，为黄曲霉毒素 B_1 含量超标；若相当或深者为合格。

(2)仪器法：用酶标测定仪，在 450 nm 处用空白孔调零点，测定标准溶液孔及试样液孔吸光度 A 值，若 $A_{试样液孔} < A_{标准溶液孔}$，为黄曲霉毒素 B_1 含量超标；若 $A_{试样液孔} \geqslant A_{标准溶液孔}$，为合格。

(3)若试样液中黄曲霉毒素 B_1 含量超标，则根据试样液的稀释倍数，计算黄曲霉毒素 B_1 的含量。

5. 定量测定

若试样中黄曲霉毒素 B_1 的含量超标，则用酶标测定仪在 450 nm 波长处进行定量测定，通过绘制黄曲霉毒素 B_1 的标准曲线来确定试样中黄曲霉毒素 B_1 的含量。用样品稀释液将 50.0 μg/L 黄曲霉毒素 B_1 标准溶液稀释成 0.0 μg/L、0.1 μg/L、1.0 μg/L、10.0 μg/L、20.0 μg/L、50.0 μg/L 的标准工作溶液，按限量法测定步骤测得相应的吸光度值 A。以 0.0 μg/L 黄曲霉毒素 B_1 标准工作溶液的吸光度值 A_0 为分母，其他浓度标准工作溶液的吸光度值 A 为分子的比值，再乘以 100 为纵坐标，对应的黄曲霉毒素 B_1 标准工作溶液浓度的常用对数值为横坐标绘制标准曲线。根据试样 $A/A_0 \times 100$ 的值在标准曲线上查得对应的黄曲霉毒素 B_1 的含量。

试样中黄曲霉毒素 B_1 的含量以质量分数 X 计，单位以微克每千克(μg//kg)表示，按下面式计算。

$$X=\frac{\rho \times V \times n}{M}$$

式中：ρ 为从标准曲线上查得的试样提取液中黄曲霉毒素 B_1 含量，单位为 μg/L；V 为试样提取液体积，单位为 mL；n 为试样稀释倍数；M 为试样的质量，单位为 g。

计算结果保留 2 位有效数字。

(六)精密度

重复测定结果的相对偏差不得超过 10%。

附录A(资料性附录)　　　　浓缩饲料的提取方法

称取10 g试样,精确至0.01 g,置于100 mL具塞三角瓶中,加入甲醇水溶液50 mL,加塞振荡15 min,过滤,弃去1/4初滤液后收集滤液。准确吸取10.0 mL滤液(相当于2.00 g样品)于125 mL分液漏斗中,加入20 mL三氯甲烷,加塞轻轻振摇3 min,静置分层。放出三氯甲烷层,经盛有5 g预先用三氯甲烷湿润的无水硫酸钠的快速定性滤纸过滤至100 mL蒸发皿中,再加5 mL三氯甲烷于分液漏斗中,重复提取,三氯甲烷层一并滤于蒸发皿中,最后用少量三氯甲烷洗涤滤纸,洗液并入蒸发皿中,65℃水浴挥干。准确加入10.0 mL甲醇水溶液,充分溶解蒸发皿中残渣,得到试样液。

附录B(资料性附录)　　　　试样液的稀释

如果黄曲霉毒素B_1标准溶液浓度为1.00μg/L时,按表4-6用样品稀释液将试样滤液稀释制成待测试样稀释液。若试样液中黄曲霉毒素B_1含量超标,则根据表4-7中试样液的稀释倍数,计算黄曲霉毒素B_1的含量。

表4-6　样品溶液的稀释

饲料中黄曲霉毒素B_1限量/(μg/kg)	试样滤液量/mL	样品稀释液量/mL	稀释倍数
≤10	0.10	0.10	2
≤15	0.10	0.20	3
≤20	0.05	0.15	4
≤30	0.05	0.25	6
≤50	0.05	0.45	10

表4-7　稀释倍数与结果计算

稀释倍数	试样中黄曲霉毒素B_1含量/(μg/kg)
2	>10
3	>15
4	>20
6	>30
10	>50

六、测定饲料中游离棉酚的含量(GB/T 13086—1991)

(一)适用范围

本标准规定了饲料中游离棉酚的测定方法,适用于棉籽粉、棉籽饼(粕)和含有这些物质的配合饲料(包括混合饲料)中游离棉酚的测定。

(二)准备试剂和溶液

除特殊规定外,本标准所用试剂均为分析纯,水为蒸馏水或相应纯度的水。

(1)异丙醇[$(CH_3)_2CHOH$,HG 3—1167]。

(2)正己烷。

(3)冰乙酸(GB 676)。

(4)苯胺($C_6H_5NH_2$,GB 691):如果测定的空白试验吸收值超过 0.022 时,在苯胺中加入锌粉进行蒸馏,弃去开始和最后的10%蒸馏部分,放入棕色的玻璃瓶内贮存在(0~4℃)冰箱中,该试剂可稳定几个月。

(5)3-氨基-1-丙醇($H_2NCH_2CH_2CH_2OH$)。

(6)异丙醇-正己烷混合溶剂:6∶4(*V*/*V*)。

(7)溶剂 A:量取约 500 mL 异丙醇、正己烷混合溶剂、2 mL 3-氨基-1-丙醇、8 mL 冰乙酸和 50 mL 水于 1 000 mL 的容量瓶中,再用异丙醇-正己烷混合溶剂定容至刻度。

(三)准备仪器和设备

(1)分光光度计:有 10 mm 比色池,可在 440 nm 处测量吸光度。

(2)振荡器:振荡频率 120~130 次/min(往复)。

(3)恒温水浴

(4)具塞三角烧瓶:100 mL、250 mL。

(5)容量瓶:25 mL(棕色)。

(6)吸量管:1 mL、3 mL、10 mL。

(7)移液管:10 mL、50 mL。

(8)漏斗:直径 50 mm。

(9)表玻璃:直径 60 mm。

(四)制备试样

采集具有代表性的棉籽饼样品,至少 2 kg,四分法缩分至约 250 g,磨碎,过 2.8 mm 孔筛,混匀,装入密闭容器,防止试样变质,低温保存备用。

(五)测定步骤

(1)称取 1~2 g 试样(精确到 0.001 g),置于 250 mL 具塞三角烧瓶中,加入 20 粒玻璃珠,用移液管准确加入 50 mL 溶剂 A,塞紧瓶塞,放入振荡器内振荡 1 h(每分钟 120 次左右)。用干燥的定量滤纸过滤,过滤时在漏斗上加盖一表玻璃以减少溶剂挥发,弃去最初几滴滤液,收集滤液于 100 mL 具塞三角烧瓶中。

(2)用吸量管吸取等量双份滤液 5~10 mL(每份含 50~100 μg 的棉酚)分别至两个25 mL 棕色容量瓶 a 和 b 中,如果需要,用溶剂 A 补充至 10 mL。

(3)用异丙醇-正己烷混合溶剂稀释瓶 a 至刻度,摇匀,该溶液用作试样测定液的参比溶液。

(4)用移液管吸取 2 份 10 mL 的溶剂 A 分别至 2 个 25 mL 棕色容量瓶 a_0 和 b_0 中。

(5)用异丙醇-正己烷混合溶剂补充瓶 a_0 至刻度,摇匀,该溶液用作空白测定液的参比溶液。

(6)加 2.0mL 苯胺于容量瓶 b 和 b_0 中,在沸水浴上加热 30 min 显色。

(7)冷却至室温,用异丙醇-正己烷混合溶剂定容,摇匀并静置 1 h。

(8)用 10 mm 比色池,在波长 440 nm 处,用分光光度计以 a_0 为参比溶液测定空白测定液 b_0 的吸光度,以 a 为参比溶液测定试样测定液 b 的吸光度,从试样测定液的吸光度值中减去空白测定液的吸光度值,得到校正吸光度 A。

(六)计算测定结果

1.计算公式

$$X=\frac{A\times 1\ 250\times 1\ 000}{a\times m\times V}=\frac{A\times 1.25}{amV}\times 10^6$$

式中:X 为游离棉酚含量,mg/kg;A 为校正吸光度;m 为试样质量,g;V 为测定用滤液的体积,mL;a 为质量吸收系数,游离棉酚为 62.5 L/(cm·g)。

2.结果表示

每个试样取 2 个平行样进行测定,以其算术平均值为结果。结果表示到 20 mg/kg。

3.重复性

同一分析者对同一试样同时或快速连续地进行两次测定,所得结果之间的差值:在游离棉酚含量小于 500 mg/kg 时,不得超过平均值的 15%;在游离棉酚含量大于 500 mg/kg 而小于 750 mg/kg 时,不得超过平均值的 75 mg/kg;在游离棉酚含量超过 750 mg/kg 时,不得超过平均值的 10%。

七、测定饲料中氰化物的含量(GB/T 13084—2006)

(一)适用范围

本标准规定了饲料中氰化物的定性和定量测定方法,适用于饲料原料、配合饲料中氰化物的测定。

(二)制备试样

按 GB/T 14699.1 进行采样,选取饲料样品至少 500 g,四分法缩减至 100 g,磨碎,通过 1 mm孔筛,混匀,装入密闭容器中,保存备用。

(三)定性法

1.原理

氰化物遇酸产生氢氰酸,氢氰酸与苦味酸钠作用,生成红色异氰紫酸钠。定性测定方法的最低检出量为 0.15 mg(取样 10 g 时,最低检测限为 15 mg/kg)。

2.试剂和材料

除特殊规定外,本标准所用试剂均为分析纯,水为 GB/T 6682 中二级纯度的水。

(1)无水乙醇。

(2)酒石酸。

(3)碳酸钠溶液(100 g/L)。

(4)苦味酸试纸:取定性滤纸剪成长 7 cm、宽 0.3~0.5 cm 的纸条,浸入饱和苦味酸-乙醇溶液中,数分钟后取出,在空气中阴干,贮存备用。

3.分析步骤

取 200~300 mL 锥形瓶,配备一适宜的单孔软木塞或橡皮塞,孔内塞以内径 0.4~0.5 cm,长 5 cm 的玻璃管,管内悬一条苦味酸试纸,临用时,试纸条以碳酸钠溶液(100 g/L)湿润。

迅速称取 5 g 试样,置于 100 mL 锥形瓶中,加 20 mL 水及 0.5 g 酒石酸,立即塞上悬有苦味酸并以碳酸钠湿润的试纸条的木塞，置 40～50℃水浴中，加热 30 min，观察试纸颜色变化。如试纸不变色，表示氰化物为负反应或未超过规定；如试纸变色，需再做定量试验。

(四)比色法(仲裁法)

1.检测原理

以氰甙形式存在于植物体内的氰化物经水浸泡水解后，在酸性溶液中进行水蒸气蒸馏，蒸出的氢氰酸被碱液吸收。在 pH7.0 溶液中，用氯胺 T 将氰化物转变为氯化氰，再与异烟酸－吡唑酮作用，生成蓝色染料，与标准系列比较定量。

比色测定方法的最终蒸馏收集液中氢氰酸检出限为 0.01 μg/mL。

2.准备试剂和材料

(1)氢氧化钠溶液(20 g/L)。

(2)乙酸锌溶液(100 g/L)。

(3)酒石酸。

(4)氢氧化钠溶液(10 g/L)。

(5)氢氧化钠溶液(1 g/L)。

(6)酚酞-乙醇指示液(10 g/L)。

(7)乙酸溶液：乙酸：水＝1：24。

(8)磷酸盐缓冲溶液(pH7.0)：称取 34.0 g 无水磷酸二氢钾和 35.5 g 无水磷酸氢二钠，溶于水并稀释至 1 000 mL。

(9)氯胺 T 溶液：称取 1 g 氯胺 T(有效氯含量应在 11%以上)，溶于 100 mL 水中，临用时现配。

(10)异烟酸-吡唑酮溶液：称取 1.5 g 异烟酸溶于 24 mL 氢氧化钠溶液(20 g/L)中，加水至 100 mL，另称取 0.25 g 吡唑酮，溶于 20 mL N,N-二甲基甲酰胺中，合并上述 2 种溶液，混匀。

(11)试银灵(对二甲氨基亚苄基罗丹宁)溶液：称取 0.02 g 试银灵，溶于 100 mL 丙酮中。

(12)硝酸银标准滴定溶液：$c(AgNO_3)$＝0.020 mol/L，按 GB/T 601 规定配制和标定。

(13)氰化钾标准贮备溶液：称取 0.25 g 氰化钾，溶于水中，并稀释至 1 000 mL，此溶液每毫升约相当于 0.1 mg 氰化物，其准确度可在使用前用下法标定。

取上述溶液 100 mL，置于锥形瓶中，加 1 mL 氢氧化钠溶液(20 g/L)，使溶液 pH 大于 11，加 0.1 mL 试银灵溶液，用硝酸银标准溶液滴定至橙红色。

(14)氰化钾标准工作液：根据氰化钾标准溶液的浓度吸取适量，用氢氧化钠溶液(1 g/L)稀释成每毫升相当于 1 μg 氢氰酸。

警告：氰化钾属剧毒危险物，配制和使用该试剂时，请戴上保护眼镜和乳胶手套，实验时一旦皮肤或眼睛接触了氰化钾，应及时用大量的水冲洗。接触过氰化钾的容器和废液可用碱液调至 pH>10，再加入 200 g/L 的硫酸亚铁溶液 50 mL，搅拌，充分反应后排放。

3.准备仪器和设备

(1)250 mL 玻璃水蒸气蒸馏装置。

(2)分光光度计。

4.分析步骤

称取 10～20 g 试样于 250 mL 蒸馏瓶中，精确到 0.001 g，加水约 200 mL，塞严瓶口，在室温下放置 2～4 h，使其水解。加 20 mL 乙酸锌溶液，加 1～2 g 酒石酸，迅速连接好全部蒸馏装置，将冷凝管下端插入盛有5 mL氢氧化钠溶液(10 g/L)的100 mL容量瓶的液面下，缓缓加热，通水蒸气进行蒸馏，收集蒸馏液近100 mL，取下容量瓶，加水至刻度，混匀，取10 mL蒸馏液(V_2)置于25 mL比色管中。

吸取0 mL、0.3 mL、0.6 mL、0.9 mL、1.2 mL、1.5 mL氰化钾标准工作液(相当于0 μg、0.3 μg、0.6 μg、0.9 μg、1.2 μg、1.5 μg氢氰酸)，分别置于25 mL比色管中，各加水至10.0 mL。于试样溶液及标准溶液中各加1 mL氢氧化钠溶液(10 g/L)和1滴酚酞指示液，用乙酸调至红色刚刚消失，加5mL磷酸盐缓冲溶液，加温至37℃左右，再加入0.25 mL氯胺T溶液，加塞混合，放置5 min，然后加入5 mL异烟酸-吡唑酮溶液，加水至25 mL，混匀，于25～40℃放置40 min，用2 cm比色杯，以零管调节零点，于波长638 nm处测吸光度。

5.计算测定结果

试样中氰化物(以氢氰酸计)的含量X，以质量分数(mg/kg)表示，按式①进行计算。

$$X=\frac{A\times 1\ 000}{m\times V_2/V_1\times 1\ 000} \qquad ①$$

式中：A为测定试样溶液氢氰酸的质量，μg[1mL浓度$c(AgNO_3)$=0.020mol/L硝酸银标准溶液相当于1.08 mg氢氰酸]；m为试样质量，g；V_1为试样蒸馏液总体积，mL；V_2为测定用蒸馏液体积，mL。

6.结果表示

每个试样取2份试料进行平行测定，以其算术平均值为测定结果，结果表示到3位有效数。

7.重复性

同一分析者，同一实验室，使用同一台仪器，对同一试样同时或快速连续地进行两次测定，所得结果之间的差值：在氰化物含量≤50 mg/kg时，不得超过平均值的20%；在氰化物含量>50 mg/kg时，不得超过平均值的10%。

(五)滴定法

1.原理

以氰甙形式存在于植物体内的氰化物经水浸泡水解后，进行水蒸气蒸馏，蒸出的氢氰酸被碱液吸收。在碱性条件下，以碘化钾为指示剂，用硝酸银标准溶液滴定定量。

2.准备试剂和材料

(1)氢氧化钠溶液：0.5 g/L。

(2)硝酸铅溶液：0.05 g/L。

(3)氨水：浓氨水+水=400 mL+600 mL。

(4)碘化钾溶液：0.5 g/L。

(5)铬酸钾溶液：0.5 g/L。

(6)硝酸银标准贮备液：$c(AgNO_3)$=0.1 mol/L，按GB/T 601规定配制和标定。

(7)硝酸银标准滴定液：$c(AgN0_:)$=0.01 mol/L，于临用前将0.1 mol/L硝酸银标准贮备液用煮沸并冷却的水稀释10倍，必要时应重新标定。

3.准备仪器和设备

(1)水蒸气蒸馏装置：蒸馏烧瓶2 500～3 000 mL。

(2)微量滴定管：2 mL。

(3)分析天平：感量0.000 1 g。

(4)凯氏烧瓶:500 mL。

(5)容量瓶:250 mL(棕色)。

(6)锥形瓶:250 mL。

(7)吸量管:2 mL、10 mL。

(8)移液管:100 mL。

4.测定步骤

称取 10～20 g 试样于凯氏烧瓶中,精确到 0.001 g,加水约 200 mL,塞严瓶口,在室温下放置 2～4 h,使其水解。将盛有水解试样的凯氏烧瓶迅速连接于水蒸气蒸馏装置,使冷凝管下端浸入盛有 20 mL 氢氧化钠溶液锥形瓶的液面下,通水蒸气进行蒸馏,收集蒸馏液 150～160 mL,取下锥形瓶,加入 10 mL 硝酸铅溶液,混匀,静置 15 min,经滤纸过滤于 250 mL 容量瓶中,用水洗涤沉淀物和锥形瓶 3 次,每次 10 mL,并入滤液中,加水稀释至刻度,混匀。

准确移取 100 mL 上述滤液,置另一锥形瓶中,加入 8 mL 氨水和 2 mL 碘化钾溶液,混匀,在黑色背景衬托下,用微量滴定管以硝酸银标准滴定液滴定至出现混浊时为终点,记录硝酸银标准滴定液消耗体积(V)。

在和试样测定相同的条件下,做试剂空白试验,即以蒸馏水代替蒸馏液,用硝酸银标准滴定液滴定,记录其消耗体积(V_0)。

5.计算测定结果

试样中氰化物(以氢氰酸计)的含量 X,以质量分数(mg/kg)表 示,按式② 进行计算。

$$X=c\times(V-V_0)\times54\times\frac{250}{100}\times\frac{1\,000}{V}=\frac{c(V-V_0)}{m}\times135000 \qquad ②$$

式中:m 为试样质量,g;c 为硝酸银标准工作滴定液浓度,mol/L;V 为试样测定硝酸银标准工作滴定液消耗体积,mL;V_0为空白试验硝酸银标准工作滴定液消耗体积,mL;54 为氢氰酸的摩尔质量数,$M(2HCN)=54$ g/mol。

6.结果表示

每个试样取两份试料进行平行测定,以其算术平均值为测定结果,结果表示到 3 位有效数。

7.重复性

同一分析者,同一实验室,使用同一台仪器,对同一试样同时或快速连续地进行两次测定,所得结果之间的差值:在氰化物含量≤50 mg/kg 时,不得超过平均值的 20%;在氰化物含量>50 mg/kg 时,不得超过平均值的 10%。

八、测定饲料中亚硝酸盐的含量(比色法 GB/T 13085—2005)

(一)适用范围

本标准规定了以重氮偶合比色法测定饲料中亚硝酸盐的方法,适用于饲料原料、配合饲料、浓缩饲料及精料补充料中亚硝酸盐的测定。方法的检出限为 0.64 mg/kg。

引用标准:GB /T 6682 分析实验室用水规格和试验方法,GB/T 14699.1 饲料采样。

(二)准备试剂

试剂不加说明者,均为分析纯试剂,水应符合 GB/T 6682 三级用水。

(1)氯化铵缓冲液:1 000 mL 容量瓶中加入 500 mL 水,加入 20 mL 盐酸,混匀,加入

50 mL氢氧化铵，用水稀释至刻度。用稀盐酸和稀氢氧化铵调节 pH9.6～9.7。

(2)硫酸锌溶液(0.42 mol/L)：称取 120 g 硫酸锌($ZnSO_4 \cdot 7H_2O$)，用水溶解，并稀释至1 000 mL。

(3)氢氧化钠溶液(20 g/L)：称取 20 g 氢氧化钠，用水溶解，并稀释至 1 000 mL。

(4)乙酸溶液(60%)：量取 600 mL 乙酸于 1 000 mL 容量瓶中，用水稀释至刻度。

(5)对氨基苯磺酸溶液：称取 5 g 对氨基苯磺酸，溶于 700 mL 水和 300 mL 冰乙酸中，置棕色瓶保存，1 周内有效。

(6)N-1-萘基乙二胺溶液(1 g/L)：称取 0.1 g N-1-萘基乙二胺，加乙酸溶解并稀释至100 mL，混匀后置棕色瓶中，在冰箱内保存，1 周内有效。

(7)显色剂：临用前将 N-1-萘基乙二胺溶液和对氨基苯磺酸溶液等体积混合。

(8)亚硝酸钠标准溶液：称取 250.0 mg 经(115±5)℃烘至恒重的亚硝酸钠，加水溶解，移入 500 mL 容量瓶中，加 100 mL 氯化铵缓冲液，加水稀释至刻度，混匀，在 4℃避光保存。此溶液每毫升相当于 500 μg 亚硝酸钠。

(9)亚硝酸钠标工作液：临用前，吸取亚硝酸钠标准溶液 1.00 mL，置于 100 mL 容量瓶中，加水稀释至刻度，此溶液每毫升相当于 5.0 μg 亚硝酸钠。

(三)准备仪器与设备

(1)分光光度计：有 1 cm 比色杯，可在 550 nm 处测量。

(2)小型粉碎机。

(3)分析天平：感量 0.000 1 g。

(4)恒温水浴锅。

(5)容量瓶：100 mL，200 mL，500 mL，1 000 mL。

(6)烧杯：100 mL，200 mL，500 mL。

(7)吸量管：1 mL，2 mL，5 mL，10 mL。

(8)移液管：10 mL。

(9)容量瓶：25 mL。

(10)长颈漏斗：直径 75～90 mm。

(四)制备试样

按 GB/T 14699.1 采集有代表性的样品，四分法缩分至约 250 g，粉碎，过 1 mm 孔筛，混匀，装入密闭容器中，低温保存备用。

(五)测定步骤

1.试液制备

称取约 5 g 试样，精确到 0.001 g，置于 200 mL 烧杯中，加 70 mL 水和 1.2 mL 氢氧化钠溶液，混匀，用氢氧化钠溶液调至 pH 为 8～9，全部转移至 200 mL 容量瓶中，加 10 mL 硫酸锌溶液，混匀，如不产生白色沉淀，再补滴氢氧化钠溶液，直至产生沉淀为止，混匀，置 60℃水浴中加热 10 min，取出后冷却至室温，加水至刻度，混匀。放置 0.5 h，用滤纸过滤，弃去初滤液 20 mL，收集滤液备用。

2.亚硝酸盐标准曲线的制备

吸取 0 mL，0.5 mL，1.0 mL，2.0 mL，3.0 mL，4.0 mL，5.0 mL 亚硝酸钠标准工作液(相当于 0 μg，2.5 μg，5 μg，10 μg，15 μg，20 μg，25 μg 亚硝酸钠)，分别置于 25 mL 容量瓶中。于

各瓶中分别加入4.5 mL氯化铵缓冲液，加2.5 mL乙酸后立即加入5.0 mL显色剂，加水至刻度，混匀，在避光处静置25 min，用1 cm比色杯（灵敏度低时可换2 cm比色杯），以零管调节零点，于波长538 nm处测吸光度，以吸光度为纵坐标，各溶液中所含亚硝酸钠质量为横坐标，绘制标准曲线或计算回归方程。

含亚硝酸盐低的试样以制备低含量标准曲线计算，标准系列为：吸取0 mL，0.4 mL，0.8 mL，1.2 mL，1.6 mL，2.0 mL亚硝酸钠标准工作液（相当于0 μg，2 μg，4 μg，6 μg，8 μg，10 μg亚硝酸钠）。

3. 测定

吸取10.0 mL上述试液于25 mL容量瓶中，按(2)自分别加入4.5 mL氯化铵缓冲液”起，进行显色和测量试液的吸光度(A_1)。另取10.0 mL试液于25 mL容量瓶中，用水定容至刻度，以水调节零点，测定其吸光度(A_0)。从试液吸光度值A_1中扣除吸光度值A_0，后得吸光度值A，即$A=A_1-A_0$，再将A代入回归方程进行计算。

（六）计算测定结果

1. 计算公式

$$X=\frac{m_2\times V_1\times 1\,000}{m_1\times V_2\times 1\,000}$$

式中：X为试样中亚硝酸盐（以亚硝酸钠计）的含量，mg/kg；m_1为试样质量，g，m_2为测定用样液中亚硝酸盐（以亚硝酸钠计）的质量，μg；V_1为试样处理液总体积，mL；V_2为测定用样液体积，mL，1 000为单位换算系数。

2. 结果表示

每个试样取2个平行样进行测定，以其算术平均值为结果。结果表示到0.1 mg/kg。

3. 重复性

同一分析者对同一试样同时或快速连续地进行两次测定，所得结果之间的相对偏差：在亚硝酸盐（以亚硝酸钠计）含量小于或等于20 mg/kg时，不得大于10%；在亚硝酸盐（以亚硝酸钠计）含量大于20 mg/kg时，不得大于5%。

九、饲料显微镜检查（GB/T 14698—2002）

（一）适用范围

本标准规定了饲料原料及配合饲料的显微镜检查方法，适用于饲料原料及配合饲料的显微镜定性检查。

引用标准：GB/T 14699《饲料采样方法》，SB/T 10274《饲料显微镜检查图谱》。

（二）测定原理

借助显微镜扩展检查者的视觉功能，参照各饲料原料标准样品和杂质样品的外形、色泽、硬度、组织结构、细胞形态及染色特征等，对样品的种类、品质进行鉴别和评价。

（三）准备仪器

(1)立体显微镜：放大7～40倍，可变倍。

(2)生物显微镜：三位以上换镜旋座，放大10～500倍。

(3)放大镜：3倍。

(4)标准筛：可套在一起的孔径0.42 mm、0.25 mm、0.177 mm的筛及底盘。

(5)研钵。

(6)点滴板:黑色和白色。

(7)培养皿、载玻片、盖玻片。

(8)尖头镊子、尖头探针等。

(9)电热干燥箱、电炉、酒精灯及实验室常用仪器。

(四)准备试剂及溶液

除特殊规定外,本标准所用的试剂均为化学纯,水为蒸馏水。

(1)四氯化碳:ρ(相对密度)为 1.589 g/mL。

(2)丙酮(3∶1):3 体积的丙酮(ρ 为 0.788 g/mL)与 1 体积的水混合。

(3)盐酸溶液(1∶1):1 体积盐酸(ρ 为 1.18 g/mL)与 1 体积的水混合。

(4)硫酸溶液(1∶1):1 体积硫酸(ρ 为 1.84 g/mL)与 1 体积的水混合。

(5)碘溶液:0.75 g 碘化钾和 0.1 g 碘溶于 30 mL 水中,贮存于棕色瓶内。

(6)茚三酮溶液:溶解 5 g 茚三酮于 100 mL 水中。

(7)硝酸铵溶液:10 g 硝酸铵溶于 100 mL 水中。

(8)钼酸盐溶液:20 g 三氧化钼溶入 30 mL 氨水与 50 mL 水的混合液中,将此液缓慢倒入 100 mL 硝酸(ρ 为 1.46 g/mL)与 250 mL 水的混合液中,微热溶解,冷却后与 100 mL 硝酸铵溶液混合。

(9)悬浮剂Ⅰ:溶解 10 g 水合氯醛于 10 mL 水中,加入 10 mL 甘油,混匀,贮存在棕色瓶中。

(10)浮剂Ⅱ:溶解 160 g 水合氯醛于 100 mL 水中,并加入 10 mL 盐酸溶液。

(11)硝酸银溶液:溶解 10 g 硝酸银于 100 mL 水中。

(12)间苯三酚溶液:溶解 2 g 间苯三酚于 100 mL 95%的乙醇中。

(五)比照样品

(1)饲料原料样品　按国家有关实物标准执行。

(2)掺杂物样品　搜集木屑、稻谷壳粉、花生荚壳粉等可能的掺杂物。

(3)杂草种子　搜集常与谷物混杂的杂草种子,大多可在谷物加工厂清理工序下脚料中找到,储于编号的玻璃瓶中。

(六)直接感官检查

首先以检查者的视、嗅、触觉直接检查试样。

将试样摊放于白纸上,在充足的自然光或灯光下对试样进行观察,可利用放大镜,必要时以比照样品在同一光源下对比。观察目的在于识别试样标示物质的特征,注意掺杂物、热损、虫蚀、活昆虫等。检查有无杂草种子及有害微生物感染。

嗅气味时应避免环境中其他气味干扰。嗅觉检查目的在于判断被测试样标示物质的固有气味。并检查有无腐败、氨臭、焦煳等其他不良气味。

手捻试样目的在于判断试样硬度等手感特征。

(七)制备试样

1.分样

按 GB/T 14699.1 饲料采样方法,混匀试样,用四分法分取到检查所需量,一般 10～15 g

即可。

2. 筛分

根据试样粒度情况，选用适当组筛，将最大孔径筛置最上面，最小孔径筛置下面，最下面是筛底盘。将四分法分取的试样置于套筛上充分振摇后，用小勺从每层筛面及筛底各取部分试样，分别平摊于培养皿中（必要时试样可先经四氯化碳处理再筛分）。

3. 四氯化碳处理

油脂含量高或黏附有大量细小颗粒的试样可先用四氯化碳处理（鱼粉、肉骨粉及大多数家禽饲料和未知饲料最好用此方法处理）。

取约 10 g 试样置 100 mL 高型烧杯中，加入约 90 mL 四氯化碳（在通风柜内），搅拌约 10 s，静置 2 min，待上下分层清楚后，用勺捞出漂浮物过滤，稍挥干后置 70℃干燥箱中20 min，出冷却至室温后将试样过筛。必要时也可将沉淀物过滤、干燥、筛分。

4. 丙酮处理

因有糖蜜而形成团块结构或水分偏高模糊不清的试样，可先用此法处理。取约 10 g 试样置于 100 mL 高型烧杯中，加入约 70 mL 丙酮搅拌数分钟以溶解糖蜜，静置沉降。小心倾析，用丙酮重复洗涤、沉降、倾析两次。稍挥干后置 60℃干燥箱中 20 min，取出于室温下冷却。

5. 颗粒或团粒试样处理

置几粒于研钵中，用研杵碾压使其分散成各组分，但不要再将组分本身研碎。初步研磨后过孔径为 0.42 mm 筛。根据研磨后饲料试样的特征，依次进行筛分、四氯化碳、丙酮处理。

（八）立体显微镜检查

将上述摊有试样的培养皿置立体显微镜下观察，光源可采用充足的散射自然光或用阅读台灯（要注意用比照样品在同一光源下对比观察），用台灯时入照光与试样平面以 45°角度为好。

立体显微镜上载物台的衬板选择要考虑试样色泽，一般检查深色颗粒时用白色衬板；检查浅色颗粒时用黑色衬板。检查一个试样可先用白色衬板看一遍，再用黑色衬板看。检查时先看粗颗粒，再看细颗粒；先用较低放大倍数，再用较高放大倍数。观察时用尖镊子拨动、翻转，并用探针触探试样颗粒。系统地检查培养皿中的每一组分。

为便于观察可对试样进行木质素染色、淀粉质染色等。在检查过程中以比照样品在相同条件下，与被检试样进行对比观察。

记录观察到的各种成分，对不是试样所标示的物质，若量小称为杂质（参考相应国家标准规定的有关饲料含杂质允许量），若量大，则称为掺杂物。要特别注意有无有害物质。

饲料样品显微镜检测的基本步骤详见图 4-2。

（九）生物显微镜检查

将立体显微镜下不能确切鉴定的试样颗粒及试样制备时筛面上及筛底盘中的试样分别取少许，置于载玻片上，加 2 滴悬浮剂 Ⅰ，用探针搅拌分散，浸透均匀，加盖玻片，在生物显微镜下观察，先在较低倍数镜下搜索观察，然后对各目标进一步加大倍数观察。与比照样品进行比较。取下载玻片，揭开盖玻片，加 1 滴碘溶液，搅匀，再加盖玻片，置镜下观察，此时淀粉被染成蓝色到黑色，酵母及其他蛋白质细胞呈黄色至棕色。如试样粒透明度低不易观察时，可取少量试样，加入约 5 mL 悬浮液 Ⅱ，煮沸 1 min 冷却，取 1～2 滴底部沉淀物置载玻片上，加盖玻片镜检。

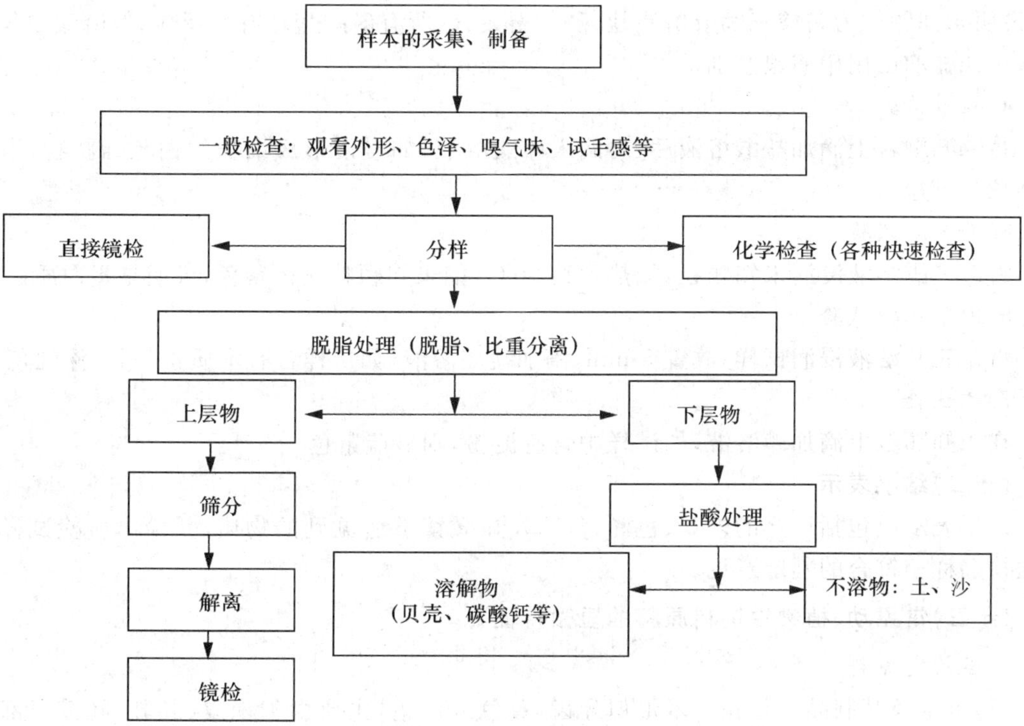

图 4-2 饲料样品显微镜检测的基本步骤

(十)主要无机组分的鉴别

将干燥后的沉淀物置于孔径 0.42 mm、0.25 mm、0.177 mm 筛及底盘之组筛上筛分，将筛出的 4 部分分别置于培养皿中，用立体显微镜检查，动物和鱼类的骨、鱼鳞、软体动物的外壳一般是易于识别的。盐通常呈立方体；石灰石中的方解石呈菱形六面体。

(十一)鉴别试验

用镊子将未知颗粒放在点滴板上，轻轻压碎，以下工作均在立体显微镜下进行，将颗粒彼此分开，使之相距 2.5 cm，每个颗粒周围滴 1 滴饲料成分定性分析的有关试剂，用细玻棒推入液体，并观察界面处的变化，依次进行，直到得到正确的鉴别结果为止。此实验也可在黑色点地板上进行。

1. 硝酸银溶液

将未知颗粒推入硝酸银溶液中，观察现象：如果生成白色晶体，并慢慢变大，说明未知颗粒是氯化物；如果生成黄色结晶，并生成黄色针状，说明未知颗粒为磷酸氢二盐或磷酸二氢盐；如果生成能略为溶解的白色针状，说明是硫酸盐；如果颗粒慢慢变暗，说明未知颗粒是骨。

2. 盐酸试验

将未知颗粒推入盐酸溶液中，观察现象：如果剧烈起泡，说明未知颗粒为碳酸盐；如果慢慢起泡或不起泡，则该试样还需进行钼酸盐试验、硫酸试验。

3. 钼酸盐试验

将未知颗粒推入钼酸盐溶液中，观察现象：如果在接近未知颗粒的地方生成微小黄色结晶，说明未知颗粒为磷酸三钙或磷酸盐、磷矿石或骨（所有磷酸盐均有此反应，但磷酸二氢盐和磷酸氢二盐均已用硝酸银鉴别）。

4. 硫酸试验

将未知颗粒上滴加盐酸溶液后，再滴入硫酸溶液，如慢慢形成细长的白色针状物，说明未知颗粒为钙盐。

5. 茚三酮试验

将茚三酮溶液浸润未知颗粒，加热到约 80℃，如未知颗粒显蓝紫色，说明是蛋白质。

6. 间苯三酚试验

将苯三酚溶液浸润试样，放置 5 min，滴加盐酸溶液，如试样含有木质素，则显深红色。

7. 碘试验

在未知颗粒上滴加碘溶液，如试样中含有淀粉，则显蓝紫色。

（十二）结果表示

结果表示应包括试样的外观、色泽、气味及显微镜下所见到的物质，并给出所检试样是否与送检名称相符合的判定意见。

（十三）常见动、植物性饲料原料的显微特征

1. 谷物类原料

（1）玉米及其制品　整粒玉米形似牙齿，黄色或白色，主要由玉米皮、胚乳、胚芽三部分组成。胚胎包括糊粉层、角质淀粉和粉质淀粉。

玉米粉碎后各部分特征明显。体视显微镜下玉米表皮为薄而半透明，略有光泽，呈不规则片状、较硬，其上有较细的条纹。角质淀粉为黄色（白玉米为白色），多边，有棱，有光泽，较硬；粉质淀粉为疏松，不定形颗粒，白色，易破裂，许多粉质淀粉颗粒和糊粉层的细粉末常黏附于角质淀粉颗粒和玉米皮表面，另外还可见漏斗状、帽盖和质轻而薄的红色片状颖花。

（2）小麦及其制品　整粒小麦为椭圆形，浅黄色至黄褐色，略有光泽。在其腹面有一条较深的腹沟，背部有许多细微的波状皱纹。主要由种皮、胚乳、胚芽 3 部分组成。

小麦麸皮多为片状结构，其片大小，形状依制粉程度不同而不同，通常可分为大片麸皮和小片麸皮。大片麸皮片状结构大，表面上保留有小麦粒的光泽和细微横向纵纹，略有卷曲，麸皮内表面附有许多淀粉颗粒。小片麸皮片状结构小，淀粉含量高。小麦的胚芽扁平，浅黄色，含有油脂，粉碎时易分离出来。

（3）高粱及其制品　整粒高粱为卵圆形至圆形，端部不尖锐，在胚芽端有一个颜色加深的小点，从小点向四周颜色由深至浅，同时有向外的放射状细条纹，高粱外观色彩斑驳，由棕、浅红棕及黄白等多色混杂，外壳有较强的光泽。

在体视镜下可见皮层紧紧附在角质淀粉上，粉碎物粒度大小参差不齐，呈圆形或不规则形状，颜色因品种而异，可为白、红褐、淡黄等。角质淀粉表面粗糙，不透明；粉质淀粉色白，有光泽，呈粉状。

2. 饼粕类原料

（1）大豆饼（粕）　大豆饼（粕）主要由种皮、种脐、子叶组成。在体视镜下可见明显的大块种皮和种脐，种皮表面光滑，坚硬且脆，向内面卷曲。在 20 倍放大条件下，种皮外表面可见明显的凹痕和针状小孔，内表面为白色多孔海绵状组织，种脐明显，长椭圆形，有棕色、黑色、黄色。(浸出粒中子叶颗粒大小较均匀,形状不规则,边缘锋利,硬而脆,无光泽不透明,呈奶油色或黄褐色。由豆饼粉碎后的粉碎物中子叶挤压而成团,近圆形、边缘浑圆,质地粗糙,颜色外深内浅。)

(2)花生饼(粕) 花生饼(粕)以碎花生仁为主,但仍不少花生种皮,果皮存在,体视镜下能找到破碎外壳上的成束纤维脊,或粗糙的网络状纤维,还能看见白色柔软有光泽的小块,种皮非常薄,呈粉红色,红色或深紫色,并有纹理,常附着籽仁的碎块上。

(3)棉籽饼(粕) 棉籽饼(粕)主要由棉籽仁、少量的棉籽壳、棉纤维构成,在体视显微镜下,可见棉籽壳和短绒毛黏附在棉籽仁颗粒中,棉纤维中空、扁平、卷曲;棉籽壳为略凹陷的块状物,呈孤形弯曲,壳厚、棕色、红棕色。棉仁碎粒为黄色或黄褐色,含有许多黑色或红褐色的棉酚色素腺。棉籽压榨时将棉仁碎片和外壳都压在一起了,看起来颜色较暗,每一碎片的结构难以看清。

(4)菜籽饼(粕) 在体视镜下,菜籽饼(粕)中的种皮仍为主要的鉴定特征。一般为很薄的小块状,扁平,单一层,黄褐色至红棕色,表面有油光泽,可见凹陷刻窝。种皮和籽仁碎片不连在一起,易碎;种皮内表面的柔弱的半透明白色薄片附着,子叶为不规则小碎片,黄色无光泽,质脆。

(5)向日葵粕 其中存在着未除净葵花籽壳是主要的鉴别特征。向日葵粕为灰白色,壳为白色,其上有黑色条纹,由于壳中含有较高的纤维素、木质素,通常较坚韧,呈长条形,断面也呈锯齿状。籽仁的粒度小,形状不规则,黄褐色或灰褐,无光泽。高倍镜下可见种皮表皮细胞长,有工字形细胞壁,而且可见双毛,即两根毛从同一个细胞长出。

3.常见动物性原料的显微特征

(1)鱼粉 鱼粉一般将鱼加压、蒸煮、干燥粉碎加工而成。多为棕黄色或黄褐色,粉状或颗粒状,有烤鱼香味。在体视显微镜下,鱼肉颗粒较大,表面粗糙,用小镊子触之有纤维状破裂,有的鱼肌纤维呈短断片状。鱼骨是鱼粉鉴定中的重要依据,多为半透明或不透明的碎片,仔细观察可找到鱼体各部位的鱼骨如鱼刺、鱼脊、鱼头等。鱼眼球为乳白色玻璃状物,较硬,鱼鳞是一种薄平且卷曲的片状物,半透明,有圆心环纹。

(2)虾壳粉 虾壳粉是对虾或小虾脱水干燥加工而成的,在显微镜下的主要特征是触角、虾壳及复眼。虾触须以片断存在,呈长管状,常有4个环节相连;虾壳薄而透明。头部的壳片则厚而不透明,壳表面有平行线,中间有横纹,部分壳有十字形线或玫瑰花形线纹;虾眼为复眼,多为皱缩的小片,深紫色或黑色,表面上有横影线。

(3)蟹壳粉 蟹壳粉鉴别的主要依据蟹壳在体视镜下的特征。蟹壳为小的无规则几丁质壳形状,壳外表多为橘红色,而且多孔,有时蟹壳可破裂成薄层,边缘较卷曲,褐色如麦皮,在蟹壳粉中常可见到断裂的蟹螯枝头部。

(4)贝壳粉 体视镜下贝壳粉多为小的颗粒状物,质硬,表面光滑,多为白色至灰色,光泽暗淡,有些颗粒的外表面具有同心或平行的线纹。

(5)血粉 喷雾干燥的血粉多为血红色小珠状,晶亮;滚筒干燥的血粉为边缘锐利的块状,深红色,厚的地方为黑色,薄的地方为血红色,透明,其上可见小血细胞亮点。

(6)水解羽毛粉 其多为碎玻璃或松香状的小块状。透明易碎,浅灰、黄褐至黑色,断裂时常呈扇状边缘。在水解羽毛粉中仍可找到未完全水解的羽毛残枝。

【任务总结】

任务总结表

项目	内容	要点
相关知识	饲料卫生标准的指标	1.感官指标;2.毒理学指标;3.生物学指标
	大豆脲酶活性	1.测定大豆脲酶活性的意义;2.测定大豆脲酶活性的原理
	亚硝酸盐	1.亚硝酸盐的危害;2.测定亚硝酸盐的原理
	游离棉酚	1.游离棉酚的危害;2.测定游离棉酚的原理
任务实施	测定大豆脲酶活性	1.准备仪器设备;2.准备试剂和溶液;3.制备试样;4.测定步骤;5.计算测定结果
	测定饲料中氟的含量	1.准备试剂和溶液;2.准备仪器设备;3.制备试样;4.测定步骤;5.计算分析结果
	测定饲料铬的含量	1.原理;2.准备试剂和溶液;3.准备仪器设备;4.制备试样;5.测定步骤;6.绘制标准曲线;7.测定试样;8.计算结果
	测定饲料中铅的含量	1.原理;2.准备试剂和材料;3.准备仪器设备;4.制备试样;5.测定步骤;6.计算结果;7.重复性
	测定饲料中三聚氰胺的含量	1.检测原理;2.准备设备及材料;3.样品前处理;4.检测;5.结果分析
	测定饲料中黄曲霉毒素的含量	1.检测范围;2.检测原理;3.准备试剂和原料;4.准备仪器和设备;5.分析步骤;6.精密度
	测定饲料中游离棉酚的含量	1.适用范围;2.准备试剂和溶液;3.准备仪器和设备;4.制备试样;5.测定步骤;6.计算测定结果
	测定饲料中氰化物的含量	1.适用范围;2.制备试样;3.定性法;4.比色法;5.滴定法
	测定饲料中亚硝酸盐的含量	1.适用范围;2.准备试剂;3.准备仪器与设备;4.制备试样;5.测定步骤;6.计算测定结果
	饲料显微镜检查	1.适用范围;2.测定原理;3.准备仪器;4.准备试剂和溶液;5.比照样品;6.直接感官检查;7.制备试样;8.立体显微镜检查;9.生物显微镜检查;10.主要无机组分的鉴别;11.鉴别试样;12.结果表示;13.常见动、植物性饲料原料的显微特征

附录一　饲料采样

(GB/T 114699.1—2005)

1　范围

本标准提供了为了满足商业、技术和法律目的的质量控制中对动物饲料包括渔用饲料的采样方法。

本标准不适用于宠物食品，也不适用于以微生物检验为目的的采样。在某些条件下测定饲料物理特性时，应选择特殊的采样方法。

某些饲料的采样已有相应的国际标准，这些产品的种类见参考文献。为检测某些分布不均匀的成分的采样见附录 A。

2　术语和定义

下列术语和定义适用于本标准。

2.1　交付物(consignment)　一次给予、发送或收到的某个特定量的饲料的总称。

注：它可能由一批或多批饲料组成(见 2.2)。

2.2　批/批次(lot)　假定特性一致的某个确定量的交付物的总称。

2.3　份样(increment)　一次从一批产品的一个点所取的样品。

2.4　总份样(bulk sample)　通过合并和混合来自同一批次产品的所有份样得到的样品。

注：打算分别调查的、明显和可辨认的份样集合可表示为"总样品"。

2.5　缩分样(reduced sample)　总份样通过连续分样和缩减过程得到的数量或体积近似于试样的样品，具有代表总份样的特征。

2.6　实验室样品(laboratory sample)　由缩分样分取的部分样品，用于分析和其他检测用，并且能够代表该批产品的质量和状况。

注：所取每种样品，一般分 3 份或 4 份实验室样品，一份提交检验，至少一份保存用于复核，如果要求超过 4 份实验室样品，需要增加缩分样，以满足最小实验室样品量的要求。

3　通则

3.1　代表性采样。代表性采样的目的是从一批产品中获得小部分样品，而测定这小部分样品的任何特性均可代表该批产品的平均值。

3.2　选择性采样。如果被采样的一批(批次)样品的某部分在质量上明显不同于其他部分，则这部分产品应区别对待，单独作为一批产品进行采样，并在采样报告中加以说明。

3.3　统计学考虑。认同采样是动物饲料采样的常用方法。对采样属性而言，存在着根据二项式分布进行的理论采样方法，但在实际工作中，这个方法应简化为批量大小和份样数量之间的平方根关系①。

4 采样人员

采样应该由受过适当培训并有饲料采样经验的人员执行，而且采样人员应意识到采样过程可能涉及的危害和危险。

5 采样前对产品的确认和全面检查

采样前应确认有疑问的货物，为此应适当比较货物的数量、重量或货物的体积及容器上的标记和标签，以及有关资料。

采样报告记录包括相关代表性样品的采样和涉及货物及其周围条件的所有特征。

如果货物出现损坏，要除去损坏的部分，将特性相似的货物划分在一起，并把每一部分作为独立的产品处理。

6 采样设备

6.1 一般要求

选择适合产品颗粒大小、采样量、容器大小和产品物理状态等特征的采样设备。

6.2 从固体产品采样的装置

6.2.1 手工从固体产品采样的工具举例。

6.2.1.1 散装饲料采样。普通铲子、手柄勺、柱状取样器（如取样钎、管状取样器、套筒取样器）和圆锥取样器。取样钎可有一个或更多的分隔室。流速比较慢的流动产品的采样可以手工完成。

6.2.1.2 袋装或其他包装饲料的采样。手柄勺、麻袋取样钎或取样器、管状取样器、圆锥取样器和分割式取样器。

6.2.2 机械采样装置举例。从流动的产品中周期采样可以使用认可的设备（例如气力装置）。速度较高的流动产品的采样可以通过手工控制机器来完成。

6.3 从液体或半液体产品手工或机械方法采样的设备。

适当大小的搅拌器、取样瓶、取样管、带状取样器和长柄勺。

6.4 清洁

采样、缩样、存贮和处理样品时，应特别小心，确保样品和被取样货物的特性不受影响。采样设备应清洁、干燥、不受外界气味的影响。用于制造采样设备的材料不影响样品的质量。在不同样品间，采样设备应完全清扫干净，当被取样的货物含油高时尤其重要。取样人员应带一次性的手套，不同样品间应更换手套，防止污染随后的样品。

7 装样品容器

7.1 一般要求

装样品的容器应确保样品特性不变直至检测完成。样品容器的大小以样品完全充满容器为宜、容器应当始终封口，只有检测时才能打开。

---

① 注1：对于散装产品．如果批量在 2.5 t 以下，至少取 7 个份样；如果批量在 2.5～80 t，所取份样数至少等于 $\sqrt{2m}$，m 是批量的质量，以 t 计；样品变异应该是均匀的；如果批量超过 80 t，平方根关系仍然适用，但以此为依据做出错误决定的风险也会增加，可由各方协商确定。

注2：平方根关系的应用对袋装饲料、液体饲料和半液体饲料、舔块以及粗饲料来说有点不同，因为样品的大小变化很大。

7.2 清洁

样品容器应清洁、干燥、不受外界气味的影响。制造样品容器的材料应不影响样品的品质。

7.3 固体产品的样品容器

固体产品的样品容器及盖子应是防水和防脂材料制成的(例如,玻璃、不锈钢、锡或合适的塑料等),应是广口的,最好是圆柱形的,并与所装样品多少相配套。合适的塑料袋也可以。容器应是牢固和防水的。如果样品用来测定像维生素 A、维生素 D_3、维生素 B_2 和维生素 C、叶酸等对光敏感的物质和像维生素 K_3、维生素 B_6 和维生素 B_{12} 等对光轻微敏感的物质,容器应是不透明的。

7.4 液体和半液体产品的样品容器

容器应由合适材料制成(最好是玻璃或塑料),并要求容量合适、密闭、深色。注意 7.3 中对光敏感物质测定的样品要求。

8 采样步骤

8.1 采样位置

在条件许可的情况下,采样应在不受诸如潮湿空气、灰尘或煤烟等外来污染危害影响的地方进行。条件许可时,采样应在装货或卸货中进行。如果流动中的饲料不能进行采样,被采样的饲料应安排在能使每一部分都容易接触到,以便取到有代表性的实验室样品。

8.2 产品分类

按采样目的,饲料可分为以下几类:

a)固体饲料—谷物、种子、豆类和颗粒饲料;

b)固体饲料—粉状饲料;

c)粗饲料;

d)舔块;

e)液体和半液体饲料。

8.3 样品量

要得到能代表整个批次产品的样品,就必须设置足够的份样数量。根据批次产品数量和实际采样的特点制定采样计划,在计划中确定需采的份样数量和重量。对于特别的批次产品的确定取决于 2.2 规定的因素。

8.4 谷物、种子、豆类和颗粒产品的采样

8.4.1 该类产品的举例

谷物:玉米、小麦、大麦、燕麦、水稻、高粱等;

油料籽实:向日葵籽实、花生、油菜籽、大豆、棉籽、亚麻籽等;

片状物:豆类等;

颗粒产品:颗粒形态的饲料。

8.4.2 批次产品量

对于袋装的产品批次量是由包装袋的数量决定和包装袋的容量确定。对于散装的产品。批次量是由盛该散样的容器数量决定的,或由满装该产品的容器的最少数量。如果一个容器内装的产品量已超过一个批次产品的最大量时,该容器内产品即为一个批次。如果一批次散装产品形态上出现明显的分级,则需要分成不同的批次。

8.4.3 份样数量

对于贮存于罐或类似容器的产品，随机选择份样的最小数量见表1。

表 1

批次的重量 m/t	份样的最小数量
≤2.5	7
>2.5	$\sqrt{20\ m}$，不超过100

如果产品包装于袋中，随即选择份样的最小数量如下表：

a)如果总量小于1 kg，见表2。

表 2

批次的包装袋数 n	份样的最小数量
1～6	每袋取样
7～24	6
>24	$\sqrt{2n}$，不超过100

b)如果总量大于1 kg，见表3。

表 3

批次的包装袋数 n	份样的最小数量
1～4	每袋取样
5～16	4
>16	$\sqrt{2n}$，不超过100

8.4.4 样品量见表4。

表 4

批次产品总量/t	最小的总份样量/kg	最小的缩分样量[a]/kg	最小的实验室样品量/kg
1	4	2	0.5
>1 ≤5	8	2	0.5
>5 ≤50	16	2	0.5
>50 <100	32	2	0.5
>100 ≤500	64	2	0.5

a. 最小量应可供取4个实验室样品。

8.4.5 采样程序

8.4.5.1 总则

采样应遵照8.1中的规定执行。对于散装产品，尽可能地在装或卸时采样。同理，如果产品是直接装到料仓或仓库中，则尽可能地在装入时取样。

8.4.5.2　从散装产品中采样.如果是从堆状等散装产品中取样，根据8.4.3的最少份样数，决定本次取样的份样数。然后，随机选取每个份样的位置，这些位置既覆盖产品的表面，又包括产品的内部，使该批次产品的每个部分都被覆盖。

在产品流水线上取样时，根据流动的速度，在一定的时间间隔内，人工或机械地往流水线的某一截面取样。根据流速和本批次产品的量，计算产品通过采样点的时间，该时间除以所需采样的份样数，即得到采样的时间间隔。

8.4.5.3　从袋装产品中采样。随机选择需采样的包装袋，采样的包装袋总数量根据8.4.3的最小份样数来决定。打开包装袋，用6.2.1.2描述的器具采取每个份样。

如果是在密闭的包装袋中采样，则需要取样器。采样时，不管是水平还是垂直，都必须经过包装物的对角线。份样可以是包装物的整个深度，或是表面、中间、底部这三个水平。在采样完成后，将包装袋上的采样孔封闭。

如果上述的方法不适合，则将包装物打开倒在干净、干燥的地方，混合后铲其一部分为份样。

8.4.6　实验室样品的制备。在采样完成后应尽快处理，以避免样品质量发生变化或被污染，将所得到的每个份样进行充分混合后得到总份样，其重量不应小于2 kg。

充分将缩分样混合后分成3个或4个实验室样品放入适当的容器中，供实验室分析用，每个实验室样品重量最好相近，但不能小于0.5 kg。

8.5　粉状产品的采样

8.5.1　产品的举例。这些产品是对下列物料进行加工(如粉碎、碾磨或干燥)获得的，其粒度远小于未加工处理的单种物料或混合物。

a.植物源性的粉状物：

1)整粒或部分谷物；

2)未加工、加工或浸提的油料籽实；

3)未加工、加工或浸提的豆科籽实；

4)干苜蓿或干草；

5)植物蛋白浓缩物；

6)淀粉；

7)酵母。

b.动物源性的粉状物：

1)鱼粉；

2)血粉、肉粉、肉骨粉、骨粉；

3)奶粉、乳清粉。

c.预混合饲料。

d.矿物质添加剂。

e.配合饲料。

f.饲料添加剂：

1)有机物：维生素和维生素制剂，药物和药物制剂，抗氧化剂，氨基酸和香味剂等；

2)无机化合物。

8.5.2　批次产品量的大小。不论交付量有多大，一个批次内产品的量不宜超过100 t。

8.5.3　最小的份样数量。见8.4.3。

8.5.4 样品量 见8.4.4。

8.5.5 在采样时的注意事项。由于干的粉状饲料中粉尘的一致性高，采样时应防止其爆炸。由于产品是经加工处理的，因此受微生物侵害腐败的可能性增加。在预先检查整个批次产品时，应特别注意有无异常。如有异常，应将这部分与其他部分分开。

粉状物易于结块，有时需要添加抗结块剂。当发生结块时，应进行额外的处理或分开采样。如果产品产生较严重的分级，则应分步采样。散装或袋装中采粉样的步骤参照8.4.5。

8.5.6 实验室样品的制备。见8.4.6。

8.6 粗饲料的采样

8.6.1 举例

——鲜青绿饲料(苜蓿、牧草、玉米等)；

——青贮青绿饲料(苜蓿、牧草、玉米等)；

——干草(苜蓿、牧草等)；

——秸秆；

——饲用甜菜；

——干糖蜜；

——块根、块茎(马铃薯等)。

8.6.2 批次产品量。由于产品遗传因素变化大，加上贮存方式的不同，粗饲料产品的特性变化很大，量大时更是如此。在量大的一批次粗饲料产品间，要求其均匀性是非常困难的。

8.6.3 采样时份样数的确定。通常粗饲料在贮存和搬运时为散装的，采样时的最小份样数规定见表5。

表5

批次的重量 m/t	份样的最小数量
≤5	10
>5	$\sqrt{40\ m}$，不超过50

8.6.4 样品的重量见表6。

表6

产品种类	最小的总份样量/kg	最小的缩分样量[a]/kg	最小的实验室样品量/kg
青绿饲料、甜菜、块根、块茎、青贮粗饲料	16	4	1
干燥的粗饲料、块根、块茎	8	4	1

a. 最小量应可供取4个实验室样品量。

8.6.5 采样程序

8.6.5.1 总则。粗饲料采样时，通常是靠手工获得每一个份样。

8.6.5.2 田间采样。对于田间生长的产品或收获后仍放置于田间的产品，其采样程序根据土质不同参见ISO 10381-6。

8.6.5.3 堆积产品、青贮窖、青贮堆内产品的采样。进行堆积产品、青贮窖、青贮堆内产品的采样时，按 8.4.3 计算需采样的份样数，随机布置各份样点，但应保证产品的各层均被覆盖。青贮塔内产品的采样应注意安全，最好在搬运过程中采样。

8.6.5.4 捆状产品采样。进行捆状产品采样时，按 8.4.3 计算需采样的份佯数，随机布置各份样点，每一捆取一个份样，应采集一个完整的截面。

8.6.5.5 流动中的产品采样。对于流动中的产品采样，参照 8.4.5.2。

8.6.5.6 实验室样品的制备。在采样完成后应尽快处理，以避免样品质量发生变化或被污染。在混合总份样时应注重其可操作性，通常应将样品切成小块。总份样经过逐步分取获得重量不小于 4 kg 的缩分样。对于大块块状产品，将总份样的块数减半，随机选择其中的块构建成缩分样。除非必须，不要在缩阶段将总份样切短。

充分将缩分样混合后分成 3 个或 4 个实验室样品放入适当的容器中，供实验室分析用。每个实验室样品重量最好相近，但不能小于 0.5 kg。置每个实验室样品于合适容器中，见 2.6。

8.7 块状、砖状产品的采样

8.7.1 举例。例如矿物质的舔砖、舔块等。

8.7.2 批次产品量。该类产品一个批次量不应超过 10 t。

8.7.3 采样时份样数的确定。

采样时以该类产品的单位数计算最小份样数，规定见表 7。

表 7

批次内含的产品单位数 n	最小的份样数(产品单位数)
≤25	4
26～100	7
>100	$\sqrt{n}$，不超过 40

8.7.4 样品的重量，见表 8。

表 8

最小的总份样量/kg	最小的缩分样量[a]/kg	最小的实验室样品量/kg
4	2	0.5

a. 最小量应可供取 4 个实验室样品。

8.7.5 采样程序。按 8.7.3 计算所需的最少采样的份样数。如果舔砖、舔块较小，则整个舔砖或舔块作为一个份佯。

8.7.6 实验室样品的制备。如果用 整个或大部分舔砖(块)作为份样，则需打碎。

将所得到的每个份样进行充分混合后得到总份样，将总份样重复缩分获得适当的缩分样，其重量不应小于 2 kg。

充分将缩分样混合后分成 3 个或 4 个实验室样品放入适当的容器中。每个实验室样品重量最好相近，不能小于 0.5 kg。

8.8 液体产品的采样

8.8.1 产品举例。

——低黏度产品:该类产品易于搅拌混合。

——高黏度产品:该类产品不易搅拌混合。

8.8.2 批次产品量。该类产品一批次通常在 60 t 或 60 000 L 以内。如果一个容器含量超过 10 t 或 10 000 L 时,这一容器内产品即为一个批次。

8.8.3 采样时份样数的确定。随机选择份样时,最小份样的数量规定如下:

a. 散装产品:见表 9。

表 9

批次产品量		最小份样数
重量/t	体积/L	
≤2.5	2 500	4
>2.5	2 500	7

如果不能保证产品的均匀性,则应该增加份样数以保证实验室样品的代表性。

b. 对于贮存容器体积不超过 200 L 的产品,采样时抽取容器的数量计算如下:

1)如果容器体积不超过 1L(含 1L),参见表 10。

表 10

批次内含的容器数 n	最小的抽取容器数
≤16	4
>16	不超过 50

2)如果容器体积超过 1 L,参见表 11。

表 11

批次内含的容器数 n	最小的抽取容器数
1～4	逐个
5～16	4
>16	不超过 50

8.8.4 样品的重量见表 12。

表 12

最小的总份样量		最小的缩分样量[a]		最小的实验室样品量	
kg	L	kg	L	kg	L
8	8	2	2	0.5	0.5

a. 最小量应可供取 4 个实验室样品。

8.8.5 采样程序

8.8.5.1 如果产品贮存于罐中，则可能不均匀。采样前需要搅动混合，用适当的器具从表面至内部采样。如果采样前不可能搅动，则在产品装罐或卸罐过程中采样。如果在产品流动过程中不能采样，则整个批次产品都取份样，以保证获得有代表性的实验室样品。

在产品特性不变的前提下，有时加热会提高样品的一致性。

8.8.5.2 桶装产品的采样。采样前需对随即选取产品进行振动、搅动等，使其混合，混合后再采样。如果采样前不能进行混合，则每个桶至少在不同的方向、两个层面取 2 个份样。

8.8.5.3 小容器装产品的采样。随机选择容器，混合后进行采样；如果容器很小，则每一个容器内的产品可作为一个份样。

8.8.6 实验室样品的制备。将所有份样放入适当的容器内即获得总份样，充分混合后取其中部分形成缩分样，每个缩分样不应小于 2 kg 或 2 L。

对于不容易混合的产品，使用下列的缩分样程序：

——将总份样分成 2 部分，分别为 A 和 B；

——再将 A 分成 2 部分，分别为 C 和 D；

——对 B 重复上述过程，形成 E 和 F；

——随机选择 C 和 D，E 和 F 中的之一；

——将两者放在一起，充分混合；

——重复该过程，直至获得 2～4 kg(L)的缩分样；

——尽可能充分地混合缩分样，将其分成 3～4 个部分(即为实验室样品)，每个实验室样品不应少于 0.5 kg 或 0.5 L。

——置每份实验室样品于适当容器内。

如果需制备的实验室样品超过 4 份，则缩分样的数量做适当的增加。

8.9 半液体(半固体)产品的采样

8.9.1 产品举例。例如脂肪、脂类产品、加氢油脂、皂脚等。

8.9.2 批次产品量 见 8.8.2。

8.9.3 采样时份样数的确定 见 8.8.3。

8.9.4 样品的重量 见 8.8.4。

8.9.5 采样

8.9.5.1 总则。如有可能，产品应在液态下进行采样。

8.9.5.2 液态产品的采样。见 8.8.5。

8.9.5.3 半液体(半固体)产品的采样。在产品装入或搬运过程中，使用可对角线插入罐底部的适当设备，至少在 3 个深度取样，有可能的情况下，取整个截面。采样后，将采样孔填补好。

如果不可能混合，也不可能在产品的流动中采样，则根据容器对角线的长度，每隔 30 cm 采样作为一个份样。

8.9.6 实验室样品的制备。将获得的总份样充分混合。将总份样放入可加热的容器中，采用加热或其他方法使其融比。如果加热对样品有不良影响，则使用其他方法。

缩分样和实验室样品的制备见 8.8.6。

9　样品和样品容器的包装、封口和标识

9.1　样品容器的装满和封口。每个装实验室样品的容器应当由取样人员封口和盖章，不破坏封口，容器就不能打开。容器也可装入结实的信封或亚麻布、棉或塑料袋中，并进一步封口和盖章，不破坏封口，内容物就不能取出。

标签应附在内含实验室样品的容器上并封口，不破坏封口标签就不能去掉。标签应有9.2中所要求的标识项目，封口未打开前，标识项目应是可见的。

9.2　实验室样品的标识。标签应标识以下项目：

a)采样人和采样单位名称；

b)采样人和采样单位的身份标志；

c)采样的地点、日期和时间；

d)样品材料的标示(名称、等级、规格)；

e)样品材料的明示成分；

f)样品材料的商品代码、批号、追踪代码或被抽检样品交付物的确认。

9.3　实验室样品的发送。每批货物，至少有一个实验室样品，与测定所需信息一起被尽快地送至认可的分析实验室，应在适当冷藏或冷冻条件下发送随时间而变化的样品。

9.4　实验室样品的贮藏。实验室样品的贮藏应防止样品成分发生变化。没有呈交实验室的实验室样品的可贮藏公认的一段时间，一般为6个月。

10　采样报告。采样后，应由采样人尽快完成报告。在报告后，应尽量附上随包装或容器的标签的复印件或交付物单子的复印件。采样报告至少应包含以下信息：

a)实验室样品标签所要求的信息(见9.2)；

b)被采样人的姓名和地址；

c)制造商、进口商、分装商和(或)销售商的名称；

d)货物的多少(重量和体积)。可能的情况下，还应包括以下内容：

1)采样目的；

2)交付给认可实验室分析的实验室样品数量；

3)采样过程中可能出现的任何偏差的详情；

4)其他的相关事宜。

附录 A

(资料性附录)

含有霉菌毒素、蓖麻油和毒种子等非均匀分布的有毒有害物质的饲料的采样

A.1　总份样量

A.1.1　总则。当需要分析非均匀分布的有毒有害物质时，应从一批次产品中抽取不同的总份样，并由此获得不同的实验室样品。每一批次产品应抽取的最小总份样见A.1.2和A.1.3.

A.1.2　对于袋装或其他容器装的产品见表A.1。

表 A.1

批次产品内袋(容器)的数量	最小总份样份数
1～16	1
17～200	2
201～800	3
＞800	4

A.1.3 对于散装产品见表 A.2

表 A.2

批次产品质量 m/t	最小总份样份数
＜1	1
1～10	2
10～40	3
＞40	4

A.2 应取的份样量

A.2.1 份样的设置见本标准的第8章，用该数除以 A.1.1 中规定的总份样数。

A.2.2 按 A.1.1 中规定的总份样数，将批次内产品分成若干等份。

A.2.3 从 A.2.2 划分的某份产品中，按 A.2.1 规定的份样数随即取样。

A.2.4 将每份内的份样样品混在一起形成总份样。注意不要将不同份内的份样混在一起。按本标准的第8章规定制备实验室样品。

附录二 饲料卫生标准

（GB 13078—2001）

1.适用范围

本标准规定了饲料、饲料添加剂产品中有害物质及微生物的允许量。

本标准适用于附表1中各种饲料和饲料添加剂产品。

2.引用标准

下列标准所包的条文，通过在本标准中引用而构成为本标准的条文。本标准出版时，所示版本均为有效。所有标准都会被修订，使用本标准的各方应探讨使用下列标准最新版本的可能性。

GB/T 8381—1987 饲料中黄曲霉毒素 B_1 的测定方法

GB/T 13079—1999 饲料中总砷的测定

GB/T 13080—1991 饲料中铅的测定方法

GB/T 13081—1991 饲料中汞的测定方法

GB/T 13082—1991 饲料中镉的测定方法

GB/T 13083—1991 饲料中氟的测定方法

GB/T 13084—1991 饲料中氰化物的测定方法

GB/T 13085—1991 饲料中亚硝酸盐的测定方法

GB/T 13086—1991 饲料中游离棉酚的测定方法

GB/T 13087—1991 饲料中异硫氰酸酯的测定方法

GB/T 13088—1991 饲料中铬的测定方法

GB/T 13089—1991 饲料中噁唑烷硫酮的测定方法

GB/T 13090—1991 饲料中六六六、滴滴涕的测定方法

GB/T 13091—1991 饲料中沙门氏菌的测定方法

GB/T 13092—1991 饲料中霉菌的检验方法

GB/T 13093—1991 饲料中细菌总数的测定方法

GB/T 17480—1998 饲料中黄曲霉毒素 B_1 的测定（酶联免疫吸附法）

HG 2636—1994 饲料级磷酸氢钙

3.要求

饲料、饲料添加剂的卫生指标及试验方法见表1。

表1 饲料、饲料添加剂卫生标准

序号	卫生指标项目	产品名称	指标	试验方法	备注
1	砷（以总砷计）的允许量/(mg/kg)	石粉 硫酸亚铁、硫酸镁	≤2.0	GB/T 13079	不包括国家主管部门批准使用的有机砷制剂中的砷含量
		磷酸盐	≤20.0		
		沸石粉、膨润土、麦饭石	≤10.0		

续表 1

序号	卫生指标项目	产品名称	指标	试验方法	备注
1	砷(以总砷计)的允许量/(mg/kg)	硫酸铜、硫酸锰、硫酸锌、碘化钾、碘酸钙、氯化钴	≤5.0	GB/T 13079	不包括国家主管部门批准使用的有机砷制剂中的砷含量
		氧化锌	≤10.0		
		鱼粉、肉粉、肉骨粉	≤10.0		
		家禽、猪配合饲料	≤2.0		
		牛、羊精料补充料			以在配合饲料中20%的添加量计
		猪、家禽浓缩饲料	≤10.0		
		猪、家禽添加剂预混合饲料			以在配合饲料中1%的添加量计
2	铅(以 Pb 计)的允许量/(mg/kg)	生长鸭、产蛋鸭、肉鸭配合饲料、鸡配合饲料、猪配合饲料	≤5	GB/T 13080	
		奶牛、肉牛精料补充料	≤8		
		产蛋鸡、肉用仔鸡浓缩饲料 仔猪、生长肥育猪浓缩饲料	≤13		以在配合饲料中20%的添加量计
		骨粉、肉骨粉、鱼粉、石粉	≤10		
		磷酸盐	≤30		
		产蛋鸡、肉用仔鸡复合预混合饲料，仔猪、生长肥育猪复合预混合饲料	≤40		以在配合饲料中1%的添加量计
3	氟(以 F 计)的允许量/(mg/kg)	鱼粉	≤500	GB/T 13083	
		石粉	≤2 000		
		磷酸盐	≤1 800	HG 2636	高氟饲料用 HG 2636—1994 中4.4条
		肉用仔鸡、生长鸡配合饲料	≤250	GB/T 13083	
		产蛋鸡配合饲料	≤350		
		猪配合饲料	≤100		
		骨粉、肉骨粉	≤1 800		
		生长鸭、肉鸭配合饲料	≤200		
		产蛋鸭配合饲料	≤250		
		牛(奶牛、肉牛)精料补充料	≤50		
		猪、禽添加剂预混合饲料	≤1 000		以在配合饲料中1%的添加量计
		猪、禽浓缩饲料	按添加比例折算后，与相应猪、禽配合饲料规定值相同	GB/T 13083	

续表 1

序号	卫生指标项目	产品名称	指标	试验方法	备注
4	霉菌的允许量(每克产品中)霉菌总数×10^3个	玉米	＜40	GB/T 13092	限量饲用:40～100 禁用:＞100
		小麦麸、米糠			限量饲用:40～80 禁用:＞80
		豆饼(粕)、棉籽饼(粕)、菜籽饼(粕)	＜50		限量饲用:50～100 禁用:＞100
		鱼粉、肉骨粉	＜20		限量饲用:20～50 禁用:＞50
		鸭配合饲料	＜35		
		猪、鸡配合饲料 猪、鸡浓缩饲料 奶、肉牛精料补充料	＜45		
5	黄曲霉素 B_1 允许量/(μg/kg)	玉米、花生饼(粕)、棉籽饼(粕)、菜籽饼(粕)	≤50	GB/T 17480 或 GB/T 8381	
		豆粕	≤30		
		仔猪配合饲料及浓缩饲料	≤10		
		生长肥育猪、种猪配合饲料及浓缩饲料	≤20		
		肉用仔鸡前期、雏鸡配合饲料及浓缩饲料	≤10		
		肉用仔鸡后期、生长鸡、产蛋鸡配合饲料及浓缩饲料	≤20		
		肉用仔鸭前期、雏鸭配合饲料鸡浓缩料	≤10		
		肉用仔鸭后期、生长鸭、产蛋鸭配合饲料及浓缩料	≤15		
		鹌鹑配合饲料及浓缩料	≤20		
		奶牛精料补充料	≤10		
		肉牛精料补充料	≤50		
6	铬(以 Cr 计)的允许量/(mg/kg)	皮革蛋白粉	≤200	GB/T 13088	
		鸡、猪配合饲料	≤10		
7	汞(以 Hg 计)的允许量/(mg/kg)	鱼粉	≤0.5	GB/T 13081	
		石粉、鸡配合饲料,猪配合饲料	≤0.1		

续表 1

序号	卫生指标项目	产品名称	指标	试验方法	备注
8	镉(以 Cd 计)的允许量/(mg/kg)	米糠	≤1.0	GB/T 13082	
		鱼粉	≤2.0		
		石粉	≤0.75		
		鸡配合饲料,猪配合饲料	≤0.5		
9	氰化物(以 HCN 计)的允许量/(mg/kg)	木薯干	≤100	GB/T 13084	
		胡麻饼、粕	≤350		
		鸡配合饲料,猪配合饲料	≤50		
10	亚硝酸盐(以 $NaNO_2$)的允许量/(mg/kg)	鱼粉	≤60	GB/T 13085	
		鸡配合饲料,猪配合饲料	≤15		
11	游离棉酚的允许量/(mg/kg)	棉籽饼、粕	≤1 200	GB/T 13086	
		肉用仔鸡、生长鸡配合饲料	≤100		
		产蛋鸡配合饲料	≤20		
		生长肥育猪配合饲料	≤60		
12	异硫氰酸酯(以丙烯基异硫氰酸酯计)的允许量/(mg/kg)	菜籽饼、粕	≤4 000	GB/T 13087	
		鸡配合饲料生长肥育猪配合饲料	≤500		
13	噁唑烷硫酮的允许量/(mg/kg)	肉用仔鸡、生长鸡配合饲料	≤1 000	GB/T 13089	
		产蛋鸡配合饲料	≤500		
14	六六六的允许量/(mg/kg)	米糠、小麦麸、大豆饼(粕)、鱼粉	≤0.05	GB/T 13090	
		肉用仔鸡、生长鸡配合饲料产蛋鸡配合饲料	≤0.3		
		生长肥育猪配、混合饲料	≤0.4		
15	滴滴涕的允许量/(mg/kg)	米糠、小麦麸、大豆饼(粕)、鱼粉	≤0.02	GB/T 13090	
		鸡配合饲料,猪配合饲料	≤0.2		
16	沙门氏菌	饲料	不得检出	GB/T 13091	
17	细菌总数的允许量(每克产品中)霉菌总数×10^3个	鱼粉	<2	GB/T 13093	限量饲用:20～50 禁用:>50

注:1. 所列允许量均为以干物质含量为88%的饲料为基础计算。

2. 浓缩饲料、添加剂预混合饲料添加比例与本标准备注不同时,其卫生指标允许量可进行折算。

附录三　猪饲养标准

表1　瘦肉型生长肥育猪每千克饲粮养分含量(自由采食,88%干物质)[a]

体重/kg	3～8	8～20	20～35	35～60	60～90
平均体重/kg	5.50	14.00	27.50	47.50	75.00
日增重/kg/d	0.24	0.44	0.61	0.69	0.80
采食量/kg/d	0.30	0.74	1.43	1.90	2.50
饲料/增重	1.25	1.59	2.34	2.75	3.13
消化能含量/MJ/kg(kcal/kg)	14.02(3350)	13.6(3250)	13.39(3200)	13.39(3200)	13.39(3200)
饲料代谢能含量/MJ/kg(kcal/kg)[b]	13.46(3215)	13.06(3120)	12.86(3070)	12.86(3070)	12.86(3070)
粗蛋白质/%	21.00	19.00	17.80	16.40	14.50
能量蛋白比/kJ/%(kcal/%)	668(160)	716(170)	752(180)	817(195)	923(220)
赖氨酸能量比/g/MJ(g/Mcal)	1.01(4.24)	0.85(3.56)	0.68(2.83)	0.61(2.56)	0.53(2.19)
氨基酸/%					
赖氨酸	1.42	1.16	0.90	0.82	0.70
蛋氨酸	0.40	0.30	0.24	0.22	0.19
蛋氨酸+胱氨酸	0.81	0.66	0.51	0.48	0.40
苏氨酸	0.94	0.75	0.58	0.56	0.48
色氨酸	0.27	0.21	0.16	0.15	0.13
异亮氨酸	0.79	0.64	0.48	0.46	0.39
亮氨酸	1.42	1.13	0.85	0.78	0.63
精氨酸	0.56	0.46	0.35	0.30	0.21
缬氨酸	0.98	0.80	0.61	0.57	0.47
组氨酸	0.45	0.36	0.28	0.26	0.21
苯丙氨酸	0.85	0.69	0.52	0.48	0.40
苯丙氨酸+酪氨酸	1.33	1.07	0.82	0.77	0.64
矿物元素(%或每千克饲粮含量)					
钙/%	0.88	0.74	0.62	0.55	0.49
总磷/%	0.74	0.58	0.53	0.48	0.43
非植酸磷/%	0.54	0.36	0.25	0.20	0.17
钠/%	0.25	0.15	0.12	0.10	0.10
氯/%	0.25	0.15	0.10	0.09	0.08
镁/%	0.04	0.04	0.04	0.04	0.04

续表 1

矿物元素(%或每千克饲粮含量)					
钾/%	0.30	0.26	0.24	0.21	0.18
铜/mg	6.00	6.00	4.50	4.00	3.50
碘/mg	0.14	0.14	0.14	0.14	0.14
铁/mg	105.00	105.00	70.00	60.00	50.00
锰/mg	4.00	4.00	3.00	2.00	2.00
硒/mg	0.30	0.30	0.30	0.25	0.25
锌/mg	110.00	110.00	70.00	60.00	50.00
维生素和脂肪酸(%或每千克饲料粮含量)					
维生素 A/IU[f]	2 200.00	1 800.00	1 500.00	1 400.00	1 300.00
维生素 D_3/IU[g]	220.00	200.00	170.00	160.00	150.00
维生素 E/IU[h]	16.00	11.00	11.00	11.00	11.00
维生素 K/mg	0.50	0.50	0.50	0.50	0.50
硫胺素/mg	1.50	1.00	1.00	1.00	1.00
核黄素/mg	4.00	3.50	2.50	2.00	2.00
泛酸/mg	12.00	10.00	8.00	7.50	7.00
烟酸/mg	20.00	15.00	10.00	8.50	7.50
吡哆醇/mg	2.00	1.50	1.00	1.00	1.00
生物素/mg	0.08	0.05	0.05	0.05	0.05
叶酸/mg	0.30	0.30	0.30	0.30	0.30
维生素 B_{12}/μg	20.00	17.50	11.00	8.00	6.00
胆碱/g	0.60	0.50	0.35	0.30	0.30
亚油酸/%	0.10	0.10	0.10	0.10	0.10

a. 瘦肉率高于 56%的公母猪混养猪群(阉公猪和青年母猪各一半)。

b. 假定代谢能为消化能的 96%。

c. 3～20 kg 猪的赖氨酸百分比是根据试验和经验数据的估测值,其他氨基酸需要量是根据与赖氨酸的比例(理想蛋白质)的估测值;20～90 kg 猪的赖氨酸需要量是结合生长模型、试验数据和经验数据的估测值,其他氨基酸需要量是根据其与赖氨酸的比例(理想蛋白质)的估测值。

d. 矿物质需要量包括饲料原料中提供的矿物质量;对于发育公猪和后备母猪,钙、总磷和有效磷的需要量应提高 0.05～0.1 个百分点。

e. 维生素需要量包括饲料原料中提供的维生素量。

f. 1 IU 维生素 A=0.344 μg 维生素 A 醋酸酯。

g. 1 IU 维生素 D_3=0.025 μg 胆钙化醇。

h. 1 IU 维生素 E=0.67 mg *D-α-*生育酚或 1 mg *DL-α-*生育酚醋酸脂。

表 2　瘦肉型生长肥育猪每日每头养分需要量(自由采食,88%干物质)[a]

体重/kg	3～8	8～20	20～35	35～60	60～90
平均体重/kg	5.50	14.00	27.50	47.50	75.00
日增重/(kg/d)	0.24	0.44	0.61	0.69	0.80
采食量/(kg/d)	0.30	0.74	1.43	1.90	2.50
饲料/增重	1.25	1.59	2.34	2.75	3.13
饲料消化能摄入量/MJ/d(kcal/d)	4.21(1 005)	10.06(2 405)	19.15(4 575)	25.44(6 080)	33.48(8 000)
饲料代谢能摄入量/MJ/d(kcal/d)[b]	4.04(965)	9.66(2 310)	18.39(4 390)	24.43(5 835)	32.15(7 675)
粗蛋白质/g/d	63.00	141.00	255.00	312.00	363.00
			氨基酸/(g/d)		
赖氨酸	4.30	8.60	12.90	15.60	17.50
蛋氨酸	1.20	2.20	3.40	4.20	4.80
蛋氨酸+胱氨酸	2.40	4.90	7.30	9.10	10.00
苏氨酸	2.80	5.60	8.30	10.60	12.00
色氨酸	0.80	1.60	2.30	2.90	3.30
异亮氨酸	2.40	4.70	6.70	8.70	9.80
亮氨酸	4.30	8.40	12.20	14.80	15.80
精氨酸	1.70	3.40	5.00	5.70	5.50
缬氨酸	2.90	5.90	8.70	10.80	11.80
组氨酸	1.40	2.70	4.00	4.90	5.50
苯丙氨酸	2.60	5.10	7.40	9.10	10.00
苯丙氨酸+酪氨酸	4.00	7.90	11.70	14.60	16.00
			矿物元素(g 或 mg/d)		
钙/g	2.64	5.48	8.87	10.45	12.25
总磷/g	2.22	4.29	7.58	9.12	10.75
非植酸磷/g	1.62	2.66	3.58	3.80	4.25
钠 /g	0.75	1.11	1.72	1.90	2.50
氯 /g	0.75	1.11	1.43	1.71	2.00
镁 /g	0.12	0.30	0.57	0.76	1.00
钾 /g	0.90	1.92	3.43	3.99	4.50
铜 /mg	1.80	4.44	6.44	7.60	8.75
碘 /mg	0.04	0.10	0.20	0.27	0.35
铁 /mg	31.50	77.70	100.10	114.00	125.00
锰 /mg	1.20	2.96	4.29	3.80	5.00
硒 /mg	0.09	0.22	0.43	0.48	0.63
锌 /mg	33.00	81.40	100.10	114.00	125.00

续表 2

维生素和脂肪酸(IU、g、mg 或 μg/d)					
维生素 A/IU[f]	660.00	1 330.00	2 145.00	2 660.00	3 250.00
维生素 D_3/IU[g]	66.00	148.00	243.00	304.00	375.00
维生素 E/IU[h]	5.00	8.50	16.00	21.00	28.00
维生素 K/mg	0.15	0.37	0.72	0.95	1.25
硫胺素/mg	0.45	0.74	1.43	1.90	2.50
核黄素/mg	1.20	2.59	3.58	3.80	5.00
泛酸/mg	3.60	7.40	11.44	14.25	17.50
烟酸/mg	6.00	11.10	14.30	16.15	18.75
吡哆醇/mg	0.60	1.11	1.43	1.90	2.50
生物素/mg	0.02	0.04	0.07	0.10	0.13
叶酸/mg	0.09	0.22	0.43	0.57	0.75
维生素 B_{12}/μg	6.00	12.95	15.73	15.20	15.00
胆碱/g	0.18	0.37	0.50	0.57	0.75
亚油酸/g	0.30	0.74	1.43	1.90	2.50

a. 瘦肉率高于 56% 的公母猪混养猪群(阉公猪和青年母猪各一半)。

b. 假定代谢能为消化能的 96%。

c. 3～20 kg 猪的赖氨酸百分比是根据试验和经验数据的估测值,其他氨基酸需要量是根据与赖氨酸的比例(理想蛋白质)的估测值;20～90 kg 猪的赖氨酸需要量是结合生长模型、试验数据和经验数据的估测值,其他氨基酸需要量是根据其与赖氨酸的比例(理想蛋白质)的估测值。

d. 矿物质需要量包括饲料原料中提供的矿物质量;对于发育公猪和后备母猪,钙、总磷和有效磷的需要量应提高 0.05～0.1 个百分点。

e. 维生素需要量包括饲料原料中提供的维生素量。

f. 1 IU 维生素 A=0.344 μg 维生素 A 醋酸酯。

g. 1 IU 维生素 D_3=0.025 μg 胆钙化醇。

h. 1 IU 维生素 E=0.67 mg *D*-α-生育酚或 1 mg *DL*-α-生育酚醋酸脂。

表 3 瘦肉型妊娠母猪每千克饲粮养分含量(88%干物质)[a]

妊娠期	妊娠前期			妊娠后期		
配种体重/kg[b]	120～150	150～180	>180	120～50	150～180	>180
预期窝产仔数	10	11	11	10	11	11
采食量/(kg/d)	2.10	2.10	2.00	2.60	2.80	3.00
饲料消化能含量,MJ/kg(kcal/kg)	12.75(305)	12.35(2 950)	12.15(2 950)	12.75(3 050)	12.55(3 000)	12.55(3 000)
饲料代谢能含量,MJ/kg(kcal/kg)[c]	12.25(2 930)	11.85(2 830)	11.65(2 830)	12.25(2 930)	12.05(2 880)	12.05(2 880)
粗蛋白质/%[d]	13.0	12.0	12.0	14.0	13.0	12.0
能量蛋白比,kJ/%(kcal/%)	981(235)	1 029(246)	1 013(246)	911(218)	965(231)	1 045(250)
赖氨酸能量比,g/MJ(g/Mcal)	0.42(1.74)	0.40(1.67)	0.38(1.58)	0.42(1.74)	0.41(1.70)	0.38(1.60)

续表 3

氨基酸/%						
赖氨酸	0.53	0.49	0.46	0.53	0.51	0.48
蛋氨酸	0.14	0.13	0.12	0.14	0.13	0.12
蛋氨酸＋胱氨酸	0.34	0.32	0.31	0.34	0.33	0.32
苏氨酸	0.40	0.39	0.37	0.40	0.40	0.38
色氨酸	0.10	0.09	0.09	0.10	0.09	0.09
异亮氨酸	0.29	0.28	0.26	0.29	0.29	0.27
亮氨酸	0.45	0.41	0.37	0.45	0.42	0.38
精氨酸	0.06	0.02	0.00	0.06	0.02	0.00
缬氨酸	0.35	0.32	0.30	0.35	0.33	0.31
组氨酸	0.17	0.16	0.15	0.17	0.17	0.16
苯丙氨酸	0.29	0.27	0.25	0.29	0.28	0.26
苯丙氨酸＋酪氨酸	0.49	0.45	0.43	0.49	0.47	0.44
矿物元素（%或每千克饲粮含量）						
钙/%		0.68				
总磷 /%		0.54				
非植酸磷/%		0.32				
钠/%		0.14				
氯/%		0.11				
镁/%		0.04				
钾/%		0.18				
铜/mg		5.0				
碘/mg		0.13				
铁/mg		75.0				
锰/mg		18.0				
硒/mg		0.14				
锌/mg		45.0				
维生素和脂肪酸(%或每千克饲料粮含量)[f]						
维生素 A/IU[g]		3 620				
维生素 D_3/IU[h]		180				
维生素 E/IU[i]		40				
维生素 K/mg		0.50				
硫胺素/mg		0.90				
核黄素/mg		3.40				

续表 3

维生素和脂肪酸(%或每千克饲料粮含量)[f]	
泛酸/mg	11
烟酸/mg	9.05
吡哆醇/mg	0.90
生物素/mg	0.19
叶酸 mg	1.20
维生素/ug	14.0
胆碱/g	1.15
亚油酸/%	0.10

a. 消化能、氨基酸是根据国内试验报告、企业经验数据和 NRC(1998)妊娠模型得到的。

b. 妊娠前期指妊娠前 12 周,妊娠后期指妊娠后 4 周;"120～150 kg"阶段适用于初产母猪和因泌乳期消耗过度的经产母猪,"150～180 kg"阶段适用于自身尚有生产潜力的经产母猪,"180 kg 以上"指达到标准成年体重的经产母猪,其对养分的需要量不随体重增重而变化。

c. 假定代谢能为消化能的 96%。

d. 以玉米-豆粕型日粮为基础确定的。

e. 矿物质需要量包括饲料原料中提供的矿物质。

f. 维生素需要量包括饲料原料中提供的维生素量。

g. 1 IU 维生素 A=0.344 μg 维生素 A 醋酸酯。

h. 1 IU 维生素 D_3=0.025 μg 胆钙化醇。

I. 1 IU 维生素 E=0.67 mg *D-α-*生育酚或 1 mg *DL-α-*生育酚醋酸脂。

i. 1 IU 维生素 E=0.67 mg *D-α-*生育酚或 1 mg *DL-α-*生育酚醋酸脂。

表 4 瘦肉型泌乳母猪每千克饲粮养分含量(88%干物质)[a]

分娩体重/kg	140～180		180～240	
泌乳期体重变化/kg	0.0	−10.0	−7.5	−15
哺乳窝仔数/头	9	9	10	10
采食量/(kg/d)	5.25	4.65	5.65	5.20
饲料消化能含量 MJ/kg(kcal/kg)	13.80(3 300)	13.80(3 300)	13.80(3 300)	13.80(3 300)
饲料代谢能含量 MJ/kg[b](kcal/kg)	13.25(3 170)	13.25(3 170)	13.25(3 170)	13.25(3 170)
粗蛋白质/%[c]	17.5	18.0	18.0	18.5
能量蛋白比,kJ/%(Mcal/%)	789(189)	767(183)	767(183)	746(178)
赖氨酸能量比,g/MJ(g/Mcal)	0.64(2.67)	0.67(2.82)	0.66(2.76)	0.68(2.85)
氨基酸/%				
赖氨酸	0.88	0.93	0.91	0.94
蛋氨酸	0.22	0.24	0.23	0.24
蛋氨酸+胱氨酸	0.42	0.45	0.44	0.45
苏氨酸	0.56	0.59	0.58	0.60

续表 4

氨基酸/%				
色氨酸	0.16	0.17	0.17	0.18
异亮氨酸	0.49	0.52	0.51	0.53
亮氨酸	0.95	1.01	0.98	1.02
精氨酸	0.48	0.48	0.47	0.47
缬氨酸	0.74	0.79	0.77	0.81
组氨酸	0.34	0.36	0.35	0.37
苯丙氨酸	0.47	0.50	0.48	0.50
苯丙氨酸+酪氨酸	0.97	1.03	1.00	1.04
矿物元素[d](%或每千克饲粮含量)				
钙/%	0.77			
总磷/%	0.62			
非植酸磷/%	0.36			
钠/%	0.21			
氯/%	0.16			
镁/%	0.04			
钾/%	0.21			
铜/mg	5.0			
碘/mg	0.14			
铁/mg	80.0			
锰/mg	20.5			
硒/mg	0.15			
锌/mg	51.0			
维生素和脂肪酸(%或每千克饲料粮含量[e])				
维生素 A/IU[f]	2 050			
维生素 D_3/IU[g]	205			
维生素 E/IU[h]	45			
维生素 K/mg	0.5			
硫胺素/mg	1.00			
核黄素/mg	3.85			
泛酸/mg	12			
烟酸/mg	10.25			
吡哆醇/mg	1.00			
生物素/mg	0.21			
叶酸/mg	1.35			

续表 4

维生素和脂肪酸(%或每千克饲料粮含量[e])	
维生素 B_{12}/μg	15.0
胆碱/g	1.00
亚油酸/%	0.10

a. 由于国内缺乏哺乳母猪的试验数据，消化能、氨基酸是根据国内一些企业经验数据和 NRC(1998)泌乳模型得到的。
b. 假定代谢能为消化能的 96%。
c. 以玉米-豆粕型日粮为基础确定的。
d. 矿物质需要量包括饲料原料中提供的矿物质。
e. 维生素需要量包括饲料原料中提供的维生素量。
f. 1 IU 维生素 A=0.344 μg 维生素 A 醋酸酯。
g. 1 IU 维生素 D_3=0.025 μg 胆钙化醇。
h. 1 IU 维生素 E=0.67 mg *D*-α-生育酚或 1 mg *DL*-α-生育酚醋酸脂。

表 5 配种公猪每千克饲粮和每日每头养分需要量(88%干物质)[a]

饲料消化能含量,MJ/kg(kcal/kg)	12.95(3 100)	12.95(3 100)
饲料代谢能含量,MJ/kg[b](kcal/kg)	12.45(2 975)	12.45(975)
消化能摄入量,MJ/kg(kcal/kg)	21.70(6 820)	21.70(6 820)
代谢能摄入量, MJ/kg(kcal/kg)	20.85(6 545)	20.85(6 545)
采食量/(kg/d[d])	2.2	2.2
粗蛋白质/%[c]	13.50	13.50
能量蛋白比,kJ/%(kcal/%)	959(230)	959(230)
赖氨酸能量比,g/MJ(g/Mcal)	0.42(1.78)	0.42(1.78)
	每千克饲粮中含量	每日需要量
	氨基酸	
赖氨酸	0.55%	12.1 g
蛋氨酸	0.15%	3.31 g
蛋氨酸+胱氨酸	0.38%	8.4 g
苏氨酸	0.46%	10.1 g
色氨酸	0.11%	2.4 g
异亮氨酸	0.32%	7.0 g
亮氨酸	0.47%	10.3 g
精氨酸	0.00%	0.0 g
缬氨酸	0.36%	7.9 g
组氨酸	0.17%	3.7 g
苯丙氨酸	0.30%	6.6 g
苯丙氨酸+酪氨酸	0.52%	11.4 g

续表 5

	每千克饲粮中含量	每日需要量
	矿物元素	
钙	0.70%	15.4 g
总磷	0.55%	12.1 g
非植酸磷	0.32%	7.04 g
钠	0.14%	3.08 g
氯	0.11%	2.42 g
镁	0.04%	0.88 g
钾	0.20%	4.40 g
铜	5 mg	11.0 mg
碘	0.15 mg	0.33 mg
铁	80 mg	176.00 mg
锰	20 mg	44.00 mg
硒	0.15 mg	0.33 mg
锌	75 mg	165 mg
	维生素和脂肪酸[f]	
维生素 A[g]	4 000 IU	8 800 IU
维生素 D_3[h]	220 IU	485 IU
维生素 E[i]	45 IU	100 IU
维生素 K	0.50 mg	1.10 mg
硫胺素	1.0 mg	2.20 mg
核黄素	3.5 mg	7.70 mg
泛酸	12 mg	26.4 mg
烟酸	10 mg	22 mg
吡哆醇	1.0 mg	2.20 mg
生物素	0.2 mg	0.44 mg
叶酸	1.3 mg	2.86 mg
维生素 B_{12}	15 μg	33 μg
胆碱	1.25 g	2.75 g
亚油酸	0.1%	2.2 g

a. 需要量的制定以每日采食 2.2 kg 饲粮为基础，采食需根据公猪油的体重和期望的增重进行调整。

b. 假定代谢能为消化能的 96%。

c. 以玉米-豆粕型日粮为基础确定的。

d. 配种前一个月采食量增加 20%～25%，冬季严寒期采食量增加 10%～20%。

e. 矿物质需要量包括饲料原料中提供的矿物质。

f. 维生素需要量包括饲料原料中提供的维生素量。

g. 1 IU 维生素 A=0.344 μg 维生素 A 醋酸酯。

h. 1 IU 维生素 D_3=0.025 μg 胆钙化醇。

i. 1 IU 维生素 E=0.67 mg *D-α-*生育酚或 1 mg *DL-α-*生育酚醋酸脂。

表 6 肉脂型生长肥育猪每千克饲粮养分含量(一型标准[a],自由采食,88%干物质)

体重/kg	5～8	8～15	15～30	30～60	60～90
日增重/(kg/d)	0.22	0.38	0.50	0.60	0.70
采食量/(kg/d)	0.40	0.87	1.36	2.02	2.94
饲料转化率	1.80	2.30	2.73	3.35	4.20
饲粮消化能含量/MJ/kg(kcal/kg)	13.8(3 300)	13.6(3 250)	12.95(3 100)	12.95(3 100)	12.95(3 100)
粗蛋白质[b]/%	21.00	18.20	16.00	14.00	13.00
能量蛋白比/kJ/%(kcal/%)	657(157)	747(179)	810(194)	925(221)	996(238)
赖氨酸能量比/g/MJ(g/Mcal)	0.97(4.06)	0.77(3.23)	0.66(2.75)	0.53(2.23)	0.46(1.94)
氨基酸/%					
赖氨酸	1.34	1.05	0.85	0.69	0.60
蛋氨酸+胱氨酸	0.65	0.53	0.43	0.38	0.34
苏氨酸	0.77	0.62	0.50	0.45	0.39
色氨酸	0.19	0.15	0.12	0.11	0.11
异亮氨酸	0.73	0.59	0.47	0.43	0.37
矿物元素(%或每千克饲粮含量)					
钙/%	0.86	0.74	0.64	0.55	0.46
总磷/%	0.67	0.60	0.55	0.46	0.37
非植酸磷/%	0.42	0.32	0.29	0.21	0.14
钠/%	0.20	0.15	0.09	0.09	0.09
氯/%	0.20	0.15	0.07	0.07	0.07
镁/%	0.04	0.04	0.04	0.04	0.04
钾/%	0.29	0.26	0.24	0.21	0.16
铜/mg	6.00	5.50	4.60	3.70	3.00
碘/mg	0.13	0.13	0.13	0.13	0.13
铁/mg	100.00	92.00	74.00	55.00	37.00
锰/mg	4.00	3.00	3.00	2.00	2.00
硒/mg	0.30	0.27	0.23	0.14	0.09
锌/mg	100.00	90.00	75.00	55.00	45.00
维生素和脂肪酸(%或每千克饲粮含量)					
维生素 A/IU	2 100.00	2 000.00	1 600.00	1 200.00	1 200.00
维生素 D/IU	210.00	200.00	180.00	140.00	140.00
维生素 E/IU	15.00	15.00	10.00	10.00	10.00
维生素 K/mg	0.50	0.50	0.50	0.50	0.50
硫胺素/mg	1.50	1.00	1.00	1.00	1.00

续表 6

维生素和脂肪酸(%或每千克饲粮含量)					
核黄素/mg	4.00	3.50	3.00	2.00	2.00
泛酸/mg	12.00	10.00	8.00	7.00	6.00
烟酸/mg	20.00	14.00	12.00	9.00	6.50
吡哆醇/mg	2.00	1.50	1.50	1.00	1.00
生物素/mg	0.08	0.05	0.05	0.05	0.05
叶酸/mg	0.30	0.30	0.30	0.30	0.30
维生素 B_{12}/μg	20.00	16.50	14.50	10.00	5.00
胆碱/g	0.50	0.40	0.30	0.30	0.30
亚油酸/%	0.10	0.10	0.10	0.10	0.10

a. 一型标准:瘦肉率 52%±1.5%,达 90 kg 体重时间 175 d 左右。

b. 粗蛋白质的需要量原则上是以玉米面-豆粕日粮满足可消化氨基酸需要而定的。为克服早期断奶给仔猪带来的应激,5～8 kg 阶段使用了较多的动物蛋白和乳制品。

表 7　肉脂型生长肥育猪每千克饲粮养分含量(二型标准[a],自由采食,88%干物质)

体重/kg	8～15	15～30	30～60	60～90
日增重 kg/d	0.34	0.45	0.55	0.65
采食量 kg/d	0.87	1.30	1.96	2.89
饲料/增重	2.55	2.90	3.55	4.45
饲粮消化能含量/MJ/kg(kcal/kg)	13.30(3 180)	12.25(2 930)	12.25(2 930)	12.25(2 930)
粗蛋白质[b]/%	17.5	16.0	14.0	13.0
能量蛋白比/kJ/%(kcal/%)	760(182)	766(183)	875(209)	942(225)
赖氨酸能量比/g/MJ(g/Mcal)	0.74(3.11)	0.65(2.73)	0.53(2.22)	0.46(1.91)
氨基酸/%				
赖氨酸	0.99	0.80	0.65	0.56
蛋氨酸+胱氨酸	0.56	0.40	0.35	0.32
苏氨酸	0.64	0.48	0.41	0.37
色氨酸	0.18	0.12	0.11	0.10
异亮氨酸	0.54	0.45	0.40	0.34
矿物元素(%或每千克饲粮含量)				
钙/%	0.72	0.62	0.53	0.44
总磷/%	0.58	0.53	0.44	0.35
非植酸磷/%	0.31	0.27	0.20	0.13
钠/%	0.14	0.09	0.09	0.09
氯/%	0.14	0.07	0.07	0.07

续表 7

矿物元素(%或每千克饲粮含量)				
镁/%	0.04	0.04	0.04	0.04
钾/%	0.25	0.23	0.20	0.15
铜/mg	5.00	4.00	3.00	3.00
铁/mg	90.00	70.00	55.00	35.00
碘/mg	0.12	0.12	0.12	0.12
锰/mg	3.00	2.50	2.00	2.00
硒/mg	0.26	0.22	0.13	0.09
锌/g	90	70.00	53.00	44.00
维生素和脂肪酸(%或每千克饲粮含量)				
维生素 A/IU	1 900	1 550	1 150	1 150
维生素 D/IU	190	170	130	130
维生素 E/IU	15	10	10	10
维生素 K/mg	0.45	0.45	0.45	0.45
硫胺素/mg	1.00	1.00	1.00	1.00
核黄素/mg	3.00	2.50	2.00	2.00
泛酸/mg	10.00	8.00	7.00	6.00
烟酸/mg	14.00	12.00	9.00	6.50
吡哆醇/mg	1.50	1.50	1.00	1.00
生物素/mg	0.05	0.04	0.04	0.04
叶酸/mg	0.30	0.30	0.30	0.30
维生素 B_{12}/μg	15.00	13.00	10.00	5.00
胆碱/g	0.40	0.30	0.30	0.30
亚油酸/%	0.10	0.10	0.10	0.10

a. 二型标准:适用于瘦肉率 49%±1.5%,达 90 kg 体重时间 185 d 左右的肉脂型猪。

表 8 肉脂型生长肥育猪每日每头养分需要量(二型标准[a],自由采食,88%干物质)

体重/kg	8～15	15～30	30～60	60～90
日增重/(kg/d)	0.34	0.45	0.55	0.65
采食量/(kg/d)	0.87	1.30	1.96	2.89
饲料/增重	2.55	2.90	3.55	4.45
饲粮消化能含量/MJ/kg(kcal/kg)	13.30(3 180)	12.25(2 930)	12.25(2 930)	12.25(2 930)
粗蛋白质/(g/d)	152.3	208.0	274.4	375.7

续表 8

氨基酸/(g/d)				
赖氨酸	8.6	10.4	12.7	16.2
蛋氨酸+胱氨酸	4.9	5.2	6.9	9.2
苏氨酸	5.6	6.2	8.0	10.7
色氨酸	1.6	1.6	2.2	2.9
异亮氨酸	4.7	5.9	7.8	9.8
矿物元素/(g 或 mg/d)				
钙/g	6.3	8.1	10.4	12.7
总磷/g	5.0	6.9	8.6	10.1
非植酸磷/g	2.7	3.5	3.9	3.8
钠/g	1.2	1.2	1.8	2.6
氯/g	1.2	0.9	1.4	2.0
镁/g	0.3	0.5	0.8	1.2
钾/g	2.2	3.0	3.9	4.3
铜/mg	4.4	5.2	5.9	8.7
铁/mg	78.3	91.0	107.8	101.2
碘/mg	0.1	0.2	0.2	0.3
锰/mg	2.6	3.3	3.9	5.8
硒/mg	0.2	0.3	0.3	0.3
锌/mg	78.3	91.0	103.9	127.2
维生素和脂肪酸/(IU、g、mg 或 μg/d)				
维生素 A/IU	1 653	2 015	2 254	3 324
维生素 D/IU	165	221	255	376
维生素 E/IU	13.1	13.0	19.6	28.9
维生素 K/mg	0.4	0.6	0.9	1.3
硫胺素/mg	0.9	1.3	2.0	2.9
核黄素/mg	2.6	3.3	3.9	5.8
泛酸/mg	8.7	10.4	13.7	17.3
烟酸 mg	12.16	15.6	17.6	18.79
吡哆醇/mg	1.3	2.0	2.0	2.9
生物素/mg	0.0	0.1	0.1	0.1
叶酸/mg	0.3	0.4	0.6	0.9
维生素 B_{12}/μg	13.1	16.9	19.6	14.5
胆碱/g	0.3	0.4	0.6	0.9
亚油酸/g	0.9	1.3	2.0	2.9

a. 二型标准：适用于瘦肉率 49%±1.5%，达 90 kg 体重时间 185 d 左右的肉脂型猪。

表 9 肉脂型妊娠、哺乳母猪每千克饲粮养分含量(88%干物质)

项目	妊娠母猪	泌乳母猪
采食量/(kg/d)	2.10	5.10
饲粮消化能含量/MJ/kg(kcal/kg)	11.70(2 800)	13.60(3 250)
粗蛋白质/%	13.0	17.5
能量蛋白比/kJ/%(kcal/%)	900(215)	777(186)
赖氨酸能量比/g/MJ(g/Mcal)	0.37(1.54)	0.58(2.43)
氨基酸/%		
赖氨酸	0.43	0.79
蛋氨酸+胱氨酸	0.30	0.40
苏氨酸	0.35	0.52
色氨酸	0.08	0.14
异亮氨酸	0.25	0.45
矿物元素(%或每千克饲粮含量)		
钙/%	0.62	0.72
总磷/%	0.50	0.58
非植酸磷/%	0.30	0.34
钠/%	0.12	0.20
氯/%	0.10	0.16
镁/%	0.04	0.04
钾/%	0.16	0.20
铜/mg	4.00	5.00
碘/mg	0.12	0.14
铁/mg	70	80
锰/mg	16	20
硒/mg	0.15	0.15
锌/mg	50	50
维生素和脂肪酸(%或每千克饲粮含量)		
维生素 A/IU	3 600	2 000
维生素 D/IU	180	200
维生素 E/IU	36	44
维生素 K/mg	0.40	0.50
硫胺素/mg	1.00	1.00
核黄素/mg	3.20	3.75
泛酸/mg	10.00	12.00

续表 9

维生素和脂肪酸(%或每千克饲粮含量)		
烟酸/mg	8.00	10.00
吡哆醇/mg	1.00	1.00
生物素/mg	0.16	0.20
叶酸/mg	1.10	1.30
维生素 B_{12}/ug	12.00	15.00
胆碱/g	1.00	1.00
亚油酸/%	0.10	0.10

表 10 地方猪种后备母猪每千克饲粮养分含量[a](88%干物质)

体重/kg	10～20	20～40	40～70
预期日增重/(kg/d)	0.30	0.40	0.50
预期采食量/(kg/d)	0.63	1.08	1.65
饲料/增重	2.10	2.70	3.30
饲粮消化能含量/MJ/kg(kcal/kg)	12.97(3 100)	12.55(3 000)	12.15(2 900)
粗蛋白质/%	18.0	16.0	14.0
能量蛋白比/kJ/%(kcal/%)	721(172)	784(188)	868(207)
赖氨酸能量比/g/MJ(g/Mcal)	0.77(3.23)	0.70(2.93)	0.48(2.00)
氨基酸/%			
赖氨酸	1.00	0.88	0.67
蛋氨酸+胱氨酸	0.50	0.44	0.36
苏氨酸	0.59	0.53	0.43
色氨酸	0.15	0.13	0.11
异亮氨酸	0.56	0.49	0.41
矿物元素/%			
钙	0.74	0.62	0.53
总磷	0.60	0.53	0.44
有效磷	0.37	0.28	0.20

a. 除钙、磷外的矿物元素及维生素的需要,要参照肉脂型生长肥育猪的二型标准。

表 11 肉脂型种公猪每日每头养分含量a(88%干物质)

体重/kg	10～20	20～40	40～70
日增重/(kg/d)	0.35	0.45	0.50
采食量/(kg/d)	0.72	1.17	1.67
饲粮消化能含量/MJ/kg(kcal/kg)	12.97(3 100)	12.55(3 000)	12.55(3 000)
粗蛋白质/(g/d)	135.4	204.8	243.8
	氨基酸/(g/d)		
赖氨酸	7.6	10.8	12.2
蛋氨酸＋胱氨酸	3.8	10.8	12.2
苏氨酸	4.5	10.8	12.2
色氨酸	1.2	10.8	12.2
异亮氨酸	4.2	10.8	12.2
	矿物质/(g/d)		
钙	5.3	10.8	12.2
总磷	4.3	10.8	12.2
有效磷	2.7	10.8	12.2

a.除钙、磷外的矿物元素及维生素的需要，要参照肉脂型生长肥育猪的一型标准。

表 12 肉脂型妊娠、哺乳母猪每千克饲粮养分含量(88%干物质)

项目	妊娠母猪	泌乳母猪
采食量/kg/d	2.10	5.10
饲粮消化能含量，MJ/kg(kcal/kg)	11.70(2 800)	13.60(3 250)
粗蛋白质，%	13.0	17.5
能量蛋白比，kJ/%(kcal/%)	900(215)	777(186)
赖氨酸能量比，g/MJ(g/Mcal)	0.37(1.54)	0.58(2.43)
	氨基酸/%	
赖氨酸	0.43	0.79
蛋氨酸＋胱氨酸	0.30	0.40
苏氨酸	0.35	0.52
色氨酸	0.08	0.14
异亮氨酸	0.25	0.45
	矿物元素(%或每千克饲粮含量)	
钙/%	0.62	0.72
总磷/%	0.50	0.58
非植酸磷/%	0.30	0.34

续表 12

矿物元素(%或每千克饲粮含量)		
钠/%	0.12	0.20
氯 Cl/%	0.10	0.16
镁/%	0.04	0.04
钾/%	0.16	0.20
铜/mg	4.00	5.00
碘/mg	0.12	0.14
铁/mg	70	80
锰/mg	16	20
硒/mg	0.15	0.15
锌/mg	50	50
维生素和脂肪酸(%或每千克饲粮含量)		
维生素 A/IU	3 600	2 000
维生素 D/IU	180	200
维生素 E/IU	36	44
维生素 K/mg	0.40	0.50
硫胺素/mg	1.00	1.00
核黄素/mg	3.20	3.75
泛酸/mg	10.00	12.00
烟酸/mg	8.00	10.00
吡哆醇/mg	1.00	1.00
生物素/mg	0.16	0.20
叶酸/mg	1.10	1.30
维生素 B_{12}/μg	12.00	15.00
胆碱/g	1.00	1.00
亚油酸/%	0.10	0.10

附录四　禽饲养标准

表 1　生长蛋鸡营养需要

营养指标	单位	0～8 周龄	9～18 周龄	19 周龄至开产
代谢能	MJ/kg(Mcal/kg)	11.91(2.85)	11.70(2.80)	11.50(2.75)
粗蛋白	%	19.0	15.5	17.0
蛋白能量比	g/MJ(g/Mcal)	15.95(66.67)	13.25(55.30)	14.78 (61.82)
赖氨酸能量比	g/MJ(g/Mcal)	0.84(3.51)	0.58(2.43)	0.61(2.55)
赖氨酸	%	1.00	0.68	0.70
蛋氨酸	%	0.37	0.27	0.34
蛋氨酸＋胱氨酸	%	0.74	0.55	0.64
苏氨酸	%	0.66	0.55	0.62
色氨酸	%	0.20	0.18	0.19
精氨酸	%	1.18	0.98	1.02
亮氨酸	%	1.27	1.01	1.07
异亮氨酸	%	0.71	0.59	0.60
苯丙氨酸	%	0.64	0.53	0.54
苯丙氨酸＋酪氨酸	%	1.18	0.98	1.00
组氨酸	%	0.31	0.26	0.27
脯氨酸	%	0.50	0.34	0.44
缬氨酸	%	0.73	0.60	0.62
甘氨酸＋丝氨酸	%	0.82	0.68	0.71
钙	%	0.90	0.80	2.00
总磷	%	0.70	0.60	0.55
非植酸磷	%	0.40	0.35	0.32
钠	%	0.15	0.15	0.15
氯	%	0.15	0.15	0.15
铁	mg/kg	80	60	60
铜	mg/kg	8	6	8
锌	mg/kg	60	40	80
锰	mg/kg	60	40	60
碘	mg/kg	0.35	0.35	0.35

续表 1

营养指标	单位	0～8周龄	9～18周龄	19周龄至开产
硒	mg/kg	0.30	0.30	0.30
亚油酸	%	1	1	1
维生素 A	IU/kg	4000	4000	4000
维生素 D	IU/kg	800	800	800
维生素 E	IU/kg	10	8	8
维生素 K	mg/kg	0.5	0.5	0.5
硫胺素	mg/kg	1.8	1.3	1.3
核黄素	mg/kg	3.6	1.8	2.2
泛酸	mg/kg	10	10	10
烟酸	mg/kg	30	11	11
吡哆醇	mg/kg	3	3	3
生物素	mg/kg	0.15	0.10	0.10
叶酸	mg/kg	0.55	0.25	0.25
维生素 B_{12}	mg/kg	0.010	0.003	0.004
胆碱	mg/kg	1300	900	500

注：根据中型体重鸡制订，轻型鸡可酌减10%；开产日龄按5%产蛋率计算。

表 2　产蛋鸡营养需要

营养指标	单位	开产～高峰期	高峰后(<85)	种鸡
代谢能	MJ/kg(Mcal/kg)	11.29(2.70)	10.87(2.65)	11.29(2.70)
粗蛋白	%	16.5	15.5	18.0
蛋白能量比	g/MJ(g/cal)	14.61(61.11)	14.26(58.49)	15.94(66.67)
赖氨酸能量比	g/MJ(g/Mcal)	0.64(2.67)	0.61(2.54)	0.63(2.63)
赖氨酸	%	0.75	0.70	0.75
蛋氨酸	%	0.34	0.32	0.34
蛋氨酸＋胱氨酸	%	0.65	0.56	0.65
苏氨酸	%	0.55	0.50	0.55
色氨酸	%	0.16	0.15	0.16
精氨酸	%	0.76	0.69	0.76
亮氨酸	%	1.02	0.98	1.02
异亮氨酸	%	0.72	0.66	0.72
苯丙氨酸	%	0.58	0.52	0.58
苯丙氨酸＋酪氨酸	%	1.08	1.06	1.08

续表 2

营养指标	单位	开产至高峰期	高峰后(<85)	种鸡
组氨酸	%	0.25	0.23	0.25
缬氨酸	%	0.59	0.54	0.59
甘氨酸+丝氨酸	%	0.57	0.48	0.57
可利用赖氨酸	%	0.66	0.60	—
可利用蛋氨酸	%	0.32	0.30	—
钙	%	3.5	3.5	3.5
总磷	%	0.60	0.60	0.60
非植酸磷	%	0.32	0.32	0.32
钠	%	0.15	0.15	0.15
氯	%	0.15	0.15	0.15
铁	mg/kg	60	60	60
铜	mg/kg	8	8	6
锰	mg/kg	60	60	60
锌	mg/kg	80	80	60
碘	mg/kg	0.35	0.35	0.35
硒	mg/kg	0.30	0.30	0.30
亚油酸	%	1	1	1
维生素 A	IU/kg	8 000	8 000	10 000
维生素 D	IU/kg	1 600	1 600	2 000
维生素 E	IU/kg	5	5	10
维生素 K	mg/kg	0.5	0.5	1.0
硫胺素	mg/kg	0.8	0.8	0.8
核黄素	mg/kg	2.5	2.5	3.8
泛酸	mg/kg	2.2	2.2	10
烟酸	mg/kg	20	20	30
吡哆醇	mg/kg	3.0	3.0	4.5
生物素	mg/kg	0.10	0.10	0.15
叶酸	mg/kg	0.25	0.25	0.35
维生素 B_{12}	mg/kg	0.004	0.004	0.004
胆碱	mg/kg	500	500	500

表3 肉用仔鸡营养需要之一

营养指标	单位	0～3周龄	4～6周龄	7周龄～及以上
代谢能	MJ/kg(Mcal/kg)	12.54(3.00)	12.96(3.10)	13.17(3.15)
粗蛋白	%	21.5	20.0	18.0
蛋白能量比	g/MJ(g/Mcal)	17.14(71.67)	15.43(64.52)	13.67(57.14)
赖氨酸能量比	g/MJ(g/Mcal)	0.92(3.83)	0.77(3.23)	0.67(2.81)
赖氨酸	%	1.15	1.00	0.87
蛋氨酸	%	0.50	0.40	0.34
蛋氨酸＋胱氨酸	%	0.91	0.76	0.65
苏氨酸	%	0.81	0.72	0.68
色氨酸	%	0.21	0.18	0.17
精氨酸	%	1.20	1.12	1.01
亮氨酸	%	1.26	1.05	0.94
异亮氨酸	%	0.81	0.75	0.63
苯丙氨酸	%	0.71	0.66	0.58
苯丙氨酸＋酪氨酸	%	1.27	1.15	1.00
组氨酸	%	0.35	0.32	0.27
脯氨酸	%	0.58	0.54	0.47
缬氨酸	%	0.85	0.74	0.64
甘氨酸＋丝氨酸	%	1.24	1.10	0.96
钙	%	1.0	0.9	0.8
总磷	%	0.68	0.65	0.60
非植酸磷	%	0.45	0.40	0.35
氯	%	0.20	0.15	0.15
钠	%	0.20	0.15	0.15
铁	mg/kg	100	80	80
铜	mg/kg	8	8	8
锰	mg/kg	120	100	80
锌	mg/kg	100	80	80
碘	mg/kg	0.70	0.70	0.70
硒	mg/kg	0.30	0.30	0.30
亚油酸	%	1	1	1
维生素A	IU/kg	8 000	6 000	2 700
维生素D	IU/kg	1 000	750	400
维生素E	IU/kg	20	10	10
维生素K	mg/kg	0.5	0.5	0.5

续表 3

营养指标	单位	0～3 周龄	4～6 周龄	7 周龄～及以上
硫胺素	mg/kg	2.0	2.0	2.0
核黄素	mg/kg	8	5	5
泛酸	mg/kg	10	10	10
烟酸	mg/kg	35	30	30
吡哆醇	mg/kg	3.5	3.0	3.0
生物素	mg/kg	0.18	0.15	0.10
叶酸	mg/kg	0.55	0.55	0.50
维生素 B_{12}	mg/kg	0.010	0.010	0.007
胆碱	mg/kg	1 300	1 000	750

表 4 肉用仔鸡营养需要之二

营养指标	单位	0～2 周龄	3～6 周龄	7 周龄～及以上
代谢能	MJ/kg(Mcal/kg)	12.75(3.05)	12.96(3.10)	13.17(3.15)
粗蛋白	%	22.0	20.0	17.0
蛋白能量比	g/MJ(g/Mcal)	17.25(72.13)	15.43(64.52)	12.91(53.97)
赖氨酸能量比	g/MJ(g/Mcal)	0.88(3.67)	0.77(3.23)	0.62(2.60)
赖氨酸	%	1.20	1.00	0.82
蛋氨酸	%	0.52	0.40	0.32
蛋氨酸＋胱氨酸	%	0.92	0.76	0.63
苏氨酸	%	0.84	0.72	0—64
色氨酸	%	0.21	0.18	0.16
精氨酸	%	1.25	1.12	0.95
亮氨酸	%	1.32	1.05	0.89
异亮氨酸	%	0.84	0.75	0.59
苯丙氨酸	%	0.74	0.66	0.55
苯丙氨酸＋酪氨酸	%	1.32	1.15	0.98
组氨酸	%	0.36	0.32	0.25
脯氨酸	%	0.60	0.54	0.44
缬氨酸	%	0.90	0.74	0.72
甘氨酸＋丝氨酸	%	1.30	1.10	0.93
钙	%	1.05	0.95	0.80
总磷	%	0.68	0.65	0.60
非植酸磷	%	0.50	0.40	0.35

续表 4

营养指标	单位	0～2 周龄	3～6 周龄	7 周龄～及以上
钠	%	0.20	0.15	0.15
氯	%	0.20	0.15	0.15
铁	mg/kg	120	80	80
铜	mg/kg	10	8	8
锰	mg/kg	120	100	80
锌	mg/kg	120	80	80
碘	mg/kg	0.70	0.70	0.70
硒	mg/kg	0.30	0.30	0.30
亚油酸	%	1	1	1
维生素 A	IU/kg	10 000	6 000	2 700
维生素 D	IU/kg	2 000	1 000	400
维生素 E	IU/kg	30	10	10
维生素 K	mg/kg	1.0	0.5	0.5
硫胺素	mg/kg	2	2	2
核黄素	mg/kg	10	5	5
泛酸	mg/kg	10	10	10
烟酸	mg/kg	45	30	30
吡哆醇	mg/kg	4.0	3.0	3.0
生物素	mg/kg	0.20	0.15	0.10
叶酸	mg/kg	1.00	0.55	0.50
维生素 B_{12}	mg/kg	0.010	0.010	0.007
胆碱	mg/kg	1 500	1 200	750

表 5　肉用种鸡营养需要

营养指标	单位	0～6 周龄	7～18 周龄	19 周龄至开产	开产至高峰期（产蛋>65%）	高峰期后（产蛋<65%）
代谢能	MJ/kg(Mcal/)	12.12(2.90)	11.91(2.85)	11.70(2.80)	11.70(2.80)	11.70(2.80)
粗蛋白	%	18.0	15.0	16.0	17.0	16.0
蛋白能量比	g/MJ(g/Mcal)	14.85(62.07)	12.59(52.63)	13.68(57.1)	14.53(60.71)	13.68(57.14
赖氨酸能量比	g/MJ(g/Mcal)	0.76(3.17)	0.55(2.28)	0.64(2.68)	0.68(2.86)	0.64(2.68)
赖氨酸	%	0.92	0.65	0.75	0.80	0.75
蛋氨酸+胱氨酸	%	0.72	0.56	0.62	0.64	0.60
苏氨酸	%	0.52	0.48	0.50	0.55	0.50
色氨酸	%	0.20	0.17	0.16	0.17	0.16
蛋氨酸	%	0.34	0.30	0.32	0.34	0.30

续表 5

营养指标	单位	0～6 周龄	7～ 18 周龄	19 周龄至 开产	开产至高峰期 (产蛋>65%)	高峰期后 (产蛋<65%)
精氨酸	%	0.90	0.75	0.90	0.90	0.88
亮氨酸	%	1.05	0.81	0.86	0.86	0.81
异亮氨酸	%	0.66	0.58	0.58	0.58	0.58
苯丙氨酸	%	0.52	0.39	0.42	0.51	0.48
苯丙氨酸＋酪氨酸	%	1.00	0.77	0.82	0.85	0.80
组氨酸	%	0.26	0.21	0.22	0.24	0.21
脯氨酸	%	0.50	0.41	0.44	0.45	0.42
缬氨酸	%	0.62	0.47	0.50	0.66	0.51
甘氨酸＋丝氨酸	%	0.70	0.53	0.56	0.57	0.54
钙	%	1.00	0.90	2.0	3.30	3.50
总磷	%	0.68	0.65	0.65	0.68	0.65
非植酸磷	%	0.45	0.40	0.42	0.45	0.42
钠	%	0.18	0.18	0.18	0.18	0.18
氯	%	0.18	0.18	0.18	0.18	0.18
铁	mg/kg	60	60	80	80	80
铜	mg/kg	6	6	8	8	8
锰	mg/kg	80	80	100	100	100
锌	mg/kg	60	60	80	80	80
碘	mg/kg	0.70	0.70	1.00	1.00	1.00
硒	mg/kg	0.30	0.30	0.30	0.30	0.30
亚油酸	%	1	1	1	1	1
维生素 A	IU/kg	8 000	6 000	9 000	12 000	12 000
维生素 D	IU/kg	1 600	1 200	1 800	2 400	2 400
维生素 E	IU/kg	20	10	10	30	30
维生素 K	mg/kg	1.5	1.5	1.5	1.5	1.5
硫胺素	mg/kg	1.8	1.5	1.5	2.0	2.0
核黄素	mg/kg	8	6	6	9	9
泛酸	mg/kg	12	10	10	12	12
烟酸	mg/kg	30	20	20	35	35
吡哆醇	mg/kg	3.0	3.0	3.0	4.5	4.5
生物素	mg/kg	0.15	0.10	0.10	0.20	0.20
叶酸	mg/kg	1.0	0.5	0.5	1.2	1.2
维生素 B_{12}	mg/kg	0.010	0.006	0.008	0.012	0.012
胆碱	mg/kg	1 300	900	500	500	500

附录五　奶牛饲养标准

表 1　成母牛维持的营养需要

体重/kg	日粮干物质/kg	奶牛能量单位/NND	产奶净能/Mcal	产奶净能/MJ	可消化粗蛋白质/g	小肠可消化粗蛋白质/g	钙/g	磷/g	胡萝卜素/mg	维生素 A/IU
350	5.02	9.17	6.88	28.79	243	202	21	16	63	25 000
400	5.55	10.13	7.60	31.80	268	224	24	18	75	30 000
450	6.06	11.07	8.30	34.73	293	244	27	20	85	34 000
500	6.56	11.97	8.98	37.57	317	264	30	22	95	38 000
550	7.04	12.88	9.65	40.38	341	284	33	25	105	42 000
600	7.52	13.73	10.30	43.10	364	303	36	27	115	46 000
650	7.98	14.59	10.94	45.77	386	322	39	30	123	49 000
700	8.44	15.43	11.57	48.41	408	340	42	32	133	53 000
750	8.89	16.24	12.18	50.96	430	358	45	34	143	57 000

注:1. 对第一个泌乳期的维持需要按上表基础增加 20%,第二个泌乳期增加 10%。

2. 如第一个泌乳期的年龄和体重过小,应按生长牛的需要计算实际增重的营养需要。

3. 放牧运动时,需在上表基础上增加能量需要量。

4. 在环境温度低的情况下,维持能量消耗增加,须在上表基础上增加需要量。

5. 泌乳期间,每增重 1 kg 体重需增加 8 NND 和 325 g 可消化粗蛋白;每减重 1 kg 需扣除 6.56 NND 和 250 g 可消化粗蛋白。

表 2　每产 1 kg 乳的营养需要

乳脂率/%	日粮干物质/kg	奶牛能量单位/NND	产奶净能/Mcal	产奶净能/MJ	可消化粗蛋白质/g	小肠可消化粗蛋白质/g	钙/g	磷/g	胡萝卜素/mg	维生素 A/IU
2.5	0.31～0.35	0.80	0.60	2.51	49	42	3.6	2.4	1.05	420
3.0	0.34～0.38	0.87	0.65	2.72	51	44	3.9	2.6	1.13	452
3.5	0.37～0.41	0.93	0.70	2.93	53	46	4.2	2.8	1.22	486
4.0	0.40～0.45	1.00	0.75	3.14	55	47	4.5	3.0	1.26	502
4.5	0.43～0.49	1.06	0.80	3.35	57	49	4.8	3.2	1.39	556
5.0	0.46～0.52	1.13	0.84	3.52	59	51	5.1	3.4	1.46	584
5.5	0.49～0.55	1.19	0.89	3.72	61	53	5.4	3.6	1.55	619

表 3　母牛妊娠最后四个月的营养需要

体重/kg	怀孕月份	日粮干物质/kg	奶牛能量单位/NND	产奶净能/Mcal	产奶净能/MJ	可消化粗蛋白质/g	小肠可消化粗蛋白质/g	钙/g	磷/g	胡萝卜素/mg	维生素A/kIU
350	6	5.78	10.51	7.88	32.97	293	245	27	18	67	27
	7	6.28	11.44	8.58	35.90	327	275	31	20		
	8	7.23	13.17	9.88	41.34	375	317	37	22		
	9	8.70	15.84	11.84	49.54	437	370	45	25		
400	6	6.30	11.47	8.60	35.99	318	267	30	20	76	30
	7	6.81	12.40	9.30	38.92	352	297	34	22		
	8	7.76	14.13	10.60	44.36	400	339	40	24		
	9	9.22	16.80	12.60	52.72	462	392	48	27		
450	6	6.81	12.40	9.30	38.92	343	287	33	22	86	34
	7	7.32	13.33	10.00	41.84	377	317	37	24		
	8	8.27	15.07	11.30	47.28	425	359	43	26		
	9	9.73	17.73	13.30	55.65	487	412	51	29		
500	6	7.31	13.32	9.99	41.80	367	307	36	25	95	38
	7	7.82	14.25	10.69	44.73	401	337	40	27		
	8	8.78	15.99	11.99	50.17	449	379	46	29		
	9	10.24	18.65	13.99	58.54	511	432	54	32		
550	6	7.80	14.20	10.65	44.56	391	327	39	27	105	42
	7	8.31	15.13	11.35	47.49	425	357	43	29		
	8	9.26	16.87	12.65	52.93	473	399	49	31		
	9	10.72	19.53	14.65	61.30	535	452	57	34		
600	6	8.27	15.07	11.30	47.28	414	346	42	29	114	46
	7	8.78	16.00	12.00	50.21	448	376	46	31		
	8	9.73	17.73	13.30	55.65	496	418	52	33		
	9	11.20	20.40	15.30	64.02	558	471	60	36		
650	6	8.74	15.92	11.94	49.96	436	365	45	31	124	50
	7	9.25	16.85	12.64	52.89	470	395	49	33		
	8	10.21	18.59	13.94	58.33	518	437	55	35		
	9	11.67	21.25	15.94	66.70	580	490	63	38		
700	6	9.22	16.76	12.57	52.60	458	383	48	34	133	53
	7	9.71	17.69	13.27	55.53	492	413	52	36		
	8	10.67	19.43	14.57	60.97	540	455	58	38		
	9	12.13	22.09	16.57	69.33	602	508	66	41		
750	6	9.65	17.57	13.1	55.15	480	401	51	36	143	57
	7	10.16	18.51	13.88	58.08	514	431	55	38		
	8	11.11	20.24	15.18	63.52	562	473	61	40		
	9	12.58	22.91	17.18	71.89	624	526	69	43		

注:1. 怀孕牛干奶期间按上表计算营养需要。

2. 怀孕期间如未干奶,除按上表计算营养需要外,还应加产奶的营养需要。

附录六　饲料描述、常规成分及饲料营养价值表

表 1　饲料描述、常规成分及饲料营养价值表

序号	饲料号 CFN	饲料名称	饲料描述	干物质/%	粗蛋白/%	粗脂肪/%	粗纤维/%	无氮浸出物/%	粗灰分/%	钙/%	总磷/%	非植酸磷/%	消化能 Mcal/kg	消化能 MJ/kg	鸡代谢能 Mcal/kg	鸡代谢能 MJ/kg
1	4—07—0278	玉米	成熟，高蛋白，优质	86.0	9.4	3.1	1.2	71.1	1.2	0.02	0.27	0.12	3.44	14.39	3.18	13.31
2	4—07—0288	玉米	成熟，高赖氨酸，优质	86.0	8.5	5.3	2.6	67.3	1.3	0.16	0.25	0.09	3.45	14.43	3.25	13.60
3	4—07—0279	玉米	成熟，GB/T 17890—1999 1 级	86.0	8.7	3.6	1.6	70.7	1.4	0.02	0.27	0.12	3.41	14.27	3.24	13.56
4	4—07—0280	玉米	成熟，GB/T 17890—1999 2 级	86.0	7.8	3.5	1.6	71.8	1.3	0.02	0.27	0.12	3.39	14.18	3.22	13.47
5	4—07—0272	高粱	成熟，NY/T 1 级	86.0	9.0	3.4	1.4	70.4	1.8	0.13	0.36	0.17	3.15	13.18	2.94	12.30
6	4—07—0270	小麦	混合小麦，成熟 NY/T 2 级	87.0	13.9	1.7	1.9	67.6	1.9	0.17	0.41	0.13	3.39	14.18	3.04	11.72
7	4—07—0274	大麦（裸）	裸大麦，成熟 NY/T 2 级	87.0	13.0	2.1	2.0	67.7	2.2	0.04	0.39	0.21	3.24	13.56	2.68	11.21
8	4—07—0277	大麦（皮）	皮大麦，成熟 NY/T 1 级	87.0	11.0	1.7	4.8	67.1	2.4	0.09	0.33	0.17	3.02	12.64	2.70	11.30
9	4—07—0281	黑麦	籽粒，进口	88.0	11.0	1.5	2.2	71.5	1.8	0.05	0.30	0.11	3.31	13.82	2.69	11.25
10	4—07—0273	稻谷	成熟，晒干，NY/T 2 级	86.0	7.8	1.6	8.2	63.8	4.6	0.03	0.36	0.20	2.69	11.25	2.63	11.00
11	4—07—0276	糙米	良，成熟，未去米糠	87.0	8.8	2.0	0.7	74.2	1.3	0.03	0.35	0.15	3.44	14.39	3.36	14.06

续表 1

序号	饲料号 CFN	饲料名称	饲料描述	干物质/%	粗蛋白/%	粗脂肪/%	粗纤维/%	无氮浸出物/%	粗灰分/%	钙/%	总磷/%	非植酸磷/%	消化能 Mcal/kg	消化能 MJ/kg	鸡代谢能 Mcal/kg	鸡代谢能 MJ/kg
12	4—07—0275	碎米	良,加工精米后的副产品	88.0	10.4	2.2	1.1	72.7	1.6	0.06	0.35	0.15	3.60	15.06	3.40	14.23
13	4—07—0479	粟(谷子)	合格,带壳,成熟	86.5	9.7	2.3	6.8	65.0	2.7	0.12	0.30	0.11	3.09	12.93	2.84	14.88
14	4—04—0067	木薯干	木薯干片,晒干,NY/T 合格	87.0	2.5	0.7	2.5	79.4	1.9	0.27	0.09	—	3.13	13.10	2.96	12.38
15	4—04—0068	甘薯干	甘薯干片,晒干,NY/T 合格	87.0	4.0	0.8	2.8	76.4	3.0	0.19	0.02	—	2.82	11.80	2.34	9.79
16	4—08—0104	次粉	黑面,黄粉,下面,NY/T 1 级	88.0	15.4	2.2	1.5	67.1	1.5	0.08	0.48	0.14	3.27	13.68	3.05	12.76
17	4—08—0105	次粉	黑面,黄粉,下面,NY/T 2 级	87.0	13.6	2.1	2.8	66.7	1.8	0.08	0.48	0.14	3.21	13.43	2.99	12.51
18	4—08—0069	小麦麸	传统制粉工艺,NY/T 1 级	87.0	15.7	3.9	8.9	53.6	4.9	0.11	0.92	0.24	2.24	9.37	1.63	6.82
19	4—08—0070	小麦麸	传统制粉工艺,NY/T 2 级	87.0	14.3	4.0	6.8	57.1	4.8	0.10	0.93	0.24	2.23	9.33	1.62	6.78
20	4—08—0041	米糠	新鲜,不脱脂 NY/T 2 级	87.0	12.8	16.5	5.7	44.5	7.5	0.07	1.43	0.10	3.02	12.64	2.68	11.21
21	4—10—0025	米糠饼	未脱脂,机榨,NY/T 1 级	88.0	14.7	9.0	7.4	48.2	8.7	0.14	1.69	0.22	2.99	12.51	2.43	10.17
22	4—10—0018	米糠粕	浸提或预压浸提,NY/T 1 级	87.0	15.1	2.0	7.5	53.6	8.8	0.15	1.82	0.24	2.76	11.55	1.98	8.28
23	5—09—0127	大豆	黄大豆,成熟,NY/T 2 级	87.0	35.5	17.3	4.3	25.7	4.2	0.27	0.48	0.30	3.97	16.61	3.24	13.56
24	5—09—1028	全脂大豆	湿法膨化,生大豆为 NY/T 2 级	88.0	35.5	18.7	4.6	25.2	4.0	0.32	0.40	0.25	4.24	17.74	3.75	15.69
25	5—10—0241	大豆饼	机榨,NY/T 2 级	89.0	41.8	5.8	4.8	30.7	5.9	0.31	0.50	0.25	3.44	14.39	2.52	10.54

续表 1

序号	饲料号 CFN	饲料名称	饲料描述	干物质/%	粗蛋白/%	粗脂肪/%	粗纤维/%	无氮浸出物/%	粗灰分/%	钙/%	总磷/%	非植酸磷/%	消化能 Mcal/kg	消化能 MJ/kg	鸡代谢能 Mcal/kg	鸡代谢能 MJ/kg
26	5—10—0103	大豆粕	去皮,浸提或预压浸提 NY/T 1 级	89.0	47.9	1.0	4.0	31.2	4.9	0.34	0.65	0.19	3.60	15.06	2.40	10.04
27	5—10—0102	大豆粕	浸提或预压浸提 NY/T 2 级	89.0	44.0	1.9	5.2	31.8	6.1	0.33	0.62	0.18	3.41	14.26	2.35	9.83
28	5—10—0118	棉籽饼	机榨,NY/T 2 级	88.0	36.3	7.4	12.5	26.1	5.7	0.21	0.83	0.28	2.37	9.92	2.16	9.04
29	5—10—0119	棉籽粕	浸提或预压浸提 NY/T 1 级	90.0	47.0	0.5	10.2	26.3	6.0	0.25	1.10	0.38	2.25	9.41	1.86	7.78
30	5—10—0117	棉籽粕	浸提或预压浸提 NY/T 2 级	90.0	43.5	0.5	10.5	28.9	6.6	0.28	1.04	0.36	2.31	9.68	2.03	8.49
31	5—10—0183	菜籽饼	机榨,NY/T 2 级	88.0	35.7	7.4	11.4	26.3	7.2	0.59	0.96	0.33	2.88	12.05	1.95	8.16
32	5—10—0121	菜籽粕	浸提或预压浸提 NY/T 2 级	88.0	38.6	1.4	11.8	28.9	7.3	0.65	1.02	0.35	2.53	10.59	1.77	7.41
33	5—10—0116	花生仁饼	机榨,NY/T 2 级	88.0	44.7	7.2	5.9	25.1	5.1	0.25	0.53	0.31	3.08	12.89	2.78	11.63
34	5—10—0115	花生仁粕	浸提或预压浸提 NY/T 2 级	88.0	47.8	1.4	6.2	27.2	5.4	0.27	0.56	0.33	2.97	12.43	2.60	10.88
35	1—10—0031	向日葵仁饼	壳仁比:35 ∶ 65 NY/T 3 级	88.0	29.0	2.9	20.4	31.0	4.7	0.24	0.87	0.13	1.89	7.91	1.59	6.65
36	5—10—0242	向日葵仁粕	壳仁比:16 ∶ 84 NY/T 2 级	88.0	36.5	1.0	10.5	34.4	5.6	0.27	1.13	0.17	2.78	11.63	2.32	9.71
37	5—10—0243	向日葵仁粕	壳仁比:24 ∶ 76 NY/T 2 级	88.0	33.6	1.0	14.8	38.8	5.3	0.26	1.03	0.16	2.49	10.42	2.03	8.49
38	5—10—0119	亚麻仁饼	机榨,NY/T 2 级	88.0	32.2	7.8	1.8	34.0	6.2	0.39	0.88	0.38	2.90	12.13	2.34	9.79
39	5—10—0120	亚麻仁粕	浸提或预压浸提 NY/T 2 级	88.0	34.8	1.8	8.2	36.6	6.6	0.42	0.95	0.42	2.37	9.92	1.90	7.95
40	5—10—0246	芝麻饼	机榨,CP40%	92.0	39.2	10.3	7.2	24.9	10.4	2.24	1.19	0.00	3.20	13.39	2.14	8.95

续表 1

序号	饲料号 CFN	饲料名称	饲料描述	干物质/%	粗蛋白/%	粗脂肪/%	粗纤维/%	无氮浸出物/%	粗灰分/%	钙/%	总磷/%	非植酸磷/%	消化能 Mcal/kg	消化能 MJ/kg	鸡代谢能 Mcal/kg	鸡代谢能 MJ/kg
41	5—11—0001	玉米蛋白粉	玉米去胚芽，淀粉后的面筋部分 CP60%	90.1	63.5	5.4	1.0	19.2	1.0	0.07	0.44	0.17	3.60	15.06	3.88	16.23
42	5—11—0002	玉米蛋白粉	同上，中等蛋白产品，CP50%	91.2	51.3	7.8	2.1	28.0	2.0	0.06	0.42	0.16	3.73	15.61	3.41	14.27
43	5—11—0008	玉米蛋白粉	同上，中等蛋白产品，CP40%	89.9	44.3	6.0	1.6	37.1	0.9	—	—	—	3.59	15.02	3.18	13.31
44	5—11—0003	玉米蛋白饲料	玉米去胚芽，去淀粉后的含皮残渣	88.0	19.3	7.5	7.8	48.0	5.4	0.15	0.70	—	2.48	10.38	2.02	8.45
45	4—10—0026	玉米胚芽饼	玉米湿磨后的胚芽，机榨	90.0	16.7	9.6	6.3	50.8	6.6	0.04	1.45	—	3.51	14.69	2.24	9.37
46	4—10—0244	玉米胚芽粕	玉米湿磨后的胚芽，浸提	90.0	20.8	2.0	6.5	54.8	5.9	0.06	1.23	—	3.28	13.72	2.07	8.66
47	5—11—0007	DDGS	玉米啤酒糟及可溶物，脱水	90.0	28.3	13.7	7.1	36.8	4.1	0.20	0.74	0.42	3.43	14.35	2.20	9.20
48	5—11—0009	蚕豆粉浆蛋白粉	蚕豆去皮制粉丝后的浆液，脱水	88.0	66.3	4.7	4.1	10.3	2.6	—	0.59	—	3.23	13.51	3.47	14.52
49	5—11—0004	麦芽根	大麦芽副产品，干燥	89.7	28.3	1.4	12.5	41.4	6.1	0.22	0.73	—	2.31	9.67	1.41	5.90
50	5—13—0044	鱼粉(CP 64.5%)	7 样平均值	90.0	64.5	5.6	0.5	8.0	11.4	3.81	2.83	2.83	3.15	13.18	2.96	12.38
51	5—13—0045	鱼粉(CP 62.5%)	8 样平均值	90.0	62.5	4.0	0.5	10.0	12.3	3.96	3.05	3.05	3.10	12.97	2.91	12.18
52	5—13—0046	鱼粉(CP 60.2%)	沿海产的海鱼粉，脱脂，12 样平均值	90.0	60.2	4.9	0.5	11.6	12.8	4.04	2.90	2.90	3.00	12.55	2.82	11.80

续表 1

序号	饲料号 CFN	饲料名称	饲料描述	干物质/%	粗蛋白/%	粗脂肪/%	粗纤维/%	无氮浸出物/%	粗灰分/%	钙/%	总磷/%	非植酸磷/%	消化能 Mcal/kg	消化能 MJ/kg	鸡代谢能 Mcal/kg	鸡代谢能 MJ/kg
53	5—13—0077	鱼粉(CP 53.5%)	沿海产的海鱼粉，脱脂，11 样平均值	90.0	53.5	10.0	0.8	4.9	20.8	5.88	3.20	3.20	3.09	12.93	2.90	12.13
54	5—13—0036	血粉	鲜猪血喷雾干燥	88.0	82.8	0.4	0.0	1.6	3.2	0.29	0.31	0.31	2.73	11.42	2.46	10.29
55	5—13—0037	羽毛粉	纯净羽毛，水解	88.0	77.9	2.2	0.7	1.4	5.8	0.20	0.68	0.68	2.77	11.59	2.73	11.42
56	1—05—0074	苜蓿草粉(CP19%)	一茬，盛花期，烘干，NY/T 1 级	87.0	19.1	2.3	22.7	35.3	7.6	1.40	0.51	0.51	1.66	6.95	0.97	4.06
57	1—05—0075	苜蓿草粉(CP17%)	一茬，盛花期，烘干，NY/T 2 级	87.0	17.2	2.6	25.6	33.3	8.3	1.52	0.22	0.22	1.46	6.11	0.87	3.64
58	1—05—0076	苜蓿草粉%)	NY/T 3 级	87.0	14.3	2.1	29.8	33.8	10.1	1.34	0.19	0.19	1.49	6.23	0.84	3.51
59	5—11—0005	啤酒糟	大麦酿造副产品	88.0	24.3	5.3	13.4	40.8	4.2	0.32	0.42	0.14	2.25	9.41	2.37	9.92
60	7—15—0001	啤酒酵母	啤酒酵母菌粉，QB/T 1940—94	91.7	52.4	0.4	0.6	33.6	4.7	0.16	1.02	—	3.54	14.81	2.52	10.54
61	4—13—0075	乳清粉	乳清，脱水，低乳糖含量	94.0	12.0	0.7	0.0	71.6	9.7	0.87	0.79	0.79	3.44	14.39	2.73	11.42
62	5—01—0162	酪蛋白	脱水	91.0	88.7	0.8	—	—	—	0.63	1.01	0.82	4.13	17.27	4.13	17.28
63	5—14—0503	明胶		90.0	88.6	0.5	—	—	—	0.49	—	—	2.80	11.72	2.36	9.87
64	4—06—0076	牛奶乳糖	进口，含糖 80%以上	96.0	4.0	0.5	0.0	83.5	8.0	0.52	0.62	0.62	3.37	14.10	2.69	11.25
65	4—06—0077	乳糖		96.0	0.3	—	—	95.7	—	—	—	—	3.53	14.77	—	—
66	4—06—0078	葡萄糖		90.0	0.3	—	—	89.7	—	—	—	—	3.36	14.06	3.08	12.89
67	4—06—0079	蔗糖		99.0	0.0	0.0	—	—	—	0.04	0.01	0.01	3.80	15.90	3.90	16.32
68	4—02—0889	玉米淀粉		99.0	0.3	0.2	—	—	—	0.00	0.03	0.01	4.00	16.74	3.16	13.22

续表 1

序号	饲料号 CFN	饲料名称	饲料描述	干物质/%	粗蛋白/%	粗脂肪/%	粗纤维/%	无氮浸出物/%	粗灰分/%	钙/%	总磷/%	非植酸磷/%	消化能 Mcal/kg	消化能 MJ/kg	鸡代谢能 Mcal/kg	鸡代谢能 MJ/kg
69	4—17—0001	牛脂		100.0	0.0	≥99	0.0	—	—	0.00	0.00	0.00	8.00	33.47	7.78	32.55
70	4—17—0002	猪油		100.0	0.0	≥99	0.0	—	—	0.00	0.00	0.00	8.29	34.69	9.11	38.11
71	4—17—0005	菜籽油		100.0	0.0	≥99	0.0	—	—	0.00	0.00	0.00	8.76	36.65	9.21	38.53
72	4—17—0006	椰子油		100.0	0.0	≥99	0.0	—	—	0.00	0.00	0.00	8.40	35.15	8.81	36.76
73	4—17—0007	玉米油		100.0	0.0	≥99	0.0	—	—	0.00	0.00	0.00	8.75	36.61	9.66	40.42
74	4—17—0008	棉籽油		100.0	0.0	≥99	0.0	—	—	0.00	0.00	0.00	8.60	35.98	—	—
75	4—17—0009	棕榈油		100.0	0.0	≥99	0.0	—	—	0.00	0.00	0.00	8.01	33.51	5.80	24.27
76	4—17—0010	花生油		100.0	0.0	≥99	0.0	—	—	0.00	0.00	0.00	8.73	36.53	9.36	39.16
77	4—17—0011	芝麻油		100.0	0.0	≥99	0.0	—	—	0.00	0.00	0.00	8.75	36.61	—	—
78	4—17—0012	大豆油	粗制	100.0	0.0	≥99	0.0	—	—	0.00	0.00	0.00	8.75	36.61	8.37	35.02
79	4—17—0013	葵花油		100.0	0.0	≥99	0.0	—	—	0.00	0.00	0.00	8.76	36.65	9.66	40.42
80	4—07—0003	家禽脂肪		99.0	0.0	≥98	0.0	—	—	0.00	0.00	0.00	—	—	9.36	39.16
81	4—07—0004	鱼油		99.0	0.0	≥99	1.0	—	—	0.00	0.00	0.00	—	—	8.45	35.35

参考文献

[1]杨凤.动物营养学[M].北京:中国农业出版社,1999.

[2]王建华.新型安全饲料添加剂研制与开发[M].北京:科学出版社,2008.

[3]郭艳丽,王克健.怎样应用猪饲养标准与常用饲料成分表[M].北京:金盾出版社,2009.[4]曲强.动物营养与饲料[M].北京:中国农业大学出版社,2011.

[5]张力,杨孝列.动物营养与饲料[M].北京:中国农业大学出版社,2007.

[6]周安国,陈德.猪鸡饲料配制技术[M].北京:中国农业出版社,2008.

[7]萨仁娜.简明饲料配方手册[M].北京:中国农业大学出版社,2003.

[8]中国农业科学院饲料研究所.中国饲料原料采购指南.2版[M].北京:中国农业大学出版社,2007.

[9]张力,陈桂银.奶牛饲料科学配制与应用[M].北京:金盾出版社,2007.

[10]张容昶,胡江.肉牛饲料科学配制与应用[M].北京:金盾出版社,2007.

[11]中国农业科学院饲料研究所.中国饲料原料采购指南.2版[M].北京:中国农业大学出版社,2007.

[12]邱以亮,宋健兰.畜禽营养与饲料[M].北京:高等教育出版社,2002.

[13]陈继武,范先超.饲料配制与检测[M].北京:中国农业大学出版社,2013.

[14]农业部畜牧兽医局(全国饲料工作办公室),中国饲料工业协会,全国饲料工业标准化技术委员会,中国标准出版社第一编辑室.饲料工业标准汇编(上、下册).北京:中国标准出版社,2006.

[15]农业部畜牧业司,全国饲料工作办公室.饲料法规文件法规汇编.北京:中国农业科学技术出版社,2007.

[16]张丽英.高级饲料分析技术.北京:中国农业大学出版社,2011.

[17]姚茂桂.饲料配制与检测.武汉:华中科技大学出版社,2011.

[18]农业部人事劳动司,农业职业技能培训教材编审委员会.饲料检验化验员.北京:中国农业出版社,2010.